산림기사 · 산업기사
실기

예문사

≪산림기사 · 산업기사 실기≫로 여러분을 만나 뵙게 되어 반갑습니다.

나무가 이루고 있는 초록과 갈색의 외형을 보고만 있어도 마음이 평온해지는 힘 때문일까요? 마음의 평안을 찾아 산속에서 등산, 캠핑, 야영 등을 하기 위해 산을 찾는 사람들이 해마다 꾸준히 늘고 있고, 수요만큼이나 공급도 많아져 도시숲뿐만 아니라 산간 오지에도 각종 산림시설들이 설치되고 있습니다. 프로그램 또한 다양해져 자연 속에서 다채로운 활동도 즐길 수 있습니다.

이러한 시기에 산림 자격은 그 필요성이 대두되고 있습니다.

산림기사 · 산업기사는 산에 나무를 심고 효율적이며 합리적인 임업경영을 수행하기 위한 자격제도입니다. 산림과 관련한 기술이론 지식을 가지고 영림계획편성, 경영분석, 산림휴양시설의 설계 및 관리 등의 기술업무 수행과 산림실무의 사방설계 및 시공, 임도설계, 시공 임업기계 비용, 기술 등의 직무를 수행합니다.

이에 이 책은 자격시험을 준비하는 수험생에게 유용하도록 집필하였으며 다음과 같이 구성하였습니다.

[필답형]
- 과목별 핵심 내용 요약정리
- 상세하고 쉬운 예제 풀이
- 이해를 돕기 위한 시각 자료 다수 수록
- 최신 법령 적용
- 최신 기출문제 수록

[작업형]
- 시험의 전반적인 흐름을 알기 쉽고 짜임새 있게 설명
- 실제 공개문제를 바탕으로 한 산림경영계획 실시
- 임목조사 및 경영계획의 구성에 필요한 각종 서식 제공
- 시험장별 기출 하층식생 정리
- 저자가 직접 촬영한 다양한 하층식생 사진 수록

우리나라는 산림이 국토의 약 63%를 점유하는 산림국가입니다. 앞으로도 산림자원의 효율적 이용 및 개발에 관심이 더욱 증대될 것이며, 관련 자격 취득자의 필요성 또한 증가될 것으로 보입니다.

열심히 공부하셔서 꼭 좋은 결과가 있기를 기원합니다!

이정희 올림

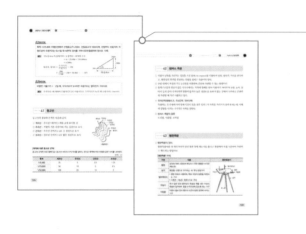

한눈에 들어오는 핵심 내용 요약 정리

꼼꼼하게 분석한 기출문제를 바탕으로 요약정리한 핵심 내용과 이해를 돕는 표, 그림 등 시각 자료 다수 수록

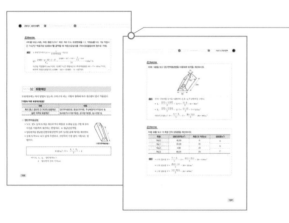

상세하고 쉬운 예제 풀이

본문 곳곳에 예제를 배치하고 각종 계산식과 상세한 풀이를 제시하여 스스로 개념 익히기

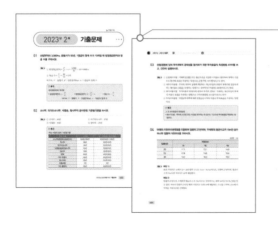

최신 기출문제 수록

최신 기출문제와 함께 쉽게 정리한 해설로 기출 유형을 이해하고 실전 감각 향상 및 실력 완성

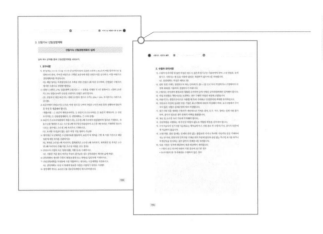

공개문제를 통한 산림경영계획 실시

공개문제를 바탕으로 산림경영계획을 실시하고 각종 서식을 제공하여 실전에 철저한 대비 가능

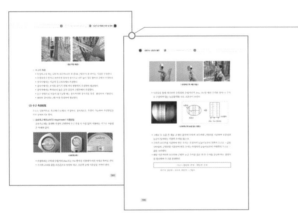

생생한 실사와 상세한 설명

실사를 통해 임목조사 방법, 각종 기기 사용법, 경영계획 계산법 등을 쉽고 상세하게 설명

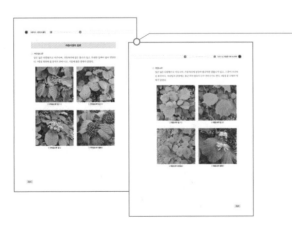

다양한 하층식생 컬러 사진 수록

저자가 직접 촬영한 다양한 하층식생 사진 수록 및 상세한 특징 설명

🎼 **산림기사·산업기사** 시험 안내

1. 산림기사

❶ 시험일정

한국산업인력공단(q-net.or.kr)에서 확인할 수 있습니다.

❷ 출제기준

- 필기시험, 필답형 실기시험 : 출제기준 참고
- 작업형 실기시험 : 산림조사, 산림경영계획 작성, 수종 식별

❸ 취득방법

(1) 시험과목
- 필기 : 1. 조림학 2. 산림보호학 3. 임업경영학 4. 임도공학 5. 사방공학
- 실기 : 산림경영 계획편성 및 산림토목 실무

(2) 검정방법
- 필기 : 객관식 4지 택일형, 과목당 20문항(과목당 30분)
- 실기 : 복합형[필답형(1시간 30분, 60점)＋작업형(2시간 30분, 40점)]

(3) 합격기준
- 필기 : 100점을 만점으로 하여 과목당 40점 이상, 전 과목 평균 60점 이상
- 실기 : 100점을 만점으로 하여 60점 이상

❹ 진로 및 전망

- 산림청, 임업연구원, 각 시·도 산림부서, 임업관련기관이나 산림경영업체, 임업연구원 등에 진출 가능하고, 「산림법」에 따라 임업지도사 자격을 취득하여 산림조합중앙회, 산림조합에 임업기술지도원으로 진출할 수 있다.
- 인구의 증가와 생활수준의 향상으로 인해 공익재 또는 소비재로서의 산림의 역할이 많은 관심을 받고 있으며, 정보화 시대에 따른 종이 소비의 증가와 주거 환경에서의 목재 자원의 이용 또한 다양화되고 있다. 최근에는 환경오염에 관한 유력한 대안으로 산림이 인간의 중요한 자연 환경으로서 인식되고 있으며, 고도산업 사회에서의 유용한 자원으로 새롭게 각광을 받고 있다. 산림공학은 산림과학의 한 주요 분야로서, 산림에 필요한 공학적 기술분야를 담당한다. 산림자원을 효율적이고 합리적으

로 개발하기 위해서는 임도의 개설, 사방, 수문, 벌출이 필요하며, 산림이 종합적으로 개발되어야 인간의 생활환경에 알맞는 산림의 공익적 기능이 발휘될 수 있다. 우리나라는 산림이 국토의 약 64%를 점유하는 산림국가라 볼 수 있다. 앞으로는 산림자원의 효율적 이용 및 개발에 관심이 증대될 것이며, 이에 따라 관련자격 취득자가 증가될 것으로 보인다.

❺ 시험현황

연도	필기			실기		
	응시	합격	합격률(%)	응시	합격	합격률(%)
2024	5,991	2,899	48.4	3,946	2,461	62.4
2023	5,891	2,915	49.5	4,429	2,525	57
2022	5,057	2,259	44.7	3,071	1,453	47.3
2021	5,749	2,083	36.2	2,364	1,626	68.8
2020	4,778	1,669	34.9	2,329	1,685	72.3
2019	4,876	1,794	36.8	2,721	1,517	55.8
2018	4,451	1,458	32.8	2,463	1,527	62
2017	4,213	1,686	40	3,118	1,406	45.1
2016	5,026	1,515	30.1	2,420	748	30.9
2015	4,881	958	19.6	2,089	937	44.9
2014	4,696	1,389	29.6	2,593	1,054	40.6
2013	4,256	1,395	32.8	3,032	1,123	37
2012	3,794	1,141	30.1	2,353	777	33
2011	3,694	1,270	34.4	2,393	613	25.6
2010	3,306	945	28.6	2,021	862	42.7
2009	3,049	868	28.5	1,714	536	31.3
2008	2,522	662	26.2	1,520	543	35.7
2007	2,328	816	35.1	1,421	534	37.6
2006	2,153	696	32.3	1,279	431	33.7
2005	2,079	571	27.5	979	354	36.2
2004	12	3	25	1	1	100
2003	16	1	6.3	1	0	0
2002	23	3	13	3	2	66.7
1999~2001	154	48	26.2	53	27	49.1
소계	82,995	29,044	35	48,313	22,742	47.1

2. 산림산업기사

❶ 시험일정

한국산업인력공단(q-net.or.kr)에서 확인할 수 있습니다.

❷ 출제기준

- 필기시험, 필답형 실기시험 : 출제기준 참고
- 작업형 실기시험 : 산림조사, 미래목 선정, 수종 식별

❸ 취득방법

(1) 시험과목

- 필기 : 1. 조림학 2. 산림보호학 3. 임업경영학 4. 산림공학
- 실기 : 산림경영 계획편성 및 산림토목 실무

(2) 검정방법

- 필기 : 객관식 4지 택일형, 과목당 20문항(과목당 30분)
- 실기 : 복합형[필답형(1시간, 50점) + 작업형(2시간 30분, 50점)]

(3) 합격기준

- 필기 : 100점을 만점으로 하여 과목당 40점 이상, 전 과목 평균 60점 이상
- 실기 : 100점을 만점으로 하여 60점 이상

❹ 진로 및 전망

- 지방산림관서의 공무원, 임업회사 등에 진출할 수 있다. 「산림법」에 따라 임업지도원 자격을 취득하여 산림조합중앙회, 산림조합에 임업기술지도원으로 진출할 수 있다.
- 앞으로 산림에 대한 수요가 증대되고 산지농업, 사냥, 산림휴양 등에 종합적인 산림경영기법이 도입될 것으로 예상되며, 임도시설이 확충되고 육림, 벌체 등의 기계화가 촉진됨에 따라 기술자의 수요가 증가될 것으로 보인다.

❺ 시험현황

연도	필기			실기		
	응시	합격	합격률(%)	응시	합격	합격률(%)
2024	1,629	622	38.2	760	461	60.7
2023	1,619	626	38.7	800	489	61.1
2022	1,782	636	35.7	922	461	50
2021	1,856	745	40.1	869	570	65.6
2020	1,533	644	42	867	415	47.9
2019	1,519	492	32.4	716	331	46.2
2018	1,529	537	35.1	733	364	49.7
2017	1,726	639	37	919	403	43.9
2016	2,084	452	21.7	748	227	30.3
2015	2,077	429	20.7	780	233	29.9
2014	2,093	493	23.6	968	283	29.2
2013	2,184	651	29.8	1,117	472	42.3
2012	2,563	663	25.9	876	349	39.8
2011	2,037	416	20.4	727	345	47.5
2010	1,987	513	25.8	910	352	38.7
2009	1,883	531	28.2	810	172	21.2
2008	1,523	375	24.6	692	213	30.8
2007	1,313	308	23.5	418	90	21.5
2006	1,358	385	28.4	481	201	41.8
2005	1,314	338	25.7	379	169	44.6
2004	64	3	4.7	6	4	66.7
2003	56	20	35.7	14	6	42.9
2002	32	11	34.4	13	12	92.3
2001	51	32	62.7	25	13	52
1985~2000	334	105	31.4	110	72	65.5
소계	36,146	10,666	29.5	15,660	6,707	42.8

산림기사 · 산업기사 실기 출제기준

1. 산림기사 실기

• 직무분야 : 농림어업	• 중직무분야 : 임업	• 자격종목 : 산림기사	• 적용기간 : 2024. 1. 1.~2027. 12. 31.

• 직무내용 : 산림과 관련한 기술이론 지식을 가지고 임업종묘, 산림공학, 산림보호, 임산물생산 분야 등 기술 업무의 설계 및 사업 실행 등을 수행하는 직무이다.
• 수행준거 : 1. 산림경영에 관련한 계획 및 설계, 분석, 평가의 업무를 할 수 있다.
　　　　　　2. 산림휴양자원에 관련한 조성, 설계, 시설배치, 관리 등을 할 수 있다.
　　　　　　3. 사방 및 임도 등 산림토목에 관련한 지식을 바탕으로 계획, 설계, 시공, 관리를 할 수 있다.
　　　　　　4. 산림수확 및 임업기계에 관한 지식을 바탕으로 수확작업의 계획과 수행 및 공정관리, 장비의 운용과 관리를 할 수 있다.

• 실기검정방법 : 복합형	• 시험시간 : 필답형 1시간 30분 / 작업형 3시간 정도

실기과목명	주요항목	세부항목	세세항목
산림경영 계획편성 및 산림토목 실무	1. 산림경영 실무	1. 산림측량 및 구획하기	1. 독도법을 적용할 수 있어야 한다. 2. 측량을 할 수 있어야 한다. 3. 임소반 구획을 할 수 있어야 한다. 4. 면적계산을 할 수 있어야 한다.
		2. 산림 조사하기	1. 임반 측정 및 조사(지황 및 임황 조사, 재적표, 형수표, 수확표 사용방법)를 할 수 있어야 한다. 2. 임목재적 측정을 할 수 있어야 한다. 3. 임분재적 측정을 할 수 있어야 한다. 4. 측정 및 조사장비 사용법을 적용할 수 있어야 한다. 5. 식생을 조사할 수 있어야 한다.
		3. 산림수확 조정하기	1. 주요 수확 조정기법을 적용할 수 있어야 한다.
		4. 산림경영계획하기	1. 산림경영계획 작성 및 운영을 할 수 있어야 한다.
		5. 산림평가하기	1. 임지평가 방법을 적용할 수 있어야 한다. 2. 임목평가 방법을 적용할 수 있어야 한다. 3. 임분평가 방법을 적용할 수 있어야 한다.
		6. 산림휴양자원 및 조성하기	1. 휴양림 조성 및 시설배치를 할 수 있어야 한다. 2. 휴양림 설계를 할 수 있어야 한다.
	2. 산림공학실무	1. 토질조사하기	1. 토질 기초 및 토양을 조사할 수 있다.
		2. 도면해석과 이용하기	1. 도상에서 대상지 면적산출을 할 수 있어야 한다. 2. 적용 공종 특성을 파악 할 수 있다. 3. 대상지에 적합한 공종을 적용할 수 있다.

실기과목명	주요항목	세부항목	세세항목
산림경영 계획편성 및 산림토목 실무	2. 산림공학실무	3. 현장 측량하기	1. 예정지 조사 및 답사를 할 수 있다. 2. 평면측량을 할 수 있어야 한다. 3. 종단측량을 할 수 있어야 한다. 4. 횡단측량을 할 수 있어야 한다. 5. 측량결과를 제도할 수 있어야 한다.
		4. 설계, 제도 및 적산하기	1. 설계도(평면도, 종단면도, 횡단면도 등) 작성을 할 수 있어야 한다. 2. 수량산출 및 단위원가 산출을 할 수 있어야 한다. 3. 작업공정 및 원가산출을 할 수 있어야 한다. 4. 시방서 작성 및 설계서 완성을 할 수 있어야 한다.
		5. 구조물 구조 및 시공하기	1. 구조물 선정을 할 수 있어야 한다. 2. 구조물 설계를 할 수 있어야 한다. 3. 구조물 배치 시공 및 감리를 할 수 있어야 한다.
	3. 임업기계	1. 임목 수확하기	1. 작업공정을 이해할 수 있어야 한다. 2. 작업장 개발 및 시스템을 구축할 수 있어야 한다. 3. 대상지에 따른 적정 임목 수확기계를 도입할 수 있어야 한다.

2. 산림산업기사 실기

• 직무분야 : 농림어업	• 중직무분야 : 임업	• 자격종목 : 산림산업기사	• 적용기간 : 2024. 1. 1.~2027. 12. 31.

• 직무내용 : 산림과 관련한 기술이론 지식을 가지고 임업종묘, 산림공학, 산림보호, 임산물생산 분야 등 기술 업무의 설계 및 사업 실행 등을 수행하는 직무이다.
• 수행준거 : 1. 산림경영에 관련한 계획 및 설계, 분석, 평가의 업무를 할 수 있다.
           2. 산림휴양자원에 관련한 조성, 설계, 시설배치, 관리 등을 할 수 있다.
           3. 사방 및 임도 등 산림토목에 관련한 지식을 바탕으로 계획, 설계, 시공, 관리를 할 수 있다.
           4. 산림수확 및 임업기계에 관한 지식을 바탕으로 수확작업의 계획과 수행 및 공정관리, 장비의 운용과 관리를 할 수 있다.

• 실기검정방법 : 복합형	• 시험시간 : 필답형 1시간 / 작업형 2시간 30분 정도

실기과목명	주요항목	세부항목	세세항목
산림경영 계획편성 및 산림토목 실무	1. 산림경영 실무	1. 산림측량 및 구획하기	1. 독도법을 적용할 수 있어야 한다. 2. 측량을 할 수 있어야 한다. 3. 임소반 구획을 할 수 있어야 한다. 4. 면적계산을 할 수 있어야 한다.
		2. 산림 조사하기	1. 임반 측정 및 조사(지황 및 임황 조사, 재적표, 형수표, 수확표 사용방법)를 할 수 있어야 한다. 2. 임목재적 측정을 할 수 있어야 한다. 3. 임분재적 측정을 할 수 있어야 한다. 4. 측정 및 조사장비 사용법을 적용할 수 있어야 한다. 5. 식생을 조사할 수 있어야 한다.
		3. 산림수확 조정하기	1. 주요 수확 조정기법을 적용할 수 있어야 한다.
		4. 산림경영계획하기	1. 산림경영계획서 작성 및 운영을 할 수 있어야 한다.
		5. 산림평가하기	1. 임지평가 방법을 적용할 수 있어야 한다. 2. 임목평가 방법을 적용할 수 있어야 한다. 3. 임분평가 방법을 적용할 수 있어야 한다.
		6. 산림휴양자원 및 조성하기	1. 휴양림 조성 및 시설배치를 할 수 있어야 한다. 2. 휴양림 설계를 할 수 있어야 한다.
	2. 산림공학실무	1. 토질조사하기	1. 토질 기초 및 토양을 조사할 수 있다.
		2. 도면해석과 이용하기	1. 도상에서 대상지 면적산출을 할 수 있어야 한다. 2. 적용 공종 특성을 파악 할 수 있다. 3. 대상지에 적합한 공종을 적용할 수 있다.

실기과목명	주요항목	세부항목	세세항목
산림경영 계획편성 및 산림토목 실무	2. 산림공학실무	3. 현장 측량하기	1. 예정지 조사 및 답사를 할 수 있다. 2. 평면측량을 할 수 있어야 한다. 3. 종단측량을 할 수 있어야 한다. 4. 횡단측량을 할 수 있어야 한다. 5. 측량결과를 제도할 수 있어야 한다.
		4. 설계, 제도 및 적산하기	1. 설계도(평면도, 종단면도, 횡단면도 등) 작성을 할 수 있어야 한다. 2. 수량산출 및 단위원가 산출을 할 수 있어야 한다. 3. 작업공정 및 원가산출을 할 수 있어야 한다. 4. 시방서 작성 및 설계서 완성을 할 수 있어야 한다.
		5. 구조물 구조 및 시공하기	1. 구조물 선정을 할 수 있어야 한다. 2. 구조물 설계를 할 수 있어야 한다. 3. 구조물 배치 시공 및 감리를 할 수 있어야 한다.
	3. 임업기계	1. 임목 수확하기	1. 작업공정을 이해할 수 있어야 한다. 2. 작업장 개발 및 시스템을 구축할 수 있어야 한다. 3. 대상지에 따른 적정 임목 수확기계를 도입할 수 있어야 한다.

산림기사·산업기사 실기시험 준비 요령

✓ 전략적으로 학습계획을 세우자!
한 과목을 등분하여 매일 일정 분량을 학습한다. 한 과목의 공부를 마치면 반드시 다시 반복해서 학습한 내용이 유실되는 것을 최소화해야 한다.

✓ 필수 용어를 확실하게 암기하라!
단편적인 암기보다는 용어를 활용한 스토리텔링이 필요하다. 용어를 암기해 나가면 이해도 점점 쉬워진다.

✓ 입체적으로 공부하자!
용어의 암기가 중요하지만, 용어에만 집중하면 주제별 흐름을 따라가기 어렵다. 큰 주제 안에서 핵심 용어를 파악하려고 노력해야 한다.

✓ 기출문제를 활용하자!
이론 공부를 열심히 했다면 마무리는 기출문제로 해야 한다. 기출문제는 출제 경향과 중요도를 알 수 있는 가장 좋은 방법이므로 기출문제를 통해 자신감을 높여야 한다.

✓ 실제 산림경영계획을 세워 보자!
책에서 제시한 순서대로 수목을 측정하고, 그 결괏값을 통해 실제 경영계획을 세워 보며 실전에 대비해야 한다.

제1편

임업경영학

차 례 CONTENTS

제2편

임도공학

차 례 CONTENTS

제3편 사방공학

차 례 CONTENTS

제4편 **작업형 이론 및 문제**

부록 **과년도 기출문제**

임업경영학

PART 01 임업경영학

TOPIC·01 산림경영 일반

① 산림경영의 정의
- 산림경영이란 산림에서 행해지는 일체의 수익활동과 이용행위로 물질적인 수익을 창출할 수도 있으며, 공공의 이익을 위한 수단으로 이용될 수도 있다.
- 생산요소인 임지, 산림노동, 임목자본을 체계적으로 조직하고 결합하여 경영목적을 효율적으로 달성하고자 하는 경제활동을 의미한다.

② 산림경영의 목적
- 국유림의 경영 목적
  산림 보호 기능, 임산물 생산 기능, 휴양·문화 기능, 고용 기능, 경영수지의 개선 등
- 공유림의 경영 목적
  공공복지의 증진, 재정 수입의 확보, 사유림 경영의 시범 등

③ 우리나라 산지의 구분
  산지를 합리적으로 보전·이용하기 위해 크게 '보전산지'와 '준보전산지'로 구분한다.

[산지의 구분]

구분	내용
보전산지	• 임업용(생산용) 산지 : 채종림, 시험림, 보전국유림, 임업진흥권역 등의 산지 • 공익용 산지 : 자연휴양림, 사찰림, 야생생물보호구역, 공원구역, 문화재보호구역, 상수원보호구역, 개발제한구역, 녹지지역, 생태·경관보전지역, 습지보호지역, 특정도서, 백두대간보호지역, 산림보호구역 등의 산지
준보전산지	보전산지 외의 산지

「산지관리법」 제4조

TOPIC·02　지속 가능한 산림경영

① 지속 가능한 산림경영의 의미
- 산림의 생태적 건전성을 유지·증진하며 지금 세대의 산림자원에 대한 욕구를 충족시키는 경영 형태를 말한다. 즉, 현세대와 미래세대가 모두 충분히 이용할 수 있는 지속 가능한 산림자원을 만들기 위한 보다 생태적이며 친환경적인 노력이다.
- 산림에 대한 인식을 단순히 경제적인 역할에만 한정하지 않고, 사회적·경제적·생태적·문화 및 정신적 역할로 인식하여 산림을 경영하고자 하는 것이다.

② 지속 가능한 산림자원 관리
- 목적 : 산림의 생태환경적인 건전성을 유지하면서 다양한 기능이 최적으로 발휘되도록 산림을 보전하고 관리한다.
- 기본 방향
  - 산림의 생물다양성의 보전
  - 산림의 생산력 유지·증진
  - 산림의 건강도와 활력도 유지·증진
  - 산림 내 토양 및 수자원의 보전·유지
  - 산림의 지구탄소순환에 대한 기여도 증진
  - 산림의 사회경제적 편익 증진
  - 지속 가능한 산림관리를 위한 행정 절차 등 체계 정비

③ 지속 가능한 산림경영의 4가지 견해(패러다임)
- 목재 보속 수확 : 매년 균일한 목재의 생산, 전통적인 방식
- 다목적 이용·보속 수확 : 목재 이외의 임산물 이용, 보속 수확의 의미 확장
- 자연적으로 기능하는 산림생태계 : 인간의 간섭 배제, 자연주의적 가치 채택
- 지속 가능한 인간 및 산림생태계 : 지속 가능한 생태계적 산림경영 중시

TOPIC·03　국제환경협약

① 교토의정서
- 지구온난화 규제 및 방지를 위해 선진국의 온실가스 감축 목표치를 규정한 국제 협약으로 1997년 일본 교토에서 채택되었다.

- 교토 메커니즘
  - 탄소배출권거래제도(ETS : Emission Trading Scheme) : 온실가스 감축 의무가 있는 국가가 감축 목표를 초과하여 달성하였거나 달성하지 못한 경우 다른 의무 국가와 거래할 수 있는 제도
  - 청정개발체제(CDM : Clean Development Mechanism) : 감축 의무 국가가 개발도상국에서 온실가스 감축사업을 수행하여 얻은 결과를 당국의 감축량으로 포함시킬 수 있는 제도
  - 공동이행체제(JI : Joint Implementation) : 감축 의무 국가들이 서로 온실가스 감축사업을 공동으로 수행하는 것을 인정하는 제도

② 리우회의
- 1992년 브라질의 리우데자네이루에서 각국 정부 대표와 민간단체가 모여 지구환경보전 문제를 논의한 회의로 환경적으로 건전하고 지속 가능한 발전(ESSD : Environmentally Sound and Sustained Development)의 범지구적 보편화 계기가 마련되었다.
- 정부 대표 중심의 UN환경개발회의는 '환경과 개발에 관한 리우선언'을 채택하였다.

③ 파리기후변화협약(신기후 체제)
- 2020년 만료된 교토의정서를 대체하여 2021년 1월부터 적용되는 기후변화 대응을 담은 신기후 체제로 프랑스 파리에서 채택되었다.
- 선진국에만 온실가스 감축 의무를 부여했던 교토의정서와 달리 195개 당사국 모두에게 구속력 있는 보편적 첫 기후합의라는 점에서 그 의의가 크다.

TOPIC·04 산림경영의 기술적 · 경제적 특성

① 산림경영의 기술적 특성
- 생산 기간이 대단히 길다.
- 임목은 성숙기가 일정하지 않다.
- 자연 조건의 영향을 많이 받는다.
- 토지나 기후 조건에 대한 요구도가 낮다.

② 산림경영의 경제적 특성
- 육성임업과 채취임업이 병존한다.
- 임업노동은 계절적 제약을 크게 받지 않는다.
- 원목가격의 구성요소는 대부분이 운반비이다.
- 임업생산은 조방적이다.
- 공익성이 커서 제한성이 많다.

TOPIC·05 **자본재와 자본장비도**

① 자본재의 종류
- 유동자본재(流動資本財) : 재화의 생산과정 중에 소비·소모되거나 원료로 쓰이는 자본재
- 고정자본재(固定資本財) : 생산과정에 고정되어 그 생산능력을 이용하기 위한 자본재

[자본재의 분류]

구분	내용
유동자본재	• 조림비 : 종자, 묘목, 비료, 약제, 보육비용 • 관리비 : 관리자의 급료, 사무비, 수선비, 보험료, 공과잡비 • 사업비 : 임금, 소모품비
고정자본재	임지, 임도, 건물, 기계, 기구, 시설, 설비, 차량

② 임목축적
- 임목축적(林木蓄積)이란 종자나 묘목에서 시작되어 임지에 계속 축적되는 전체 임목의 양을 말하며, 임업에서는 이 임목축적을 자본으로 본다.
- 임목 자체는 계속해서 스스로 생장하므로 벌채 전에는 고정자본재로 보며, 벌채된 후에는 그 생산기능을 잃어 유동자본재로 본다. 즉, 입목(立木)은 고정자본재, 원목은 유동자본재이다.

③ 자본장비도
- 자본장비도(資本裝備度)는 경영의 총자본(고정자본＋유동자본)을 경영에 종사하는 사람 수로 나눈 값으로 자본장비율이라고도 하며, 결국 종사자 1인당의 자본액에 해당한다.

$$자본장비도 = \frac{총자본}{종자사\ 수} = \frac{K}{N} = 종사자\ 1인당\ 자본액 = 자본장비율$$

- 임업에서는 자본장비도가 임목축적, 자본효율이 생장률, 소득이 생장량을 나타낸다.

$$생장량(소득) = 임목축적(자본장비도) \times 생장률(자본효율)$$

TOPIC·06 임령 구성에 따른 산림의 구조

산림의 구조는 임령의 구성에 따라 A · B · C · D형으로 나눈다.

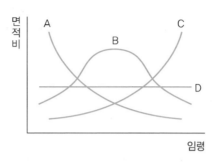

∥ 임령 구성에 따른 산림의 구조 ∥

① A형
- 유령목이 많은 산림으로 투자는 많지만 얻어지는 수입이 적거나 없는 구조이다.
- 우리나라 대부분의 현실적 산림 구조로 임업경영만으로는 수입이 어려워 속성수 도입 및 복합 임업경영 등의 시도를 통해 조기에 재정수입의 확보가 가능하도록 해야 한다.

② B형
장령목이 많은 산림으로 일정 기간이 지나면 많은 수입이 기대되지만 보속적 수입은 어려운 구조이다.

③ C형
성숙목이 많은 산림으로 당장은 수입이 있지만 일정 기간 후에는 계속적인 수입을 기대할 수 없는 구조이다.

④ D형
다양한 연령대의 수목이 혼재하는 산림으로 보속 수입이 가능한 이상적인 산림 구조이다.

TOPIC · 07   산림계획

① 산림기본계획

산림청장이 산림자원 및 임산물의 수요와 공급에 관한 장기전망을 전국의 산림을 대상으로 20년마다 수립 · 시행하는 산림계획의 최상위 계획이다.

> **참고** 📖
>
> 산림기본계획의 내용
> - 산림시책의 기본 목표 및 추진 방향
> - 산림자원의 조성 및 육성에 관한 사항
> - 산림의 보전 및 보호에 관한 사항
> - 산림의 공익기능 증진에 관한 사항
> - 산사태 · 산불 · 산림병해충 등 산림재해의 대응 및 복구 등에 관한 사항
> - 임산물의 생산 · 가공 · 유통 및 수출 등에 관한 사항
> - 산림의 이용 구분 및 이용 계획에 관한 사항
> - 산림복지의 증진에 관한 사항
> - 탄소흡수원의 유지 · 증진에 관한 사항
> - 국제산림협력에 관한 사항
> - 그 밖에 산림 및 임업에 관하여 대통령령으로 정하는 사항

② 지역산림계획

- 특별시장 · 광역시장 · 특별자치시장 · 도지사 · 특별자치도지사(공 · 사유림) 및 지방산림청장(국유림)이 산림기본계획에 따라 관할구역 산림의 특수성을 고려하여 20년마다 수립 · 시행한다.
- 산림기본계획을 토대로 하며, 국유림종합계획 및 산림경영계획을 수립하는 기준이 되는 지역 산림 내 최상위 계획이다.

③ 국유림종합계획

- 국유림관리소장이 관할구역 국유림을 대상으로 10년마다 수립 · 시행한다.
- 산림기본계획, 지역산림계획을 토대로 작성하며, 국유림경영계획의 기초가 되는 국유림관리소 단위의 장기 기본계획이다.

④ 국유림경영계획

지방산림청장이 국유림 경영계획구를 대상으로 10년마다 수립 · 시행한다.

⑤ 산림경영계획

- 지방자치단체의 장이 경영계획구를 대상으로 10년마다 수립 · 시행한다.
- 지방자치단체의 장 외의 공유림 소유자나 사유림 소유자는 10년마다 경영계획서를 작성하여 시장이나 군수, 구청장에게 인가를 받아 수립한다.

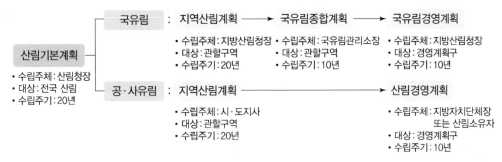

┃ 산림계획의 체계 ┃

TOPIC·08 산림경리와 경영의 지도원칙

① 산림경리의 업무내용
  • 전업(예업) : 산림조사, 산림측량, 산림구획, 시업관계사항조사
  • 주업(본업) : 수확규정, 조림계획, 시설계획, 시업체계의 조직
  • 후업 : 시업조사검정

② 산림경영의 지도원칙
  • 수익성의 원칙 : 최대의 순수익 또는 최고의 수익률을 올리도록 경영하자는 원칙
  • 경제성의 원칙
    – 수익을 비용으로 나눈 값이 최대가 되도록 경영하자는 원칙
    – 최소비용으로 최대효과를 내도록 경영하자는 원칙
  • 생산성의 원칙
    – 생산량을 생산요소의 수량으로 나눈 값이 최대가 되도록 경영하자는 원칙
    – 단위면적당 최대의 목재를 생산하도록 경영하자는 원칙
    – 우리나라에서 중요시되는 원칙
  • 공공성의 원칙 : 질 좋은 목재를 국민에게 안정적으로 공급하고, 국민의 복리 증진을 목표로 하는 원칙
  • 보속성의 원칙 : 해마다 목재 수확을 계속하여 균등하게 생산·공급하도록 경영하자는 원칙
  • 합자연성의 원칙 : 자연법칙을 존중하며 산림을 경영하자는 원칙
  • 환경보전의 원칙 : 산림의 국토보전, 수원함양, 자연보호 등의 기능을 충분히 발휘할 수 있도록 경영하자는 원칙

③ 보속성의 의미

보속성(保續性)이란 좁은 의미로는 매년 지속적 목재의 수확을 통한 공급 측면에서의 보속이며, 넓은 의미로는 임지가 항상 임목을 꾸준히 육성하는 생산 측면에서의 보속이다.

- 협의 : 목재 공급의 보속성
- 광의 : 목재 생산의 보속성

TOPIC·09 벌기령과 벌채령

① 벌기령(伐期齡)

- 임목이 경영 용도에 맞는 일정 성숙기에 도달하는 계획상의 연수, 산림경영계획상의 인위적 성숙기
- 경영목적 등에 따라 미리 결정하는 임목의 예상 수확연령, 예정된 벌채시기

참고 📖

주요 수종의 일반 기준벌기령

주요 수종	국유림	공·사유림(기업경영림)
소나무 (춘양목보호림단지)	60년 (100년)	40년(30년) (100년)
잣나무	60년	50년(40년)
리기다소나무	30년	25년(20년)
낙엽송(일본잎갈나무)	50년	30년(20년)
삼나무	50년	30년(30년)
편백	60년	40년(30년)
기타 침엽수	60년	40년(30년)
참나무류	60년	25년(20년)
포플러류	3년	3년
기타 활엽수	60년	40년(20년)

「산림자원의 조성 및 관리에 관한 법률 시행규칙」 별표 3

특수용도 기준벌기령은 일반 기준벌기령 중 기업경영림의 기준벌기령을 적용. 다만, 소나무의 경우에는 특수용도 기준벌기령을 적용하지 않음

📄 **Exercise**

국유림에서 소나무, 잣나무, 리기다소나무, 낙엽송의 기준벌기령을 쓰시오.

> **풀이** • 소나무 : 60년   • 잣나무 : 60년
>   • 리기다소나무 : 30년   • 낙엽송 : 50년

② 벌채령(伐採齡)

임목이 실제로 벌채되는 연령

[벌기령의 구분]

법정벌기령	벌기령과 벌채령이 일치할 때의 벌기령
불법정벌기령	벌기령과 벌채령이 일치하지 않을 때의 벌기령

TOPIC·10 벌기령의 종류

① 자연적 벌기령(조림적 벌기령, 생리적 벌기령)
- 산림을 보다 건전하고 왕성하게 가꾸는 것에 근본적 의미가 있는 벌기령
- 임목이 자연적으로 고사하는 연령 또는 천연갱신을 하는 데 가장 적절한 시기 등을 벌기령으로 정하는 방법

② 공예적 벌기령
- 특정 용도에 적합한 용재를 생산하는 데 필요한 연령을 기준으로 결정되는 벌기령
- 갱목이나 신탄재를 생산할 경우 가장 알맞은 크기가 25년이라면 공예적 벌기령은 25년
- 펄프재, 신탄재, 철도 침목 등의 생산에 적용되며, 짧은 벌기령이 유리

③ 재적수확 최대의 벌기령
- 단위면적당 목재의 (평균)생산량이 최대가 되는 연령을 벌기령으로 정하는 방법
- 벌기평균생장량(총평균생장량)이 최대인 시기가 적당

④ 토지순수익 최대의 벌기령(이재적 벌기령)
- 임지에서 장래 기대되는 순수입의 자본가인 토지기망가가 최대가 되는 시기를 벌기령으로 정하는 방법으로 우리나라에서 적용되는 벌기령
- 토지기망가 : 장래에 임지에서 기대되는 순수입을 현재의 가치로 환산한 것

• 토지기망가 $B_u = \dfrac{A_u + D_a 1.0P^{u-a} + D_b 1.0P^{u-b} + \cdots - C1.0P^u}{1.0P^u - 1} - V$

여기서, B_u : U년 때의 토지기망가, A_u : 주벌수입, P : 이율, U : 윤벌기
C : 조림비, V : 관리자본, $D_a, D_b \cdots$: $a, b \cdots$ 년도의 간벌수입

참고 📖

벌기령에 영향을 미치는 요소

• 이율(P) : 이율이 높을수록 벌기령이 짧아진다.
• 주벌수입(A_u) : 소경목과 대경목의 단가 차이가 클수록 벌기령이 길어지며, 작을수록 벌기령이 짧아진다.
• 간벌수입(ΣD) : 간벌량이 많고 간벌시기가 빠를수록 벌기령이 짧아진다.
• 조림비(C) : 조림비가 적을수록 벌기령이 짧아진다.
• 관리자본(V) : 벌기령의 장단과 무관하다.

⑤ 산림순수익 최대의 벌기령

• 산림경영의 총수익에서 들어간 모든 비용을 공제한 산림순수익이 최대가 되는 연령을 벌기령으로 정하는 방법
• 벌기령 중 가장 긴 벌기령으로 간단작업에는 적용이 곤란하며, 안전 보속을 추구하는 국·공유림의 경영에 주로 적용

⑥ 화폐수익 최대의 벌기령

일정 면적에서 매년 평균적으로 최대 화폐수익을 올릴 수 있는 연령을 벌기령으로 정하는 방법

⑦ 수익률 최대의 벌기령

생산자본에 대한 순수익의 비율인 수익률이 최고가 되는 시기를 벌기령으로 정하는 방법

TOPIC · 11 윤벌기와 회귀년

① 윤벌기(輪伐期)

• 보속작업에서 한 작업급에 속하는 모든 임분을 일순벌(一巡伐)하는 데 소요되는 기간
  * 작업급(作業級) : 경영계획구 내에서 수종, 작업종, 벌기령이 유사하여 공통적으로 시업을 조절할 수 있는 임분의 집단
• 개벌작업에 따른 법정림사상에 기인한 개념
• 윤벌령 : 수확벌채가 가능한 성숙한 임분의 연령, 한 작업급의 평균 벌기령
• 벌채와 동시에 갱신이 시작되는 경우 윤벌기와 윤벌령은 동일하지만, 보통은 벌채 후 임목 반출기간, 휴한기 등으로 갱신이 늦어져 윤벌기는 그 갱신기간만큼 길어짐
• 윤벌기＝윤벌령(벌기령)＋갱신기간

② 회귀년(回歸年)
- 택벌작업급을 몇 개의 벌구로 나눠 매년 순차적으로 택벌하고, 다시 최초의 택벌구로 벌채가 되돌아오는 데 소요되는 기간으로 택벌작업에 따른 개념
- 벌구식 택벌작업에서 맨 처음 벌채된 벌구가 다시 택벌될 때까지의 소요기간

TOPIC·12 정리기와 갱신기

① 정리기(개량기, 갱정기)
- 불법정인 영급관계를 법정인 영급관계로 점차 정리하는 기간
- 임상 개량의 목적이 달성될 때까지 임시적으로 설정하는 예상적 기간으로 개벌작업을 하는 산림에 적용
- 법정림인 경우 연벌량에 따라 매년 순차적으로 일정한 양을 벌채할 수 있지만, 실제 산림의 대부분은 불법정으로 노령림이나 유령림이 너무 많은 등 영급관계가 편중되어 일정한 연벌량을 구할 수 없음. 이에 따라 발생하는 불이익을 줄이고자 정리기가 필요
- 노령림과 유령림이 함께 존재하는 임분을 벌채할 때 윤벌기로 구한 연벌량에서 오는 불이익을 적게 하여 수확량을 대략 균등하게 지속시키기 위하여 채택

② 갱신기
- 산벌작업은 예비벌, 하종벌, 후벌로 이루어지는데, 이때 예비벌로 시작하여 후벌을 끝낼 때까지의 기간
- 개벌작업에서는 벌채 후 벌채목이 반출되고 새로운 임분이 성립될 때까지의 기간

TOPIC·13 법정림

① 법정림의 개념
- 법정림(法正林, normal forest)이란 매년 수확량이 균등하게 될 수 있는 내용 조건을 완벽하게 갖춘 산림으로 경영목적에 따라 벌채하여도 남아 있는 임목의 생장에 전혀 지장을 주지 않아 재적수확의 보속을 실현할 수 있다.
- 개벌작업의 보속성에 기초하여 생겨난 개념으로 택벌작업 등 다른 작업에는 적용하기 어렵다.

② 법정상태의 개념
- 산림 수목의 연령이 고르게 분포하고, 각 임분의 점유면적이 비슷하며, 정상적 생장으로 적절한 임목축적을 유지하고 있어, 해마다 비슷한 양의 목재수확을 계속할 수 있는 조건을 갖춘 법정림의 상태를 법정상태라 한다.
- 법정상태의 요건(구비 조건) : 법정영급분배, 법정임분배치, 법정생장량, 법정축적

TOPIC · 14 법정영급분배

① 1영계부터 벌기영계까지 모든 연령의 임목이 동일한 면적을 차지하고 있는 상태이나, 현실적으로 이러한 법정영계분배로 유도하는 것은 어려워 몇 개의 영계를 하나의 영급으로 묶어 각 영급이 동일한 면적을 점하고 있을 때 법정영급분배라 한다.

* 영계 : 임목의 각 연령급

② 즉, 해마다 균등한 수확을 할 수 있도록 각 영급의 면적을 동일하게 하는 것으로 법정상태 실현에서 중요한 조건이다.

③ 법정영급분배 계산법

• 법정영계면적 $a = \dfrac{F}{U}$ • 법정영급면적 $A = \dfrac{F}{U} \times n$ • 영급 수 $= \dfrac{U}{n}$

여기서, U : 윤벌기, F : 산림면적(ha), n : 1영급의 영계 수

📖 **Exercise**

법정림의 산림면적이 2,400ha, 윤벌기가 60년, 영계 수가 10일 때 법정영급면적 및 영급 수를 구하시오.

풀이 • 법정영급면적 $A = \dfrac{F}{U} \times n = \dfrac{2,400}{60} \times 10 = 400\text{ha}$

 • 영급 수 $= \dfrac{U}{n} = \dfrac{60}{10} = 6$개

④ 개위면적에 의한 법정영급분배
임지의 생산능력에는 차이가 있으므로 각 영계의 벌기재적이 동일하도록 생산능력에 따라 수정한 면적을 개위면적이라 한다.

Exercise

다음의 표에서 각 임분의 개위면적을 구하시오.

임분	면적(ha)	1ha당 벌기재적(m³)
1등지	20	5
2등지	20	4
3등지	20	3
계	60	

풀이
- 벌기평균재적 $= \dfrac{(20 \times 5) + (20 \times 4) + (20 \times 3)}{60} = 4 \mathrm{m}^3/\mathrm{ha}$
- 개위면적 : 1등지 $20 \times 5 = 4 \times x$ 이므로 $x = 25 \mathrm{ha}$
  2등지 $20 \times 4 = 4 \times x$ 이므로 $x = 20 \mathrm{ha}$
  3등지 $20 \times 3 = 4 \times x$ 이므로 $x = 15 \mathrm{ha}$

TOPIC·15 법정임분배치와 법정생장량

① 법정임분배치
- 임목의 이용과 보호를 위한 벌채 및 반출, 임분의 갱신 등에 지장이 없도록 적절한 배치를 유도하여 보속수확을 유지하는 법정 조건이다.
- 재적수확 보속의 실현에서 기본적인 것으로 직접적인 요건은 아니며, 지속적 수확에 문제가 없도록 알맞게 배치하는 데 의의가 있다.

② 법정생장량
- 법정림 1년간 생장량의 합계, 즉 각 영계별 임분의 연년 생장량의 합계이다.
- 법정림 1년간의 생장량은 곧 매년의 벌채량이므로 법정연벌량, 벌기임분의 재적(벌기축적)과도 같다.

TOPIC·16 법정축적

① 영급분배와 생장이 법정상태일 때 보유할 작업급 전체의 축적, 즉 각 임분의 영급분배가 고루 이루어져 있으며, 법정생장을 하고 있을 때 그 산림이 보유하고 있는 축적이다.

② 법정축적 계산법

• 벌기수확에 의한 법정축적 계산

$$\text{법정축적 } V_s = \frac{U}{2} \times V_u \times \frac{F}{U}$$

여기서, U : 윤벌기, V_u : 윤벌기의 ha당 재적(m³), F : 산림면적(ha)

• 수확표에 의한 법정축적 계산

$$\text{법정축적 } V_s = n\left(V_n + V_{2n} + V_{3n} + \cdots + V_{u-n} + \frac{V_u}{2}\right) \times \frac{F}{U}$$

여기서, n : 수확표의 재적표시기간, V_n, $V_{2n}\cdots$: n년마다의 ha당 재적(m³)
V_u : 윤벌기의 ha당 재적(m³), U : 윤벌기, F : 산림면적(ha)

▣ **Exercise**

법정림의 수확량이 다음과 같을 때, 법정축적을 구하시오(산림면적 80ha, 윤벌기 40년).

임령	10	20	30	40
ha당 재적	20	100	200	300

풀이 • 벌기수확에 의한 법정축적 $V_s = \dfrac{U}{2} \times V_u \times \dfrac{F}{U}$

$$= \frac{40}{2} \times 300 \times \frac{80}{40} = 12{,}000\text{m}^3$$

• 수확표에 의한 법정축적 $V_s = n\left(V_n + V_{2n} + V_{3n} + \cdots + V_{u-n} + \dfrac{V_u}{2}\right) \times \dfrac{F}{U}$

$$= 10\left(20 + 100 + 200 + \frac{300}{2}\right) \times \frac{80}{40} = 9{,}400\text{m}^3$$

TOPIC· **17** **법정벌채량**

① 기존의 남아 있는 축적에는 변화를 주지 않으면서 벌채되는 재적, 즉 법정상태를 유지하면서 벌채되는 임목의 양이다.

② 법정벌채량＝법정연벌량(NAC)＝법정생장량(I_n)＝벌기임분재적(V_u)
　　　　　　＝벌기평균생장량(MAI)×윤벌기(U)

③ 법정벌채량 계산법

- 개벌 시 : 법정연벌률(법정수확률, %) $P = \dfrac{200}{U}$

- 택벌 시 : 법정택벌률(%) $P = \dfrac{200}{U} \times n$

- 법정벌채량 $= \dfrac{법정연벌률(P)}{100} \times 법정축적(V_s)$

여기서, U : 윤벌기, n : 회귀년

Exercise

벌채율이 50%이고 윤벌기가 120년일 때 회귀년을 계산하시오.

풀이 $P = \dfrac{200}{U} \times n$ 에서 $50 = \dfrac{200}{120} \times n$ 이므로, 회귀년$(n) = 30$년

TOPIC·18   지위와 지위지수

① 지위(地位)
- 지위란 토양 조건, 지형, 기후, 기타 환경인자 등의 상호작용 결과로 얻어진 임지의 자연적 생산능력, 즉 임지의 생산능력을 나타낸다.
- 임지의 생산능력을 나타내는 지위는 수목의 수고생장과 가장 연관성이 크다.
- 지위는 지역이나 수종에 따라 다르게 나타나므로 지위를 정할 때는 지역별 · 수종별로 구분하여 판단한다.

② 지위지수(地位指數)
- 일정 기준임령에서의 우세목의 평균수고를 조사하여 수치로 나타낸 것으로 지위를 판단하는 지표로 사용된다.
- 임목의 직경은 밀도의 영향을 많이 받지만, 수고(특히, 우세목의 수고)는 밀도의 영향을 거의 받지 않고 지위에 의해 생장이 결정되어 우세목의 수고를 지위지수 판별에 사용하고 있다.
- 우리나라에서는 대부분 수종의 기준임령은 20년이며, 상수리, 신갈나무 등은 30년이다. 즉, 임령이 20년 또는 30년일 때 우세목의 수고를 지위지수로 결정한다.

TOPIC·19 지위사정(査定)의 방법

① 지위지수에 의한 방법(우세목 수고에 의한 방법)

임지의 생산능력을 구체적 수치로 나타낸 지위지수에 의해 판정하는 방법

- 지위지수 분류표에 의한 방법
  - 기존에 미리 조사된 지위지수 분류표를 이용하여 지위를 알고자 하는 임지의 임령과 우세목의 평균수고에 따라 지위를 읽어 판별한다.
  - 아래 소나무 임분의 지위지수 분류표에서 임령이 20년이며, 우세목의 평균수고가 14m라면, 이 소나무의 지위지수는 14로 판정할 수 있다.

[소나무 임분의 지위지수 분류표]　　　　　　　　　　　　　　　　　　　　（단위 : m）

임령(년)	지위지수				임령(년)	지위지수			
	10	12	14	16		10	12	14	16
10	3.3	4.0	4.6	5.2	20	10.0	12.0	14.0	16.0
15	6.9	8.3	9.6	10.9	25	12.4	14.9	17.4	19.9

* 각 칸의 수치는 수고를 나타냄

📋 Exercise

임령 32년, 우세목의 평균수고가 17m일 때 아래의 지위지수표를 이용하여 임분의 지위지수를 구하시오.

（단위 : m）

임령(년)	지위지수			
	6	8	10	12
25	8.0	10.3	13.1	15.8
30	9.2	12.4	15.4	18.6
35	10.7	14.4	17.9	21.6

풀이 풀이 1)

표의 지위지수 10에서 30~35년생의 수고는 15.4~17.9m이므로, 임령이 32년생이며 평균 수고가 17m이면 지위지수 10에 해당한다.

풀이 2)

임령이 32년이며, 우세목의 평균수고가 17m이므로 지위지수는 대략 10이나 12 부근임을 알 수 있다. 따라서 임령이 32년일 때의 지위지수 10과 12에 해당하는 수고를 구하여, 17m에 더 가까운 지위지수를 선택한다.

① 지위지수가 10인 경우의 수고 : $15.4 + \dfrac{2}{5} \times (17.9 - 15.4) = 16.4\text{m}$

② 지위지수가 12인 경우의 수고 : $18.6 + \dfrac{2}{5} \times (21.6 - 18.6) = 19.8\text{m}$

계산결과가 17m에 더 가까운 수고는 지위지수가 10일 때이므로, 이 임분의 지위지수는 10으로 판정한다.

- 지위지수 분류곡선에 의한 방법
  - 기존의 지위지수 분류곡선을 이용하여 횡축에는 임령을, 종축에는 우세목의 평균수고를 넣어 두 선이 만나는 교차점에서 가까운 곡선 수치를 읽어 지위를 판별한다.
  - 아래와 같은 소나무 임분의 지위지수 분류곡선에서 임령이 35년이며, 우세목의 평균수고가 15m라면 이 소나무의 지위지수는 16으로 판정할 수 있다.

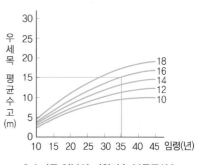

▎ 소나무 임분의 지위지수 분류곡선 ▎

② 환경인자에 의한 방법

토양, 지형, 기후 등의 환경인자로 지위를 판정하는 방법으로 수목이 없거나 평가 불가능한 치수만 있는 임지의 간접적 지위 판단에 이용한다.

- 입지환경인자 : 기후, 지형, 경사, 표고, 방위 등
- 토양단면인자 : 토양구조, 토심, 토성, 토색, 건습도 등

③ 지표식물에 의한 방법

- 환경 조건에 따라 발생한 지표식물로 지위를 간접적으로 판정하는 방법으로 주로 한랭하여 지표식물의 종류가 적은 곳에서 사용된다.
- 특히, 추운 북부의 임지에서는 하층의 지표식물이 지위지수와 아주 큰 연관성이 있어 지표식물을 통해 어떠한 산림이 형성되고 지위는 어느 정도인지를 예상해볼 수 있다.

▤ Exercise

지위를 사정하는 방법 3가지를 간략하게 쓰시오.

풀이
- 지위지수에 의한 방법(우세목 수고에 의한 방법) : 지위지수 분류표, 지위지수 분류곡선
- 환경인자에 의한 방법 : 입지환경인자, 토양단면인자
- 지표식물에 의한 방법 : 한랭한 곳

▤ Exercise

간접적인 지위지수 측정방법 3가지를 쓰시오.

풀이
- 입지환경인자에 의한 방법 : 기후, 지형, 경사, 표고, 방위 등
- 토양단면인자에 의한 방법 : 토양구조, 토심, 토성, 토색, 건습도 등
- 지표식물에 의한 방법 : 한랭한 곳

TOPIC·20 임분밀도의 척도와 수확표

① 임분밀도의 척도

단위면적당 임목본수, 재적, 흉고단면적, 상대밀도, 입목도, 임분밀도지수, 수관경쟁인자, 상대공간지수 등이 있다.

② 입목도(立木度)

이상적인 임분의 재적·본수·흉고단면적에 대한 실제 임분의 재적·본수·흉고단면적의 비율

- 법정상태의 임목본수에 대한 현재 생육하고 있는 임목본수의 비
- 법정축적(정상축적)에 대한 현실축적의 비
- 수확표상의 흉고단면적에 대한 실제 흉고단면적의 비
- 수확표상의 입목재적에 대한 실제 임분의 입목재적의 비

📖 Exercise

다음 표를 보고 지위별 입목도를 계산하시오(소수점 둘째 자리에서 반올림).

지위	현실축적	법정축적
16	300	350
18	350	400
20	400	420

풀이 입목도$(\%) = \dfrac{\text{현실축적}}{\text{법정축적}} \times 100$ 이므로

- 지위 16 : 입목도 $= \dfrac{300}{350} \times 100 = 85.714\cdots$ ∴ 85.7%

- 지위 18 : 입목도 $= \dfrac{350}{400} \times 100 = 87.5\%$

- 지위 20 : 입목도 $= \dfrac{400}{420} \times 100 = 95.238\cdots$ ∴ 95.2%

③ 수확표

- 수종에 따라 연령별, 지위지수별, 주·부임목별로 산림의 단위면적당 본수, 단면적, 재적, 생장량(연년, 평균)과 평균직경, 평균수고, 평균재적, 생장률 등을 5년마다의 수치로 기록한 표이다.
- 수확표의 용도 : 임목재적 측정, 임분재적 측정, 생장량 예측, 수확량 예측, 지위 판정, 입목도 및 벌기령 결정, 경영성과 판정, 산림평가, 경영기술의 지침, 육림보육의 지침 등

TOPIC·21 수확조정기법

산림수확 중 목재의 주벌수확에 초점을 맞춰 어느 정도의 면적에 어느 정도의 양을 수확할 것인가를 결정하는 작업을 수확조정이라 하며, 다음 표와 같은 수확조정기법이 발달하였다.

[수확조정기법의 발달]

구분	내용
구획윤벌법	단순구획윤벌법, 비례구획윤벌법
재적배분법	Beckmann법, Hufnagl법
평분법	재적평분법, 면적평분법, 절충평분법
법정축적법	• 교차법 : Kameraltaxe법, Heyer법, Karl법, Gehrhardt법 • 이용률법 : Hundeshagen법, Mantel법 • 수정계수법 : Breymann법, Schmidt법
영급법	순수영급법, 임분경제법, 등면적법
생장량법	Martin법, 생장률법, 조사법

수확조정기법 중 재적배분법과 재적평분법은 재적수확의 보속을, 면적평분법과 순수영급법은 법정상태 실현을, 임분경제법과 조사법은 경제성을 추구한다.

TOPIC·22 구획윤벌법과 재적배분법

① 구획윤벌법
- 전 산림면적을 윤벌기 연수와 같은 수의 벌구로 나누어 전 윤벌기를 지내는 동안 매년 한 벌구씩 벌채·수확할 수 있도록 조정한 것으로 가장 오래된 수확조정기법이다.
- 구획윤벌법의 종류
  - 단순구획윤벌법 : 전 산림면적을 기계적으로 윤벌기 연수로 나누어 벌구면적을 같게 하는 방식
  - 비례구획윤벌법 : 토지의 생산능력에 따라 벌구면적을 조절하여 연수확량을 같게 하는 방식

② 재적배분법
- 재적을 기준으로 수확예정량을 결정하여, 재적수확을 균등하게 하는 조정기법으로 1759년 베크만(Beckmann)이 고안했다.

- 재적배분법의 종류
  - 베크만(Beckmann)법 : 임분의 전체 임목을 직경의 크기에 따라 성숙목과 미성숙목으로 구분하고, 미성숙목이 성숙목이 되기까지의 수확조정기간인 경리기간을 두어 후에 재적수확을 균등하게 하는 방식
  - 허프나글(Hufnagl)법 : 전 임분의 임목을 윤벌기 연수의 1/2 이상 되는 연령과 그 이하의 연령으로 나누어 전자는 윤벌기 전반에, 후자는 윤벌기 후반에 수확함으로써 재적수확을 균등하게 하는 방식

TOPIC · **23** **평분법**

① 한 윤벌기를 몇 개의 분기로 나누고 매 분기마다 수확량을 같게 하는 조정기법이다.
② 1795년 하르티그(Hartig)에 의해 재적평분법이 완성되었으며, 이후 코타(Cotta)에 의해 면적평분법과 절충평분법이 발전하였다.

③ 평분법의 종류
  - 재적평분법 : 각 분기의 벌채 재적을 동일하게 하여 재적수확의 균등을 도모하려는 방식
  - 면적평분법 : 각 분기의 벌채 면적을 동일하게 하여 수확하는 것으로 재적수확의 균등보다는 장소적인 규제를 더 중시하는 방식
  - 절충평분법 : 재적평분법의 재적보속수확과 면적평분법의 법정임분배치를 모두 이루기 위해 장점만을 절충한 방식

④ 평분법의 문제점
  - 면적평분법은 실제 산림에서는 유령임분을 벌채하고 과숙임분을 벌채하지 못하는 경우가 발생하여 경제적 손실이 따른다.
  - 면적평분법은 개벌작업에는 응용할 수 있지만, 택벌작업에는 응용할 수 없다.
  - 재적평분법은 경제변동에 대한 탄력성이 없다.
  - 재적평분법은 산림의 법정상태를 고려하지 않는다.

TOPIC·24 법정축적법

① 산림 연간벌채량의 기준을 연간생장량에 두고, 현실림과 정상적인 축적의 차이에 의해 조절하는 수확기법으로 현실림을 점차 법정림으로 유도하는 방식이다. 즉, 법정축적에 도달하도록 하는 수식법이다.

② 법정축적법의 종류

- 교차법 : 카메랄탁세(Kameraltaxe)법, 하이어(Heyer)법, 칼(Karl)법, 게르하르트(Gehrhardt)법

  - 카메랄탁세법[오스트리안(Austrian) 공식]의 연간표준벌채량(Y) 계산

$$Y = I + \frac{G_a - G_r}{a} = 현실\ 연간생장량 + \frac{현실축적 - 법정축적}{갱정기(정리기)}$$

  - 하이어법의 연간표준벌채량(Y) 계산

$$Y = I \times c + \frac{G_a - G_r}{a} = 임분의\ 평균생장량 \times 조정계수 + \frac{현실축적 - 법정축적}{갱정기(정리기)}$$

▣ Exercise

Kameraltaxe법에 의한 수확량을 계산하고자 한다. 어떤 임분에서 다음과 같은 수치를 얻었을 때 연간표준벌채량(m³)을 계산하시오.

- 생장량 : 198m³
- 현재축적 : 1,500m³
- 정상축적 : 800m³
- 갱정기 : 35년

풀이 연간표준벌채량 $= 현실\ 연간생장량 + \dfrac{현실축적 - 법정축적}{갱정기}$

$= 198 + \dfrac{1,500 - 800}{35} = 218\text{m}^3$

▣ Exercise

평균생장량 10m³/ha, 현실축적 350m³/ha, 법정축적 450m³/ha, 조정계수 0.7, 갱정기 20년일 때 Heyer식에 의한 연간표준벌채량을 구하시오.

풀이 연간표준벌채량 $= 임분의\ 평균생장량 \times 조정계수 + \dfrac{현실축적 - 법정축적}{갱정기}$

$= 10 \times 0.7 + \dfrac{350 - 450}{20} = 2\text{m}^3/\text{ha}$

• 이용률법 : 훈데스하겐(Hundeshagen)법, 맨텔(Mantel)법

훈데스하겐법은 생장량이 축적에 비례한다는 가정하에 실시하는 방법이다. 하지만 임분의 생장은 유령임분에서는 왕성하고 과숙임분에서는 미미하므로, 임분의 영급이 불법정일 경우에는 적용하기 어렵다.

- 훈데스하겐법의 연간표준벌채량(Y) 계산

$$Y = \frac{E_n}{G_r} \times G_a = \frac{\text{법정벌채량}}{\text{법정축적}} \times \text{현실축적}$$

- 맨텔법의 연간표준벌채량(Y) 계산

$$Y = \frac{2 \times G_a}{U} = \frac{2 \times \text{현실축적}}{\text{윤벌기}}$$

• 수정계수법 : 브레이만(Breymann)법, 슈미트(Schmidt)법

📖 **Exercise**

어떤 임분의 현실축적이 ha당 450m³, 수확표에 의해 계산된 법정축적은 ha당 350m³이다. 이 임분의 법정벌채량이 ha당 7m³라 할 때 연간표준벌채량을 Hundeshagen법으로 계산하시오.

풀이 연간표준벌채량 $= \dfrac{\text{법정벌채량}}{\text{법정축적}} \times \text{현실축적} = \dfrac{7}{350} \times 450 = 9\text{m}^3/\text{ha}$

TOPIC·**25** **영급법**

① 면적평분법의 법정임분배치에 있어 임반단위에 따른 손실을 줄이고자 쥬디히(Judeich)가 처음 고안한 수확기법이다.

② 영급법의 종류
• 순수영급법 : 절충평분법이 발전하여 완성된 것으로 경제성보다 법정상태의 실현을 중시하는 기법
• 임분경제법
  - 임분을 가장 경제적일 때 벌채하여 이용하자는 경제성에 무게를 둔 기법
  - 법정상태의 실현보다는 현재의 경제성을 중시하여 순수영급법보다 수익을 추구
• 등면적법 : 순수영급법과 임분경제법의 단점을 보완하여 완성한 조정법

TOPIC · 26 생장량법

① 생장량을 곧 수확예정량으로 하는 조정법이다.

② 생장량법의 종류
- 마틴(Martin)법 : 각 임분의 평균생장량의 합계를 곧 수확예정량으로 하는 순수생장량법
- 생장률법
  - 현실축적에 각 임분의 평균생장률을 곱한 연년생장량을 수확예정량으로 하는 방식
  - 연년생장량＝현실축적 × 생장률＝표준연벌량
- 조사법
  - 일정한 수식이나 특수한 규정이 따로 정해져 있는 것이 아니라 경험을 근거로 실행하는 방식
  - 조림과 무육을 위주로 실행하며, 직접 연년생장량을 측정하여 수확예정량을 결정
  - 1878년 프랑스의 귀르노(Gurnaud)가 고안, 스위스의 비올레(Biolley)에 의해 발전
  - 산림의 축적(생장량) 조사에 많은 시간과 비용이 소요되므로 집약적인 경영을 하는 산림에 적용하며, 조방적 경영에는 적용이 곤란
  - 문제점
    ‣ 생장량의 조사에 시간과 비용이 다량 소요
    ‣ 경험에 의하여 실행하므로 고도의 숙련된 기술이 필요
    ‣ 개벌작업 외 모든 작업에 적용 가능하나, 거의 택벌림에 적용됨
    ‣ 현실은 개벌에 의한 동령일제림이 많으므로 적용 범위가 선택적

참고 📖

조사법의 기간생장량(Z) 계산
- $Z = V_2 - V_1 + n =$ 기간(경리) 말 축적 − 기간 초 축적 + 기간 중 벌채 이용 및 고사량
- 소경목, 중경목, 대경목의 재적비율이 2 : 3 : 5일 때 기간생장량이 큼

📱 **Exercise**

산림면적 15ha의 경리 초 재적이 80m³/ha, 경리 말 재적이 180m³/ha이고, 경리기간 중 벌채량이 10m³/ha일 때, 조사법에 의한 경리기간 생장량을 구하시오.

> **풀이** 기간생장량＝기간 말 축적 − 기간 초 축적 + 기간 중 벌채 이용 및 고사량
> $$= 180 - 80 + 10 = 110\text{m}^3/\text{ha}$$
> 산림면적이 15ha이므로 $110 \times 15 = 1,650\text{m}^3$

TOPIC·27 산림평가

산림평가란 산림을 구성하는 임지, 임목, 부산물, 시설 등의 경제적 가치를 산정하여 화폐가치로 나타내는 것을 말한다.

① 산림평가의 활용
- 산림을 매매, 교환, 분할 및 병합할 때의 가격사정
- 산림을 대차할 때의 가격사정
- 산림보험의 보험금액 및 산림피해의 손해액 산정
- 산림의 과세표준액 결정

② 산림평가의 산림경영요소
- 수익 : 주수익(주벌수익, 간벌수익), 부수익(부산물)
- 비용 : 조림비, 채취비, 관리비, 지대
- 임업이율

③ 임업이율의 성격
- 임업이율은 대부이자가 아니고 자본이자이다.
- 임업이율은 단기이율이 아니고 장기이율이다.
- 임업이율은 현실이율이 아니고 평정이율(계산이율)이다.
- 임업이율은 실질적 이율이 아니고 명목적 이율이다.
- 임업이율의 계산은 복리를 적용한다.

④ 임업이율을 낮게 평정해야 하는 이유
- 산림소유의 안정성
- 산림 관리경영의 간편성
- 생산기간의 장기성
- 산림재산과 임료수입의 유동성
- 재적 및 금원수확의 증가와 산림재산의 가치등귀
- 문화발전에 따른 이율의 저하
- 산림소유에 대한 개인적 가치 평가

TOPIC · 28 이자의 계산법

① 단리법

최초의 원금에 대해서만 이자를 계산하는 방법, 단기이자 계산에 사용, 원금과 이자액이 매년 일정

$$N = V(1 + nP)$$

여기서, N : 원리합계, V : 원금, n : 기간, P : 이율

② 복리법

- 일정 기간마다 이자를 원금에 가산하여 얻은 원리합계를 다음의 원금으로 하여 계산하는 방법
- 복리법 = 원금(V)의 n년 후의 후가 = n년간의 복리와 원금의 원리합계

$$N = V(1 + P)^n = V \times 1.0P^n$$

여기서, N : 원리합계, V : 원금, n : 기간, P : 이율

TOPIC · 29 산림평가의 복리산 공식

① 후가식(後價式)

현재 자본금이 V이고, 이율이 P일 때 n년 후의 자본금 N(후가)을 구하는 공식

$$N = V(1 + P)^n = V \times 1.0P^n$$

여기서, $(1 + P)^n$: 후가계수, 복리율

📖 **Exercise**

현재의 1,000,000원이 연이율 8%라면 2년 후에 얼마가 되는지 계산하시오.

풀이 $N = V \times 1.0P^n = 1,000,000 \times 1.08^2 = 1,166,400$원

② 전가식(前價式)

이율이 P이고, n년 후에 자본금 N을 만들기 위해 현재의 자본금 V(전가)를 구하는 공식

$$V = \frac{N}{(1 + P)^n} = \frac{N}{1.0P^n}$$

여기서, $\dfrac{1}{(1 + P)^n}$: 전가계수, 현재가계수, 할인율

③ 무한연년이자의 전가식

매년 말에 r씩 영구히 얻을 수 있는 이자의 전가합계식

$$K = \frac{r}{P} = \frac{r}{0.0P}$$

여기서, P : 이율

⊟ Exercise

관리비가 매년 500만 원일 때 소요되는 관리자본가를 계산하시오(이율 10%).

풀이 $K = \dfrac{r}{P} = \dfrac{5{,}000{,}000}{0.1} = 50{,}000{,}000$원

④ 무한정기이자의 전가식

• 현재로부터 n년마다 R씩 영구히 얻을 수 있는 이자의 전가합계식

$$K = \frac{R}{(1+P)^n - 1} = \frac{R}{1.0P^n - 1}$$

여기서, P : 이율

⊟ Exercise

40년마다 1,000,000원씩 수입을 얻을 수 있는 소나무림의 현재가를 계산하시오(이율은 5%, 1.05^{40}의 후가계수는 7.04, 백 원 이하는 버림).

풀이 $K = \dfrac{R}{1.0P^n - 1} = \dfrac{1{,}000{,}000}{1.05^{40} - 1} = \dfrac{1{,}000{,}000}{7.04 - 1} = 165{,}562.91 \cdots$ ∴ $165{,}000$원

• 제1회는 m년 후에, 그 다음부터는 n년마다 R씩 영구히 얻을 수 있는 이자의 전가합계식

$$K = \frac{R(1+P)^{n-m}}{(1+P)^n - 1} = \frac{R\ 1.0P^{n-m}}{1.0P^n - 1}$$

여기서, P : 이율

⑤ 유한연년이자의 후가식

매년 말에 r씩 n회 얻을 수 있는 이자의 후가합계식

$$K = \frac{r\{(1+P)^n - 1\}}{P} = \frac{r(1.0P^n - 1)}{0.0P}$$

여기서, P : 이율

이율이 3%로 매년 10,000원씩의 관리비가 들어갈 때 5년 후의 후가를 쓰시오.

풀이 $K = \dfrac{r(1.0P^n - 1)}{0.0P} = \dfrac{10,000(1.03^5 - 1)}{0.03} = 53,091.3581$원

⑥ 유한연년이자의 전가식

매년 말에 r씩 n회 얻을 수 있는 이자의 전가합계식

$$K = \frac{r}{P} \times \frac{(1+P)^n - 1}{(1+P)^n} = \frac{r}{0.0P} \times \frac{1.0P^n - 1}{1.0P^n} = \frac{r(1.0P^n - 1)}{0.0P \times 1.0P^n}$$

여기서, P : 이율, $\dfrac{(1+P)^n - 1}{(1+P)^n} = \dfrac{1.0P^n - 1}{1.0P^n}$: 연금전가계수, 연금불현가계수

5,000만 원을 들여서 임도를 건설하였다. 연이율 6%로 30년간 상환한다면 상각비는 얼마인지 주어진 값만을 사용하여 계산하시오($1.06^{30} = 5.7435$, $\dfrac{1}{1.06^{30} - 1} = 0.2108$, 소수점 이하 절사).

풀이 $K = \dfrac{r(1.0P^n - 1)}{0.0P \times 1.0P^n}$ 식에 대입하면 $50,000,000 = \dfrac{r(1.06^{30} - 1)}{0.06 \times 1.06^{30}}$ 이므로, 정리하면

$r = 50,000,000 \times \dfrac{0.06 \times 1.06^{30}}{(1.06^{30} - 1)} = 50,000,000 \times \dfrac{1}{(1.06^{30} - 1)} \times 0.06 \times 1.06^{30}$

$= 50,000,000 \times 0.2108 \times 0.06 \times 5.7435 = 3,632,189.4$

$\therefore 3,632,189$원

⑦ 유한정기이자의 후가식

m년마다 R씩 n회 얻을 수 있는 이자의 후가합계식

$$K = \frac{R\{(1+P)^{mn} - 1\}}{(1+P)^m - 1} = \frac{R(1.0P^{mn} - 1)}{1.0P^m - 1}$$

여기서, P : 이율

⑧ 유한정기이자의 전가식

m년마다 R씩 n회 얻을 수 있는 이자의 전가합계식

$$K = \frac{R\{(1+P)^{mn} - 1\}}{(1+P)^{mn}\{(1+P)^m - 1\}} = \frac{R(1.0P^{mn} - 1)}{1.0P^{mn}(1.0P^m - 1)}$$

여기서, P : 이율

[산림평가의 복리산 공식]

구분	공식	구분	공식
후가식	$N = V \times 1.0P^n$	유한연년이자의 후가식	$K = \dfrac{r(1.0P^n - 1)}{0.0P}$
전가식	$V = \dfrac{N}{1.0P^n}$	유한연년이자의 전가식	$K = \dfrac{r(1.0P^n - 1)}{0.0P \times 1.0P^n}$
무한연년이자의 전가식	$K = \dfrac{r}{0.0P}$	유한정기이자의 후가식	$K = \dfrac{R(1.0P^{mn} - 1)}{1.0P^m - 1}$
무한정기이자의 전가식	$K = \dfrac{R}{1.0P^n - 1}$	유한정기이자의 전가식	$K = \dfrac{R(1.0P^{mn} - 1)}{1.0P^{mn}(1.0P^m - 1)}$

TOPIC·30 산림의 기본 평가방법과 임지의 평가방법

① 산림의 기본 평가방법
- 비용가(원가)법 : 재화를 취득하거나 생산하는 데 소비된 과거의 비용을 현재가로 환산하여 평가하는 방법으로 유령림의 가치평가에 이용한다.
- 기망가법 : 어떤 재화로부터 장차 얻을 수 있을 것으로 기대되는 수익을 일정한 이율로 할인하여 현재가를 구하는 평가방법으로 장령림의 가치평가에 이용한다.
- 매매가(시장가)법 : 평가하려는 재화와 동일하거나 유사한 다른 재화의 가격을 표준으로 하여 재화의 가치를 평가하는 방법으로 장령림 이상 성숙림의 가치평가에 이용한다.
- 자본가(환원가, 공조가)법 : 어떤 재화로부터 매년 일정한 수익액을 영구적으로 얻을 수 있을 경우에 그 수익액을 공정한 이율로 나누어 현재가를 결정하는 방법이다.

② 임지의 평가방법
임업에서 주로 적용하고 있는 임지평가는 다음과 같다.

[임지 평가방법의 종류]

구분	평가방법
원가방식에 의한 임지평가	원가방법, 임지비용가법
수익방식에 의한 임지평가	임지기망가법, 수익환원법
비교방식에 의한 임지평가	직접사례비교법(대용법, 입지법), 간접사례비교법
절충방식에 의한 임지평가	수익가 비교절충법, 기망가 비교절충법, 수확·수익 비교절충법, 주벌수익 비교절충법

TOPIC·31 임지비용가법

① 임지비용가 일반
- 임지비용가란 임지의 취득과 개량에 들어간 총비용의 후가합계에서 그동안 얻은 수익의 후가 합계를 공제한 가격으로 원가방식에 의한 임지평가법이다.
- 소요된 모든 비용의 후가합계 − 그동안 수입의 후가합계

② 임지비용가를 적용하는 경우
- 최소한 임지에 투입한 비용을 회수하고자 할 때
- 임지에 투입한 자본의 경제적 효과를 분석하고자 할 때
- 임지의 가격을 평정하는 데 다른 적당한 방법이 없을 때

③ 임지비용가의 계산
- 임지를 A원으로 구입하고 동시에 M원으로 개량한 후, 현재까지 n년이 경과한 경우

$$\text{임지비용가 } B_k = (A+M)(1+P)^n = (A+M)1.0P^n$$

   여기서, P : 이율

- 임지를 n년 전에 A원으로 구입하고, m년 전에 M원으로 개량한 경우

$$\text{임지비용가 } B_k = A(1+P)^n + M(1+P)^m = A1.0P^n + M1.0P^m$$

   여기서, P : 이율

- 임지를 n년 전에 A원으로 구입하고, 그 후 매년 M원의 임지개량비와 v원의 관리비를 계속하여 투입한 경우

$$\text{임지비용가 } B_k = A(1+P)^n + \frac{(M+v)\{(1+P)^n - 1\}}{P}$$
$$= A1.0P^n + \frac{(M+v)(1.0P^n - 1)}{0.0P}$$

   여기서, P : 이율

Exercise

20년 전 임지를 500만 원에 구입하고, 10년이 지난 후 임지개량비로 100만 원을 사용했을 때 임지비용가를 계산하시오(이율 6%, 소수점 이하는 버림).

> **풀이** $B_k = A1.0P^n + M1.0P^m = (5,000,000 \times 1.06^{20}) + (1,000,000 \times 1.06^{10})$
>
> $\qquad = 17,826,525.0576\cdots$
>
> $\qquad \therefore 17,826,525$ 원

Exercise

임지를 20년 전에 200,000원에 구입하고, 매년 개량비로 30,000원, 관리비로 15,000원을 지출하였으며, 간벌수익 미래가(후가)가 170,000원, 이율이 5%일 때 임지비용가를 산정하시오(소수점 이하 절사).

> **풀이** 총 들어간 비용 $B_k = A1.0P^n + \dfrac{(M+v)(1.0P^n - 1)}{0.0P}$
>
> $\qquad = (200,000 \times 1.05^{20}) + \dfrac{(30,000 + 15,000)(1.05^{20} - 1)}{0.05}$
>
> $\qquad = 2,018,627.4756\cdots \quad \therefore 2,018,627$ 원
>
> 간벌수익 후가 170,000원이 있으므로 $2,018,627 - 170,000 = 1,848,627$ 원

TOPIC·32 임지기망가법

① 임지기망가 일반

- 임지기망가란 일제림에서 일정 시업을 앞으로 영구히 실시한다고 가정할 때 그 임지에서 기대되는 순수익의 현재가 합계로 수익방식에 의한 임지평가법이다.
- 총수입의 현재가 − 총비용의 현재가 = 무한수익의 전가합계 − 무한비용의 전가합계

② 임지기망가의 계산

$$
\text{임지기망가 } B_u = \frac{A_u + D_a(1+P)^{u-a} + \cdots + D_q(1+P)^{u-q} - C(1+P)^u}{(1+P)^u - 1} - \frac{v}{0.0P}
$$

$$
= \frac{A_u + D_a1.0P^{u-a} + \cdots + D_q1.0P^{u-q} - C1.0P^u}{1.0P^u - 1} - \frac{v}{0.0P}
$$

여기서, u : 벌기, A_u : 주벌수익, D_a, $D_b\cdots$: a, $b\cdots$년도 간벌수익

C : 조림비, v : 관리비, P : 이율

Exercise

50년 벌기의 소나무를 개벌하여 주벌수입은 1,000만 원, 간벌수입은 20년일 때 100만 원, 30년일 때 200만 원을 얻을 수 있고, 조림비는 50만 원, 관리비는 매년 3만 원, 이율이 6%일 때 임지기망가를 구하시오(소수점 이하는 버림).

풀이
$$B_u = \frac{A_u + D_a 1.0P^{u-a} + \cdots + D_q 1.0P^{u-q} - C1.0P^u}{1.0P^u - 1} - \frac{v}{0.0P}$$

$$= \frac{10,000,000 + (1,000,000 \times 1.06^{50-20}) + (2,000,000 \times 1.06^{50-30}) - (500,000 \times 1.06^{50})}{1.06^{50} - 1}$$

$$- \frac{30,000}{0.06}$$

$$= 743,258.9158\cdots - 500,000 = 243,258.9158\cdots$$

$$\therefore 243,258원$$

③ 임지기망가 크기에 영향을 주는 요소
- 주벌수익과 간벌수익 : 항상 플러스(+) 값이므로, 값이 크고 시기가 빠를수록 임지기망가는 커진다.
- 조림비와 관리비 : 항상 마이너스(−) 값이므로, 값이 클수록 임지기망가는 작아진다.
- 이율 : 이율이 높으면 임지기망가는 작아지고, 낮으면 임지기망가는 커진다.
- 벌기 : 벌기가 길어지면 임지기망가의 값이 처음에는 증가하다가 어느 시기가 되면 최대에 도달하고, 그 후부터는 점차 감소한다.

④ 임지기망가의 최댓값 도달 시기
- 이율 : 이율이 높을수록 임지기망가의 최대 시기가 빨리 온다.
- 주벌수익 : 주벌수익의 증대속도가 빨리 감퇴할수록 임지기망가의 최대 시기가 빨리 온다. 즉, 지위가 양호한 임지일수록 최대가 빨리 온다.
- 간벌수익 : 간벌수익이 클수록 임지기망가의 최대 시기가 빨리 온다.
- 조림비 : 조림비가 클수록 임지기망가의 최대 시기가 늦게 온다.
- 관리비 : 임지기망가의 최대 시기와는 관계가 없다.
- 채취비 : 임지기망가식에서 나타내는 인자는 아니지만, 보통 채취비가 클수록 임지기망가의 최대 시기는 늦게 온다.

TOPIC · 33 직접사례비교법과 간접사례비교법

① **직접사례비교법**

평가하려는 임지와 조건이 유사한 다른 임지의 실제 거래(매매)사례가격과 직접 비교하여 결정하는 임지평가법이다.

② **직접사례비교법의 종류와 계산법**

- 대용법 : 과세표준액의 비율을 이용하여 평가하는 방법

$$\text{대용법} = \text{거래사례가격} \times \frac{\text{평가대상지의 과세표준액}}{\text{거래사례지의 과세표준액}}$$

- 입지법 : 입지지수의 비율을 이용하여 평가하는 방법

$$\text{입지법} = \text{거래사례가격} \times \frac{\text{평가대상지의 입지지수}}{\text{거래사례지의 입지지수}}$$

  * 입지지수 : 지위지수와 지리지수를 종합하여 산출한 것

③ **간접사례비교법**

만일 임지가 대지 등으로 가공 조성된 후에 매매된 경우라면, 그 매매가에서 대지로 가공 조성하는 데 소요된 비용을 역으로 공제하여 산출된 임지가와 비교하여 결정하는 임지평가법이다.

TOPIC · 34 임목의 평가방법

① **임목의 평가방법**

임업에서 주로 적용하고 있는 임목평가는 아래와 같다.

[임목 평가방법의 종류]

방식 구분	임목 평가방법
원가방식	원가법, 비용가법
수익방식	기망가법, 수익환원법
원가수익절충방식	임지기망가 응용법, 글라저(Glaser)법
비교방식	매매가법, 시장가역산법

② 임령에 따른 임목의 평가방법

임령에 따라 임목을 평가하는 방법이 다른데, 각 평가방법은 아래와 같다.

[임령별 임목 평가방법]

임령 구분	임목 평가방법
유령림	임목비용가법
중령림	글라저법
벌기 미만인 장령림	임목기망가법
벌기 이상인 성숙림	시장가역산법

TOPIC·35 임목비용가법

① 임목비용가법 일반

- 임목비용가란 임목 육성에 들어간 총비용의 후가합계에서 그동안 얻은 수익의 후가합계를 공제한 가격으로 유령림의 임목평가에 적용한다.
- 비용(조림비, 관리비, 지대)의 후가합계－수익(간벌수입)의 후가합계＝순경비의 후가합계

② 임목비용가의 계산

$$
\begin{aligned}
\text{임목비용가 } H_{km} &= \left(B + \frac{v}{P}\right)\{(1+P)^m - 1\} + C(1+P)^m - \sum D_a(1+P)^{m-a} \\
&= \left(B + \frac{v}{0.0P}\right)(1.0P^m - 1) + C1.0P^m - \sum D_a 1.0P^{m-a}
\end{aligned}
$$

여기서, B : 지대, v : 관리비, m : 임목연령, P : 이율
C : 조림비, $D_a, D_b \cdots$: $a, b \cdots$ 년도 간벌수입

📖 **Exercise**

ha당 조림비 20,000원, 매년 관리비 300원, 임지가격 30,000원이 들었고, 15년일 때는 5,000원의 간벌수입이 있다면 20년생의 임목비용가를 구하시오.

풀이

$$
\begin{aligned}
H_{km} &= \left(B + \frac{v}{0.0P}\right)(1.0P^m - 1) + C1.0P^m - \sum D_a 1.0P^{m-a} \\
&= \left(30,000 + \frac{300}{0.06}\right)(1.06^{20} - 1) + (20,000 \times 1.06^{20}) - (5,000 \times 1.06^{20-15}) \\
&= 134,701.3230 \cdots \text{ 원}
\end{aligned}
$$

TOPIC· 36 임목기망가법

① 임목기망가법 일반
- 임목기망가란 평가 임목을 일정 연도에 벌채할 때 앞으로 기대되는 수익의 전가합계에서 그동안의 경비의 전가합계를 공제한 가격으로 벌기 미만 장령림의 임목평가에 적용한다.
- 수익(주벌수입, 간벌수입)의 전가합계 − 비용(관리비, 지대)의 전가합계
  = 순수익의 현재가 합계

② 임목기망가의 계산

$$\text{임목기망가} \ \ H_{em} = \frac{A_u + D_a\{(1+P)^{u-a}\} + \cdots - \left(B + \dfrac{v}{P}\right)\{(1+P)^{u-m} - 1\}}{(1+P)^{u-m}}$$

$$= \frac{A_u + D_a 1.0P^{u-a} + \cdots - \left(B + \dfrac{v}{0.0P}\right)(1.0P^{u-m} - 1)}{1.0P^{u-m}}$$

여기서, A_u : 주벌수입, $D_a, D_b \cdots$: $a, b \cdots$ 년도 간벌수입
B : 지대, v : 관리비, u : 벌기, m : 임목연령

Exercise

벌기는 50년이며, 현재 임령이 40년인 임목이 있다. 50년 때 ha당 주벌수입 500만 원, 42년 때 ha당 간벌수입 100만 원, 지대 40만 원, 관리비 6천 원일 때 임목기망가를 구하시오(이율 8%).

풀이

$$H_{em} = \frac{A_u + D_a 1.0P^{u-a} + \cdots - \left(B + \dfrac{v}{0.0P}\right)(1.0P^{u-m} - 1)}{1.0P^{u-m}}$$

$$= \frac{5,000,000 + (1,000,000 \times 1.08^{50-42}) - \left(400,000 + \dfrac{6,000}{0.08}\right)(1.08^{50-40} - 1)}{1.08^{50-40}}$$

$$= 2,918,323.1675 \cdots \text{원}$$

TOPIC·**37** 글라저법

① 글라저(Glaser)식의 계산

유령림과 장령림 사이의 생장에 있는 중령림은 임목비용가법이나 임목기망가법을 적용하기에
부적당하여 중간적인 방법으로 고안한 것이 글라저식이다.

$$\text{글라저식 임목가 } A_m = (A_u - C_o)\, \frac{m^2}{u^2} + C_o$$

여기서, A_u : 주벌수입(벌기임목가), C_o : 초년도의 조림비
u : 벌기, m : 임목연령

Exercise

현재 임령은 30년생이며 벌기령이 50년인 잣나무가 있다. ha당 지대 300만 원, 조림비 50만
원, 관리비 5천 원, 이율 6%이고, 50년생일 때 주벌수입이 ha당 2,000만 원이라면, Glaser식에
의한 임목가를 구하시오.

풀이 $A_m = (A_u - C_o)\, \frac{m^2}{u^2} + C_o$

$= (20,000,000 - 500,000)\, \frac{30^2}{50^2} + 500,000$

$= 7,520,000$원

② 마르티나이트(Martineit)식의 계산

천연림은 조림비가 존재하지 않으므로 천연림의 임목평가에 있어서는 글라저식에서 조림비를
뺀 마르티나이트식을 적용하며, 마르티나이트의 산림이용가법이라고도 한다.

$$\text{마르티나이트식 임목가 } A_m = A_u \times \frac{m^2}{u^2}$$

여기서, A_u : 주벌수입(벌기임목가), u : 벌기
m : 임목연령

38 **시장가역산법**

① 원목의 시장 매매가를 조사하고 시장까지의 벌채·운반비를 역으로 공제하여 임지에 서있는 임목가를 산정하는 평가법으로 벌기 이상인 성숙림의 임목평가에 적용한다.

② 시장가역산법의 계산

$$x = f\left(\frac{a}{1 + mp + r} - b\right)$$

여기서, x : 단위재적당 임목가(원/m³), f : 조재율, m : 자본회수기간, p : 월이율
r : 기업이익률, a : 원목의 단위재적당 시장가(원목시장단가, 원/m³)
b : 단위재적당 벌목비·운반비·집재비·조재비 등의 생산비용(원/m³)

📋 **Exercise**

임목단위당 가격 12만 원/m³, 벌목비 2만 원/m³, 조재율 0.7, 자본회수기간 5개월, 월이율 2%, 기업이익률 10%일 때 임목의 단위당 매매가를 구하시오.

풀이 $x = f\left(\dfrac{a}{1 + mp + r} - b\right) = 0.7\left\{\dfrac{120,000}{1 + (5 \times 0.02) + 0.1} - 20,000\right\}$

$\qquad = 56,000$원$/\mathrm{m}^3$

39 **산림자산**

① 산림자산 일반
  • 자산 : 순수 자기자본과 부채인 타인의 자본을 통틀어 이르는 말
  • 자산(총재산) = 자본(자기자본) + 부채(타인자본)

② 임업경영자산
  임업경영자산에는 현금화할 수 있는 자산인 유동자산과 자산이 가지고 있는 생산능력을 이용하기 위해 소유하는 자산인 고정자산 그리고 임목축적의 임목자산이 있다.

[임업경영자산의 분류]

구분	내용
유동자산	• 임업 생산자재 : 종자, 묘목, 비료, 약제 • 미처분 임산물 : 아직 처분하지 못한 임산물 • 유통자산 : 현금, 예금, 증권
고정자산	임지, 임도, 건물, 기계, 기구, 구축물, 대동물(소, 말)
임목자산	임목축적

TOPIC·40 감가상각비의 계산

자산의 계속적 사용에 따른 가치의 감소를 감가(減價)라고 하며, 그 액수를 비용으로 계산하여 고정자산의 가격 감소를 보상하기 위한 것을 감가상각비(減價償却費)라 한다.

① 정액법(직선법)

매년 정해진 액수를 균등하게 감가하는 방법으로 가장 간단하며 보편적인 방법이다.

$$연간감가상각비 = \frac{취득원가 - 잔존가치}{내용연수}$$

여기서, 취득원가 = 기계구입가격, 잔존가치 = 기계폐기가격 = 폐물가격,
내용연수 = 기계의 수명 = 사용가능연수

📋 Exercise

어떤 산림기계의 취득원가가 200만 원, 잔존가치가 2만 원, 추정 내구연수가 10년이라면, 이 기계의 연간감가상각비를 정액법으로 구하시오.

풀이 $연간감가상각비 = \dfrac{취득원가 - 잔존가치}{내용연수} = \dfrac{2,000,000 - 20,000}{10} = 198,000원$

② 정률법(체감잔고법)

연도 초 고정자산의 가격에서 일정 상각률을 곱해 감가상각액을 구하는 방법이다.

• 감가상각비 = (취득원가 - 감가상각비 누계액) × 감가율

• 감가율(상각률) = $1 - \sqrt[내용연수]{\dfrac{잔존가치}{취득원가}}$

③ 작업시간 비례법

$$총감가상각비 = (취득원가 - 잔존가치) \times \frac{실제\ 작업시간}{총작업시간}$$

Exercise

8,000만 원에 구입한 집재기의 수명은 6,000시간이고, 폐기 시 잔존가치는 2,000만 원이라 한다. 현재 2,500시간을 가동하였을 때 이 집재기의 총감가상각비를 작업시간 비례법으로 계산하시오.

풀이 $총감가상각비 = (취득원가 - 잔존가치) \times \dfrac{실제\ 작업시간}{총작업시간}$

$$= (80,000,000 - 20,000,000) \times \frac{2,500}{6,000} = 25,000,000원$$

④ 생산량 비례법

$$총감가상각비 = (취득원가 - 잔존가치) \times \frac{실제\ 생산량}{총생산량}$$

⑤ 연수합계법

$$감가상각비 = (취득원가 - 잔존가치) \times \frac{잔존내용연수}{내용연수의\ 합계}$$

TOPIC·**41** **산림원가관리**

원가란 자산을 획득하기 위하여 제공한 경제적 가치의 측정치로 재료비, 노무비, 경비의 3요소가 있다.

① 특수한 의사결정을 위한 원가 유형
- 기회원가
  - 생산활동에 있어 여러 방안 중 한 가지를 선택함으로써 포기되는 다른 방안의 수익
  - 어떤 임지는 육림용 또는 목축용으로 사용할 수 있는데, 육림용을 선택할 경우 목축용으로 사용할 때 얻을 수 있는 수익을 포기하게 되면서 발생하는 수익
- 한계원가 : 어떤 생산 수준에서 제품을 한 단위 더 생산할 때 추가로 발생하는 원가

- 증분원가 : 제품을 여러 단위 더 생산할 때 추가로 발생하는 원가
- 매몰원가 : 과거에 이미 현금을 지불하였거나 부채가 발생한 원가
- 현금지출원가 : 현재 보유 중인 자원을 사용할 때 현금이 지출되는 원가

② 원가계산 방법
- 개별원가계산(주문별 원가계산)
  - 각각의 제품별로 구분하여 개별적 원가를 산출하고 집계하는 방식
  - 종류와 규격이 다른 제품을 개별적으로 생산하는 경우에 적용
  - 주로 주문에 의해 생산하는 가구제조업, 조선업, 건설업 등에 해당
- 종합원가계산(공정별 원가계산)
  - 일정 기간에 생산된 제품 전체원가를 계산하여 총생산량으로 나누고 단위 원가를 산출하는 방식
  - 종류와 규격이 같은 제품을 연속해서 다량 생산하는 경우에 적용
  - 공정별로 원가를 산정하는 제지업, 화학공업, 방적공업 등에 해당

TOPIC·42 산림경영 성과분석의 계산

산림경영의 궁극적 목표는 순수익의 최대화로 아래와 같은 자료들을 통해 산림경영의 성과를 분석할 수 있다.

[성과분석의 계산]

구분	내용	구분	내용
임가소득	임업소득＋농업소득＋기타소득	임업의존도	$\dfrac{임업소득}{임가소득}\times100$
임업소득	임업조수익－임업경영비	임업소득률	$\dfrac{임업소득}{임업조수익}\times100$
임업조수익	임업현금수입＋임산물 가계소비액＋미처분임산물 증감액＋임업생산자재 재고증감액＋임목성장액	임업소득 가계충족률	$\dfrac{임업소득}{가계비}\times100$
임업경영비	임업현금지출＋감가상각액＋미처분임산물 재고감소액 ＋임업생산자재 재고감소액＋주(벌)임목 감소액	자본수익률	$\dfrac{순수익}{자본}\times100$
임업순수익	임업소득－가족임금추정액＝임업조수익－임업경영비 －가족임금추정액	－	－

Exercise

소나무 산림을 경영하는 임가가 연간임업소득으로 600만 원, 농업 및 기타 소득으로 1,000만
원의 소득을 올린다. 이 임가의 임업의존도를 계산하시오.

풀이
$$임업의존도 = \frac{임업소득}{임가소득} \times 100$$
$$= \frac{6,000,000}{6,000,000 + 10,000,000} \times 100 = 37.5\%$$

TOPIC·43 손익분기점

① 손익분기점의 정의
- 손실과 이익이 나누어지는 지점
- 총비용과 총수익이 같아져 이익이 0이 되는 판매량 또는 판매액의 수준
- 이익도 손실도 발생하지 않는 판매 수준

② 손익분기점의 계산
- $$판매량(생산량) = \frac{총고정비}{판매단가 - 단위당\ 변동비}$$
- 총비용 = 총고정비 + (단위당 변동비 × 판매량)
- 총수익 = 판매단가 × 판매량

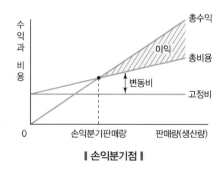

‖ 손익분기점 ‖

TOPIC·44 투자효율의 측정

투자효율의 측정이란 임업 투자계획의 경제성을 평가하는 방법이다. 시간적 가치의 고려 가부에 따라 현금흐름할인법과 현금흐름비할인법으로 구분한다.

[투자효율 측정법의 구분]

구분	특징	종류
현금흐름할인법	화폐의 시간적 가치를 고려한 투자효율 분석방법	순현재가치법, 내부수익률법, 편익비용비법
현금흐름비할인법	화폐의 시간적 가치를 고려하지 않은 투자효율 분석방법	투자이익률법, 회수기간법

① 순현재가치법(NPV : Net Present Value)
- 미래에 발생할 모든 현금흐름을 적절한 이자율로 할인하여 현재의 시점으로 환산해 효율을 측정하는 방법으로 장기투자 결정에 이용한다.
- 순현가법, 현가법, 현재가치법, NPV법, NPW법이라고도 한다.
- 순현가＝현금유입의 현재가－현금유출의 현재가
- 순현가가 0보다 크면 투자안을 선택하고, 0보다 작으면 기각하며, 0보다 큰 투자안이 여러 개 있을 때는 가장 큰 투자안을 선택한다.

$$순현가(순현재가치)\ NPV = \sum_{t=0}^{n} \frac{B_t - C_t}{1.0P^t}$$

여기서, B_t : 연차별 현금유입가, C_t : 연차별 현금유출가
n : 사업연수, P : 할인율

② 내부수익률법(IRR : Internal Rate of Return)
- 투자에 의하여 장래에 예상되는 현금유입과 유출의 현재가를 동일하게 하는 할인율(내부이익률)로 효율을 측정하는 방법이다.
- 내부투자수익률법, IRR법이라고도 한다.
- 현금유입의 현재가와 현금유출의 현재가가 같아 결국 순현재가치가 0이 되는 이자율(P)로 투자효율을 평가하는 것이다.
- 내부이익률이 시장이자율보다 클 때 투자가치가 있으므로 투자안을 선택하며, 작을 때 가치가 없으므로 기각한다.

$$순현가(순현재가치) \ NPV = \sum_{t=0}^{n} \frac{B_t - C_t}{1.0P^t} = 0$$

여기서, B_t : 연차별 현금유입가, C_t : 연차별 현금유출가

n : 사업연수, P : 할인율

③ 편익비용비법(B/C ratio : Benefit/Cost ratio)

- 투자비용의 현재가에 대하여 투자의 결과로 기대되는 현금유입의 현재가 비율로 효율을 측정하는 방법이다.
- 수익비용률법, 편익비용률법, B/C율이라고도 한다.
- 수익(편의)의 총계를 비용의 총계로 나눈 값에 해당한다.
- B/C율이 1보다 크면 수익이 비용보다 크므로 투자가치가 있다.

$$수익비용률(B/C율) = \frac{수익의 \ 현재가 \ 총계}{비용의 \ 현재가 \ 총계} = \sum_{t=0}^{n} \frac{B_t}{1.0P^t} \div \sum_{t=0}^{n} \frac{C_t}{1.0P^t}$$

여기서, B_t : 연차별 수익, C_t : 연차별 비용

n : 사업연수, P : 할인율

④ 투자이익률법

- 연평균투자액(감가상각비 제외)에 대한 연평균순이익의 비율로 투자효율을 측정하는 방법이다.
- 계산한 투자이익률이 기존의 이익률보다 높으면 투자안을 선택한다.

⑤ 회수기간법

- 투자에 소요된 모든 자금을 회수하는 데 걸리는 기간으로 투자효율을 측정하는 방법이다.
- 자본회수기간은 연(年) 수로 나타내며, 회수기간이 짧은 투자안을 선택한다.

TOPIC · 45 직경 측정기구

일반적으로 수목의 직경은 가슴높이 지름인 흉고직경을 측정하여 사용하고 있으며, 우리나라에서는 지상으로부터 높이 1.2m를 적용하고 있다. 직경 측정기구에는 자, 윤척, 직경테이프, 빌티모아스틱, 포물선 윤척, 섹타포크, 스피겔릴라스코프 등이 있으며, 스피겔릴라스코프는 직경과 수고의 측정이 모두 가능하다.

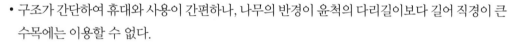

고정각　　　　　　　유동각

눈금각

┃윤척┃

① 윤척(caliper)
  • 눈금자에 고정각(固定脚)과 유동각(遊動脚)이 수직으로 붙어 있으며, 유동각을 움직여 직경을 측정한다.
  • 자의 눈금은 cm이며, 2cm로 괄약하여 기재한다.
  • 구조가 간단하여 휴대와 사용이 간편하나, 나무의 반경이 윤척의 다리길이보다 길어 직경이 큰 수목에는 이용할 수 없다.

② 직경테이프(지름테이프, diameter tape)
  • 테이프로 나무의 둘레를 두르고, 직경을 미리 계산해 놓은 눈금을 읽어 바로 측정한다.
  • 줄자 형식으로 직경의 크기에 제한을 받지 않으며, 수간이 불규칙한 경우에 편리하게 이용할 수 있다.
  • 원의 둘레＝지름×π이므로, 지름＝원의 둘레÷π로 계산된 수치가 줄자의 한쪽 면에 표시되어 있다.

③ 빌티모아스틱(biltimore stick)
  • 직경의 수치가 미리 계산되어 눈금에 표시되어 있는 길이 30cm 정도의 자이다.
  • 눈에서 50cm 정도 떨어진 임목의 지름과 평행하게 자를 대고 양쪽의 눈금을 읽어 직경을 측정한다.

④ 포물선 윤척
  • 나무의 직경이 접하는 왼쪽의 눈금자가 포물선 모양인 윤척이다.
  • 윤척을 나무에 대고 평행선의 눈금 수치를 읽어 직경을 측정한다.

⑤ 섹타포크(sector fork)
  입목에 접하게 대고 시준공을 통해 나무를 볼 때 접선이 가리키는 수치를 읽어 직경을 측정한다.

| ▐ 빌티모아스틱 ▐ | ▐ 포물선 윤척 ▐ | ▐ 섹타포크 ▐ |

TOPIC·46 흉고직경 일반

① 흉고직경의 정의
- 흉고직경이란 지상으로부터 높이 1.2m인 흉고 부위의 지름으로 2cm 단위로 괄약하여 나타낸다.
- 임목재적 산출 시에는 흉고직경 6cm 이상만 적용한다.

② 2cm 괄약
- 직경의 수치를 2cm 단위로 묶어서 짝수인 자연수로 축약하여 나타내는 것
- 괄약직경 16cm의 범위 : 15cm 이상 17cm 미만
- 직경 21.5cm의 괄약직경 : 22cm

Exercise

다음은 소나무 임분의 흉고직경을 측정하여 나타낸 표이다. 이를 2cm로 괄약하여 나타내시오.

측정직경	괄약직경	측정직경	괄약직경
12.3	(ⓐ)	15.3	(ⓓ)
13.8	(ⓑ)	18.9	(ⓔ)
14.6	(ⓒ)	21.4	(ⓕ)

풀이   괄약직경은 짝수인 자연수로 나타내므로, 순서대로 ⓐ 12, ⓑ 14, ⓒ 14, ⓓ 16, ⓔ 18, ⓕ 22이다.

③ 흉고직경의 측정방법
- 경사지에서는 위쪽 경사면에 서서, 윤척이 수간축에 직각이 되며 3면이 수평하게 되도록 하여 측정한다.
- 수간이 기울어진 경우 경사상태 그대로인 수간축의 1.2m 높이에서 측정한다.

- 수간이 흉고 이하에서 분지된 나무는 각각의 나무로 보아 흉고 부위에 있는 나무를 모두 측정한다.
- 흉고 부위에 결함이 있을 때는 상하 최단거리 부위의 직경을 측정하고 이를 평균한다.

④ 수피후 측정

직경에는 수피까지 포함한 직경인 수피외직경과 수피를 포함하지 않는 목질부까지의 직경인 수피내직경이 있으며, 수피외직경에서 수피두께(수피후) 두 개분을 빼주면 수피내직경이 된다.

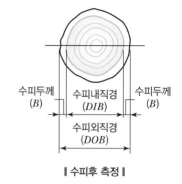

$$DIB = DOB - (2 \times B)$$

여기서, DIB(Diameter Inside Bark) : 수피내직경
DOB(Diameter Outside Bark) : 수피외직경
B(Bark) : 수피두께

∥ 수피후 측정 ∥

Exercise

어떤 입목의 흉고직경이 25cm, 수피두께가 1.3cm일 때 수피내 흉고직경의 값을 구하시오.

풀이 $DIB = DOB - (2 \times B) = 25 - (2 \times 1.3) = 22.4cm$

TOPIC·47 수고 측정기구

수고 측정기구로는 측정 원리에 따라 닮은 삼각형을 이용하는 상사삼각형 응용 측고기와 삼각형의 세 변과 각의 관계를 이용하는 삼각형 응용 측고기가 있다.

- 상사삼각형 응용 측고기 : 와이제측고기, 아소스측고기, 크리스튼측고기, 메리트측고기
- 삼각법 응용 측고기 : 아브네이(핸드)레블, 하가측고기, 블루메라이스측고기, 순토측고기, 덴드로미터, 트랜싯, 스피겔릴라스코프 등

① 하가측고기

- 수목에 직접 시준하여 수고를 측정하거나 경사(%)를 측정할 수 있는 기구이다.
- 수목으로부터 시준거리 15m, 20m, 25m, 30m 떨어진 상태에서 눈금을 돌려 해당 거리에 맞추고, 초두부와 근원부를 조준하여 수치를 읽은 뒤 절대치를 합산하여 수고를 계산한다.

∥ 하가측고기 ∥

• 측고기를 이용한 수고 계산법

$$수고 = 상단부\ 수치 - 하단부\ 수치$$

여기서, 상단부(초두부) 수치(m), 하단부(근원부) 수치(m)

Exercise

하가측고기를 사용하여 20m 지점에서 눈금을 20m에 맞추고 수고를 측정하였는데, 초두부의 눈금이 8, 근원부의 눈금이 −5였다면 수고는 얼마인지 계산하시오.

> **풀이** 수고 = 상단부 수치 − 하단부 수치 = 8 − (−5) = 13m
> 두 수치의 절대치의 합이므로 13m이다.

② 순토측고기

• 15m, 20m의 일정 거리를 떨어진 상태에서 해당 시준거리의 상단부와 하단부 눈금 수치를 읽은 뒤 절대치를 합산하여 수고를 결정한다.

• 하가와 순토는 경사의 측정도 가능하므로 경사(%)를 이용하여 수고를 측정할 수도 있다.

• 경사계를 이용한 수고 계산법

$$수고 = (상단부\ 수치 - 하단부\ 수치) \times \frac{수평거리}{100}$$

여기서, 상단부(초두부) 수치(%), 하단부(근원부) 수치(%)

Exercise

수목으로부터 수평거리 20m 떨어진 위치에서 하가측고기를 사용하여 수고를 측정하려고 한다. 먼저 하가측고기의 회전나사를 돌려 %로 적혀 있는 눈금에 맞춘 후 수관의 가장 높은 부위를 시준한 결과 80이 나왔다. 다음으로 나무와 지표가 닿은 부분을 시준한 결과 −5였다면 나무의 수고는 얼마인지 계산하시오.

> **풀이** 수고 = (상단부 수치 − 하단부 수치) $\times \dfrac{수평거리}{100}$
>
> $$= \{80 - (-5)\} \times \frac{20}{100} = 17m$$
>
> 초두부와 근원부의 절대치의 합은 85%이다. %는 수평거리 100m에 대한 수직거리의 비율이므로 두 절대치의 합이 85라는 것은 수평거리 100m를 떨어졌을 때 수고가 85m라는 뜻이 된다.
>
> 여기서는 100m가 아닌 20m를 떨어졌으므로 85에 $\dfrac{20}{100} = 0.2$를 곱해야 한다.

Exercise

순토경사계를 이용하여 입목의 수고를 측정한 결과 수평거리 20m, 초두부 60%, 근주부 −15%
라면 수고를 계산하시오.

풀이 수고 = (상단부 수치 − 하단부 수치) × $\dfrac{수평거리}{100}$

$= \{60 - (-15)\} \times \dfrac{20}{100} = 15\text{m}$

③ 측고기 사용 시 주의사항
- 측정하고자 하는 나무의 초두부(나무 위 끝)와 근원부가 잘 보이는 지점을 선정한다.
- 측정위치가 멀거나 가까우면 오차가 생기므로 나무 높이 정도 떨어진 곳에서 측정한다.
- 경사지에서는 가급적 등고위치에서 측정한다.
- 경사지에서는 오차를 줄이기 위해 여러 방향에서 측정하여 평균한다.
- 경사지에서는 뿌리보다 높은 곳의 실질적 근원부에서 측정한다.
- 등고 방향으로 이동이 불가능할 때는 경사거리와 경사각을 측정·환산하여 이용한다.
- 평탄한 곳이라도 2회 이상 측정하여 평균한다.

TOPIC·48 단목의 연령 측정

① 기록에 의한 방법
과거 조림 기록을 통하여 당시 묘목의 나이에 조림 이후의 기간을 더해 연령을 측정하는 방법

② 목측에 의한 방법
숙련된 기술을 가진 전문가가 직접 눈으로 확인하여 연령을 유추하는 방법

③ 지절에 의한 방법
소나무류에서 가지 사이의 마디인 지절(枝節)을 세어 연령을 추정하는 방법

④ 생장추에 의한 방법
- 줄기 중심부로 수간축과 직각이 되게 생장추를 찔러 넣고 목편을 뽑아내어 나이테를 세어 측정하는 방법
- 목편의 나이테 수에 목편 채취 위치까지 자라는 데 걸린 연수를 더하여 연령을 유추

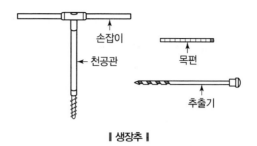

∥ 생장추 ∥

TOPIC·49 임분의 연령 측정

① 동령림의 연령 측정

동령림 내에서 평균크기인 수목을 골라 단목의 연령 측정법을 적용

② 이령림의 연령 측정

- 이령림이 가지는 재적과 같은 재적을 갖는 동령림의 임령을 적용
- 이령림의 연령은 분모에 임령의 범위를, 분자에 평균임령을 기재하여 나타냄

  예 $\dfrac{32}{20 \sim 40}$

③ 이령림의 평균임령 산출법

본수령, 재적령, 면적령, 단면적령, 표본목령 등으로 평균임령 산출

$$\text{본수령}\ \ A = \frac{n_1 a_1 + n_2 a_2 + n_3 a_3 + \cdots + n_n a_n}{n_1 + n_2 + n_3 + \cdots + n_n}$$

여기서, $a_1,\ a_2,\ a_3$: 연령, $n_1,\ n_2,\ n_3$: 각 연령의 본수

$$\text{재적령}\ \ A = \frac{v_1 a_1 + v_2 a_2 + v_3 a_3 + \cdots + v_n a_n}{v_1 + v_2 + v_3 + \cdots + v_n}$$

여기서, $a_1,\ a_2,\ a_3$: 연령, $v_1,\ v_2,\ v_3$: 각 연령의 재적

$$\text{면적령}\ \ A = \frac{f_1 a_1 + f_2 a_2 + f_3 a_3 + \cdots + f_n a_n}{f_1 + f_2 + f_3 + \cdots + f_n}$$

여기서, $a_1,\ a_2,\ a_3$: 연령, $f_1,\ f_2,\ f_3$: 각 연령의 면적

$$단면적령 \ A = \frac{g_1 a_1 + g_2 a_2 + g_3 a_3 + \cdots + g_n a_n}{g_1 + g_2 + g_3 + \cdots + g_n}$$

여기서, $a_1,\ a_2,\ a_3$: 연령, $g_1,\ g_2,\ g_3$: 각 연령의 단면적

Exercise

다음 임목의 평균임령을 구하시오(반올림하여 정수로 기재).

임령	16	17	18	19	20
임목본수	20	30	60	40	50

풀이　본수령 $A = \dfrac{n_1 a_1 + n_2 a_2 + n_3 a_3 + \cdots + n_n a_n}{n_1 + n_2 + n_3 + \cdots + n_n}$

$$= \frac{(20 \times 16) + (30 \times 17) + (60 \times 18) + (40 \times 19) + (50 \times 20)}{20 + 30 + 60 + 40 + 50} = 18.35$$

$$\therefore 18년$$

TOPIC·50 　생장량의 종류와 관계

① 생장량의 종류

- 총생장량 : 임목이 발아하여 현재 크기까지 자라난 생장량의 총량으로, 연년생장량의 총합계
- 연년생장량 : 1년 동안 추가적으로 증가한 생장량

$$연년생장량 = V_{n+1} - V_n$$

여기서, V_n : n년생의 재적, V_{n+1} : $n+1$년생의 재적

- 정기생장량 : 일정 기간 동안(m년)의 생장량

$$정기생장량 = V_{n+m} - V_n$$

여기서, V_n : n년생의 재적, V_{n+m} : $n+m$년생의 재적

- 총평균생장량(평균생장량) : 현재의 총생장량을 총생육연수로 나눈 평균적인 생장량
- 정기평균생장량 : 일정 기간의 생장량(정기생장량)을 그 기간의 연수로 나눈 생장량

$$정기평균생장량 = \frac{V_{n+m} - V_n}{m}$$

P Exercise

50년 벌기일 때의 생장량은 100m³이고, 40년일 때의 생장량은 86m³이다. 정기평균생장량은 얼마인지 계산하시오.

풀이 정기평균생장량 $= \dfrac{V_{n+m} - V_n}{m} = \dfrac{100 - 86}{10} = 1.4\text{m}^3$

② 연년생장량과 평균생장량 간의 관계
- 처음에는 연년생장량이 평균생장량보다 크다.
- 연년생장량은 평균생장량보다 빨리 극대점에 이른다.
- 평균생장량의 극대점에서 두 생장량의 크기는 같아진다. 임목은 이 지점일 때 벌채하여 수확하는 것이 가장 효율적이다.
- 평균생장량이 극대점에 이르기 전까지는 연년생장량이 항상 평균생장량보다 크다.
- 평균생장량이 극대점을 지난 후에는 연년생장량이 항상 평균생장량보다 작다.

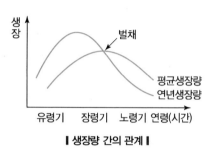

┃ 생장량 간의 관계 ┃

TOPIC·51 생장률 공식

① 단리산식

$$\text{생장률(\%)} \ P = \frac{V - v}{m \times v} \times 100$$

여기서, V : 현재의 재적, v : m년 전의 재적, m : 기간연수

② 복리산식

$$\text{생장률(\%)} \ P = \left(\sqrt[m]{\frac{V}{v}} - 1 \right) \times 100$$

여기서, V : 현재의 재적, v : m년 전의 재적, m : 기간연수

③ 프레슬러(Pressler)식

$$생장률(\%) \ P = \frac{V - v}{V + v} \times \frac{200}{m}$$

여기서, V : 현재의 재적, v : m년 전의 재적, m : 기간연수

📖 **Exercise**

30년 된 소나무림의 재적이 100m³, 40년일 때의 재적이 300m³일 경우 프레슬러 공식에 의한 생장률을 계산하시오.

풀이 $P = \frac{V - v}{V + v} \times \frac{200}{m} = \frac{300 - 100}{300 + 100} \times \frac{200}{10} = 10\%$

④ 슈나이더(Schneider)식

$$생장률(\%) \ P = \frac{k}{nD}$$

여기서, n : 수피 밑 1cm 내의 연륜수, D : 흉고직경(cm)
$\qquad$ k : 상수(직경 30cm 이하는 550을, 30cm 초과는 500을 적용)

📖 **Exercise**

지름 40cm, 연륜수 5개, 상수는 500일 때 생장률을 구하시오.

풀이 $P = \frac{k}{nD} = \frac{500}{5 \times 40} = 2.5\%$

TOPIC·52 벌채목의 주요 구적식

① 벌채목의 재적 측정

- 벌채목의 재적 측정 계산법에는 후버식, 스말리안식, 뉴턴식(리케식), 4분주식, 5분주식, 브레레톤식, 말구지름제곱법(말구직경자승법), 구분구적법 등이 있다.
  벌채목은 원기둥의 형상을 하고 있으므로 원의 단면적에 나무의 길이를 곱해 부피를 산출하는 방식을 기본적으로 사용한다.

- 원의 넓이 $=\pi\times$ 반지름^{2}에서 직경(d)을 이용하면 반지름 $=\dfrac{d}{2}$ 이고,

  반지름$^2 = \dfrac{d}{2}\times\dfrac{d}{2}=\dfrac{d^2}{4}$ 이므로, 원의 넓이 $=\pi\times$ 반지름$^2 = \pi\times\dfrac{d^2}{4}=\dfrac{\pi\cdot d^2}{4}$ 이다.

② 후버(Huber)식 [중앙단면적식]

$$\text{재적(m}^3) \ \ V = r\cdot l = \frac{\pi\cdot d^2}{4}\times l$$

여기서, r : 중앙단면적(m²), l : 재장(m), d : 중앙직경(m)

③ 스말리안(Smalian)식 [평균양단면적식]

$$\text{재적(m}^3) \ \ V = \frac{g_o + g_n}{2}\times l$$

여기서, g_o : 원구단면적(m²), g_n : 말구단면적(m²), l : 재장(m)

📖 Exercise

말구직경 24cm, 중앙직경 28cm, 원구직경 34cm, 재장이 4m일 때 후버식과 스말리안식으로 재적을 계산하시오(소수점 셋째 자리에서 반올림).

풀이
- 후버식 $V = \dfrac{\pi\cdot d^2}{4}\times l = \dfrac{\pi\times 0.28^2}{4}\times 4 = 0.2463\cdots \quad \therefore 0.25\text{m}^3$

- 스말리안식 $V = \dfrac{g_o + g_n}{2}\times l = \dfrac{\dfrac{\pi\cdot d^2}{4}+\dfrac{\pi\cdot d^2}{4}}{2}\times l$

  $= \dfrac{\dfrac{\pi\cdot 0.34^2}{4}+\dfrac{\pi\cdot 0.24^2}{4}}{2}\times 4 = 0.2720\cdots \quad \therefore 0.27\text{m}^3$

④ 뉴턴(Newton)식 [리케(Riecke)식]

$$재적(m^3) \quad V = \frac{g_o + 4r + g_n}{6} \times l$$

여기서, g_o : 원구단면적(m^2), r : 중앙단면적(m^2), g_n : 말구단면적(m^2), l : 재장(m)

Exercise

벌채한 수목의 원구지름이 25cm, 중앙지름이 22cm, 말구지름이 20cm, 길이가 3m일 때 리케 식에 의해 재적을 구하시오(소수점 넷째 자리에서 반올림).

풀이

$$V = \frac{g_o + 4r + g_n}{6} \times l = \frac{\frac{\pi \cdot d^2}{4} + 4 \frac{\pi \cdot d^2}{4} + \frac{\pi \cdot d^2}{4}}{6} \times l$$

$$= \frac{\frac{\pi \cdot 0.25^2}{4} + 4 \times \frac{\pi \cdot 0.22^2}{4} + \frac{\pi \cdot 0.20^2}{4}}{6} \times 3 = 0.1162 \cdots \quad \therefore 0.116m^3$$

⑤ 4분주식 [호퍼스(Hoppus)식]

$$재적(m^3) \quad V = \left(\frac{u}{4} \right)^2 \times l$$

여기서, u : 중앙둘레(m), l : 재장(m)

⑥ 5분주식

$$재적(m^3) \quad V = \left(\frac{u}{5} \right)^2 \times 2 \times l$$

여기서, u : 중앙둘레(m), l : 재장(m)

⑦ 브레레톤(Brereton)식

$$재적(m^3) \quad V = \left(\frac{d_o + d_n}{2} \right)^2 \times \frac{\pi}{4} \times l \times \frac{1}{10,000}$$

여기서, d_o : 원구지름(cm), d_n : 말구지름(cm), l : 재장(m)

⑧ 말구지름제곱법 [말구직경자승법]
  • 재장이 6m 미만일 때

$$재적(m^3) \quad V = d_n^2 \times l \times \frac{1}{10,000}$$

여기서, d_n : 말구지름(cm), l : 재장(m)

• 재장이 6m 이상일 때

$$재적(m^3) \quad V = \left(d_n + \frac{l'-4}{2}\right)^2 \times l \times \frac{1}{10,000}$$

여기서, d_n : 말구지름(cm), l : 재장(m), l' : 1m 단위의 재장

Exercise

말구직경 30cm, 재장 8m인 국산재의 재적을 말구직경자승법에 의해 산출하시오.

풀이 재장이 6m 이상일 때의 재적(m^3)

$$V = \left(d_n + \frac{l'-4}{2}\right)^2 \times l \times \frac{1}{10,000}$$
$$= \left(30 + \frac{8-4}{2}\right)^2 \times 8 \times \frac{1}{10,000} = 0.8192m^3$$

TOPIC· 53 수간석해

① 수간석해 일반
• 수간석해(樹幹析解)란 수목의 생장과정과 특성을 정밀하게 파악하기 위해 표준목을 선정하여 수간을 조사 및 분석하고 풀이하는 측정과정이다.
• 임목의 일정 높이마다 원판을 채취하고, 각 원판들을 분석하여 수령, 수고생장량, 재적 등을 측정하고 그래프와 같은 그림으로 나타낸다.

② 원판 채취 위치 및 방법
평균직경의 수목을 선정하여 지상 0.2m를 벌채한 후 아래쪽으로부터 처음에는 1m, 그 위로는 2m마다, 마지막은 1m 간격이 되게 3~5cm 두께의 원판을 채취한다.

③ 수간석해의 수고 결정방법
• 수고곡선법 : 조사한 수령에서 각 단면에 나타난 연륜수를 빼면 그 단면에 이르기까지의 소요 연수가 얻어지며 이것을 이용하여 수고를 결정하는 방법
• 직선연장법 : 수간석해도에서 어떤 영급의 가장 나중 단면의 값과 그 바로 앞 단면의 값을 연결한 직선을 그대로 연장하여 수간축과 만나는 점을 영급의 수고로 하는 방법
• 평행선법 : 수간석해도 밖에 있는 영급의 선과 평행선을 그어 수간축과 만나는 점을 그 영급의 수고로 하는 방법

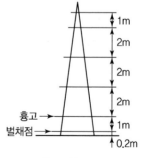

‖ 원판 채취 위치 ‖

TOPIC · 54 임목의 재적 측정

① 임목의 재적 측정방법에는 임목의 단면적을 측정하여 전체 재적을 산출하는 구적기를 응용하는 방법과 계산식을 이용하는 형수법, 약산법 그리고 기타 목측법, 입목재적표를 이용하는 방법 등이 있다.

② 입목재적표에 의한 방법

- 입목재적표란 가로에 흉고직경, 세로에 수고를 넣어 재적을 알기 쉽게 미리 계산하여 놓은 표이며, 이러한 입목재적표를 이용하여 재적을 알아내는 방법이다.
- 알고자 하는 입목의 흉고직경과 수고를 측정하고 재적표에서 해당 직경과 수고를 찾아 재적 수치를 읽으면 된다.
- 재적표는 지방별 · 수종별로 작성되어 있으므로 재적을 측정할 입목의 지방과 수종에 따라 알맞은 재적표를 적용한다.

참고 📖

재적표 예 : 강원도지방 소나무의 수간재적표

경급 / 수고	6cm	8	10	12	14	16	18	20	22	24	26	28	30	32	34	36	…
5m	0.0081	0.0135	0.0202	0.0280	0.0370	0.0471	0.0584	0.0707	0.0841	0.0987	0.1143	0.1310	0.1487	0.1676	0.1876	0.2087	…
6	0.0097	0.0163	0.0243	0.0337	0.0445	0.0567	0.0702	0.0850	0.1011	0.1185	0.1373	0.1573	0.1786	0.2012	0.2252	0.2504	…
7	0.0114	0.0190	0.0284	0.0394	0.0520	0.0662	0.0819	0.0992	0.1180	0.1384	0.1602	0.1836	0.2085	0.2349	0.2627	0.2921	…
8	0.0130	0.0218	0.0325	0.0450	0.0595	0.0757	0.0937	0.1135	0.1350	0.1582	0.1832	0.2099	0.2383	0.2684	0.3003	0.3339	…
9	0.0146	0.0245	0.0365	0.0507	0.0669	0.0852	0.1055	0.1277	0.1519	0.1781	0.2061	0.2362	0.2681	0.3020	0.3378	0.3756	…
10	0.0163	0.0272	0.0406	0.0564	0.0744	0.0947	0.1172	0.1419	0.1688	0.1979	0.2291	0.2624	0.2979	0.3356	0.3753	0.4173	…
11	0.0179	0.0300	0.0447	0.0620	0.0819	0.1042	0.1290	0.1562	0.1857	0.2177	0.2520	0.2887	0.3277	0.3691	0.4128	0.4589	…
12	0.0195	0.0327	0.0488	0.0677	0.0893	0.1137	0.1407	0.1704	0.2026	0.2375	0.2749	0.3149	0.3575	0.4026	0.4503	0.5006	…
⋮	⋮	⋮	⋮	⋮	⋮	⋮	⋮	⋮	⋮	⋮	⋮	⋮	⋮	⋮	⋮	⋮	⋱

TOPIC · 55 형수법

① 형수법의 개념

- 임목의 단면적과 높이가 같은 원기둥의 부피에 대한 수간재적의 비율을 형수(form factor)라고 한다.

- 형수란 원기둥의 부피에 대한 수간재적의 비율로, 이러한 형수를 사용해서 입목의 재적을 구하는 방법을 형수법이라 한다.

> - 형수 $f = \dfrac{V}{g \cdot h} = \dfrac{수간재적}{원기둥의\ 부피}$
>
> - 수간재적 $V = g \cdot h \cdot f$

여기서, f : 형수, g : 원의 단면적(m^2), h : 수고(m)

┃형수┃

Exercise

흉고직경이 32cm, 수고가 15m, 임목재적이 0.788m^3인 나무의 형수를 구하시오(반올림하여 소수점 셋째 자리까지 쓰시오).

풀이 $f = \dfrac{V}{g \cdot h} = \dfrac{V}{\dfrac{\pi \cdot d^2}{4} \cdot h} = \dfrac{0.788}{\dfrac{\pi \cdot 0.32^2}{4} \times 15} = 0.6531 \cdots \quad \therefore 0.653$

Exercise

어떤 임목의 형수가 0.5이고, 흉고단면적이 40m^2, 재적이 300m^3일 때 수고를 구하시오.

풀이 $V = g \cdot h \cdot f$에서 $300 = 40 \times h \times 0.5$이므로, $h = 15m$

② 직경 위치에 따른 형수의 종류

형수에서 원기둥(비교원주)을 설정할 때 단면적을 취할 부분의 직경을 어느 부분으로 선택하느냐에 따른 구분이다.

- 흉고형수 : 지상 1.2m의 흉고직경을 비교원주의 직경으로 하는 형수
- 정형수 : 수고의 $1/n$ 위치의 직경을 비교원주의 직경으로 하는 형수
- 절대형수 : 수간 최하부의 직경을 비교원주의 직경으로 하는 형수

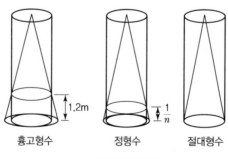

┃형수의 종류┃

③ 흉고형수에 영향을 미치는 주요 인자

- 수고와 흉고직경은 작을수록 수간재적의 감소보다 원주부피의 감소폭이 더 커져 형수는 커지며, 수고와 흉고직경이 클수록 반대로 형수는 작아진다.
- 지하고가 높고 수관량이 적은 나무일수록 같은 원주부피에 대하여 차지하는 수간재적의 비율이 크므로 형수는 커진다.
- 땅이 비옥하고 지위가 좋으면 수고와 직경이 커지게 되어 형수는 작아진다.

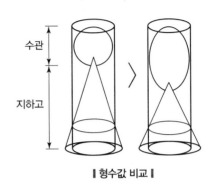

‖ 형수값 비교 ‖

[형수값에 영향을 주는 주요 인자]

주요 인자	형수값
수고가 작을수록	커짐
흉고직경이 작을수록	
지하고가 높고 수관량이 적은 나무일수록	
연령이 많을수록	
지위가 양호할수록	작아짐

TOPIC·56 임분의 재적 측정

① 임분의 재적을 측정하는 방법에는 전림법, 표준목법, 표본조사법 등이 있다.
② 전림법(全林法)이란 일정 지역의 임분을 구성하는 모든 나무를 측정하여 전체 재적을 구하는 방법으로 전수조사라고도 한다.
③ 전림법에 속하는 매목조사법(每木調査法)은 조사구역 내 모든 입목의 흉고직경만을 측정하여 임분의 재적을 산출하는 것으로 대표적 전수조사 방법이다.

[임분의 재적 측정방법]

구분	종류
전림법	매목조사법, 매목목측법, 재적표 이용법, 수확표 이용법, 항공사진 이용법
표준목법	단급법, 드라우드법(Draudt법), 우리히법(Urich법), 하르티히법(Hartig법)
표본조사법	표준지 설정법, 각산정 표준지법

TOPIC·**57** **표준목법**

① **표준목법 일반**
- 표준목법(標準木法)이란 임분 내에 표준이 될 만한 임목을 선정하고 평균재적을 구하여 전체 임분의 재적을 산출하는 방법이다.
- 표준목이란 임분의 전체 재적을 전체 임목본수로 나눈 평균재적을 가지는 나무를 말한다.

$$표준목의\ 평균재적 = \frac{임분전체재적}{임분전체본수}$$

- 평균의 흉고직경, 수고, 형수 등을 구하여 표준목의 평균재적을 구하고 이를 토대로 임분 전체 의 재적을 산출한다.

② **표준목의 흉고직경 결정방법**
- 흉고단면적법 : 매목조사로 얻은 직경을 토대로 각 수목의 흉고단면적을 구하고, 그 합계를 전 체 임목본수로 나누어 평균인 흉고단면적을 산출한 후 이 흉고단면적을 이용하여 표준목의 흉 고직경을 결정하는 방법

$$표준목의\ 흉고단면적 = \frac{임분의\ 흉고단면적\ 합계}{임분전체본수}$$

- 산술평균지름법(산술평균직경법) : 각 수목의 흉고직경 합계를 전체 임목본수로 나누어 평균 인 흉고직경을 얻는 방법

$$표준목의\ 흉고직경 = \frac{임분의\ 흉고직경\ 합계}{임분전체본수}$$

- 와이제법 : 임목직경을 작은 것부터 차례로 줄지어 놓는다고 할 때 60%에 해당하는 위치에 있 는 임목직경을 표준목의 흉고직경으로 하는 방법

③ **표준목법의 종류**
- 단급법(單級法) : 전체의 임분을 하나의 급으로 취급하여 단 한 개의 표준목을 선정하는 방법

$$임분전체재적\ V = v \times N = 표준목의\ 재적 \times 임분전체본수$$

- 드라우드법(Draudt법) : 먼저 임분 전체의 표준목 선정 본수를 정한 후, 각 직경급의 본수에 따 라 비례배분하여 표준목을 선정하는 방법

$$\text{임분전체재적 } V = v' \times \frac{N}{n}$$

$$= \text{표준목의 재적 합계} \times \frac{\text{임분전체본수}}{\text{표준목수}}$$

- 우리히법(Urich법) : 전 임목을 몇 개의 계급으로 나누고 각 계급의 본수를 동일하게 한 다음 각 계급에서 같은 수의 표준목을 선정하는 방법

$$\text{임분전체재적 } V = v' \times \frac{G}{g}$$

$$= \text{표준목의 재적 합계} \times \frac{\text{임분의 흉고단면적 합계}}{\text{표준목의 흉고단면적 합계}}$$

- 하르티히법(Hartig법) : 전 임목을 몇 개의 계급으로 나누고 각 계급의 흉고단면적 합계를 동일하게 하여 각 계급에서 표준목을 선정하는 방법(계산식은 우리히법과 동일)

TOPIC·58 표본조사법

① 표본조사법 일반
- 표본조사법(標本調査法)이란 임분 내에 일정 크기의 표본점을 설정하고 표본점 안의 임목들을 조사하여 임분 전체의 재적을 산출하는 방법이다.
- 표본점(표준지) : 표본조사를 위해 선정되는 일정 구역

② 표본점 추출 개수의 계산

$$\text{표본점의 수 } n \geq \frac{4Ac^2}{e^2A + 4ac^2}$$

여기서, A : 임분조사면적(ha), a : 표본점면적(ha), c : 변이계수(%), e : 오차율(%)

📄 **Exercise**

총면적 300ha, 표준지 20×30m, 변이계수 60%, 허용오차 15%일 때 표본점의 수를 구하시오.

풀이
- 표본점 크기 20m × 30m = 600m^2 = 0.06ha
- 표본점의 수 $n \geq \dfrac{4Ac^2}{e^2A + 4ac^2} = \dfrac{4 \times 300 \times 0.6^2}{(0.15^2 \times 300) + (4 \times 0.06 \times 0.6^2)} = 63.191 \cdots$

  ∴ 64개

③ 표본점 추출 간격의 계산

$$표본점의\ 추출\ 간격\ d= \sqrt{\frac{A}{n}} \times 100$$

여기서, A : 전조사 면적(ha), n : 표본점 개수

Exercise

계통적 추출법에 의하여 표본점을 추출하려고 한다. 전조사 면적이 200ha, 표본점의 개수가 50개소일 때 표본점의 추출 간격(m)을 계산하시오.

풀이 $d= \sqrt{\frac{A}{n}} \times 100 = \sqrt{\frac{200}{50}} \times 100 = 200\text{m}$

TOPIC·**59** **각산정 표준지법**

① 각산정 표준지법 일반
- 스피겔릴라스코프(프리즘)라는 측정기계를 이용하여 임분의 ha당 흉고단면적을 구하고 임분 전체재적을 측정하는 방법이다.
- 표본점을 필요로 하지 않아 플롯레스 샘플링(plotless sampling)이라 한다.

② 임분의 ha당 흉고단면적 산출 방식
- 어느 한 점에서 주위 임목을 릴라스코프로 시준하여 상이 맞물리는 정도에 따라 임목의 본수를 1본, 0.5본, 0본으로 책정하고 모두 더해 전체 본수를 구한다.
- 계산한 임목본수에 릴라스코프의 단면적 계수를 곱하여 임분의 ha당 흉고단면적을 산출한다.
- 릴라스코프에 적용하는 단면적 계수는 흉고단면적 정수라고도 부르며, 측정기구에 따라 1m^2, 2m^2, 4m^2의 수치로 구분된다.

③ 각산정 표준지법에 의한 임분재적의 계산

$$임분의\ ha당\ 흉고단면적(\text{m}^2)\ G= k \cdot n$$

여기서, k : 릴라스코프의 단면적 계수(흉고단면적 정수)
n : 임목본수

$$임분의\ ha당\ 재적(\text{m}^3)\ V= G \cdot H \cdot F = k \cdot n \cdot H \cdot F$$

여기서, H : 임분평균수고, F : 임분형수

TOPIC·60 산림경영계획 일반

① 산림경영계획의 업무내용

일반조사, 산림측량과 산림구획, 산림조사, 부표와 도면, 사업체계의 조직, 산림경영계획의 결정 및 총괄, 계획의 운용 등

② 산림경영계획에 포함되어야 할 사항

- 조림면적, 수종별 본수 등 조림에 관한 사항
- 풀베기, 어린나무 가꾸기, 천연림보육, 간벌 등 숲 가꾸기에 관한 사항
- 벌채방법, 벌채량, 수종별 벌채시기 등에 관한 사항
- 임도, 작업로, 운재로 등 시설에 관한 사항
- 기타 산림소득의 증대를 위한 사업 등 산림경영에 필요한 사항

③ 산림측량

- 주위측량 : 산림의 경계선을 명확히 하고, 그 면적을 확정하기 위해 실시하는 토지 주위의 측량
- 구획측량 : 임반과 소반의 구획 및 면적을 나누기 위한 측량 = 산림구획측량
- 시설측량 : 임도, 운반로 등의 신설과 보수, 산림경영에 필요한 각종 건물 및 시설의 설치를 위한 측량

④ 산림구획

산림경영계획에서는 산림경영이 보다 효율적이고 합리적으로 운영될 수 있도록 산림을 경영계획구 – 임반 – 소반의 순으로 구획하고 있다.

⑤ 산림조사

산림의 조사는 크게 임지와 관계된 상황을 조사하는 지황조사(地況調査)와 수목과 관계된 상황을 조사하는 임황조사(林況調査)로 구분할 수 있다.

⑥ 산림경영계획의 운용

- 경영계획 : 전체적 경영계획의 수립
- 연차계획 : 경영계획의 사업량을 연도별로 나누어 작성
- 사업예정 : 경영계획상의 해당 지역에서 실측한 수치를 사용하여 연차계획과 사업량을 기재
- 사업실행 : 사업실행 경과를 각 실행부에 기록 및 정리
- 조사업무 : 사업계획량과 사업실행량을 대조하여 그 기간 안에 완료 가능한지 검토

참고 📖

산림경영계획 운용과정(산림경영계획 사업실행 순서)

경영계획 → 연차계획 → 사업예정 → 사업실행 → 조사업무

TOPIC·61 산림구획

① 경영계획구(영림구)

경영계획을 수립할 때 가장 먼저 구획하는 단위이다.

[경영계획구의 구분(산림경영계획의 작성단위)]

공유림 경영계획구		해당 지역에 소재하는 공유림으로서 그 소유자가 산림경영계획을 작성할 산림의 단위
사유림 경영계획구	일반경영계획구	사유림의 소유자가 자기 소유의 산림을 단독으로 경영하기 위한 경영계획구
	협업경영계획구	서로 인접한 사유림을 2인 이상의 산림소유자가 협업으로 경영하기 위한 경영계획구
	기업경영림계획구	기업경영림을 소유한 자가 기업경영림을 경영하기 위한 경영계획구

「산림자원의 조성 및 관리에 관한 법률 시행령」 제8조

② 임반

- 임반(林班)은 산림의 위치를 명확히 하고, 사업 실행이 편리하도록 영림구를 세분한 고정적인 산림 구획단위로 산림구획의 골격을 형성한다.
- 면적 : 100ha 내외로 구획하며, 능선, 하천 등 자연경계나 도로 등의 고정적 시설을 따라 확정한다.
- 번호 부여 방식 : 경영계획구 유역 하류에서 시계 방향으로 연속되게 숫자 1, 2, 3…으로 표시하고, 신규 재산 취득 등으로 보조임반을 편성할 때는 임반의 번호에 보조번호를 1−1, 1−2, 1−3… 순으로 붙여 나타낸다.
- 임반을 구획하는 이유
  - 경영의 합리화를 도모하는 데 유리
  - 측량 및 임지의 면적을 계산하는 데 편리
  - 임반의 절개선을 따라 이용하는 데 이익
  - 산림의 내부 및 도면상에서 임지의 위치를 명백히 알 수 있으며, 산림상태를 정정하는 데 편리

③ 소반

- 소반(小班)은 산림시업상 일시적으로 구획하는 최소의 구획단위이다.
- 면적 : 최소 1ha 이상으로 구획하며, 소수점 이하 한 자리까지 기재 가능하다.
- 번호 부여 방식 : 소반은 임반번호와 같은 방향으로 숫자를 덧붙여 1−1−1, 1−1−2… 순으로 기재하며, 보조소반은 1−1−1−1, 1−1−1−2… 순으로 표시한다.
  - **예** 1−0−2−2 : 1임반 2소반 2보조소반, 2−1−1−1 : 2임반 1보조임반 1소반 1보조소반
- 소반의 구획 요인
  - 산림의 기능이 상이할 때 : 생활환경보전림, 자연환경보전림, 수원함양림, 산지재해방지림, 산림휴양림, 목재생산림

– 지종이 상이할 때 : 입목지, 무입목지, 법정지정림, 일반경영림
– 임종, 임상 및 작업종이 상이할 때
– 임령, 지위, 지리 또는 운반계통이 상이할 때

지황조사

지황조사 항목으로는 지종, 방위, 경사도, 표고, 토성, 토심, 건습도, 지위, 지리, 지세 등이 있다.

① 지종(地種)

[입목재적 또는 본수 비율에 따른 구분]

구분		내용
입목지		입목재적 또는 본수 비율이 30%를 초과하는 임분
무입목지	미입목지	입목재적 또는 본수 비율이 30% 이하인 임분
	제지	암석 및 석력지로 조림이 불가능한 임지

[법정지정에 따른 구분]

구분	내용
법정지정림	법률에 의거 지정된 임지 예 국립공원, 보안림
일반경영림	법정지정림으로 지정되지 않은 임지

② 방위(方位)

조사지의 주요 사면을 보고 동, 서, 남, 북, 남동, 남서, 북동, 북서의 8방위로 구분한다.

③ 경사도(傾斜度)

주요 사면의 경사도를 조사하여 경사도에 따라 완경사지, 경사지, 급경사지, 험준지, 절험지로 구분한다.

[경사도의 구분]

구분	약어	경사도	구분	약어	경사도
완경사지	완	15° 미만	험준지	험	25~30° 미만
경사지	경	15~20° 미만	절험지	절	30° 이상
급경사지	급	20~25° 미만	–	–	–

④ 표고(標高)

지형도를 참고하여 최저에서 최고로 표시한다. 예 500~700

⑤ 토성(土性)

모래, 미사, 점토의 백분율로 나타낸 토양의 성질로 점토 함량에 따른 촉감으로 구분한다.

[토성의 구분]

구분	약어	특징
사토	사, S	흙을 비볐을 때, 거의 모래만 감지되는 토양(점토 함량 10% 이하)
사양토	사양, SL	모래가 대략 1/3~2/3인 토양(점토 함량 20% 이하)
양토	양, L	모래와 미사가 대략 1/3~1/2씩인 토양(점토 함량 27% 이하)
식양토	식양, CL	모래와 미사가 대략 1/5~1/2씩인 토양(점토 함량 27~40%)
식토	식, C	점토가 대부분인 토양(점토 함량 50% 이상)

⑥ 토심(土深)

식물이 뿌리를 뻗어 자랄 수 있는 유효토심의 깊이에 따라 천, 중, 심으로 구분하고 표기한다.

> 천(淺) : 30cm 미만 / 중(中) : 30~60cm 미만 / 심(深) : 60cm 이상

⑦ 건습도(乾濕度)

토양의 수분상태를 감촉에 따라 5가지로 구분한다.

[건습도의 구분]

구분	감촉
건조	손으로 꽉 쥐었을 때, 수분에 대한 감촉이 거의 없음
약건	손으로 꽉 쥐었을 때, 손바닥에 습기가 약간 묻는 정도
적윤	손으로 꽉 쥐었을 때, 손바닥 전체에 습기가 묻고 물에 대한 감촉이 뚜렷함
약습	손으로 꽉 쥐었을 때, 손가락 사이에 약간의 물기가 비친 정도
습	손으로 꽉 쥐었을 때, 손가락 사이에 물방울이 맺히는 정도

⑧ 지위(地位)

- 임지 내 우세목의 수고와 수령을 측정하여 임지의 생산력 판단지표인 지위지수를 판별하고 이를 통해 지위를 상, 중, 하로 구분한다.
- 침엽수는 주 수종을 기준으로 하고, 활엽수는 참나무를 적용하여 나타낸다.

⑨ 지리

해당 임지에서 임도 또는 도로까지의 거리를 100m 단위로 하여 10급지로 구분한다.

[지리의 구분]

구분	내용	구분	내용
1급지	100m 이하	6급지	501~600m 이하
2급지	101~200m 이하	7급지	601~700m 이하
3급지	201~300m 이하	8급지	701~800m 이하
4급지	301~400m 이하	9급지	801~900m 이하
5급지	401~500m 이하	10급지	901m 이상

TOPIC·63 임황조사

임황조사 항목으로는 임종, 임상, 수종, 혼효율, 임령, 영급, 수고, 경급, 소밀도, 축적 등이 있다.

① 임종(林種)

임분이 인공림인지 천연림인지 조사하여 인 또는 천으로 표기한다.

> 인공림 : 인 / 천연림 : 천

② 임상(林相)

대상 임분의 침엽수와 활엽수의 구성비율에 따라 침엽수림, 활엽수림, 침활혼효림으로 구분하여 각각 침, 활, 혼으로 기재한다.

[임상의 구분]

구분	약어	기호	특징
침엽수림	침	♠	침엽수가 75% 이상인 임분
활엽수림	활	♀	활엽수가 75% 이상인 임분
혼효림	혼	♠♀	침엽수 또는 활엽수가 26~75% 미만인 임분

📝 Exercise

침엽수와 활엽수의 구성비율이 다음과 같을 때, 임상명칭을 쓰시오.

ⓐ 침엽수 81%, 활엽수 19%　　　　ⓑ 침엽수 60%, 활엽수 40%
ⓒ 침엽수 15%, 활엽수 85%

풀이　ⓐ 침엽수림, ⓑ 혼효림, ⓒ 활엽수림

③ 수종(樹種)

주요 수종명을 기재하고, 혼효 시에는 점유비율이 높은 수종부터 5종까지 기입 가능하다.

④ 혼효율(混淆率)

주요 수종의 입목본수, 입목재적, 수관점유면적 비율을 이용하여 백분율로 산정한다.

> **Exercise**
>
> 수종별 입목재적이 다음과 같을 때, 각각의 혼효율을 계산하시오.
>
> - 소나무 : 33m³
> - 잣나무 : 55m³
> - 상수리나무 : 22m³
>
> **풀이**
> - 소나무 : $\dfrac{33}{33+55+22} \times 100 = 30\%$
>
> - 잣나무 : $\dfrac{55}{33+55+22} \times 100 = 50\%$
>
> - 상수리나무 : $\dfrac{22}{33+55+22} \times 100 = 20\%$

⑤ 임령(林齡)

- 임분의 최저에서 최고의 임령범위를 분모로 하고, 평균임령을 분자로 하여 표기한다.

- $\dfrac{\text{평균임령}}{\text{최소임령} \sim \text{최대임령}}$ 예 $\dfrac{21}{14 \sim 28}$

⑥ 영급(齡級)

임령을 10년 단위로 하나의 영급으로 묶어, Ⅰ~Ⅹ 영급의 로마숫자로 표기한다.

[영급의 구분]

구분	내용	구분	내용
Ⅰ영급	1~10년생	Ⅵ영급	51~60년생
Ⅱ영급	11~20년생	Ⅶ영급	61~70년생
Ⅲ영급	21~30년생	Ⅷ영급	71~80년생
Ⅳ영급	31~40년생	Ⅸ영급	81~90년생
Ⅴ영급	41~50년생	Ⅹ영급	91~100년생

⑦ 수고(樹高)

- 임분의 최저에서 최고의 수고범위를 분모로 하고, 평균수고를 분자로 하여 정수로 표기한다.

- 수고의 측정은 m 단위로 하며, 소수점 이하는 반올림하여 정수로 나타낸다.

- $\dfrac{\text{평균수고}}{\text{최소수고} \sim \text{최대수고}}$ 예 $\dfrac{16}{10 \sim 21}$

⑧ 경급(經級)
- 임분의 최저에서 최고의 경급범위를 분모로 하고, 평균직경을 분자로 하여 표기한다.
- 직경의 측정은 흉고직경 6cm 이상의 임목을 대상으로 지상 1.2m 높이에서 실시하며, 2cm 괄약으로 측정하여 나타낸다.
- $\dfrac{\text{평균경급}}{\text{최소경급}\sim\text{최대경급}}$ 예 $\dfrac{20}{14\sim24}$

[경급의 구분 기준]

구분	내용	구분	내용
치수	흉고직경이 6cm 미만인 임목	중경목	흉고직경이 18~28cm인 임목
소경목	흉고직경이 6~16cm인 임목	대경목	흉고직경이 30cm 이상인 임목

⑨ 소밀도(疏密度)
- 조사면적에 대한 입목의 수관면적이 차지하는 비율을 백분율로 나타내어 수관의 울폐된 정도를 소, 중, 밀로 구분한다.
- 울폐도, 폐쇄도라고 부르기도 한다.

[소밀도의 구분]

구분	약어	분류 기준
소(疎)	'	수관밀도가 40% 이하인 임분
중(中)	"	수관밀도가 41~70%인 임분
밀(密)	"'	수관밀도가 71% 이상인 임분

⑩ 축적(蓄積)
- 전수조사 : 임지 내 모든 입목의 경급과 수고를 측정하여 전체 축적을 산출
- 표준지 조사 : 일정 지역의 표준지를 설정하여, 표준지 내 입목의 경급과 수고를 측정함으로써 재적을 산출하고, 표준지 재적 대비 전체 임분의 축적을 예측

TOPIC·64 부표와 도면

① 부표
- 산림경영계획 시 부록으로 덧붙이는 장부나 그림표 등을 부표라고 한다. 산림에서는 산림조사부가 부표의 핵심이다.
- 산림조사부란 지황 및 임황 조사의 결과를 총괄 기록하여 산림의 현황을 면밀히 분석한 장부이다.

② 도면

- 국유림경영계획을 보다 알기 쉽고 명확하게 하기 위해 지도로 표현하여 사용하고 있는데, 이러한 도면에는 경영계획도, 위치도, 목표임상도, 산림기능도 등이 있으며, 축척은 1/25,000을 적용하고 있다. 공·사유림경영계획에는 경영계획도가 사용되고 있다.
- (산림)경영계획도
  - 경영계획구의 임황과 사업기간 중의 각종 사업계획을 표시한 도면
  - 국유림에서는 1/25,000, 공·사유림에서는 1/5,000 또는 1/6,000의 축척 이용
- 위치도 : 경영계획구의 지리적·경제적 위치와 국유림을 경영관리하기 위한 기본 정보를 표시한 도면
- 목표임상도 : 적지적수도와 현임상을 종합적으로 고려하여 해당 임지에서 목표로 하는 바람직한 임상을 표현한 도면
- 산림기능도 : 산림을 6가지 기능별로 구분하여 각 기능이 최대한 효율적으로 발휘되도록 관리하기 위한 도면

TOPIC·65 산림의 6가지 기능

지속 가능한 산림자원의 관리를 위하여 우리나라 산림은 6가지 기능으로 구분하고 있다.

① 생활환경보전림

- 도시와 생활권 주변의 경관유지 등 쾌적한 환경을 제공하기 위한 산림
- 풍치보안림, 비사방비보안림, 도시공원, 개발제한구역 등

② 자연환경보전림

- 생태·문화 및 학술적으로 보호할 가치가 있는 자연 및 산림을 보호·보전하기 위한 산림
- 생태, 문화, 역사, 경관, 학술적 가치의 보전에 필요한 산림
- 보건보안림, 어촌보안림, 산림유전자원보호림, 채종림, 채종원, 시험림, 자연공원, 습지보호지역, 사찰림, 문화재보호구역, 수목원 등

③ 수원함양림

- 수자원 함양과 수질정화를 위한 산림
- 수원함양보안림, 상수원보호구역, 한강수계, 금강수계, 영산강·섬진강수계, 낙동강수계, 집수자연경계 등
- 수자원 함양기능 증진 관리법 : 벌기령을 길게 하고, 2단림 작업, 소면적 벌채 등 실시

④ 산지재해방지림

- 산사태, 토사유출, 대형산불, 산림병해충 등 각종 산림 재해의 방지 및 임지의 보전에 필요한 산림
- 사방지, 토사방비보안림, 낙석방비보안림 등

⑤ 산림휴양림

산림휴양 및 휴식공간의 제공을 위한 산림 = 자연휴양림

⑥ 목재생산림

생태적 안정을 기반으로 하여 국민경제활동에 필요한 양질의 목재를 지속적·효율적으로 생산·공급하기 위한 산림

TOPIC·66 산림의 다목적 경영계획

① 수확계획

- 수확을 위한 벌채(주벌수확) : 모두베기, 골라베기, 모수작업, 왜림작업
- 숲 가꾸기를 위한 벌채(간벌수확) : 솎아베기

[목표생산재 구분]

구분	내용
대경재	가슴높이 지름 40cm 이상
중경재	가슴높이 지름 40cm 미만 20cm 이상
특용·소경재	가슴높이 지름 20cm 미만

② 시설계획

- 운반에 관한 시설 : 차도, 우마도, 반출시설 등
- 조림에 관한 시설 : 묘포, 종자저장고, 퇴비장 등
- 산림보호에 관한 시설 : 방화선, 산불감시탑, 산림보호초소 등
- 산림이용에 관한 시설 : 제재소, 저목장, 벌채사무소 등
- 국토보안에 관한 시설 : 사방댐, 비탈면 안정시설, 배수시설 등
- 보건휴양시설 : 자연휴양림, 산림욕장, 산림치유시설 등

TOPIC·67 산림경영계획의 기법

① 선형계획법(LP)
- 선형계획법의 개념
  - 선형계획법(LP : Linear Programming)이란 산림경영의 목적을 달성하기 위해 제한된 조건이나 한정된 자원을 최적 배분하도록 수식으로 표현한 과학적 수리기법이다. = LP법
  - 이러한 최적 배분은 목재 생산량을 최대화하거나 비용을 최소화하는 목적함수를 두어 수식으로 표현한다.
  - 이처럼 LP법은 최대이익 또는 최소비용을 목표로 제약 조건을 가장 적절하게 조절하고 배분할 수 있도록 수학적 상황으로 표현한 기법이라고 할 수 있다.
- 선형계획모형의 전제 조건
  - 비례성 : 계획모형에서 작용성과 이용량은 항상 활동수준에 비례해야 한다.
  - 비부성 : 의사결정변수(여러 가지 활동수준)는 음의 값을 나타내면 안 된다.
  - 부가성 : 전체생산량은 개개 생산량의 합계와 일치해야 한다.
  - 분할성 : 모든 생산물과 생산수단은 분할이 가능해야 한다.
  - 선형성 : 계획모형의 모든 변수들의 관계가 수학적으로 1차(선형) 함수로 표시되어야 한다.
  - 제한성 : 모형을 구성하는 활동의 수와 생산방법은 제한이 있어야 한다.
  - 확정성 : 계획모형의 모든 매개변수들의 값이 확정적으로 일정한 값을 가져야 한다.

② 정수계획법
- 선형계획모형은 분할성의 전제 조건이 있어, 사람의 인원수, 생산제품의 수 등과 같이 정수로 나타내야만 하는 조건은 충족시킬 수 없다. 이렇듯 변수의 값이 정수로 제한된 경우 0 또는 양의 정수를 이용하여 문제를 해결하는 수리기법이다.
- 선형계획모형의 특성 중 분할성 대신에 정수 제약 조건을 갖는 산림경영계획 기법이다.

③ 목표계획법
- 선형계획법으로는 해결할 수 없는 다수의 목표를 가지는 의사결정문제의 해결에 가장 적합한 수확 조절방법이다.
- 선형계획법에서와 같이 목적함수를 직접적으로 최대화 또는 최소화하지 않고, 목표들 사이에 존재하는 편차를 주어진 제약 조건하에서 최소화하는 산림경영계획 기법이다.

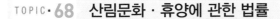

TOPIC · **68** **산림문화 · 휴양에 관한 법률**

① 용어 정의

- 산림문화 : 산림과 인간의 상호작용으로 형성되는 정신적 · 물질적 산물의 총체로서 산림과 관련한 전통과 유산 및 생활양식 등과 산림을 활용하여 보고, 즐기고, 체험하고, 창작하는 모든 활동을 말한다.
- 산림휴양 : 산림 안에서 이루어지는 심신의 휴식 및 치유 등을 말한다.
- 자연휴양림 : 국민의 정서함양 · 보건휴양 및 산림교육 등을 위하여 조성한 산림을 말한다.
- 산림욕장(山林浴場) : 국민의 건강증진을 위하여 산림 안에서 맑은 공기를 호흡하고 접촉하며 산책 및 체력단련 등을 할 수 있도록 조성한 산림을 말한다.
- 산림치유 : 향기, 경관 등 자연의 다양한 요소를 활용하여 인체의 면역력을 높이고 건강을 증진시키는 활동을 말한다.
- 치유의 숲 : 산림치유를 할 수 있도록 조성한 산림을 말한다.
- 숲길 : 등산 · 트레킹 · 레저스포츠 · 탐방 또는 휴양 · 치유 등의 활동을 위하여 산림에 조성한 길을 말한다.
- 산림문화자산 : 산림 또는 산림과 관련되어 형성된 것으로서 생태적 · 경관적 · 정서적으로 보존할 가치가 큰 유형 · 무형의 자산을 말한다.
- 숲속야영장 : 산림 안에서 텐트와 자동차 등을 이용하여 야영을 할 수 있도록 적합한 시설을 갖추어 조성한 공간을 말한다.

② 산림문화 · 휴양기본계획의 수립 및 시행

- 산림청장은 관계중앙행정기관의 장과 협의하여 전국의 산림을 대상으로 산림문화 · 휴양기본계획을 5년마다 수립 · 시행할 수 있다.
- 산림청장 또는 특별시장 · 광역시장 · 특별자치시장 · 도지사 · 특별자치도지사(시 · 도지사)는 기본계획에 따라 관할 구역의 특수성을 고려하여 지역산림문화 · 휴양계획(지역계획)을 5년마다 수립 · 시행할 수 있다.

TOPIC · **69** **산림교육의 활성화에 관한 법률**

① 용어 정의

- 산림교육 : 산림의 다양한 기능을 체계적으로 체험 · 탐방 · 학습함으로써 산림의 중요성을 이해하고 산림에 대한 지식을 습득하며 올바른 가치관을 가지도록 하는 교육을 말한다.
- 산림교육전문가 : 산림교육전문가 양성기관에서 산림교육 전문과정을 이수한 사람을 말한다.

[산림교육전문가의 종류]

구분	내용
숲해설가	국민이 산림문화·휴양에 관한 활동을 통하여 산림에 대한 지식을 습득하고 올바른 가치관을 가질 수 있도록 해설하거나 지도·교육하는 사람
유아숲지도사	유아가 산림교육을 통하여 정서를 함양하고 전인적(全人的) 성장을 할 수 있도록 지도·교육하는 사람
숲길등산지도사	국민이 안전하고 쾌적하게 등산 또는 트레킹(길을 걸으면서 지역의 역사·문화를 체험하고 경관을 즐기며 건강을 증진하는 활동)을 할 수 있도록 해설하거나 지도·교육하는 사람

② 산림교육종합계획의 수립·시행

산림청장은 산림교육을 활성화하기 위하여 산림교육종합계획을 5년마다 수립·시행하여야 한다.

TOPIC·70 자연휴양림 일반

① 자연휴양림의 개념

국민의 정서 함양, 보건 휴양 및 산림교육 등을 위하여 조성한 산림으로 임목생산의 정상적 산림경영 또한 이루어진다.

② 자연휴양림의 지정 목적(설치 목적)
- 국민의 보건 휴양 및 정서 함양을 위한 야외 공간 제공
- 자연교육의 장으로서의 역할
- 산림소유자의 소득 향상에 이바지

③ 휴양림과 도시공원녹지 및 도시림의 차이점

자연휴양림은 임목생산을 포함한 산림의 다목적 경영이 이루어지나, 도시공원녹지와 도시림은 산림생산활동을 하지 않으며 공익을 목적으로 관리되고 있는 점이 다르다.

④ 자연휴양림의 구분
- 공간이용지역 : 시설부지, 등산로, 산책로 주변으로부터 가시권을 고려하여 30m 이내 지역
- 자연유지지역 : 공간이용지역을 제외한 지역

⑤ 자연휴양림의 수림공간 유형
- 산개림형(散開林型) : 수림피도가 10~30%로 낮아 개방적 분포를 나타내는 유형
- 소생림형(疎生林型) : 수림피도가 40~60%로 산개림과 밀생림의 중간 정도에 해당하는 유형
- 밀생림형(密生林型) : 수림피도가 70~100%로 폐쇄적 분포를 나타내는 유형

TOPIC·71 자연휴양림의 적지 조건 및 타당성 평가

① 자연휴양림의 적지 조건
- 자연휴양림의 수요 측면에서의 입지 조건
  - 다수 국민이 쉽게 접근 또는 이용할 수 있는 지역의 산림지
  - 해당 산림의 자연휴양림적 이용과 목재생산과의 합리적 조정을 도모할 수 있는 곳
  - 배후도시 상황, 거주 인구, 기존 시설 등의 사회경제적 레크리에이션 수요에 대응되는 곳
  - 장래 휴양지로 개발하기 위해 교통기관 및 도로망의 정비, 관광시설의 설치계획이 있는 곳
- 자연휴양림의 공급 측면에서의 입지 조건
  - 자연경관이 아름답고 임상이 울창한 산림
  - 자연탐방, 등산, 트레킹, 온천, 해수욕 등 자연휴양적 가치를 가진 곳
  - 해당 산림의 상태와 각종 시설과의 조화를 도모하면서 풍치적 시업을 하여 자연휴양적 이용이 가능한 지역
  - 지형이 완만하고 배수가 양호하여 재해 발생 위험이 적은 곳
  - 주변에 소하천, 호수 등의 입지와 식수원의 확보가 가능한 곳

② 자연휴양림의 타당성 평가

평가점수의 합이 총 150점 중 100점 이상이면 자연휴양림의 적지로 판정한다. 자연휴양림의 타당성 평가 항목에는 경관, 위치, 수계, 휴양 유발, 개발 여건, 면적 등이 있으며, 평가기준은 아래와 같다.

[자연휴양림의 타당성 평가 기준]

항목	평가내용
경관	표고차, 임목 수령, 식물 다양성 및 생육상태 등이 적정할 것
위치	접근도로 현황 및 인접도시와의 거리 등에 비추어 그 접근성이 용이할 것
수계	계류 길이, 계류 폭, 수질 및 유수기간 등이 적정할 것
휴양 유발	역사적 · 문화적 유산, 산림문화자산 및 특산물 등이 다양할 것
개발 여건	개발비용, 토지이용 제한요인 및 재해빈도 등이 적정할 것
면적	• 국가 또는 지방자치단체가 조성하는 경우 : 20만 m² 이상 • 그 밖의 자가 조성하는 경우 : 13만 m² 이상 • 섬지역의 경우 : 조성 주체와 관계없이 10만 m² 이상

TOPIC·**72** 자연휴양림의 지정 및 조성

① 자연휴양림의 지정
- 산림청장은 소관 국유림을 자연휴양림으로 지정할 수 있다.
- 산림청장은 공·사유림의 소유자 또는 국유림의 대부 또는 사용허가를 받은 자의 지정 신청에 따라 산림을 자연휴양림으로 지정할 수 있다.
- 지정 신청의 절차는 지정 신청을 하려는 자가 신청서와 함께 자연휴양림 예정지의 위치도 및 구역도 등의 여러 서류를 첨부하여 시장·군수·구청장에게 제출하여야 한다.
- 산림청장은 자연휴양림을 지정한 때에는 이를 신청인 및 관계 행정기관의 장에게 통보하고 자연휴양림의 명칭, 위치, 지번, 지목, 면적 그 밖에 필요한 사항을 고시하여야 한다.

참고 📖

자연휴양림 지정 고시 시 포함사항
자연휴양림의 명칭, 위치, 지번, 지목, 면적 그 밖에 필요한 사항

② 자연휴양림의 조성

산림청장은 자연휴양림으로 지정된 국유림에 휴양시설의 설치 및 숲가꾸기 등을 하려는 경우 휴양시설 및 숲가꾸기 등의 조성계획(자연휴양림조성계획)을 작성하여야 한다.

참고 📖

자연휴양림조성계획 시 포함서류
- 시설물(도로 포함)의 종류·규모 등이 표시된 시설계획
- 시설물종합배치도(축척 6,000분의 1 이상, 1,200분의 1 이하 임야도)
- 조성기간 및 연도별 투자계획
- 자연휴양림의 관리 및 운영방법
- 산림경영계획

TOPIC·73 자연휴양림 시설의 설치

① 자연휴양림 시설의 규모

자연휴양림 안에 설치할 수 있는 시설은 일정 규모의 제한이 있으며, 그 기준은 아래와 같다.

[자연휴양림 내 설치시설의 규모 기준]

구분		규모
자연휴양림 시설의 설치에 따른 산림의 형질변경 면적 (임도 · 순환로 · 산책로 · 숲체험 코스 및 등산로의 면적 제외)	자연휴양림 조성 대상지의 산림면적이 20만 m² 이상인 경우 또는 섬지역에 자연휴양림을 조성하는 경우	10만 m² 이하
	자연휴양림 조성 대상지의 산림면적이 13만 m² 이상부터 20만 m² 미만인 경우	자연휴양림 전체 면적의 50% 이하
자연휴양림 시설 중 건축물이 차지하는 총바닥면적		1만 m² 이하
연면적	개별 건축물의 연면적	900m² 이하
	휴게음식점영업소 또는 일반음식점영업소의 연면적 — 국가 또는 지방자치단체가 소유한 자연휴양림	200m² 이하
	이 외의 자연휴양림	600m² 이하
건축물의 층수		3층 이하

② 자연휴양림 시설의 종류

자연휴양림 내에 설치하는 시설에는 숙박시설, 편익시설, 위생시설, 체험 · 교육시설, 체육시설, 전기 · 통신시설, 안전시설이 있다.

[자연휴양림 내 설치시설의 구분 및 종류]

구분	시설의 종류
숙박시설	숲속의 집, 산림휴양관, 트리하우스 등
편익시설	임도, 야영장(야영데크 포함), 오토캠핑장, 야외탁자, 데크로드, 전망대, 모노레일, 야외쉼터, 야외공연장, 대피소, 주차장, 방문자안내소, 산림복합경영시설, 임산물판매장 및 매점과 휴게음식점영업소 및 일반음식점영업소 등
위생시설	취사장, 오물처리장, 화장실, 음수대, 오수정화시설, 샤워장 등
체험 · 교육시설	산책로, 탐방로, 등산로, 자연관찰원, 전시관, 천문대, 목공예실, 생태공예실, 산림공원, 숲속교실, 숲속수련장, 산림박물관, 교육자료관, 곤충원, 동물원, 식물원, 세미나실, 산림작업체험장, 임업체험시설, 로프체험시설, 유아숲체험원 및 산림교육센터 등
체육시설	철봉, 평행봉, 그네, 족구장, 민속씨름장, 배드민턴장, 게이트볼장, 썰매장, 테니스장, 어린이놀이터, 물놀이장, 산악승마시설, 운동장, 다목적잔디구장, 암벽등반시설, 산악자전거시설, 행글라이딩시설, 패러글라이딩시설 등
전기 · 통신시설	전기시설, 전화시설, 인터넷, 휴대전화중계기, 방송음향시설 등
안전시설	울타리, 화재감시카메라, 화재경보기, 재해경보기, 보안등, 재해예방시설, 사방댐, 방송시설 등

③ 자연휴양림 시설 배치 방식
- 집중화 방식
  - 장점 : 시설을 일정 지역에 집중하여 배치하므로 접근성이 좋아 이용 · 관리가 용이하다.
  - 단점 : 일정 지역의 집약적 개발로 인해 자연 훼손의 우려가 있다.
- 분산화 방식
  - 장점 : 시설을 널리 분산하여 배치하므로 자연성을 최대한 유지할 수 있다.
  - 단점 : 이동 동선이 길어 접근성이 떨어지므로 이용 · 관리가 불편하다.

TOPIC · 74 산림욕장 및 치유의 숲

① 산림욕장
- 국민의 건강증진을 위하여 산림 안에서 맑은 공기를 호흡하고 접촉하며 산책 및 체력단련 등을 할 수 있도록 조성한 산림
- 식재 수종 : 소나무, 리기다소나무, 잣나무, 분비나무, 구상나무 등 피톤치드 분비량이 많은 상록침엽수

② 치유의 숲
향기, 경관 등 자연의 다양한 요소를 활용하여 인체의 면역력을 높이고 건강을 증진시키는 산림치유를 할 수 있도록 조성한 산림

PART

02

임도공학

PART 02 임도공학

TOPIC·01 임도의 종류와 기능

① 임도의 종류

임도는 임산물 반출 등의 산림경영 및 관리를 위한 산림기반시설로 기능과 규모에 따라 아래와 같이 구분한다.

[기능과 규모에 따른 임도의 종류(산림기반시설)]

구분	내용
간선임도	• 산림의 경영관리 및 보호상 중추적인 역할을 하는 임도 • 도로와 도로를 연결하는 근간이 되는 임도 • 연결임도, 도달임도
지선임도	• 일정 구역의 산림경영 및 산림보호를 목적으로 하는 임도 • 간선임도 또는 도로에서 연결하여 설치하는 임도 • 순수한 산림 개발(경영)의 목적으로 설치 • 경영임도, 시업임도
작업임도	• 일정 구역의 산림사업 시행을 위한 임도 • 간선임도·지선임도 또는 도로에서 연결하여 설치하는 임도 • 각종 임내 작업을 능률적으로 실시하기 위하여 시설되는 간이 도로 • 기계, 자재, 작업원 등을 가급적 작업지점 가까운 곳까지 수송하여 집재 및 운재작업을 시작할 수 있도록 함

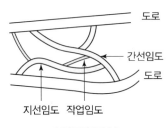

❚ 임도의 종류 ❚

② 「임도설치 및 관리 등에 관한 규정」에 의한 임도의 종류

• 국가임도 : 산림청장이 국유림에 설치하는 임도

• 지방임도 : 지방자치단체의 장이 공유림과 사유림에 설치하는 임도

• 민간임도 : 산림소유자 또는 산림을 경영하는 자가 자기 부담으로 설치하는 임도

• 산불진화임도 : 대형 산불 위험이 있는 산림 내 산불에 특화된 기준을 적용하여 설치하는 임도

- 테마임도 : 산림관리기반시설로서의 기능을 유지하면서 특정주제(산림 문화·휴양·레포츠 등)로 널리 이용되고 있거나 이용될 가능성이 높은 임도
  - 산림휴양형 : 자연휴양림, 산림욕장 또는 생활권 주변의 임도에서 휴식과 여가를 즐기면서 아름다운 경관과 산림의 효용을 느끼거나 역사·문화를 탐방할 수 있는 임도
  - 산림레포츠형 : 임도와 주변 환경을 이용하여 산림레포츠(산악자전거·산악마라톤·오리엔티어링·산악승마 등) 활동을 할 수 있는 임도
  * 오리엔티어링 : 지도와 나침반만으로 일정 지점을 통과하여 목적지에 도착하는 야외스포츠

③ 임도의 기능
- 노동력과 물자, 기계 등의 반입과 반출이 용이하여 산림경영의 전체적 기능 향상을 도모할 수 있다.
- 숲 가꾸기와 갱신이 쉬워 임산물의 생산성을 향상시킨다.
- 조림과 임산물의 반출이 신속하여 조림비 및 반출비 등의 비용이 절감된다.
- 산림 병해충과 산불 등의 방지와 산림보호 및 관리를 강화하여 수행할 수 있다.
- 기계의 도입이 가능하여 작업능률이 향상된다.
- 산촌에 교통기능을 제공하여 지역사회의 발전과 소득 증대에 기여한다.
- 임산물의 생산활동 시 집재, 집적 등의 공간 자체로도 이용이 가능하다.
- 이와 같이 임도의 기능에는 이동기능, 접근기능, 공간기능 등이 있다.

TOPIC·02 임도의 개설효과와 순위 결정

① 임도의 개설효과

임도를 개설하여 얻는 효과에는 직접적 효과, 간접적 효과, 파급효과가 있다.

[임도개설 시 효과]

구분	효과	
직접적 효과	• 조림비, 벌채비 등의 비용 절감 • 작업원의 피로 경감 • 산림사업 품질의 향상	• 조림, 벌채 등의 시간 절감 • 벌채사고의 경감
간접적 효과	• 사업기간의 단축 • 집중적 과다벌채 완화	• 산림보호기능의 증진(산불, 병해충) • 주변의 지가 상승
파급효과	• 농산촌의 생활수준 향상 • 관광자원의 개발	• 지역산업의 발전

② 임도신설 우선순위의 결정
- 신규로 임도를 개설할 때 5가지의 지수를 산정하여 우선순위를 결정할 수 있는데, 계산식에 의해 산출된 지수의 값이 일정 수치 이상이면 신설을 확정하게 된다.

• 임도개설 순위 결정 지수 : 임업효과지수, 투자효율지수, 경영기여율지수, 교통효용지수, 수익성지수

TOPIC·03 임도밀도와 매튜스(Mattews)의 적정(최적)임도밀도 이론

① 임도밀도

• 산림의 단위면적당 임도의 총연장거리로 임도의 성숙도를 나타내는 양적 지표이다.

• 임도밀도의 대소는 산림개발 정도 및 시업의 집약도를 나타내어, 밀도가 높으면 개발 정도와 사업 집약도가 높음을 나타낸다.

$$임도밀도(m/ha) = \frac{임도총연장거리(m)}{총면적(ha)}$$

🔲 Exercise

면적이 300ha인 산림에 간선임도 500m, 지선임도 10km가 개설되어 있다. 이 산림의 임도밀도가 40m/ha가 되려면 임도를 얼마나 증설해야 하는지 계산하시오.

풀이 임도밀도$(m/ha) = \dfrac{임도\,총연장거리(m)}{총면적(ha)}$에서 $40m/ha = \dfrac{500m + 10,000m + x}{300ha}$이므로 $x = 1,500m$이다. 따라서 1,500m를 증설해야 한다.

② 매튜스(Mattews)의 적정(최적)임도밀도 이론

• 임도밀도는 증가할수록 임도를 개설하는 비용은 많이 들지만 임도의 증가로 집재비용은 적게 들게 되는데, 이때 임도개설비, 집재비 등을 감안하여 가장 적절한 임도밀도를 찾는 과정을 적정(최적)임도밀도 이론이라 한다.

• 적정임도밀도 : 임도비(임도개설비＋유지관리비)와 집재비의 합계가 가장 최소가 되는 점의 임도밀도

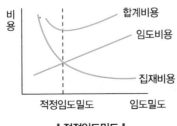

┃ 적정임도밀도 ┃

임도밀도의 종류

① 기본임도밀도

- 조림에서 수확까지의 모든 산림작업에 투입되는 노동인력들의 왕복통근경비 등 비생산 노무 경비를 임도시설에 전환하여 사회간접자본화하는 개념
- 기본임도밀도 산정에 영향을 주는 인자 : 노동단가, 투입노동량, 평균보행속도, 임도개설비 등

$$\text{기본임도밀도(m/ha) } D = \sqrt{\frac{5 \times C \times N \times n}{S \times r}}$$

여기서, S : 평균보행속도(km/hr), r : 임도개설단가(원/m), C : 노동단가(원/hr)
N : 투입노동량(인/ha), n : 보행우회계수(1.0~1.5)

② 적정임도밀도

임업생산비 중 임도개설연장의 증감에 따라 변화되는 주벌의 집재비와 임도개설비의 합계를 가장 최소화시키는 임도밀도

$$\text{매튜스의 적정임도밀도(m/ha) } D = 50\sqrt{\frac{V \times E \times n \times n'}{r}}$$

여기서, r : 임도개설단가(원/m), V : 생산예정재적(m³/ha), E : 집재단가(원/m³/m)
n : 임도우회계수(1.0~2.0), n' : 집재우회계수(1.0~1.5)

③ 지선임도밀도

임도의 집재방법과 운재시스템에 대한 효율을 계수로 정하고, 이 계수와 집재장비의 최대집재거리를 적용하여 경험적으로 산출하는 임도밀도

- 지선임도밀도(m/ha) $D = \dfrac{a}{s} = \dfrac{\text{임도효율계수}}{\text{평균집재거리(km)}}$

- 지선임도가격(원) $= \dfrac{\text{지선임도개설단가} \times \text{지선임도밀도}}{\text{수확재적}}$

▣ Exercise

면적 100ha, 임도 총연장 2km, 임도효율이 10일 때의 평균집재거리를 구하시오.

풀이
- 임도밀도$= \dfrac{\text{임도총연장거리(m)}}{\text{총면적(ha)}} = \dfrac{2{,}000\text{m}}{100\text{ha}} = 20\text{m/ha}$

- 지선임도밀도(m/ha) $D = \dfrac{\text{임도효율계수}}{\text{평균집재거리(km)}}$ 에서 $20 = \dfrac{10}{\text{평균집재거리}}$ 이므로 평균집재 거리는 0.5km 이다.

TOPIC·05 임도밀도와 관계식

임도망 배치모델의 적정성을 분석하기 위해 임도간격, 집재거리, 평균집재거리 등을 평가지표로 하여 평지림일 경우 아래와 같은 식을 적용하며, 산지림일 경우 아래의 식에 우회계수(보정계수)를 함께 곱하여 적용한다.

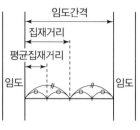

┃ 임도의 관계 ┃

① 임도간격

임도와 임도 사이의 거리 간격

$$임도간격(m) = \frac{10,000}{적정임도밀도}$$

② 집재거리

양쪽의 임도에서 집재가 가능하므로 임도간격의 1/2

$$집재거리(m) = 임도간격 \times \frac{1}{2} = \frac{5,000}{적정임도밀도}$$

③ 평균집재거리

평균이므로 집재거리의 1/2 또는 임도간격의 1/4

$$평균집재거리(m) = 집재거리 \times \frac{1}{2} = 임도간격 \times \frac{1}{4} = \frac{2,500}{적정임도밀도}$$

🔳 Exercise

임도밀도가 20m/ha일 때, 임도간격, 집재거리, 평균집재거리의 값을 구하시오.

풀이
- 임도간격 $= \dfrac{10,000}{적정임도밀도} = \dfrac{10,000}{20} = 500m$

- 집재거리 $= \dfrac{5,000}{적정임도밀도} = \dfrac{5,000}{20} = 250\,m$

- 평균집재거리 $= \dfrac{2,500}{적정임도밀도} = \dfrac{2,500}{20} = 125m$

📰 **Exercise**

산림면적 200ha에 임도밀도가 10m/ha인 임도망을 배치하고자 한다. 총임도연장과 평균집재거리를 계산하시오(보정계수는 1).

> **풀이**
> - 임도밀도$(m/ha) = \dfrac{\text{임도총연장거리}(m)}{\text{총면적}(ha)}$ 에서 $10 = \dfrac{\text{임도총연장거리}}{200}$ 이므로,
>   임도총연장거리는 2,000m = 2km 이다.
> - 보정계수가 1일 때, 평균집재거리 $= \dfrac{2,500 \times \text{보정계수}}{\text{적정임도밀도}} = \dfrac{2,500 \times 1}{10} = 250m$

TOPIC·06 임도망 계획

① 임도망(林道網)

임도와 임도가 입체적으로 연결되어 있을 때 산림경영이 보다 합리적이며 효율적으로 실행이 가능한데, 이때 임도의 연결망을 말한다.

② 임도망 계획 시 고려사항

- 운재비(운반비)가 적게 들도록 한다.
- 신속한 운반이 되도록 한다.
- 운반량에 제한이 없도록 한다(운반량에 탄력성이 있도록).
- 운재방법이 단일화되도록 한다.
- 날씨와 계절에 따른 운재(운반)능력에 제한이 없도록 한다.
- 목재의 손실이 적도록 한다.
- 산림풍치의 보전과 등산·관광 등의 편익도 고려한다.

③ 개발지수 산출식

임도망 배치의 효율성 정도를 나타내는 식으로 임도가 이상적으로 균일하게 배치되었을 때는 개발지수가 1이 되고, 1보다 크거나 작을수록 임도배치 효율은 불균일한 상태가 된다.

$$\text{개발지수}(I) = \frac{\text{평균집재거리} \times \text{임도밀도}}{2,500}$$

Exercise

임도밀도 20m/ha, 평균집재거리 250m일 때 개발지수는 얼마인지 쓰시오.

풀이 개발지수 $= \dfrac{\text{평균집재거리} \times \text{임도밀도}}{2{,}500} = \dfrac{250 \times 20}{2{,}500} = 2$

TOPIC·07 임도노선 선정 및 배치방법

① 임도노선 선정 시 고려사항

임도노선을 선정하고자 하는 때에는 동물의 서식 상황, 임상, 지형·토양의 특성, 주변도로 및 임도의 현황을 고려하여야 한다.

② 임도설치 대상지의 우선 선정 기준 「임도설치 및 관리 등에 관한 규정」

- 조림, 육림, 간벌, 주벌 등 산림사업 대상지
- 산림경영계획이 수립된 임지
- 산불예방, 병해충방제 등 산림의 보호·관리를 위하여 필요한 임지
- 산림휴양자원의 이용 또는 산촌진흥을 위하여 필요한 임지
- 농산촌 마을의 연결을 위하여 필요한 임지
- 기존 임도 간 연결, 임도와 도로 연결 및 순환임도 시설이 필요한 임지
- 도로의 노선계획이 확정·고시된 지역 또는 다른 임도와 병행하는 지역은 임도설치 대상지에서 제외

③ 노선의 통과지점 결정

노선 설치에 있어서는 유역의 입지환경, 경제효과, 교통 및 구조기술상의 특징, 경계성 등을 고려하여야 하며, 아래와 같은 통과 유리점과 불리점이 있다.

[노선 통과지점의 구분]

구분	내용	
유리한 지점 (통과지점)	말안장지역(안부), 여울목, 급경사지 내의 완경사지, 공사용 자재의 매장지	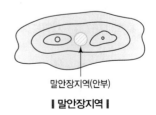
불리한 지점	습지(늪), 불안정한 사면(붕괴지, 산사태지), 암석지, 홍수범람지, 소유경계	

▌말안장지역▐

* 말안장지역(안부, 鞍部) : 말안장 부분처럼 2개의 산봉우리 사이에 끼인 낮고 평탄한 지역
* 여울목 : 물이 흐르다가 턱이 져 평탄하게 흐르는 지역

④ 임도노선 배치방법
- 자유배치법 : 지형도상에서 임도노선의 시점과 종점을 결정하여 경험을 바탕으로 노선을 작성한 다음, 임의로 각각의 구간별 물매만을 계산하여 허용 기울기 이내인가를 검토하는 방법
- 양각기 계획법(양각기 분할법) : 양각기(컴퍼스)를 이용하여 등고선 간격(표고차), 종단물매, 등고선 거리를 구해 지형도상에 예정 노선을 배치하는 방법
- 자동배치법 : 물매와 함께 여러 가지 평가인자를 종합하여 노선을 배치하는 방법

TOPIC · 08 양각기 계획법에 의한 임도망의 배치

① 양각기(divider, 디바이더)를 이용하여 지형도의 축척과 등고선 간격 등을 고려하여 지형도상에 적정한 종단물매의 임도예정노선을 그려 나타내는 것이다.

② 양각기 계획법의 종단물매 계산법
- 양각기의 1폭을 임도의 영선에 대한 두 지점(A, B) 간의 수평거리(D)로 한다.
- 등고선 간격은 두 지점(A, B) 간의 수직거리(h)로 한다. (등고선 간격은 1/25,000의 지형도에서는 10m, 1/50,000의 지형도에서는 20m이다)
- 수평거리(D)와 수직거리(h)로부터 종단물매(G)를 산출한다.

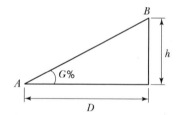

> - 종단물매(G) = $\dfrac{수직거리(h)}{수평거리(D)} \times 100$
> - h = 등고선 간격 = 두 지점 간의 수직거리 = 두 지점의 표고차 = 높이
> - D = 양각기 1폭 길이 = 두 지점 간의 수평거리

📖 Exercise

축척 1/5,000 지형도에서 종단물매 10%일 때 실제 수평거리를 구하시오(등고선 간격 5m).

풀이 종단물매 = $\dfrac{수직거리}{수평거리} \times 100$에서 $10\% = \dfrac{5}{x} \times 100$이므로
등고선 간의 수평거리 $x = 50\text{m}$ 이다.

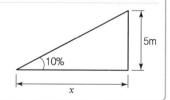

Exercise

축척 1/25,000 지형도에 종단물매 8%, 높이 10m인 노선을 그릴 때 양각기의 폭을 계산하시오.

풀이 종단물매 $= \dfrac{수직거리}{수평거리} \times 100$에서 $8\% = \dfrac{10}{x} \times 100$이므로,

등고선 간의 수평거리 $x = 125\text{m}$ 이다.

이것을 축척을 적용하여 지도상의 수치로 나타내면, 축척 1/25,000은 지도상의 1cm를 실제 25,000cm(250m)로 나타내는 것이므로 $1 : 250 = x : 125$로 양각기의 폭 $x = 0.5\text{cm} = 5\text{mm}$ 이다.

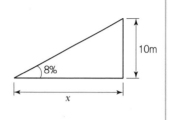

Exercise

출발지의 표고가 100m이고, 경사도가 10%인 산지를 수평으로 8,000m 거리를 이동하였다면 산정부의 표고를 구하시오.

풀이 종단물매 $= \dfrac{수직거리}{수평거리} \times 100$에서 $10\% = \dfrac{수직거리}{8,000} \times 100$이므로,

수직거리는 800m 이다.

출발지의 표고가 100m이므로 800m를 더하면 산정부의 표고는 900m 이다.

TOPIC·09 흙의 분류

① 입경에 의한 분류

흙 입자의 직경 크기에 따라 모래, 미사(실트), 점토 등으로 분류하며, 미국농무성의 삼각좌표에 의한 분류와 국제토양학회법에 의한 분류가 있다.

* 흙의 구성성분 : 모래, 미사(실트), 점토

② 삼각좌표에 의한 분류

모래, 미사, 점토의 합계가 100%가 되도록 하는 삼각도를 이용하여 분류하는 방법

③ 국제토양학회법에 의한 분류

• 토양을 자갈, 모래, 미사, 점토로 분류하며, 자갈은 2.0mm 이상으로 흙의 분류에서 제외

• 자갈 2.0mm 이상, 조사(거친 모래) 2.0~0.2mm, 세사(가는 모래) 0.2~0.02mm, 미사(실트) 0.02~0.002mm, 점토 0.002mm 이하

TOPIC · 10 　흙의 기본 성질

토양은 고상(固相, 흙입자), 액상(液相, 물), 기상(氣相, 공기)의 세 가지 성분으로 이루어져 있으며, 이것을 토양의 3상이라 한다. 이때, 토양 속에서 공기나 물이 차지하고 있는 흙알갱이 사이의 공간을 공극(孔隙)이라 한다.

① 공극비(간극비)

흙입자 용적에 대한 공극 용적의 비

$$\text{공극비} = \frac{\text{공극의 부피}}{\text{토양입자의 부피}}$$

② 공극률(간극률)

흙덩이 전체 용적에 대한 공극 용적의 비율

$$\text{공극률}(\%) = \frac{\text{공극의 부피}}{\text{흙덩이 전체의 부피}} \times 100 = \left(1 - \frac{\text{가비중}}{\text{진비중}}\right) \times 100$$

여기서, 가비중(용적비중) $= \dfrac{\text{건조한 토양의 질량(g)}}{\text{채취한 토양의 부피(cm}^3)}$

(자연상태의 토양 일정량을 채취하여 건조한 질량을 채취한 토양의 전체 부피로 나눈 값)

진비중(입자비중) $= \dfrac{\text{건조한 토양의 질량(g)}}{\text{건조한 토양의 부피(cm}^3)}$

(토양입자만의 비중으로 건조한 토양의 질량을 전체 건조 토양의 부피로 나눈 값)

📖 Exercise

용적 400cm³의 시료캔을 이용하여 토양을 채취 후 열건중량을 측정한 결과 0.46kg이었다. 입자비중이 2.65일 때 채취한 토양의 공극량은 몇 %인지 계산하시오.

풀이　• 가비중(용적비중) $= \dfrac{\text{건조한 토양의 질량}}{\text{채취한 토양의 부피}} = \dfrac{460}{400} = 1.15 \text{g/cm}^3$

　　　　• 공극률 $= \left(1 - \dfrac{\text{용적비중}}{\text{입자비중}}\right) \times 100 = \left(1 - \dfrac{1.15}{2.65}\right) \times 100 = 56.603\cdots$ 　 $\therefore$ 약 56.6%

③ 포화도

흙입자 사이의 공극에 들어 있는 수분 용적의 비율

$$\text{포화도} = \frac{\text{물의 부피}}{\text{공극의 부피}} \times 100$$

④ 함수비

흙입자 중량에 대한 물 중량의 비율

$$함수비(\%) = \frac{물의\ 중량}{토양입자의\ 중량} \times 100$$

여기서, 습윤밀도 $= \dfrac{습윤\ 흙\ 중량}{습윤\ 흙\ 전체체적}$

(습윤 시 흙의 중량을 전체 체적으로 나눈 것으로 건조시키지 않은 습윤상태 흙의 단위체적
당 중량)

건조밀도 $= \dfrac{건조\ 흙\ 중량}{습윤\ 흙\ 전체체적}$

(건조한 흙의 중량을 습윤 시 흙의 전체 체적으로 나눈 것으로 단위체적의 흙속에 포함된
흙입자의 중량)

⑤ 함수율

흙덩이 전체 중량에 대한 물 중량의 비율

$$함수율(\%) = \frac{물의\ 중량}{흙덩이\ 전체의\ 중량} \times 100$$

⑥ 균등계수

토양을 구성하고 있는 다양한 크기의 흙입자들의 입도 분포를 나타내는 것으로 체로 분류하여
60% 통과율을 나타내는 흙입자 크기의 비로 계산하며, 수치가 1에 가까울수록 구성 흙입자의 크
기가 고르다.

$$균등계수 = \frac{통과\ 중량\ 백분율\ 60\%에\ 대응하는\ 입경}{통과\ 중량\ 백분율\ 10\%에\ 대응하는\ 입경} = \frac{D_{60}}{D_{10}}$$

여기서, D_{10} : 유효입경(유효지름), 입도분포곡선상에서 통과중량백분율의 10%에 해당하는 입경

TOPIC · **11** **산악지대의 임도노선 선정 · 배치 형태**

산악지대는 임도망 편성에 있어 설치위치별로 분류하여 노선을 선정 및 배치한다.

① 계곡임도

- 임지의 하단부로부터 개발되며, 임지개발의 중추적 역할을 한다.
- 산림개발 시 처음으로 시설되는 임도이다.

② 사면임도(산복임도)

- 계곡임도에서 시작되어 산록부와 산복부에 설치한다.
- 산지개발 효과와 집재작업효율이 높으며, 상향집재도 가능하다.
- 산복임도는 집재나 공사비 등의 면에서 효율성과 경제성이 가장 좋은 임도이다.
- 급경사의 긴 비탈면인 산지에서는 지그재그 방식, 완경사지에서는 대각선 방식이 적당하다.

③ 능선임도

- 능선을 따라 설치되어 배수가 좋으며, 눈에 쉽게 띄고, 대개 직선적이다.
- 산악지대 임도배치 방법 중 건설비가 가장 적게 소요되며, 접근이 어려운 계곡이나 늪지대 등에서의 임도개설 시 용이하다.

④ 산정부 개발형(산정임도)

- 산정부 주위를 순환하는 임도로 산정림 개발에 적합한 방식이다.
- 산정부의 안부에서부터 시작되는 순환식 노선방식을 주로 사용한다.

⑤ 계곡분지 개발형(계곡분지임도)

계곡이 모여드는 분지에 설치하는 임도로 사면의 경사도가 완만하고 편평한 곳에서는 그림과 같은 순환노망을 설치한다.

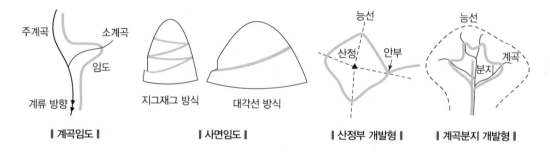

| 계곡임도 | | 사면임도 | | 산정부 개발형 | | 계곡분지 개발형 |

TOPIC·**12** **노면재료(노면 처리방법)에 따른 임도**

노체(路體)란 도로의 몸체로 기본 구조는 깊은 곳으로부터 노상, 노반, 기층, 표층의 순으로 구성되며, 노면에는 피복재료와 시공방법에 따라 토사도(흙모랫길), 사리도(자갈길), 쇄석도(부순돌길), 통나무길, 섶길 등이 있다.

① 토사도(土砂道, 흙모랫길)

- 노면이 토사, 즉 흙으로 이루어진 도로이다.

• 자연지반의 흙을 그대로 다져서 이용하거나 인공적으로 입자를 조정하여 피복하기도 한다.

• 주로 교통량이 적은 곳에 시공하며, 시공비도 적게 들어 경제적이다.

• 배수의 문제가 있어 강우 시 물로 인해 파손되기 쉽다.

② 사리도(砂利道, 자갈길)

노상의 흙 위에 자갈을 깔고, 결합재로 점토나 세점토사를 덮은 다음 롤러로 다져 시공한 도로이다.

[사리도의 시공방법]

구분	내용	방식
상치식 (표면구법)	• 지면을 파내지 않고 양끝보다 중앙부를 두텁게 하여 노면을 높인 구조 • 일반 임도에서 널리 사용하는 방법	상치식
상굴식 (구구법)	• 임도의 유효폭을 파내고 자갈을 깔고 다지는 방식 • 자갈을 2~3차례 반복하여 깔고 결합재를 섞어 다짐	상굴식

③ 쇄석도(碎石道, 부순돌길, 머캐덤도)

• 부순돌끼리 서로 맞물려 죄는 힘과 결합력에 의하여 단단한 노면을 만든 도로이다.

• 효율적이며 경제적이어서 임도에서 가장 많이 사용되며, 쇄석도의 표준 두께는 20cm이다.

| 쇄석도 |

[쇄석도의 노면 포장방법]

구분		내용
탤퍼드식		• 노반의 하층에 큰 깬돌을 깔고 쇄석 재료를 입히는 방법 • 지반이 연약한 곳에 효과적
머캐덤식	수체 머캐덤도	쇄석 틈 사이에 석분을 물로 침투시켜 롤러로 다진 도로
	교통체 머캐덤도	쇄석이 교통과 강우로 인하여 다져진 도로
	역청 머캐덤도	쇄석을 타르나 아스팔트로 결합시킨 도로
	시멘트 머캐덤도	쇄석을 시멘트로 결합시킨 도로

④ 통나무길과 섶길

• 통나무길 : 통나무를 깔아서 만든 길로 특수한 곳에서 부득이한 경우에 사용한다.

• 섶길 : 잎이 달린 가지(섶)를 다발로 엮어서 깔고 그 위에 흙을 덮어 만든 길이다.

• 통나무길과 섶길은 저습지대에서 노면침하를 방지하기 위하여 사용한다.

TOPIC· 13   임도의 선형

① 임도노선이 그리는 종단, 횡단, 평면 구조의 입체적 형상을 선형(線型)이라 한다.

② 선형설계 시 고려사항
  - 지역 및 지형과의 조화
  - 선형의 연속성
  - 평면선형과 종단선형의 조화
  - 교통상의 안전성

③ 선형설계 시 제약요소
  - 자연환경의 보존, 국토보전상에서의 제약
  - 지질 · 지형 · 지물 등에 의한 제약
  - 시공상에서의 제약
  - 사업비 · 유지관리비 등에 의한 제약

TOPIC· 14   설계속도

① 도로의 구조나 여건을 감안한 설계상의 안전 주행 속도를 말한다.

② 설계에 기준이 되는 차량은 간선 · 지선 임도에는 소형자동차와 보통자동차, 작업임도에는 2.5톤 트럭이며, 설계차량의 길이, 너비, 높이 등의 제원을 통해 속도를 적용한다.

③ 임도는 보통 1차선이므로 자동차의 교행이 어려워 대피소 간의 왕복거리와 교통량으로 설계속도를 산출한다.

[임도의 설계속도 기준]

구분	설계속도(km/h)
간선임도	40~20
지선임도	30~20
작업임도	20 이하

④ 설계속도 계산식

$$설계속도 \ V = \frac{N \times d}{1,000}$$

여기서, V : 설계속도 또는 자동차의 주행속도(km/h)
N : 시간당 교통량(대/h)
d : 차두간격 또는 대피소 간의 왕복거리(m)

Exercise

대피소 간의 간격은 200m이고, 시간당 교통량은 40대일 때 설계속도를 구하시오.

풀이 설계속도 $V = \dfrac{N \times d}{1,000} = \dfrac{40 \times (200 \times 2)}{1,000} = 16\text{km/h}$

TOPIC·15 종단기울기

① 종단기울기 일반
- 길 중심선의 수평면에 대한 기울기 또는 노선의 진행 방향으로의 기울기를 말한다.
- 수평거리 100에 대한 수직거리의 비(%)로 나타낸다.
- 종단기울기가 너무 낮으면 배수의 문제가 발생하므로 종단기울기는 최소 2~3% 이상은 되어야 한다.
- 최소 종단기울기를 유지해야 하는 주목적은 임도 표면의 배수를 용이하게 하여 임도 파손을 막고 유지비를 절약하기 위해서다.

② 특수지형으로 아래 표와 같은 기준을 적용하기 어려울 때에는 노면포장을 하는 경우에 한하여 종단기울기를 18%의 범위 안에서 조정할 수 있다.

[설계속도별 종단기울기 설치 기준(간선·지선 임도)]

설계속도 (km/h)	종단기울기	
	일반지형	특수지형
40	7% 이하	10% 이하
30	8% 이하	12% 이하
20	9% 이하	14% 이하

TOPIC·16 횡단기울기

① 횡단기울기 일반
- 임도의 횡단에서 본 단면의 기울기
- 노면배수를 위해 적용하며, 교통 안정성에도 문제를 주지 않는 기울기로 설치한다.

- 보통은 중앙부를 살짝 높이고 양쪽 길가를 낮추어 배수에 지장이 없는 범위 내에서 가장 완만하게 설치한다.

[횡단기울기 설치 기준(간선 · 지선 임도)]

구분	횡단기울기
포장을 하지 않은 노면(쇄석도, 사리도)	3~5%
포장도	1.5~2%

② 외쪽기울기
- 차량의 곡선부 주행 시 원심력에 의해 바깥쪽으로 튕겨나가려는 힘이 발생하여 노면 바깥쪽을 안쪽보다 높게 하는 기울기 = 외쪽물매
- 설치의 주요 목적은 차량의 안전운행이며, 일반적으로 8% 이하로 설치한다.

TOPIC · 17   횡단선형의 구성요소

도로의 중심선을 횡단면에서 본 형상을 횡단선형이라고 하며, 구성요소로 차도너비, 길어깨, 옆도랑, 절성토면 등이 있다. 간선 · 지선 임도에서 각 요소의 설치 기준은 아래와 같다.

① 유효너비(차도너비)
- 길어깨와 옆도랑을 제외한 임도의 유효너비로 3m를 기준으로 한다.
- 배향곡선지의 경우 유효너비는 6m 이상으로 한다.

② 길어깨(노견, 길섶)
- 너비 기준은 길 양쪽으로 각각 50cm~1m이다.
- 길어깨의 기능 : 노체구조의 안정, 도로의 유지, 차량의 안전통행, 주행상 여유공간, 보행자의 대피 및 통행, 차도의 주요 구조부 보호, 폭설 시 제설공간 등
- 임도너비(임도폭)＝유효너비＋길어깨너비

③ 옆도랑(측구)
노면 또는 절토 비탈면에 설치하는 배수시설로 너비 기준은 50cm~1m이다.

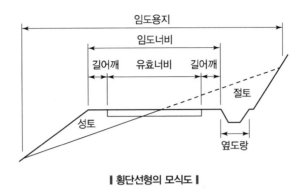

┃ 횡단선형의 모식도 ┃

TOPIC·18 대피소와 차돌림곳

간선·지선임도에서의 설치 기준은 아래와 같다.

① 대피소
- 임도는 1차선이므로 차량이 비켜 지나갈 수 있도록 너비를 넓게 하여 설치한 장소이다.
- 차량의 원활한 소통을 위해서는 300m 이내의 간격마다 5m 이상의 너비와 15m 이상의 길이를 가지는 대피소를 설치해야 한다.

[대피소의 설치 기준]

구분	기준
간격	300m 이내
너비	5m 이상
유효길이	15m 이상

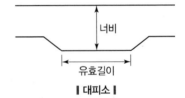

┃ 대피소 ┃

② 차돌림곳
  차를 돌리는 곳으로 너비 10m 이상으로 설치한다.

TOPIC·19 합성기울기

① 합성기울기 일반
- 종단기울기와 횡단기울기(또는 외쪽기울기)를 합성한 기울기 = 합성물매
- 차량이 곡선부 주행 시 보통 노면보다 더 급한 합성기울기가 발생되어 주행에 좋지 않은 영향을 끼치므로 이를 제한하기 위한 기준이 필요하다.

• 간선·지선 임도의 합성기울기는 비포장 노면인 경우 12% 이하로 한다. 다만, 지형 여건상 불가피한 경우 간선은 13% 이하, 지선은 15% 이하로 가능하며, 포장 노면인 경우 18% 이하로 가능하다.

② 합성기울기의 계산

$$\text{합성물매 } S = \sqrt{(i^2 + j^2)}$$

여기서, S : 합성물매(%), i : 횡단물매 또는 외쪽물매(%), j : 종단물매(%)

📋 **Exercise**

종단물매가 3%이고, 횡단물매가 4%일 때 합성물매를 구하시오.

풀이 합성물매 $S = \sqrt{(i^2 + j^2)} = \sqrt{4^2 + 3^2} = 5\%$

TOPIC·**20** **평면곡선의 종류**

도로 중심선이 그리는 직선과 곡선의 평면적인 형상을 평면선형이라 하며, 이때의 곡선을 평면곡선이라 한다.

[평면곡선의 종류 및 형태]

구분	내용	형태
단곡선 (원곡선)	• 두 개의 직선을 하나로 부드럽게 연결한 원곡선 • 설치가 쉬워 일반적으로 많이 사용	
복심곡선 (복합곡선)	반지름이 달라 곡률이 다른 두 개의 곡선이 같은 방향으로 연속되는 곡선	
반향곡선 (반대곡선, S-curve)	• 방향이 서로 다른 곡선을 연속시킨 곡선 • 차량의 안전주행을 위하여 두 곡선 사이에 10m 이상의 직선부를 설치해야 함	

구분	내용	형태
배향곡선 (헤어핀곡선)	• 반지름이 작은 원호의 앞이나 뒤에 반대 방향 곡선을 넣어 헤어핀 모양으로 된 곡선 • 급경사지에서 노선거리를 연장하여 종단기울기를 완화할 때나 같은 사면에서 우회할 때 적용 • 곡선반지름이 10m 이상 되도록 설치	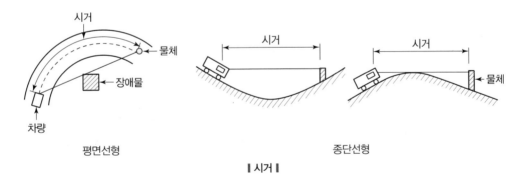
완화곡선	• 직선부에서 곡선부로 연결되는 완화구간에 외쪽물매와 너비 확폭이 원활하도록 설치하는 곡선 • 차량의 원활한 통행을 위하여 설치	

TOPIC·21 시거

① 시거의 정의

시거(視距)란 자동차의 운전자가 진행 차도 중심선상에 놓인 높이 10cm인 물체의 정점을 바라볼 수 있는 최소한도의 거리다. 차량의 충돌 방지 및 안전주행을 위하여 안전시거를 두어야 한다.

평면선형 종단선형

┃ 시거 ┃

② 안전시거의 계산

원둘레의 길이 공식은 $2 \cdot \pi \cdot R$ 이며, 360° 중 해당 원호의 각(중심각)을 $\theta°$라고 한다면, 전체 원둘레의 길이에 해당 원호의 각 비율을 곱하여 원호의 길이, 즉 안전시거를 구할 수 있다.

$$안전시거 \ S = 2 \cdot \pi \cdot R \times \frac{\theta}{360} = \frac{2 \cdot \pi \cdot R \cdot \theta}{360} = 0.017453 \cdot R \cdot \theta$$

여기서, S : 안전시거(m), R : 곡선반지름(m), θ : 중심각(°)

📖 **Exercise**

자동차 주행의 안전이라는 견지에서 필요한 최소한도의 바라보이는 거리를 안전시거라고 한다. 곡선반지름이 20m이고 중심각이 60°인 임도의 안전시거를 구하시오(반올림하여 정수로 기재).

풀이 안전시거 $S = \dfrac{2 \cdot \pi \cdot R \cdot \theta}{360} = \dfrac{2 \times \pi \times 20 \times 60}{360} = 20.943 \cdots$ ∴ 21m

TOPIC·22 곡선반지름

① 곡선반지름 일반
- 곡선반지름이란 평면선형에서 노선의 굴곡 정도를 표현하는 것으로 곡선부의 중심선 반지름 이다.
- 내각이 155° 이상 되는 장소는 곡선을 설치하지 않을 수 있으며, 배향곡선은 곡선반지름이 10m 이상 되도록 설치한다.

② 최소곡선반지름
최소 설정해야 하는 곡선반지름의 한도다.

📖 **참고**

최소곡선반지름 크기에 영향을 미치는 인자

도로의 너비(노폭, 유효폭), 반출할 목재의 길이, 차량의 구조, 운행속도(설계속도), 도로의 구조, 시거, 타이어와 노면의 마찰계수 등

[설계속도별 최소곡선반지름 기준]

설계속도 (km/h)	최소곡선반지름(m)	
	일반지형	특수지형
40	60	40
30	30	20
20	15	12

③ 최소곡선반지름의 계산
- 운반되는 통나무의 길이에 의한 경우

$$\text{최소곡선반지름(m)} \ \ R = \frac{l^2}{4B}$$

여기서, l : 반출할 목재의 길이(m), B : 도로의 폭(m)

• 원심력과 타이어 마찰계수에 의한 경우

$$최소곡선반지름(m) \ R = \frac{V^2}{127(f+i)}$$

여기서, V : 설계속도, f : 노면과 타이어의 마찰계수, i : 횡단기울기 또는 외쪽기울기

Exercise

임지에서 반출할 목재의 길이가 20m, 도로의 너비가 4m라면 임도의 최소곡선반지름은 몇 m 이상으로 설계해야 하는지 계산하시오.

풀이　최소곡선반지름(m) $R = \dfrac{l^2}{4B} = \dfrac{20^2}{4 \times 4} = 25\text{m}$

Exercise

설계속도가 40km/hr, 외쪽물매 6%의 구조로 임도를 시공하고자 한다. 마찰계수가 0.15일 경우 최소곡선반지름을 계산하시오(반올림하여 정수로 기재).

풀이　최소곡선반지름(m) $R = \dfrac{V^2}{127(f+i)}$

$$= \frac{40^2}{127(0.15 + 0.06)} = 59.992 \cdots \quad \therefore 60\text{m}$$

TOPIC·23 곡선부의 확폭

① 자동차의 뒷바퀴는 뒤차축에 직각으로 장치되어 있어 항상 앞바퀴보다 안쪽으로 치우쳐 곡선부를 통과하므로 앞바퀴와 뒷바퀴는 각각 다른 궤도를 그리며 주행하게 된다.

② 곡선부의 내각이 예각일 경우에는 이런 현상이 더욱 심하므로 곡선부의 안쪽으로 도로 폭을 확장해주어야 한다.

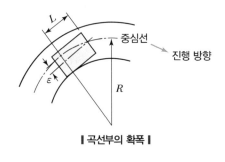

▌곡선부의 확폭▐

③ 확폭(나비넓힘)의 계산

$$확폭량(m) \ \varepsilon = \frac{L^2}{2 \cdot R}$$

여기서, L : 차량 앞면에서 뒷바퀴까지의 거리(m), R : 중심선의 곡선반지름(m)

앞바퀴와 뒷바퀴 간 축의 거리가 6.5m이고, 곡선반지름이 30m일 때 임도곡선부의 여유폭을 구하시오.

풀이 확폭량(m) $\varepsilon = \dfrac{L^2}{2 \cdot R} = \dfrac{6.5^2}{2 \times 30} = 0.704 \cdots$ $\therefore$ 약 0.704m

TOPIC·24 임도설계 업무의 순서

① 예비조사

지형도, 항공사진, 기타 자료 등을 통하여 임도설계에 필요한 각종 요인을 조사하고, 시설할 임도 노선을 임시로 계획하고 분석한다.

② 답사

예비조사를 통해 지형도상에서 설정한 예정노선에 대하여 현지에 나가 적정 여부를 조사하고, 대략적 노선의 큰 흐름을 계획한다.

③ 예측(예비측량)

답사에 의해 현지에서 확정한 예정노선을 경사측정기(핸드레벨), 방위측정기(포켓컴퍼스), 거리측정자 등의 간단한 기계로 실제 측량하여 예측도면을 작성한다.

④ 실측(정밀측량)

예비측량의 결과에 따라 보다 정밀하게 선정노선을 측량하는 것으로 평면측량, 종단측량, 횡단측량, 구조물측량을 실시한다.

⑤ 설계도 작성

위치도, 평면도, 종단면도, 횡단면도, 구조물도 등의 설계도를 작성한다.

⑥ 공사수량 산출

절성토 배분의 토공과 구조물공 등의 수량을 산출한다.

⑦ 설계서 작성

공사설명서(설계설명서), 시방서, 예정공정표, 예산내역서, 일위대가표 등의 각종 설계서를 작성한다.

예비조사 → 답사 → 예측 → 실측 → 설계도 작성 → 공사수량 산출 → 설계서 작성

▌임도설계 업무 순서▐

TOPIC· 25　영선측량과 중심선측량

① 영점

노면의 시공면과 산지의 경사면이 만나는 점이다.

② 영선

- 영점을 연결한 노선의 종축이다.
- 영선은 절토작업과 성토작업의 경계선이 되기도 한다.
- 임도개설 시 영선은 노반에 나타난다.

③ 영면

임도상 영선의 위치 및 임도의 시공기면으로부터 수평으로 연장한 면이다.

④ 영선측량

- 영선을 따라 측량하는 것으로 주로 산악지에서 적용한다.
- 종단측량에서 먼저 영선을 설정한 후 평면 및 횡단 측량을 실시한다.

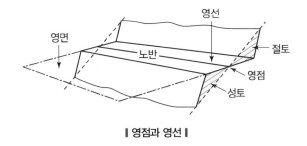

▌영점과 영선▌

⑤ 중심선(center line)

노폭의 1/2 되는 중심점을 연결한 노선의 종축이다.

⑥ 중심선측량

- 중심선을 따라 측량하는 것으로 주로 평탄지와 완경사지에서 적용한다.
- 평면측량에서 중심선을 설정한 후 종단 및 횡단 측량을 실시한다.
- 측점 간격 20m마다 중심말뚝을 설치하며, 필요한 각 점에는 보조말뚝을 설치한다.

평면측량

① 평면측량이란 도로중심선 좌우 20~30m 내의 지형, 지물 등을 측량하여 평면으로 나타내는 것이다.

② 지형관계상 노선의 중심선에 굴곡이 생기는데, 이때 직선과 직선 사이에 유연한 곡선을 넣어 측량한다.

참고 📖

노선의 중심선과 곡선 설정방법

• 노선의 시점(B.P)부터 종점까지 교점말뚝을 박아 교각점(I.P)을 설정하고, 각 교각점에 곡선을 측설하여 중심선을 설정한다.

• 곡선 측설 후 노선의 시점에서부터 중심선을 따라 20m마다 중심말뚝(번호말뚝)을 박아 No.0, No.1, No.2 … 순으로 번호를 붙이며, 필요한 곳에 중간말뚝(+말뚝, 보조말뚝)을 보조로 박아 표시한다.

• 모든 말뚝의 측설이 끝나면 다음으로 평면, 종단, 횡단의 각 측량을 실시한다.

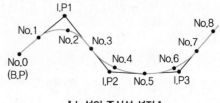

┃ 노선의 중심선 설정 ┃

TOPIC·27 **횡단측량**

① 횡단측량이란 중심말뚝마다 노선의 중심선에 대하여 직각 방향으로 지형의 횡단면의 고저를 측량하는 것이다. 즉, 중심선상의 각 측점에서 직각 방향 횡단면의 고저를 알아보는 작업이다.

② 중심선의 각 측점, 지형이 급변하는 지점, 구조물 설치 지점의 중심선에서 좌우 양방향으로 횡단측량을 실시한다.

③ 폴(pole)에 의한 횡단측량

측량과 야장 기입방법은 다음과 같다.

• 두 개의 폴을 이용하여 1개를 수평으로, 다른 1개를 수직으로 세워 경사를 측정한다.

• 측점을 기준으로 우측과 좌측의 수평거리와 수직높이를 측정한다.

• 기입은 분수식으로 의해 분모에 수평거리, 분자에 수직높이(고저차)를 기록한다.

[야장의 예]

좌측	측점	우측
L3.0	No.0	L3.0
$\dfrac{-1.7}{0.5} \cdot \dfrac{\text{L}}{1.3}$	M.C1	$\dfrac{\text{L}}{1.3} \cdot \dfrac{+1.5}{1.5}$
$\dfrac{-0.3}{2.0} \cdot \dfrac{-0.4}{2.0}$	M.C1 +4.10	$\dfrac{+0.3}{2.0} \cdot \dfrac{+0.4}{2.0}$

* L(level) : 수평, M.C1 : 첫 번째 곡선중점

[비고]

- 노선의 시작점인 No.0는 기설노면으로 좌우 3m가 경사 없이 수평하다.
- M.C1에서는 좌측으로 1.3m가 수평하며 그 옆으로 0.5m 더 갈 때 수직높이 1.7m가 낮아지고, 우측으로 1.3m가 수평하며 그 옆으로 1.5m 더 갈 때 수직높이 1.5m가 높아진다(＋, －는 승강을 나타냄).
- M.C1＋4.10은 M.C1 지점으로부터 중심선을 따라 4.1m 전진한 지점이다.

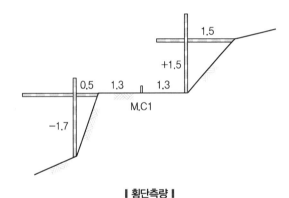

┃ 횡단측량 ┃

TOPIC·28 교각법

① 임도의 평면곡선 설정방법

직선과 직선 사이의 평면곡선 설정방법에는 교각법, 편각법, 진출법 등이 있으며, 교각법은 임도의 곡선 측설 시 가장 일반적으로 이용하는 다각측량 방법으로 두 직선의 교각을 통해 곡선을 설치한다.

[교각법의 용어 정리]

용어	약어	내용
교각	θ	• 전 측선의 연장선과 다음 측선이 만나 이루는 각 • 전 측선의 방위각과 다음 측선의 방위각의 차이
내각	α	교각과 180°를 이루는 각, $180° - \theta$
교각점	I.P (Intersecting Point)	방향이 다른 노선의 중심선이 교차하는 지점
곡선반지름	R	설정할 단곡선의 반지름
접선길이 (접선장, 절선장)	T.L (Tangent Length)	곡선시점 또는 곡선종점에서 교각점까지의 직선길이
외선길이 (외선장, 외할장)	E.S (External Secant)	곡선중점에서 교각점까지의 직선길이
곡선길이	C.L (Curve Length)	곡선시점에서 곡선종점까지의 곡선길이

그 외 B.C(곡선시점, Beginning of Curve), M.C(곡선중점, Middle of Curve), E.C(곡선종점, End of Curve)가 있다.

‖ 곡선 설치방법 ‖

② 교각법의 계산

> • 접선길이(m) $\text{T.L} = R \cdot \tan\dfrac{\theta}{2}$
>
> • 외선길이(m) $\text{E.S} = R\left(\sec\dfrac{\theta}{2} - 1\right)$ $* \sec\dfrac{\theta}{2} = \dfrac{1}{\cos\dfrac{\theta}{2}}$
>
> • 곡선길이(m) $\text{C.L} = \dfrac{2\pi R\theta}{360}$

Exercise

교각법을 이용하여 임도의 곡선을 설정하고자 한다. 곡선반지름이 150m이고, 교각이 60°일 때 접선길이, 외선길이, 곡선길이를 구하시오(소수점 셋째 자리에서 반올림).

풀이
- 접선길이 $\text{T.L} = R \cdot \tan\dfrac{\theta}{2} = 150 \times \tan\dfrac{60}{2} = 86.602 \cdots$ $\therefore 86.60\text{m}$

- 외선길이 $\text{E.S} = R\left(\sec\dfrac{\theta}{2} - 1\right) = 150\left(\sec\dfrac{60}{2} - 1\right)$ $\ast \sec 30 = \dfrac{1}{\cos 30}$

  $= 150\left(\dfrac{1}{\cos 30} - 1\right) = 23.205 \cdots$ $\therefore 23.21\text{m}$

- 곡선길이 $\text{C.L} = \dfrac{2\pi R\theta}{360} = \dfrac{2 \times \pi \times 150 \times 60}{360} = 157.079 \cdots$ $\therefore 157.08\text{m}$

TOPIC·**29** **설계도 작성**

임도의 설계도면에는 위치도, 평면도, 종단면도, 횡단면도, 구조물도 등이 있다.

① 평면도
- 평면도는 종단면도 상단에 1/1,200의 축척으로 작성한다.
- 노선의 중심선을 배치하고 굴곡부에 곡선을 설정하여 시점부터 번호를 매기며, 횡단점유면적, 구조물의 위치·종류·규격, 지형의 변화 등 임도용지의 전체적 평면계획을 삽입하여 나타낸다.
- 평면도에는 임시기표, 교각점, 측점번호 및 사유토지의 지번별 경계, 구조물, 지형지물 등을 도시하며, 곡선제원 등을 기입한다.

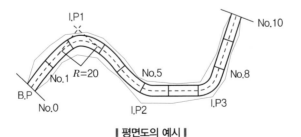

┃ 평면도의 예시 ┃

② 종단면도

- 종단면도는 횡방향 1/1,000, 종방향 1/200의 축척으로 작성한다.
- 적정한 경사를 가진 노선계획을 위하여 종단 방향으로 지형의 높낮이를 도시하는 것으로 지반고가 계획고보다 높으면 절토, 낮으면 성토 작업을 요하는 부분이 된다.
- 종단면도에는 지반고, 계획고, 절토고, 성토고, 종단기울기, 누가거리, 거리, 측점, 곡선 등을 표시한다.

③ 횡단면도

- 횡단면도는 1/100의 축척으로 작성한다.
- 각 측점 지반의 횡단면의 형상을 도시하는 것으로 성토 및 절토의 단면적 상황을 알 수 있다.
- 횡단기입의 순서는 좌측 하단에서 상단 방향으로 한다.
- 각 측점의 단면마다 지반고, 계획고, 절토고, 성토고, 단면적(절성토), 지장목 제거, 측구터파기 단면적, 사면보호공 등의 물량을 기입한다.

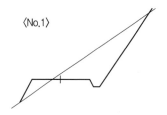

〈No.1〉

No	1		지반고	221.30	계획고	221.00
절토고		0.3		성토고		0
깎기	토사	6.4	면 고르기	절토		4.7
	암석			성토		1.6
측구	토사	0.21	지장목 제거	절토		
	암석			성토		
쌓기		0.9	종자 파종			

▌ 횡단면도의 예시 ▌

[임도설계도의 축척 및 기입사항]

도면 구분	축척	기입사항
평면도	1/1,200	임시기표, 교각점, 측점번호, 사유토지의 지번별 경계, 구조물, 지형지물, 곡선제원
종단면도	횡 1/1,000 종 1/200	지반고, 계획고, 절토고, 성토고, 종단기울기, 누가거리, 거리, 측점, 곡선
횡단면도	1/100	지반고, 계획고, 절토고, 성토고, 단면적(절성토), 지장목 제거, 측구터파기 단면적, 사면보호공 물량

TOPIC·30 설계서 작성

① 설계서의 내용과 순서

설계서는 목차, 공사설명서(설계설명서), 일반시방서, 특별시방서(특수시방서), 예정공정표, 예산내역서, 일위대가표, 단가산출서, 각종 중기경비계산서, 공종별 수량계산서, 각종 소요자재 총괄표, 토적표, 산출기초 순으로 작성한다.

② 시방서

공사의 순서, 시공방법 등 도면에 나타낼 수 없는 내용을 서술형으로 명확히 나타낸 설명서

③ 예정공정표

공사 진행 과정과 일정, 공정 등을 사전에 계획하여 작성한 문서

④ 일위대가표

공사에 소요되는 재료와 인력의 소모량 등을 단위수량과 단가(노무비, 재료비, 경비)로 나타낸 표

공사설명서(설계설명서) → 일반시방서 → 특별시방서(특수시방서) → 예정공정표 → 예산내역서

→ 일위대가표 → 단가산출서

❚ 설계서 작성 순서 ❚

TOPIC·31 토량의 변화

① 흙은 자연상태일 때와 굴착 운반하여 흐트러진 상태일 때, 다시 성토를 하여 다져진 상태일 때 모두 단위용적당 중량이 다르다. 이렇듯 흙의 자연상태에 대한 흐트러지거나 다져진 상태의 비율을 토량변화율이라 한다.
② 토량증가율(흐트러진 상태의 토량계수)은 자연상태에 대한 흐트러진 상태의 토량 비율이며, 토량감소율(다져진 상태의 토량계수)은 자연상태에 대한 다져진 상태의 토량 비율이다.

③ 토량변화율

- 토량증가율 $L = \dfrac{\text{흐트러진 상태의 토량}(\text{m}^3)}{\text{자연상태의 토량}(\text{m}^3)}$: 흐트러진 상태의 토량계수

- 토량감소율 $C = \dfrac{\text{다져진 상태의 토량}(\text{m}^3)}{\text{자연상태의 토량}(\text{m}^3)}$: 다져진 상태의 토량계수

⊞ **Exercise**

임도시공 시 토사를 운반하여 400m³의 성토면을 조성하려고 한다. 이때 1회 운반량이 8m³인 덤프트럭으로 몇 대분이 필요한지 계산하시오(다져진 상태 토량계수 : 0.94, 흐트러진 상태 토량계수 : 1.325, 소수점 셋째 자리에서 반올림).

> **풀이** 다져진 상태 400m³의 성토면을 조성하기 위해 흐트러진 토량이 덤프트럭으로 몇 대분이나 필요한지에 대한 문제이다.
>
> $C = \dfrac{\text{다져진 상태의 토량}(\text{m}^3)}{\text{자연상태의 토량}(\text{m}^3)}$ 에서 $0.94 = \dfrac{400}{\text{자연상태의 토량}}$,
>
> 자연상태의 토량$=425.5319\cdots$이며, $L = \dfrac{\text{흐트러진 상태의 토량}(\text{m}^3)}{\text{자연상태의 토량}(\text{m}^3)}$ 에서
>
> $1.325 = \dfrac{\text{흐트러진 상태의 토량}}{425.5319\cdots}$, 흐트러진 상태의 토량$=563.8297\cdots$이다.
>
> 따라서 흐트러진 상태의 토량 $\div 8 = 563.8297\cdots \div 8 = 70.4787\cdots$이므로, 70.48대이다.

④ 백호우(굴삭기)의 시간당 작업량 계산

$$\text{시간당 작업량}(\text{m}^3/\text{h}) \quad Q = \frac{3{,}600 \times q \times K \times f \times E}{C_m}$$

여기서, C_m : 1회 사이클 시간(초), q : 버킷 용량(m³), K : 버킷 계수
f : 토량환산계수, E : 작업효율

⊞ **Exercise**

사이클 타임 24초, 버킷 용량 0.7m³, 버킷 계수 0.9, 토량변화율 1.2, 작업능률 0.8, 1일 작업시간 7시간인 백호우로 6,000m³를 굴착할 때 작업소요일수를 구하시오(올림하여 정수로 기재).

> **풀이** 토량환산계수$(f) = \dfrac{1}{\text{토량변화율}}$ 이므로
>
> $Q = \dfrac{3{,}600 \times q \times K \times f \times E}{C_m} = \dfrac{3{,}600 \times 0.7 \times 0.9 \times \dfrac{1}{1.2} \times 0.8}{24} = 63\text{m}^3/\text{h}$
>
> 시간당 작업량이 63m³이며, 1일에 7시간 작업이므로 하루작업량은 $63 \times 7 = 441\text{m}^3$이다.
> 따라서 작업소요일수는 $6{,}000 \div 441 = 13.605\cdots$로 14일이다.

TOPIC·32 토량계산

토량계산에는 여러 방법이 있는데, 구하고자 하는 지형의 형태에 따라 계산법이 달리 적용된다.

[지형에 따른 토량계산방법]

구분	내용
폭이 좁고 길이가 긴 구간의 토량계산	양단면적평균법, 중앙단면적법, 주상체공식(각주공식) 등
넓은 지역의 토량계산	점고법(직사각형기둥법, 삼각형기둥법), 등고선법 등

① 양단면적평균법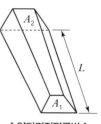
- 도로, 철도 등의 토적을 계산하거나 매립량, 토취량 등을 구할 때 유토곡선을 이용하여 계산하는 방법이다. = 평균단면적법
- 양단면적을 평균한 단면적에 단면적 간의 거리를 곱해 체적을 계산한다.
- 실제 토적보다 다소 많게 측정되나, 간단하여 가장 많이 사용되는 방법이다.

┃ 양단면적평균법 ┃

$$
토량(m^3) \quad V = \frac{A_1 + A_2}{2} \times L
$$

여기서, A_1, A_2 : 양단면적(m^2), L : 양단면적 간의 거리(m)

Exercise

아래 그림을 보고 양단면적평균법을 이용하여 토적을 계산하시오.

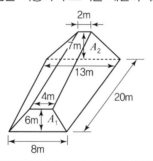

풀이 먼저, 사다리꼴 공식을 이용하여 A_1과 A_2의 단면적을 구한다.

- A_1 : $\dfrac{윗변 + 아랫변}{2} \times 높이 = \dfrac{4+8}{2} \times 6 = 36m^2$

- A_2 : $\dfrac{윗변 + 아랫변}{2} \times 높이 = \dfrac{2+13}{2} \times 7 = 52.5m^2$

따라서 토량(m^3) $V = \dfrac{A_1 + A_2}{2} \times L = \dfrac{36 + 52.5}{2} \times 20 = 885m^3$

Exercise

다음 표를 보고 각 측점 간의 성토량을 계산하시오.

측점	성토단면적(m²)	측점 간 거리(m)	성토량(m³)
No.0	45.50	0	ⓐ
No.1	20.30	20	ⓑ
No.2	4.80	20	
No.3	60.20	20	ⓒ

풀이

- ⓐ의 성토량 $V = \dfrac{A_1 + A_2}{2} \times L = \dfrac{45.5 + 20.3}{2} \times 20 = 658\text{m}^3$

- ⓑ의 성토량 $V = \dfrac{20.3 + 4.8}{2} \times 20 = 251\text{m}^3$

- ⓒ의 성토량 $V = \dfrac{4.8 + 60.2}{2} \times 20 = 650\text{m}^3$

② 중앙단면적법

양단면 사이의 중앙에 위치한 단면적에 단면적 사이의 거리를 곱해 체적을 계산한다.

$$\text{토량}(\text{m}^3) \quad V = A_m \times L$$

여기서, A_m : 중앙단면적(m²)
　　　　L : 끝단면적 간의 거리(m)

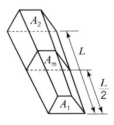

▮ 중앙단면적법 ▮

③ 주상체공식(각주공식)

양단의 단면이 다각형이며 평행하고, 옆면이 모두 평면인 주상체 또는 각주로 간주하여 체적을 계산하는 방법이다.

$$\text{토량}(\text{m}^3) \quad V = \dfrac{L}{6}(A_1 + 4A_m + A_2)$$

여기서, L : 끝단면적 간의 거리(m)
　　　　A_1, A_2 : 양단면적(m²)
　　　　A_m : 중앙단면적(m²)

④ 직사각형기둥법

넓은 지역을 단면의 크기가 같은 직사각기둥으로 나누어 토적량을 계산하는 방법이다.

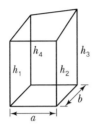

직사각형기둥의 체적

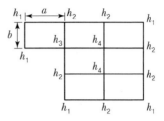

전체의 체적

┃ 직사각형기둥법 ┃

$$\text{전체 토량}(m^3) \quad V = \frac{A}{4}\left(\sum h_1 + 2\sum h_2 + 3\sum h_3 + 4\sum h_4\right)$$

여기서, A : 직사각형 1개의 단면적 $a \times b$
$\sum h_1$: 1번 쓰인 지반고의 합
$\sum h_2$: 2번 쓰인 지반고의 합
$\sum h_3$: 3번 쓰인 지반고의 합
$\sum h_4$: 4번 쓰인 지반고의 합

▣ Exercise

정지작업을 하려고 한다. 오른쪽 그림의 꼭짓점 수치는 각 지점의 토심(m)을 나타내며, 하나의 직사각형 면적이 100m²라고 할 때, 작업해야 할 토적량을 구하시오.

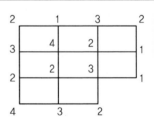

풀이 직사각형기둥법의 토량계산에서 먼저 $\sum h_1$, $\sum h_2$, $\sum h_3$, $\sum h_4$를 구한다.

$\sum h_1 = 2+2+1+4+2 = 11$
$\sum h_2 = 1+3+3+1+2+3 = 13$
$\sum h_3 = 3$
$\sum h_4 = 4+2+2 = 8$ 이므로,

$$V = \frac{A}{4}\left(\sum h_1 + 2\sum h_2 + 3\sum h_3 + 4\sum h_4\right)$$

$$= \frac{100}{4} \times \{11 + (2 \times 13) + (3 \times 3) + (4 \times 8)\}$$

$$= 1,950 m^3$$

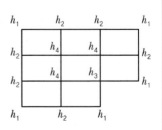

⑤ 삼각형기둥법

삼각기둥의 밑단면적을 구하고 평균높이를 곱하여 하나의 체적을 계산하고 각각의 체적을 더해 토량을 산출한다.

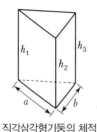

직각삼각형기둥의 체적

전체의 체적

▌ 삼각형기둥법 ▌

$$\text{전체 토량(m}^3) \ V = \frac{A}{3}\left(\sum h_1 + 2\sum h_2 + 3\sum h_3 + 4\sum h_4 + 5\sum h_5 + 6\sum h_6\right)$$

여기서, A : 직사각형 1개의 단면적 $a \times b \times 1/2$

$\sum h_1$: 1번 쓰인 지반고의 합

$\sum h_2$: 2번 쓰인 지반고의 합

$\vdots$

$\sum h_6$: 6번 쓰인 지반고의 합

Exercise

하나의 구역면적이 10m²로 다음과 같이 구획된 토지의 토사량을 구하시오.

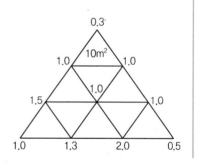

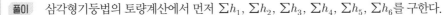
> **풀이** 삼각형기둥법의 토량계산에서 먼저 $\sum h_1$, $\sum h_2$, $\sum h_3$, $\sum h_4$, $\sum h_5$, $\sum h_6$를 구한다.
>
> $\sum h_1 = 0.3 + 1.0 + 0.5 = 1.8$
>
> $\sum h_3 = 1.0 + 1.0 + 1.5 + 1.0 + 1.3 + 2.0 = 7.8$
>
> $\sum h_6 = 1.0$이므로,
>
> $V = \dfrac{A}{3}(\sum h_1 + 2\sum h_2 + 3\sum h_3 + 4\sum h_4 + 5\sum h_5 + 6\sum h_6)$
> $= \dfrac{10}{3} \times \{1.8 + (3 \times 7.8) + (6 \times 1.0)\} = 104\mathrm{m}^3$

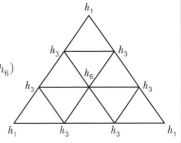

TOPIC·33 토공 일반

① 토공(土工)

흙을 쌓거나 파는 등 흙을 재료로 구조물을 인위적으로 시공하는 모든 공사를 말하며, 흙일이라고도 한다. 절토(절취, 흙깎기, 땅깎기), 성토(흙쌓기), 흙의 운반 등이 이에 해당한다.

참고 📖

흙일 작업 전에 수행해야 하는 준비일(작업)
- 벌개제근 : 임도시공 시 미리 나무뿌리, 잡초, 초목 등을 제거하여 지표면을 정리하는 작업
- 구조물 및 지장물 제거 : 흙일에 지장을 주는 수목이나 여러 구조물 등을 제거
- 표토 정리 : 지장물 등을 제거 후 표토 정리

② 절성토의 기울기

- 절토사면의 기울기 : 절토사면의 기울기는 암석지와 토사지역으로 구분하여 적용하며, 토사지는 암석지보다 붕괴 위험성이 있어 기울기 수치를 크게 설정한다.

[절토사면의 기울기 기준]

구분		기울기	비고
암석지	경암	1 : 0.3~0.8	토사지역은 절토면의 높이에 따라 소단 설치
	연암	1 : 0.5~1.2	
토사지역		1 : 0.8~1.5	

- 성토사면의 기울기
  - 성토사면의 기울기는 1 : 1.2 ~ 2.0의 범위 안에서 설정한다.
  - 성토사면의 길이는 5m 이내로 하고, 5m를 초과하는 경우에는 성토사면 보호를 위하여 옹벽 · 석축 등의 구조물을 설치한다.

③ 소단 설치

절성토 경사면이 붕괴 또는 밀려 내려갈 우려가 있는 지역에는 사면길이 2~3m마다 폭 50~100cm로 단을 끊어서 소단을 설치한다.

참고 📖

소단 설치의 효과(소단의 역할)
- 절성토 사면의 안정성을 상승시킨다.
- 유수로 인한 사면의 침식을 저하한다.
- 유지 · 보수 작업 시 작업원의 발판으로 이용 가능하다.
- 보행자나 운전자에게 심리적 안정감을 준다.

④ 안식각(安息角)

지반을 수직으로 깎아내면 시간이 지남에 따라 흙이 무너져 내려 물매가 완만해지고 어떤 각도에 이르러 영구히 안정을 유지하게 되는데, 이때의 수평면과 비탈면이 이루는 각이다.

⑤ 더쌓기

흙쌓기(성토)는 시공 후에 시일이 경과하면 수축하여 용적이 감소되고 시공면이 일부 침하하게 되는데, 이를 보완하기 위해 흙쌓기 높이의 5~10% 정도를 더쌓기 한다.

TOPIC · **34** **교량시공**

① 교량 · 암거의 설계 기준
- 통수단면 : 교량 · 암거의 통수단면은 100년 빈도 확률강우량과 홍수도달시간을 이용한 합리식으로 계산된 최대홍수유출량의 1.2배 이상으로 설계 · 설치한다.
  * 통수단면 : 물이 흐르는 통로의 단면
- 사하중(死荷重) : 사하중이란 교량 시설물 자체의 무게를 말하는 것으로 교량 및 암거의 사하중 산정 시 사용되는 주된 재료의 무게는 국토교통부의 도로교량 표준시방서에 따른다. 주보의 무게, 교상의 시설물, 바닥틀의 무게 등이 해당된다.

- 활하중(活荷重) : 교량 및 암거의 활하중은 사하중에 실리는 차량·보행자 등에 따른 교통하중을 말하며, 그 무게산정은 사하중 위에서 실제로 움직여지고 있는 DB−18하중(총중량 32.45톤) 이상의 무게에 따른다. 교량을 지나는 차량의 무게 등이 해당된다.

② 교량 설치 적합 지점(설치 조건)
- 지질이 견고하고 복잡하지 않은 곳
- 하천이 가급적 직선부인 곳
- 하상의 변동이 적고 하천의 폭이 협소한 곳
- 하천 수면보다 교량면을 상당히 높게 할 수 있는 곳

TOPIC·35 배수시설의 종류

강우로 인한 임도노면의 침식방지 및 함수량의 증가로 인한 지지력의 감소 등을 방지하고자 옆도랑, 횡단배수구, 빗물받이, 비탈어깨돌림수로 등의 배수시설을 설치하고 있다.

① 옆도랑(측구)
- 노면과 절토 비탈면에 흐르는 물을 모아 집수정으로 유도하여 처리하기 위한 배수시설로 길어깨와 비탈 사이에 종단 방향으로 설치한다.
- 사다리꼴 모양의 흙수로가 가장 일반적으로 이용되며, 깊이는 30cm 내외로 한다.
- 단면 형태 : 사다리꼴, 활꼴, U자형, V자형, L자형 등

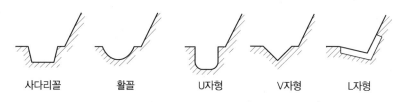

사다리꼴 　　활꼴 　　U자형 　　V자형 　　L자형

▐ 측구의 여러 단면 형태 ▐

② 횡단배수구
- 옆도랑으로 흐르는 유하수와 계곡으로부터 집수되는 유수를 임도의 횡단을 따라 성토 비탈면 아래쪽으로 배수하기 위한 배수시설이다.
- 횡단배수구는 노출 여부에 따라 속도랑과 겉도랑으로 구분된다.

[횡단배수구의 종류]

구분	내용
속도랑 (암거)	• 임도노면 밑을 횡단하여 지하에 매설하는 배수로 • 옆도랑의 유하수와 계곡의 유수처리에서 일반적으로 많이 사용하는 배수 형태
겉도랑 (개거, 명거)	• 임도노면 위를 횡단하여 지면에 노출하는 배수로 • 원활한 흐름을 위하여 노면을 비스듬하게 횡단하도록 설치

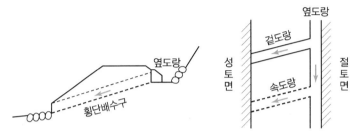

‖ 횡단배수구의 구조 ‖

- 배수구의 통수단면은 100년 빈도 확률강우량과 홍수도달시간을 이용한 합리식으로 계산된 최대홍수유출량의 1.2배 이상으로 설계·설치한다.
- 기본적으로 100m 내외의 간격으로 설치하며, 그 지름은 1,000mm(100cm) 이상으로 한다(현지 여건상 필요한 경우 배수구의 지름을 800mm 이상으로 설치할 수 있다).

참고 📖

임도의 횡단배수구 설치장소
- 물 흐름 방향의 종단기울기 변이점
- 구조물 위치의 전후
- 외쪽기울기로 인해 옆도랑 물이 역류하는 곳
- 흙이 부족하여 속도랑으로는 부적당한 곳(겉도랑 설치)
- 체류수가 있는 곳

‖ 횡단배수구의 유입구와 유출구 ‖

③ 빗물받이

많은 토사와 오물을 포함한 유수로 인해 배수관이나 속도랑이 막히는 것을 방지하기 위한 임도의 구조물로 빗물받이 바닥에 토사와 오물이 침적되고, 상부의 물만 흘러 막힘을 방지한다.

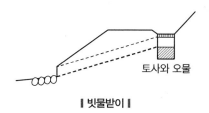

∥ 빗물받이 ∥

④ 비탈어깨돌림수로(비탈돌림수로, 사면어깨돌림수로)

산지에서 비탈면으로 유입되는 유수로 발생되는 침식을 방지하기 위해 비탈면의 최상부(비탈어깨 부위)와 원래 자연비탈면의 경계 부위에 설치하는 배수시설이다.

∥ 비탈어깨돌림수로 횡단면 ∥

⑤ 소형사방댐 및 물넘이포장

- 소형사방댐 : 계류 상부에서 물과 함께 토석 · 유목이 흘러내려와 교량 · 암거 또는 배수구를 막을 우려가 있는 경우에는 계류의 상부에 토석과 유목을 동시에 차단하는 기능을 가진 복합형 사방댐(소형)을 설치한다.
- 물넘이포장 : 임도를 횡단하여 계류가 흐를 수 있도록 노면을 호상으로 살짝 낮춘 포장이다.

⑥ 세월시설(세월교, 洗越橋)

평상시에는 유량이 적어 물이 노면 아래의 관거(배수관)로 흐르고, 강우 시에 유량이 급격히 증가하면 노면 위로 월류하여 흐를 수 있도록 낮게 설계된 호상(弧狀)의 다리이다.

참고 📖

세월시설 설치장소(적지)
- 평시에는 유량이 적지만 강우 시에는 유량이 급증하는 곳
- 선상지, 애추지대를 횡단하는 곳
- 상류부가 황폐계류인 곳
- 관거 등으로는 흙이 부족한 곳
- 계상물매가 급하여 산지로부터 유수가 유입하기 쉬운 계류인 곳

‖ 세월교 ‖

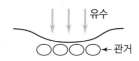

‖ 세월교 구조 ‖

TOPIC·36 돌쌓기와 돌붙이기공

① 사면기울기에 따른 구분

사면기울기가 1할, 즉 1 : 1의 기울기보다 급하면 돌을 쌓는다고 표현하며, 완만하면 돌을 붙인다고 표현한다.

[사면기울기에 따른 적용 기법]

구분	적용 기법
사면기울기가 1할보다 급한 경우	돌쌓기, 블록쌓기
사면기울기가 1할보다 완만한 경우	돌붙이기, 블록붙이기

‖ 돌쌓기 ‖

② 모르타르의 사용 여부에 따른 구분

돌을 쌓을 때 뒤채움 및 줄눈에 결합재의 사용 여부에 따라 찰쌓기와 메쌓기로 구분한다.

[찰쌓기와 메쌓기]

구분	내용	구조
찰쌓기	• 돌을 쌓을 때 뒤채움에 콘크리트, 줄눈에 모르타르를 사용하는 돌쌓기 • 표준 기울기는 1 : 0.2 • 석축 뒷면의 물빼기에 유의해야 하며, 배수를 위하여 시공면적 2~3m²마다 직경 3cm 정도의 물빼기 구멍을 반드시 설치 • 결합재로 인해 견고하여 높게 시공 가능	
메쌓기	• 돌을 쌓을 때 모르타르를 사용하지 않는 돌쌓기 • 표준 기울기는 1 : 0.3 • 돌 틈으로 배수가 용이하여 물빼기 구멍을 설치하지 않음 • 견고도가 낮아 높이에 제한	

③ 돌을 쌓는 모양에 따른 구분

돌을 쌓는 모양에 따라 골쌓기와 켜쌓기로 구분한다.

[골쌓기와 켜쌓기]

구분	내용	쌓기 형태
골쌓기 (막쌓기)	• 마름모꼴 대각선으로 쌓는 방법 • 비교적 규격이 일정한 막깬돌이나 견치돌 이용 • 층을 형성하지 않아 막쌓기라고도 함	
켜쌓기 (바른층쌓기)	• 돌 면의 높이를 맞추어 가로 줄눈이 일직선이 되도록 쌓는 방법 • 주로 마름돌 사용	

④ 비탈 돌쌓기의 시공 요령

• 기초를 깊이 파고 단단히 다져야 하며, 큰 돌부터 먼저 놓아가면서 차례로 쌓아올린다.

• 귀돌(모서리돌)이나 갓돌(머리돌)은 규격에 맞는 것을 사용한다.

• 돌쌓기의 세로줄눈은 일직선이 되는 통줄눈은 피하고, 파선줄눈이 되도록 쌓는다.

• 돌의 배치는 다섯 에움 이상 일곱 에움 이하가 되도록 한다.

통줄눈　　　　　파선줄눈

∥ 돌쌓기 시 줄눈 모양 ∥

찰쌓기, 여섯 에움　　　　　메쌓기, 여섯 에움

∥ 돌의 배치 ∥

물빼기 구멍

• 높은 돌쌓기는 아래로 내려오면서 돌쌓기의 뒷길이를 길게 증대시키는 것이 안전하다.

• 돌쌓기 높이가 3m 이상이면 전부 또는 하부를 찰쌓기로 시공한다.

• 금기돌은 발견 시 즉시 제거한다.

참고 📖

금기돌

• 돌쌓기를 잘못하면 돌의 접촉부가 맞지 않거나 힘을 받지 못하는 불안정한 돌이 발생하는데, 이처럼 방법에 어긋나게 시공된 돌을 금기돌이라 한다.
• 종류 : 선돌, 누운돌, 포갠돌, 뜬돌, 거울돌, 뾰족돌, 떨어진돌, 이마대기, 새입붙이기, 꼬치쌓기 등

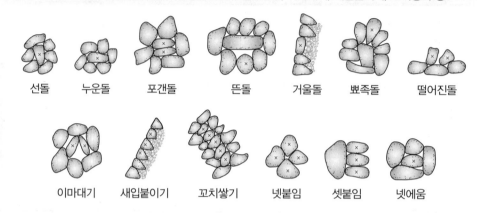

| 선돌 | 누운돌 | 포갠돌 | 뜬돌 | 거울돌 | 뾰족돌 | 떨어진돌 |

| 이마대기 | 새입붙이기 | 꼬치쌓기 | 넷붙임 | 셋붙임 | 넷에움 |

TOPIC·**37** **비탈옹벽 공법**

옹벽이란 사면의 기울기가 흙의 안식각보다 클 경우에 토압에 저항하여 흙의 붕괴를 방지하기 위하여 시설하는 구조물이다.

① 목적 및 효과

　비탈면의 붕괴를 직접적으로 방지하고, 급경사지의 절성토 시 토량을 감소시킨다.

② 옹벽의 안정 조건

• 전도에 대한 안정 : 외력에 의한 합력 작용선이 반드시 옹벽 밑변과 교차해야 하며, 옹벽 밑변의 한 끝에 균열이 생기지 않게 하려면 외력의 합력이 밑너비의 중앙 1/3 이내에서 작용하도록 해야 한다.
• 활동에 대한 안정 : 합력과 밑변에서의 수직선이 만드는 각이 옹벽 밑변과 지반과의 마찰각을 넘지 않아야 한다.

- 침하에 대한 안정 : 합력에 의한 기초지반의 압력강도는 그 지반의 지지력보다 적어야 한다.
- 내부응력에 대한 안정 : 외력으로 생기는 옹벽 내부의 최대응력은 그 재료의 허용응력 이상이 되지 않아야 한다.

③ 비탈옹벽 공법의 시공방법
- 옹벽의 몸체는 한 번에 타설하여 층이 나뉘지 않도록 한다.
- 뒤채움에는 물이 침입하지 않도록 하며, 물이 침입할 경우에는 신속히 배수한다.
- 뒤채움 토양은 충분히 전압(다지기)되도록 한다.
- 직접기초 시공에는 옹벽 밑판과 지반 사이에 기초 쇄석이나 모르타르를 삽입하여 미끄러짐을 방지한다.

④ 구조(형식)에 따른 옹벽의 분류
- 중력식 옹벽 : 흙의 압력을 옹벽 자체의 무게로 지지하도록 한 옹벽이다.
- 반중력식 옹벽 : 벽체의 두께를 중력식 옹벽보다 얇게 하는 대신, 인장응력에 견디게 하고자 옹벽 뒤쪽의 인장부에 철근을 넣어 보강한 옹벽이다.
- T자형·L자형 옹벽 : 캔틸레버를 이용하여 재료를 절약한 것으로 배후의 흙의 무게로 지지하며, 생김이 알파벳으로 거꾸로 된 T자와 L자의 형식이라 T자형(역T자형) 옹벽, L자형 옹벽이라 부른다.
  * 캔틸레버 : 휘거나 꺾인 상태로 지지하는 형식
- 부벽식 옹벽 : T자형이나 L자형 옹벽의 앞면 또는 뒷면(반부벽식)에 가로 방향으로 힘을 받을 수 있는 벽체를 일정한 간격으로 설치하는 옹벽이다.

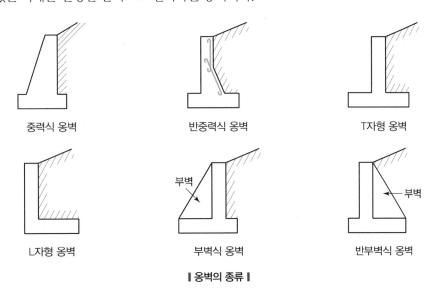

| 중력식 옹벽 | 반중력식 옹벽 | T자형 옹벽 |
| L자형 옹벽 | 부벽식 옹벽 | 반부벽식 옹벽 |

▌옹벽의 종류▐

TOPIC·38 기타 사면안정공사

① 돌망태공
- 돌망태란 철선의 망태 안에 돌을 넣은 것으로 주로 계곡이나 하천 양안, 산지비탈면 등의 침식과 붕괴 방지를 위해 사용하며, 개비온(gabion)이라고도 한다.
- 신축과 변형성이 좋으므로 내부의 토사가 유실되어도 붕괴가 일어나지 않아 매우 효과적이나, 내구성은 작은 편(보통 10년 정도)으로 영구적이지는 않다.

∥ 돌망태공 ∥

② 비탈힘줄박기 공법

현장에서 직접 비탈면에 거푸집을 설치하고 콘크리트를 쳐서 뼈대(힘줄)인 틀을 만들고, 틀 안에 떼나 작은 돌 등을 채워 비탈을 안정시키는 공법이다.

③ 비탈격자틀붙이기 공법

비탈면에 콘크리트블록을 격자형으로 조립하여 설치하고, 그 안에 흙이나 작은 돌 등을 채워 비탈을 안정시키는 공법이다.

④ 콘크리트뿜어붙이기 공법

시멘트모르타르나 콘크리트를 압축공기압에 의해 분사기로 벽면에 뿜어 붙이는 공법으로 뿜는 재료에 따라 시멘트모르타르뿜어붙이기, 콘크리트뿜어붙이기 등으로 부르며, 분사되는 재료를 숏크리트(shotcrete)라 하여 숏크리트 공법이라고도 한다.

⑤ 낙석방지 공법
- 낙석방지망덮기 공법 : 도로로 낙석이 발생하지 않도록 철망, 합성섬유망 등을 사용하여 비탈면을 덮어주는 공법이다.
- 낙석저지책 공법 : 낙석이 노면으로 떨어지는 것을 방지하기 위해 울타리를 설치하는 공법으로 낙석방지울타리라고도 한다.

∥ 낙석방지망과 낙석저지책 ∥

TOPIC·39　사면보호공사

① 비탈선떼붙이기공

비탈면의 다듬기 공사 후 등고선 방향으로 단끊기를 하여 수평계단을 만들고, 그 앞면에 떼(야생잔디)를 세워 붙이며 뒤쪽으로는 흙을 채우고 묘목을 심어 비탈면을 보호하는 공종이다.

② 줄떼다지기공

수직높이 20~30cm 간격으로 반떼를 수평으로 삽입하고 단단하게 다지는 공종으로, 주로 성토면에서 사용한다.

③ 평떼붙이기공

경사가 완만한 곳에 30×20cm 떼를 비탈면 전체에 떼붙임 꽂이로 부착하는 공종으로, 주로 절토면에 사용한다.

④ 파종공

사면에 직접 파종을 함으로써 녹화를 조성하는 것으로 임도사면에는 주로 종자, 비료, 안정제, 양생제, 흙 등을 혼합하여 압력으로 뿜어 파종하는 종비토뿜어붙이기(분사식 씨뿌리기 공법) 방법을 많이 적용한다.

⑤ 식수공

사면에 울타리를 만들거나 구멍(식혈)을 파서 묘목을 식재하여 비탈면을 고정하고 보호하는 공종이다.

⑥ 식생공

사면에 식생을 피복함으로써 고정·보호하는 공종으로, 흙, 퇴비, 비료 등의 혼합체와 소량의 물을 섞어 볏짚에 발라 식생판(식생반)을 만들고, 이 판을 사면에 꽂이로 부착·고정하여 후에 식생이 자라나 비탈면을 보호하는 방법이 대표적이다.

TOPIC·40　축척 및 경사도의 계산

① 축척의 계산
- 축척 : 지표상 실제거리와 지도상 축약 거리의 비율
- 축척 1/25,000 : 지도상의 1cm가 실제거리로는 25,000cm＝250m＝0.25km라는 의미

• 계산식

> • 실제거리＝도상거리×축척의 수치
> • 실제면적＝도상면적×축척의 수치^2

📱 **Exercise**

축척 1/25,000의 지형도에서 도상거리가 8cm일 때 지상거리는 몇 km인지 계산하시오.

> **풀이**   실제거리＝도상거리×축척의 수치
>   ＝$8 \times 25,000 = 200,000$cm＝$2,000$m＝$2$km

📱 **Exercise**

축척 1/50,000 지형도상에서 면적이 40cm²일 때 실제면적을 구하시오.

> **풀이**   실제면적＝도상면적×축척의 수치^2
>   ＝$40 \times 50,000^2 = 100,000,000,000,000$cm^2＝$10$km^2

참고 📖

지형도 해독 시 정확성을 기하기 위해 지형도에서 확인해야 할 3요소로 축척, 방위, 범례가 있다.

---

② 경사도의 계산

> • 기울기(경사도, %)＝$\dfrac{높이}{밑변} \times 100 = \dfrac{수직거리}{수평거리} \times 100$
>
> • 경사보정량(cm)＝$-\dfrac{고저차^2}{두 점 간의 거리 \times 2}$

* 경사보정량 : 두 점 간의 사면거리와 수평거리의 차이로 사면이 수평으로 보정될 때의 수량

참고 📖

기울기(경사도, 물매)의 표현방법

• 1 : n 또는 1/n : 수직높이 1에 대하여 수평거리가 n일 때
• n% : 수평거리 100에 대하여 수직높이가 n일 때의 비율
• 각도 : 수평은 0°, 수직은 90°로 하여 그 사이를 90등분한 것

🖭 Exercise

축척 1/25,000 지형도상에서 산정표고가 250m, 산밑표고가 50m이며, 산정부터 산밑까지 지형도상의 수평거리는 6cm일 때 사면의 경사를 구하시오(반올림하여 정수로 기재).

풀이   지도상 6cm 의 실제거리＝도상거리 × 축척의 수치

$$= 6 \times 25,000 = 150,000 \text{cm}$$
$$= 1,500 \text{m}$$

따라서, 경사도 $= \dfrac{수직거리}{수평거리} \times 100$

$$= \dfrac{200}{1,500} \times 100 = 13.333 \cdots \quad \therefore 13\%$$

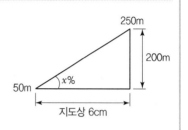

🖭 Exercise

비탈면 기울기가 1 : 2일 때, 수직거리가 5m이면 수평거리는 얼마인지 구하시오.

풀이   수직거리 1에 대하여 수평거리가 2인 비율이므로, 수직거리가 5m일 때 수평거리는 10m이다.

TOPIC·41   등고선

등고선의 종류와 간격은 다음과 같다.

① 계곡선 : 주곡선 5개마다 1개를 굵게 표시한 선
② 주곡선 : 지형의 기본 곡선이며 가는 실선으로 표시
③ 간곡선 : 주곡선 간격의 1/2로 긴 점선으로 표시
④ 조곡선 : 간곡선 간격의 1/2로 짧은 점선으로 표시

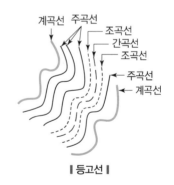

▌등고선▐

[축척에 따른 등고선 간격]

등고선 간격은 서로 옆에 있는 등고선 사이의 수직거리를 말하는 것으로 축척에 따라 아래와 같은 수치를 나타낸다.

(단위 : m)

축척	계곡선	주곡선	간곡선	조곡선
1/5,000	25	5	2.5	1.25
1/25,000	50	10	5	2.5
1/50,000	100	20	10	5

TOPIC·42 컴퍼스 측량

① 자침이 남북을 가리키는 성질을 가진 컴퍼스(compass)를 이용하여 방위, 방위각, 거리를 관측하고, 평면상의 위치를 결정하는 측량을 컴퍼스 측량이라 한다.
② 산림 내에서 자침과 각도 눈금판을 이용하여 간단히 측량할 수 있는 방법이다.
③ 철제구조물과 전류가 많은 시가지에서는 자력에 방해를 받아 이용하기 어려우며 산림, 농지, 임야지 등과 같이 국지인력의 영향이 없거나 높은 정밀도를 요하지 않는 곳에서 신속하고 간편하게 측량할 때 자주 이용되고 있다.
④ 국지인력(局地引力, 국소인력, 국부인력)
   측량하는 곳 주변에 자력 방해 시설이 있을 경우 컴퍼스가 자북을 가리키지 못하게 되는데, 이때에 영향을 미치는 국지적인 자력을 말한다.
⑤ 컴퍼스 측량의 종류
   도선법, 사출법, 교차법

TOPIC·43 평판측량

① 평판측량의 정의
   평판측량이란 세 개의 다리가 달린 평판 위에 제도지를 올리고 현장에서 직접 시준하여 측량하고 제도하는 방법이다.

[평판측량 기기]

구분	내용	평판측량기
평판	삼각대 위에 고정하여 제도하기 위한 평평한 사각판(제도판)	
삼각	평판을 수평으로 유지하는 세 개의 받침다리	
앨리데이드	• 평판 위에서 사용하며, 목표 지점의 방향을 측정하는 기구 • 시준판, 기포관, 정준간으로 구성	
구심기	추가 달려 있어 평판상의 측점과 추를 내린 지상의 측점이 일치하여 동일 수직선상에 있도록 하는 기구	
자침함	자침이 들어 있어 평판과 도면의 방향 결정에 쓰이는 기구	

[평판측량의 3요소(평판 설치의 필수 조건)]

구분	내용
정준(정치)	수평 맞추기로, 삼각을 바르게 놓고 앨리데이드를 가로세로로 차례로 놓아가며 기포관의 기포가 중앙에 오도록 수평 조절
구심(치심)	중심 맞추기로, 구심기의 추를 놓아 지상측점과 도상측점이 일치하도록 조절
표정	방향 맞추기로, 모든 측선의 도면상 방향과 지상 방향이 일치하도록 조절

❙ 정준 ❙   ❙ 구심 ❙   ❙ 표정 ❙

② 평판측량의 종류

- 방사법(사출법) : 평판을 한 측점에 고정하고 많은 측점을 시준하여 방향선을 그리고, 거리는 직접 측정하여 도면상에 측점의 위치를 결정하는 방법이다.
- 전진법(도선법) : 장애물이 있거나 지형이 좁고 길어, 한 점에서 많은 측점의 시준이 불가능할 때 각 측점마다 평판을 옮겨가며 방향선과 거리를 측정하여 차례로 제도해 나가는 방법이다.
- 교회법(교차법) : 이미 알고 있는 2~3개의 측점(기지점)에 평판을 세우고, 알고자 하는 미지점을 시준하여 시준한 방향선의 교차점을 도면상의 측점 위치로 결정하는 방법이다.

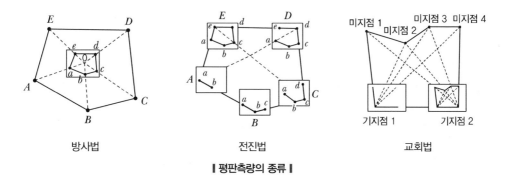

방사법   전진법   교회법

❙ 평판측량의 종류 ❙

TOPIC·44 오차의 종류

① 누적오차(누차, 정오차)
- 발생 원인을 분명히 알 수 있는 오차로 측량 후 오차의 보정이 가능하다.
- 측정횟수에 따라 오차가 누적되어 누적오차 또는 오차의 크기나 형태가 일정하여 정오차라고 한다.

② 우연오차(부정오차, 상쇄오차, 상차)
- 발생 원인을 알 수 없는 오차로 오차의 보정이 상당이 어렵다.
- 우연적으로 발생하여 우연오차 또는 원인이 일정하지 않은 오차라 하여 부정오차, 반대의 오차 값이 발생하여 서로 상쇄되기도 하므로 상쇄오차(상차)라고 한다.
- 아무리 주의해도 피할 수 없으며 반드시 존재하는 오차로 누적되지는 않는다.

③ 과오(과실, 착오)
- 측량자의 착각, 부주의나 미숙 등으로 발생하는 과실에 따른 인위적인 오차이다.
- 주로 측정값의 눈금을 잘못 읽거나 야장의 기록 실수, 계산 착오 등으로 발생한다.

TOPIC·45 고저측량

① 고저측량 일반
- 수준면(기준면)으로부터 일정 지역의 높낮이(표고)를 알아보는 측량으로 임도의 종단 측량 시 적용한다.
- 고저측량은 레벨(level)과 표척을 이용해 여러 지점들의 수직높이를 결정하는 것으로 수준측량 또는 레벨측량이라고도 한다.

[고저측량의 용어 정리]

용어	약어	정의
수준점	B.M (Bench Mark)	수준면으로부터의 표고를 표시해둔 측량의 기준이 되는 원점
후시	B.S (Back Sight)	• 레벨을 기준으로 표고를 이미 알고 있는 후진 방향의 측점 • 기지점에 세워둔 표척의 눈금을 읽은 값
전시	F.S (Fore Sight)	• 레벨을 기준으로 표고를 아직 알지 못하는 전진 방향의 측점 • 미지점에 세운 표척의 눈금을 읽은 값

용어	약어	정의
이기점	T.P (Turning Point)	전시와 후시를 모두 측정하는(읽는, 취하는) 점
중간점	I.P (Intermediate Point)	전시만 측정하는(읽는, 취하는) 점
기계고	I.H (Instrument Height)	• 수준면에서 레벨 시준선까지의 수직높이 • 기계고 = 기지점의 지반고 + 후시값
지반고	G.H (Ground Height)	• 수준면에서 표척이 세워진 지반까지의 수직높이 • 미지점의 지반고 = 기계고 − 전시값 = 기지점의 지반고 + 후시값 − 전시값

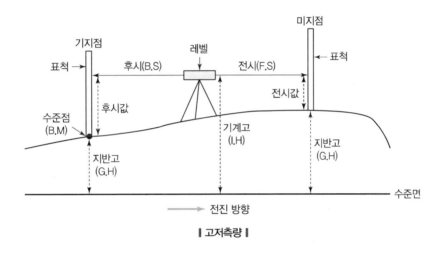

▮ 고저측량 ▮

② 기고식 야장법

이미 알고 있는 지반고에 후시값를 더해 기계고를 구하고, 이 기계고에서 전시값을 빼서 알고자 하는 다음 지반고를 차례로 구하며 측량을 이어나가 수준점으로부터 어떤 측점까지의 고저차를 알아보는 방식이다. 야장기입 계산식은 다음과 같다.

> • 기계고(I.H) = 기지점의 지반고(G.H) + 후시(B.S)
> • 미지점의 지반고(G.H) = 기계고(I.H) − 전시(F.S)
> = 기지점의 지반고(G.H) + 후시(B.S) − 전시(F.S)
> • 최종 고저차 = 후시의 합계 − 이기점 전시의 합계

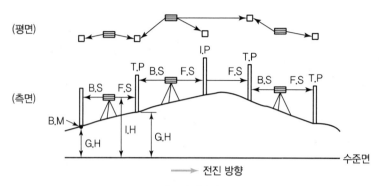

┃ 기고식 야장법 ┃

[기고식 야장의 예]

측점 (S.P)	후시 (B.S)	기계고 (I.H)	전시(F.S) 이기점 (T.P)	전시(F.S) 중간점 (I.P)	지반고 (G.H)	비고 (remarks)
B.M	2.30	32.30			30.00	B.M의 H=30.00m
1				3.20	29.10	
2				2.50	29.80	
3	4.25	35.45	1.10		31.20	
4				2.30	33.15	
5				2.10	33.35	
6			3.50		31.95	
계	+6.55		−4.60			측점 6은 B.M에 비하여 1.95m 높다(6.55−4.60=1.95).

[비고]

- 수준점의 지반고는 30.00m이며, 후시는 2.30m이므로 기계고는 32.30m이다.

$$기계고(\text{I.H}) = 지반고(\text{G.H}) + 후시(\text{B.S}) = 30.00 + 2.30 = 32.30m$$

- 이 상태의 레벨로 측점 1, 측점 2, 측점 3의 표척을 바라보면 전시는 각각 3.20m, 2.50m, 1.10m이며, 지반고는 기계고 32.30m에서 각 측점 전시값을 빼주어 각각 29.10m, 29.80m, 31.20m가 된다.

$$지반고(\text{G.H}) = 기계고(\text{I.H}) - 전시(\text{F.S}) = 32.30 - 3.20 = 29.10m$$
$$32.30 - 2.50 = 29.80m$$
$$32.30 - 1.10 = 31.20m$$

- 더 이상 표척의 눈금이 보이지 않아 측점 3을 지나 레벨을 더 앞으로 이동한다.
- 이동한 레벨로 측점 3을 뒤돌아보면 후시가 4.25m이며, 지반고는 31.20m이므로 기계고는 35.45m가 된다.

$$기계고(\text{I.H}) = 지반고(\text{G.H}) + 후시(\text{B.S}) = 31.20 + 4.25 = 35.45m$$

- 이때, 측점 3은 전시와 후시가 모두 측정되므로 이기점(T.P)이다.
- 다시 이 레벨로 측점 4, 측점 5, 측점 6의 표척을 바라보면 전시는 각각 2.30m, 2.10m, 3.50m이며, 지반고는 기계고 35.45m에서 각 측점 전시값을 빼주어 각각 33.15m, 33.35m, 31.95m가 된다.

$$지반고(G.H) = 기계고(I.H) - 전시(F.S) = 35.45 - 2.30 = 33.15m$$
$$35.45 - 2.10 = 33.35m$$
$$35.45 - 3.50 = 31.95m$$

- 측점 6과 같은 가장 마지막 측점의 전시값은 이기점에 표시한다.
- 수준점의 지반고가 30.00m이며, 측점 6의 지반고가 31.95m이므로 1.95m만큼 지형이 높다.

📖 **Exercise**

기고식을 이용하여 기계고, 지반고를 구하시오.

측점	후시	기계고	전시 T.P	전시 I.P	지반고	remarks
B.M	2.30	(ⓐ)			30.00	B.M의 H = 30.00m
1				3.20	29.10	
2				2.50	29.80	
3	4.25	(ⓒ)	1.10		(ⓑ)	
4				2.30	33.15	
5				2.10	33.35	
6			3.50		(ⓓ)	
계	+6.55		-4.60			측점 6은 B.M에 비하여 1.95m 높다.

풀이
- ⓐ의 기계고$(I.H)$ = 지반고$(G.H)$ + 후시$(B.S)$ = $30.00 + 2.30 = 32.30m$
- ⓑ의 지반고$(G.H)$ = 기계고$(I.H)$ - 전시$(F.S)$ = $32.30 - 1.10 = 31.20m$
- ⓒ의 기계고$(I.H)$ = 지반고$(G.H)$ + 후시$(B.S)$ = $31.20 + 4.25 = 35.45m$
- ⓓ의 지반고$(G.H)$ = 기계고$(I.H)$ - 전시$(F.S)$ = $35.45 - 3.50 = 31.95m$

TOPIC·46 트래버스 측량

① 트래버스 측량 일반
- 측량요소인 각과 거리를 관측하여 대상 측점의 평면위치를 결정하는 기법으로 측점을 잇는 측선이 다각형(트래버스)을 이루므로 다각측량 또는 트래버스 측량이라 한다.
- 트래버스 측량에서 측선 간의 각은 교각법, 편각법, 방위각법에 의해 측정할 수 있다.

② 방위각의 측정
- 방위각 : 방위를 각도로 나타낸 것으로 진북선을 기준으로 하여 시계 방향으로 어느 측선까지 이루는 각

• 역방위각 : 방위각과 180° 반대되는 방향의 방위각

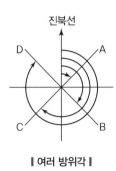

┃ 여러 방위각 ┃

┃ 방위각과 역방위각 ┃

③ 방위의 표시방법

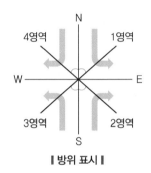

┃ 방위 표시 ┃

• 방위는 남북을 기준으로 동서로 얼마나 기울어져 있는지를 나타내는 것으로 각도는 90° 이내에 있으며, 남북 방향을 먼저 나타내고 뒤에 동서 방향을 나타낸다.

• 아래 표와 같이 사방으로 네 개의 영역으로 나누고, 각 영역별 측선의 방위는 화살표 순서에 따라 '방향 각도 방향'으로 표시하며, 각도 또한 화살표 방향으로 먼저 나오는 각을 읽어 나타낸다.

[방위각에 따른 방위 표시]

측선의 영역	방위 표시	측선의 영역	방위 표시
1영역	N 방위각 E	3영역	S (방위각 − 180°) W
2영역	S (180° − 방위각) E	4영역	N (360° − 방위각) W

📖 **Exercise**

다음 그림을 보고 방위를 표시하시오.

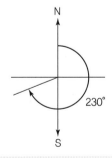

230°

> 풀이   방위각이 230°이며, 3영역에 속하므로, 방위각 − 180° = 230° − 180° = 50°이다. 따라서 화살표 방향의 순서대로 표시하면, S50° W이다.

④ 위거와 경거의 계산

- 종축 방향을 NS선(자오선), 횡축 방향을 EW선(자오선과 직교하는 동서선)으로 하는 좌표상의 어떤 측선 AB에 대한 방위각(θ), 위거, 경거, 횡거의 정의와 계산식은 아래 표와 같다.

[위거, 경거, 횡거의 정의와 계산식]

구분	계산식	그림
위거	• AB측선에서 남북 방향(자오선)으로 내린 세로선의 길이 • 위거 = AB×cosθ	
경거	• AB측선에서 동서 방향으로 내린 가로선의 길이 • 경거 = AB×sinθ	
횡거 (자오선거)	AB측선의 중점에서 남북 자오선에 내린 수선의 길이	

- 좌표계에서 중심점으로부터 세로 좌표의 위거의 총합을 합위거, 가로 좌표의 경거의 총합을 합경거라고 하며, 제도를 정확히 하기 위해 합위거와 합경거를 구한다.

⑤ 폐합트래버스의 폐합오차와 폐합비

- 폐합트래버스가 한 점에서 시작해 오차 없이 같은 점으로 끝난다면 위거와 경거의 합은 각각 0이 된다. 즉, 위거(L)와 경거(D)의 오차가 없을 때 $\sum L = 0$, $\sum D = 0$이다.
- 전체 측선의 길이에 대한 폐합오차의 비를 폐합비라고 하며, $1/n$의 형태로 나타낸다.

$$\bullet\ \text{폐합오차} = \sqrt{(\sum L)^2 + (\sum D)^2}$$
$$\bullet\ \text{폐합비} = \frac{\text{폐합오차}}{\text{전체 측선의 길이}} = \frac{\sqrt{(\sum L)^2 + (\sum D)^2}}{\text{전체 측선의 길이}}$$

여기서, $\sum L$: 위거오차, $\sum D$: 경거오차

TOPIC·47 항공사진측량

① 항공사진측량 일반

- 항공기에 탑재된 카메라를 통하여 지상을 촬영하고 측량하는 것을 항공사진측량이라 한다.
- 산림실태조사, 산림토양조사, 산불 및 병충해 등의 각종 피해상황조사, 임도계획 등에 활용되고 있으며, 임분의 생장상태와 건전도 등도 판단이 가능하다.

② 항공사진의 장단점
- 넓은 지역을 신속하고 정확하게 측량할 수 있다.
- 정밀도가 높으며, 개인차가 적다.
- 길이, 넓이 등의 2차원적 측정과 부피, 경사 등의 3차원적 측정도 가능하다.
- 한번 촬영하면 언제든지 이용 및 지도 제작이 가능하다.
- 넓은 지역일수록 측량의 경비가 절감되어 경제적이며, 좁은 지역에는 비경제적이다.
- 흐린 날은 촬영이 어려우며, 일기의 영향을 받는다.
- 장비가 고가이며, 전문 기술이 필요하다.
- 수간, 하층식생, 작은 작업로 등은 사진에 나타나지 않아 확인이 어렵다.

TOPIC·48 임업의 기계화

① 임업생산에서 기계화의 특징
- 인력작업보다 작업능률이 월등히 높다.
- 작업시간을 단축시킬 수 있으며, 인력이 절감된다.
- 인건비의 감소로 생산비용이 절감된다.
- 적은 인력으로 많은 생산량을 달성하여 노동생산성이 향상된다.
  * 노동생산성 : 노동량 대비 생산량의 비율
- 노동에 대한 부담이 줄고 고된 중노동으로부터 벗어나게 한다.
- 균일한 작업이 가능하여 생산된 상품의 질이 높다.
- 작업성과가 기계를 다루는 인력에 좌우된다.
- 기계작업으로 인한 재해의 발생 가능성이 있다.
- 임지 및 자연환경 훼손이 문제가 된다.

② 임업토목공사에서 기계화 시공의 장단점
- 장점
  - 대규모 공사에 적절한 기계를 투입하여 공사기간을 단축시킬 수 있다.
  - 공기가 단축되어 공사비가 절감되고, 시공효율을 높일 수 있다.
  - 절성토 및 운반, 다짐 등의 시공을 보다 쉽게 할 수 있다.
  - 인력으로 어려운 공사라도 무난히 작업할 수 있다.

- 단점
  - 기계의 구입과 유지에 많은 비용이 든다.
  - 기계의 이용이 가능한 숙련된 전문 기술이 필요하다.
  - 소규모 공사에는 오히려 경비가 많이 들어 비능률적일 수 있다.
  - 기계성능의 발전과 대형화로 신제품의 구입이 필요하게 된다.

TOPIC · **49**　체인톱(엔진톱, 기계톱)

① 체인톱 일반

- 산림에서 가장 많이 사용하는 기계로 주로 벌목 및 무육작업에서 이용한다.
- 우리나라에서는 주로 1기통 2행정 공랭식 가솔린 엔진을 사용하여 작업한다.

  * 1기통 2행정 공랭식 : 실린더가 1개이며 압축과 폭발의 2가지 행정이 반복되는 것으로 소형 모터 장치에 유용하고, 엔진열을 제거하기 위해 실린더 주변을 공기로 냉각하는 장치이다.

② 체인톱의 구비 조건

- 무게가 가볍고 소형이며, 취급법이 간편할 것
- 견고하고, 가동률이 높으며, 절삭능력이 좋을 것
- 소음과 진동이 적고, 내구성이 높을 것
- 근주의 높이를 되도록 낮게 절단할 수 있을 것
- 연료비, 수리비, 유지비 등의 경비가 적게 소요될 것
- 부품의 공급이 용이하고, 가격이 저렴할 것

③ 체인톱의 구조

크게 원동기, 동력전달, 톱날의 3부분으로 나뉜다.

- 원동기 부분
  - 엔진이 가동하면서 동력이 발생하는 부분
  - 엔진의 본체로 실린더, 피스톤, 크랭크축, 연료탱크, 점화장치 등으로 구성
- 동력전달 부분
  - 원동기의 동력을 톱체인에 전달하는 부분
  - 원심클러치, 감속장치, 스프라킷으로 구성
- 톱날 부분
  - 톱질로 원목을 잘라내는 부분
  - 톱체인(쏘체인), 안내판, 체인장력조절장치, 체인덮개 등으로 구성

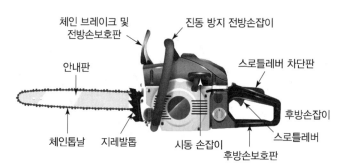

┃ 체인톱의 구조 ┃

참고 📖

톱체인(쏘체인)의 구조

- 쏘체인(saw chain)의 규격은 피치(pitch)로 나타내며, 피치란 서로 접한 3개의 리벳 간격을 반으로 나눈 길이를 말한다.

- 리벳 3개의 간격을 l인치라 한다면, $\frac{l}{2}$인치 = 1피치이다.

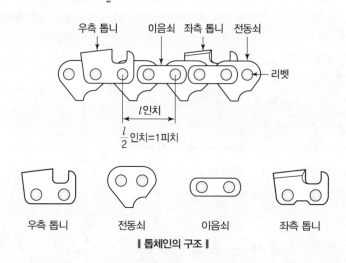

┃ 톱체인의 구조 ┃

- 톱날은 종류에 따라 연마 각도가 조금씩 다른데, 이때 톱날의 연마각을 각각 창날각, 가슴각, 지붕각이라 한다.

┃ 톱날 연마각의 명칭 ┃

[체인톱의 안전장치]

구분	내용
전방 · 후방 손잡이	• 체인톱의 손잡이로 앞뒤에 있음 • 전방 손잡이는 왼손, 후방 손잡이는 오른손으로 잡고 작업
전방 · 후방 손보호판 (핸드가드)	• 손잡이에 붙어 있는 판으로 체인이나 나무가 튈 때 손을 보호 • 전방 손보호판은 체인 급정지 장치(체인브레이크)와 연결
체인브레이크	• 회전 중인 체인을 급정지할 때 사용하는 브레이크 • 전방 손보호판을 밀거나 당겨 브레이크 작동
체인잡이	체인이 끊어지거나 안내판에서 벗어날 경우 튕겨 나오는 것을 일차적으로 차단해 주는 장치
지레발톱 (완충스파이크, 범퍼스파이크)	작업할 원목에 박아 체인톱을 지지하여 안정화시키는 톱니장치
스로틀레버차단판 (액셀레버차단판)	• 액셀레버가 단독으로 작동되지 않도록 차단하는 장치 • 스로틀레버와 스로틀레버차단판을 동시에 누르며 잡아야 액셀이 가동
체인덮개 (체인보호집)	보관이나 이동 시 톱날 보호를 위해 씌우는 보호캡
소음기	엔진의 소음을 줄여주는 장치
스위치	전동 체인톱의 전원(on/off) 스위치

그 외 안전체인(안전이음새), 방진고무(진동방지고무) 등

④ 체인톱의 일일 정비사항
- 휘발유(가솔린)와 오일(윤활유)의 혼합상태 확인 : 오일은 휘발유보다 무거워 침전되기 쉬우므로 휘발유와 오일을 잘 흔들어 혼합한 뒤 주유한다.
- 에어필터 청소 : 충분한 공기가 유입되어 연료와 함께 연소될 수 있도록 오염원을 제거한다.
- 안내판 정비 : 홈 속에 끼어 있는 이물질 등을 제거하고 윤활유가 공급되는 구멍을 깨끗이 손질한다.

TOPIC·50 **다공정 처리기계**

① 다공정 처리기계의 정의

벌도, 가지치기, 통나무 토막내기, 집적 등의 여러 공정을 복수로 처리할 수 있는 차량형 기계를 말하는 것으로 펠러번처, 프로세서, 하베스터 등이 있으며, 다공정 임목수확기계라고도 한다.

[임목수확기계의 종류]

종류	작업내용
트리펠러 (tree feller)	벌도만 실행
펠러번처 (feller buncher)	벌도와 집적(모아서 쌓기)의 2가지 공정 실행
프로세서 (processor)	• 집재된 전목재의 가지치기, 절단, 초두부 제거, 집적 등의 조재작업을 전문적으로 　실행(벌도 X) • 산지집재장에서 작업하는 조재기계
하베스터 (harvester)	• 벌도, 가지치기, 조재목 마름질, 토막내기 등을 모두 수행 • 대표적 다공정 처리기계로 임내에서 벌도 및 각종 조재작업 수행

* 조재목 마름질 : 생산원목의 규격에 맞게 치수를 재어 표시하는 일로 생산재의 품등에 영향을 미치며, 일정 규격의
경제성 높은 목재를 생산할 수 있음

② 다공정 임목수확장비의 제약점(단점)

　다공정 임목수확장비는 작업능률이 매우 높으므로 적절한 작업장소에 투입하면 기존 작업보다
생력효과와 작업의 경제성을 월등히 높일 수 있으나, 아래와 같은 제약점들이 있다.

• 장비가 매우 고가이며, 전문 기술을 요하는 숙련공을 필요로 한다.
• 소규모 작업에서는 작업비가 많이 소요되어 비효율적이다.
• 급경사지나 험지에서는 작업이 어려워 제한을 받는다.
• 유지비, 수리비 등의 경비가 많이 소요될 수 있다.

TOPIC·**51** **산림토목기계**

① 트랙터계 굴착기의 특징

• 주행방식에 따라서는 타이어바퀴식과 크롤러바퀴식(무한궤도)으로 나눌 수 있으며, 주로 흙을
밀어 굴착하고 짧은 거리를 운반하는 등의 작업을 수행한다.
• 타이어바퀴식은 비교적 저렴하고 운전이 쉬우며 기동력이 좋고, 크롤러바퀴식은 접지압은 작
고 접지면적은 커서 연약지반에서도 안전하게 작업할 수 있으며, 차체의 중심이 낮아 경사지에
서의 작업성과 등판력도 우수한 장점이 있다.
• 타이어바퀴식은 주행성이 대체로 좋으나, 연약지반이나 요철이 심한 험준한 지형에서는 크롤
러바퀴식이 양호하다.

[트랙터 주행장치의 유형 비교]

구분	타이어바퀴식	크롤러바퀴식(무한궤도)
접지압	크다.	작다.
견인력	작다.	크다.
기동력	높다.	낮다.
등판력	약간 떨어진다.	좋다.
회전반지름	크다.	작다.
최저지상고	높다.	낮다.
운전성	비교적 쉽다.	어렵다.
경비	저렴, 수리 · 유지비 적게 소요	고가, 수리 · 유지비 많이 소요
기타 능력	높이 20~30cm까지의 장애물 통과	높이 50cm까지의 장애물 통과

* 접지압 : 바퀴나 궤도가 지면에서 받는 압력으로 접지면적이 클수록 압력이 분산되므로 값이 작음
* 등판력 : 경사진 곳을 오르는 능력
* 회전반지름 : 차체가 회전 가능한 반경
* 최저지상고 : 차 본체의 최저지점과 접지면 사이의 거리로 크롤러식이 최저지상고가 낮아 차체의 안정성이 좋음

② 불도저(bulldozer)

트랙터의 전면에 다양한 토공판(배토판, 블레이드)을 장착하여 흙을 굴착하고 운반하거나 넓게 펴 고르고 다지는 등의 작업을 수행하는 트랙터계 굴착기이다.

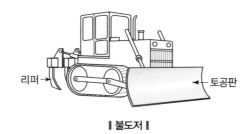

┃ 불도저 ┃

참고 📖

리퍼(ripper)
• 불도저의 뒷면에 부착하는 갈고리와 같은 부속
• 주로 연암이나 단단한 흙의 굴착 및 파쇄 작업에 이용

③ 탬핑롤러(tamping roller)
• 롤러의 표면에 돌기가 부착되어 있어 점착성이 큰 점질토의 두꺼운 성토층 다짐에 가장 효과적인 전압기계이다.
• 돌기로 인해 토층 내부까지 다져지므로, 다지기의 유효깊이가 상당히 깊다.
• 제방, 도로, 비행장, 댐 등 대규모의 두꺼운 성토 다짐에 주로 사용된다.

‖ 탬핑롤러 ‖

[정지 및 전압 가능 기계]

구분	작업내용	기계 종류
정지작업	땅고르기	모터그레이더, 불도저, 스크레이퍼도저
다짐(전압)작업	땅다지기	탬핑롤러, 로드롤러(탠덤, 머캐덤), 타이어롤러, 진동롤러, 진동콤팩터, 탬퍼, 래머, 불도저

TOPIC·52 산림 수확작업

① 임목 수확작업의 구성요소
- 벌도(伐倒) : 입목의 지상부를 잘라 넘어뜨리는 작업 = 벌목
- 조재(造材) : 지타(가지치기), 조재목 마름질, 작동(통나무 자르기), 박피(껍질 벗기기) 등 원목을 정리하는 작업
- 집재(集材) : 원목을 운반하기 편리한 임도변이나 집재장에 모아두는 작업
- 운재(運材) : 집재한 원목을 제재소, 원목시장 등 수요처까지 운반하는 작업

② 수확작업에 미치는 환경인자
- 기상적(기후적) 영향 : 강수, 기온, 바람, 계절 등
- 지형적 영향 : 경사, 토양 강도 등

③ 수확작업의 계절적 영향의 특징
- 하계 벌채
  - 작업환경이 양호하여 작업이 용이하다.
  - 작업장으로의 접근성이 좋다.
  - 일조시간이 길어 긴 작업이 가능하다.

– 벌도목의 건조가 쉽고, 집재에 유리하다.

– 박피작업이 쉽다.

• 동계 벌채

– 병해충의 피해가 적으며, 뒤틀림이 적다.

– 수액 정지기간이므로 양질의 목재 수확이 가능하다.

– 목재의 조직이 치밀하고 강도가 크다.

– 농한기여서 인력수급이 원활하다.

– 잔존 임분에 대한 피해가 적다.

④ 벌목지 구획 시 유의사항

벌목과 조재작업을 효율적으로 실행하고자 벌채지를 일정 면적으로 나누어 구분하게 되는데, 이 때 아래와 같은 사항에 유의하여야 한다.

• 수종, 재적, 본수가 균등하게 벌구를 구분한다.

• 한 벌구의 크기를 너무 크게 해서는 안 되며, 집재방법에 적합하도록 한다.

• 구획은 계곡에서 산봉우리 방향으로 설정하는 세로나누기가 원칙이고, 가로나누기는 가급적 피한다.

TOPIC·53 벌목작업

① 벌목의 실행

• 벌채점 : 목재 생산성, 벌목 후의 집재 등을 고려하여 벌채점은 되도록 낮게 잡고, 대경목은 지상 20~30cm의 높이에서 벌채한다.

• 수구 자르기(방향베기)

– 수구(under cut)란 벌도 시 벌목 방향을 확정하고 벌도목이 쪼개지는 것을 방지하기 위하여 근원 부근에 만드는 칼집이다.

– 수구는 벌도목이 넘어지는 방향 쪽으로 만든다. 즉, 수구 방향으로 수목이 넘어가게 된다.

– 근원 직경의 1/4 이상의 깊이까지 자르고, 수구의 각도는 30~45°가 이상적이다.

– 수구를 충분히 절제하지 않으면 바버체어 현상이 나타날 수 있으므로 주의한다.

* 바버체어(baber chair) : 벌채 시 임목을 충분히 절단하지 않아 수간이 수직 방향으로 쪼개지는 현상

┃ 바버체어 ┃

- 추구 자르기(따라베기)
  - 추구(back cut)란 수구의 반대편에서 수목을 넘기기 위해 베어주는 것으로 수구보다 약간 높은 곳에서 실시한다.
  - 수구높이의 2/3 정도 되는 지점에서 줄기에 직각 방향으로 수심을 향해 깊게 자른다.
- 벌도맥
  - 벌도맥이란 수구와 추구 사이에 베어지지 않고 남은 수목 부분이다.
  - 기능 : 나무가 넘어지는 속도 감소, 벌도 방향의 혼란 감소, 벌도목의 파열 방지, 작업의 안전 등

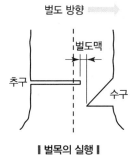

| 벌목의 실행 |

참고 📖

벌목의 순서

벌도목 선정 → 벌도목 주위 장애물 제거 → 벌도 방향 결정 → 방향베기(수구) → 따라베기(추구)

② 기계화 벌목의 장점
- 능률이 좋으므로 벌목량이 증대된다.
- 단일작업이 활성화되어 대량으로 작업이 가능하다.
- 다량의 작업이 일시에 이루어지므로 집재 및 가지치기의 비용이 절감된다.
- 원목의 손상이 적어 가치가 높은 목재를 생산할 수 있다.
- 일반적 벌목에 비해 인력을 줄일 수 있으며, 안전사고가 적다.

[임목 가공상태에 따른 목재생산방법]

생산방법	작업내용	작업기계	특징
전목(全木) 생산방법	임내에서 벌도	펠러번처(벌목), 그래플스키더(집재), 프로세서(조재)	• 벌도한 수목을 통째로 집재하여 생산하는 방식 • 잔존 임분에 피해 • 가지 등이 임지에 환원되지 않아 양료의 문제 발생
전간(全幹) 생산방법	임내에서 벌도, 지타	체인톱(벌목, 조재), 트랙터(집재)	• 임내에서 벌도와 가지치기를 실시한 수간만을 집재하여 생산하는 방식 • 긴 수간의 이동으로 잔존 임분에 피해 • 양료의 문제는 어느 정도 해소
단목(斷木) 생산방법	임내에서 벌도, 지타, 작동	체인톱(벌목, 조재), 하베스터(벌목, 조재), 포워더(집재)	• 임내에서 벌도, 가지치기, 통나무 자르기 작업을 실시하여 일정 규격의 원목을 생산하는 방식 • 벌목 · 조재 작업이 주로 인력(체인톱)에 의하므로 인건비 · 작업비가 다량 소요

TOPIC·54 집재작업

집재에는 인력, 축력, 중력, 기계력에 의한 방식이 있다. 중력집재는 활로에 의한 집재와 강선에 의한 집재가, 기계력집재는 트랙터집재와 가선집재가 대표적이다.

① 활로에 의한 집재

벌채지의 경사면을 이용하여 활주로를 만들고 중력에 의해 목재 자체의 무게로 활주하여 집재하는 방식으로 대표적인 것이 나무운반미끄럼틀(수라)이다.

> 참고 📖
>
> 수라의 종류
> - 토수라(흙수라) : 경사면의 흙을 도랑 모양으로 파 활주로로 이용하는 것으로 설치가 간단하여 활로 운재 중 가장 널리 이용
> - 도수라 : 토수라를 개량한 것으로 활로를 설치하고, 침목 모양의 횡목을 일정 간격으로 깔아 목재가 잘 미끄러지는 동시에 빗물에 의해 흙이 흘러내리지 않도록 조정한 수라
> - 목수라, 판자수라 : 목재를 이용하여 활로를 만든 것으로 시설비는 많이 드나 목재 훼손이 적음
> - 플라스틱 수라 : 반원형의 플라스틱을 여러 개 연결하여 활주로를 만든 것으로 효율성이 좋으나 비용이 많이 듦

② 와이어로프 또는 강선에 의한 집재

벌채경사면의 상부와 하부 집재지 사이에 와이어로프나 강선을 공중에 설치하고 원목을 고리에 걸어 중력을 이용하여 아래로 내려 보내는 집재방식이다.

③ 트랙터집재
- 트랙터의 본체에 집재 가능한 부속이 달려 있는 집재기이다.
- 급경사지에서는 뒤집힐 염려가 있어 평탄지나 경사 0~25°의 완경사지에 적합하다.
- 스키더(skidder) : 트랙터의 후면에 그래플(grapple)이나 윈치 등이 장착되어 있어 벌채목을 집거나 끌어 견인하는 집재차량이다.

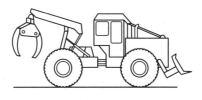

┃ 스키더 ┃

참고 📖

• 임목의 소밀도 : 낮은 임목 밀도는 생산성을 저하시킨다.
• 경사 : 30% 이내의 경사가 능률적이며 안전하다.
• 토양상태 : 습한 토양에서는 생산성이 저하된다.
• 단재적 : 단재적이 작을 경우, 여러 개의 원목을 집재해야 하므로 생산성이 저하된다.
• 집재거리 : 크롤러식은 100~180m, 타이어식은 300m까지 집재가 경제적이다.

④ 기타 집재기
- 타워야더(tower yarder)
  - 트랙터나 트럭 등에 타워(철기둥)와 반송기를 포함한 가선집재 장치를 탑재한 이동식 차량형 집재기계이다.
  - 야더집재기보다 가선의 이동과 설치가 용이하나, 800m 이상의 장거리 집재에는 부적합하다.
- 포워더(forwarder)
  - 원목을 적재하여 임도변까지 운반하는 집재기로 목재를 얹어 싣고 운반하는 단일 공정만 수행한다.
  - 보통 임내에서 하베스터로 작업한 원목을 포워더로 임도변의 집재장까지 반출한다.
- 소형 윈치
  - 드럼에 연결한 와이어로프를 동력으로 감아 통나무를 견인하는 이동식 소형 집재기이다.
  - 주로 소집재에 이용하며, 썰매 형상을 하고 있는 아크야 윈치가 있다.
  - 아크야 윈치는 플라스틱 수라 여러 개를 연결하여 산정까지 운반이 가능하므로 수라 제작에 쓰이기도 한다.

⑤ 저목장
- 저목장(貯木場)이란 시설을 갖추고 목재를 이용 전까지 저장하기 위한 집재장을 말하는 것으로 육상저목장과 수중저목장이 있다.
- 저목장 설치 요령(설치방법)
  - 간벌작업은 저목장이 설치될 장소에서부터 실시한다.
  - 작업로와 임도의 연결점 부근에 위치시킨다.
  - 곡선부, 협곡부, 언덕 부위, 습한 곳 등은 피하고 장비의 이동에 지장이 없는 곳에 설치한다.
  - 운재 방향에 따라 쌓기 방향을 결정한다.
  - 집적용량은 운반차량 용량의 최소한 반 정도는 되게 한다.

TOPIC·55 가선집재

① 가선집재 일반
- 가선집재란 집재기에 연결되어 있는 와이어로프에 반송기를 부착하여 집재하는 방식으로 크게 원동기 부분인 야더집재기와 집재용 가선(삭도)으로 구성된 집재시스템이다.
- 경사 60% 이상에서도 작업이 가능하여 급경사지에 적합한 집재기이다.
- 트랙터집재에 비하여 잔존 임분에 대한 피해가 적으며, 임도밀도가 낮은 곳에서도 작업이 용이한 장점이 있으나, 장비구입비가 비싸고 운전에 숙련된 기술이 필요하다는 단점이 있다.

② 트랙터집재와 가선집재의 비교
집재에 트랙터나 가선집재 방식의 채택은 임지의 경사에 따라 좌우된다.

[트랙터집재와 가선집재의 특징]

집재 방식	장점	단점
트랙터집재 (면의 집재)	• 기동성이 높다. • 작업이 단순하다. • 작업생산성이 높다. • 운전이 용이하다. • 작업비용이 적다.	• 완경사지에서만 작업이 가능하다. • 잔존임분에 피해가 심하다. • 높은 임도밀도가 요구된다. • 저속이라 장거리 운반이 어렵다.
가선집재 (선의 집재)	• 급경사지에서도 작업이 가능하다. • 잔존임분에 피해가 적다. • 낮은 임도밀도에서 작업이 가능하다.	• 기동성이 낮다. • 숙련된 기술을 요한다. • 작업생산성이 낮다. • 장비구입비가 비싸다. • 설치와 철거에 시간이 필요하다.

③ 가선집재의 기계 · 기구
가선집재에는 야더집재기 본체, 반송기, 본줄, 작업줄, 각종 도르래 등이 필요하며, 현지의 상황에 따라 적절히 조합한 다양한 삭장 방식이 채택된다.

[가선집재 기계의 종류]

구분	내용
야더집재기 (yarder)	• 동력장치가 있는 원동기 부분으로 드럼에 연결한 와이어로프를 감거나 풀어 원목을 견인하는 기계 • 장거리 집재에 적합 • 현지에서 직접 가선을 설치하고 해체하므로 많은 시간이 소요되며 숙련된 기술력이 필요
반송기 (搬送器)	• 도르래가 부착되어 있어 원목을 매달고 가공본줄 위를 주행하는 운반기기 • 캐리지(carriage)라고도 함 • 종류 : 보통반송기, 슬랙풀링(slack pulling) 반송기, 계류형(係留形) 반송기, 자주식(自走式) 반송기 등

구분	내용
가공본줄	• 반송기에 실린 원목이 운반되도록 장력을 주어 설치한 와이어로프 • 스카이라인, 주삭이라고도 함
작업본줄	• 반송기를 집재기 방향으로 당겨 이동시키는 와이어로프 • 당김줄, 견인삭, 메인라인이라고도 함
되돌림줄	반송기를 집재기 방향에서 작업장 쪽으로 되돌려 주는 와이어로프
머리기둥	본줄 설치를 위한 집재기 쪽의 지주목
꼬리기둥	집재기 반대쪽의 지주목
중간지지대	집재거리가 길어 스카이라인이 지면에 닿아 반송기의 주행이 곤란할 때 처짐을 방지하기 위해 설치하는 장치

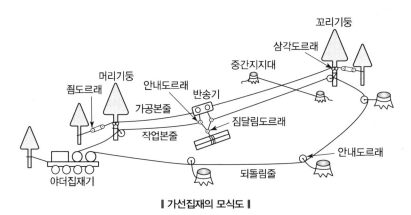

▌가선집재의 모식도 ▌

④ 집재가선에 쓰이는 도르래의 종류

줄을 지지하고 안내하는 역할을 하는 도르래(활차, block)에는 아래와 같은 종류가 있다.

[도르래의 종류]

구분	내용
삼각도르래(saddle block)	머리기둥과 꼬리기둥에 장착하여 본줄을 지지하는 도르래
짐달림도르래(loading block)	반송기에 매달려 화물의 승강에 이용되는 도르래
안내도르래(guide block)	작업본줄의 안내에 이용되는 도르래
쬠도르래(heel block)	가공본줄의 적정한 장력 유지를 위해 조여주는 도르래

⑤ 가공본줄 설치 예정지의 노선 선정 요령

- 준비작업 : 지형도 및 기타 항공사진 등을 통하여 사업지의 노선 선정에 필요한 여러 요인을 조사하고, 각종 기자재의 반입과 원목의 반출 등을 고려하여 가장 효율적인 노선을 배치한다.
- 답사 : 노선 배치도면 및 기초자료를 근거로 현장에 나가 사업지의 지형을 파악하여 집재기와 지주, 가선 등의 설치 시 적당성을 검토한다.

• 집재선 측량 : 답사를 통해 설정한 집재선의 노선을 트랜싯, 토탈스테이션, 줄자 등의 각종 기기를 이용하여 실측하고, 집재기, 지주, 중간지지대 등의 위치를 정확히 하여 노선을 확정한다.

TOPIC·56 가선집재시스템의 종류

가선집재는 가공본줄의 유무에 따라 가공본줄을 이용하는 방식과 가공본줄이 없이 집재하는 방식으로 나뉘며, 가공본줄의 고정 가부에 따라 고정하여 이용하는 고정 스카이라인식과 가공본줄을 사용하지 않거나 고정하지 않는 유동 스카이라인식으로 구분할 수 있다.

[가선집재시스템의 종류]

구분	내용
가공본줄의 유무	• 가공본줄이 있는 방식 : 타일러식, 엔드리스 타일러식, 호이스트 캐리지식, 스너빙식, 폴링블록식, 슬랙라인식 • 가공본줄이 없는 방식 : 하이리드식, 러닝 스카이라인식, 단선순환식
가공본줄의 고정 가부	• 고정 스카이라인식 : 타일러식, 엔드리스 타일러식, 호이스트 캐리지식, 스너빙식, 폴링블록식 • 유동 스카이라인식 : 슬랙라인식, 하이리드식, 러닝 스카이라인식, 단선순환식

① 타일러식(tyler system)
  • 2드럼식으로 가공본줄 경사가 10~25°인 대면적 개벌작업에 적합한 방식이다.
  • 자중에 의해 반송기가 이동하여 경제적이며, 운전 및 가로집재가 용이하다.
  • 집재거리가 제한적이며, 택벌지에서는 가로집재에 의해 잔존목에 피해를 주기 쉽다.

▌타일러식 ▌

② 엔드리스 타일러식(endless tyler system)
  • 가공본줄의 경사가 10° 이하로 자중에 의한 반송기의 이동이 곤란하거나, 20° 이상의 급경사지에서 반송기의 속도 조절이 어려운 개벌작업지에 적합한 방식이다.
  • 운전 및 가로집재, 집재목의 짐내리기 작업이 용이하다.
  • 순환하는 엔드리스 드럼이 있어서 3드럼식이다.

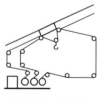

▌엔드리스 타일러식 ▌

③ 호이스트 캐리지식(hoist carriage system)

- 임지와 잔존목의 훼손을 가장 최소화할 수 있는 방식이다.
- 짐달림도르래가 없으므로 전용 반송기가 필요하다.
- 운전 및 가공본줄의 설치가 쉬우며, 가로집재의 능률이 우수하다.

▌호이스트 캐리지식 ▌

④ 스너빙식(snubbing system)

- 1드럼식으로 주로 올림집재에 사용되지만, 급경사지의 내림집재 및 올림집재에 둘 다 사용 가능하다.
- 중부유럽에서 널리 적용하고 있으며, 설치가 아주 간단하고 운전이 용이하다.
- 계류형 반송기와 스토퍼를 사용하면 장거리 집재도 가능하다.

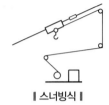

▌스너빙식 ▌

⑤ 폴링블록식(falling block system)

- 2드럼식으로 단거리의 소량집재에 적합한 방식이다.
- 구조가 간단하여 가공본줄의 설치와 철거가 쉽지만, 집재속도가 느리며 운전이 어렵다.

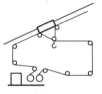

▌폴링블록식 ▌

⑥ 슬랙라인식(slack line system)

- 죔도르래(힐블록)를 이용하여 가공본줄의 인장력을 조절한다.
- 자중에 의해 반송기가 이동하며 가선설치가 용이하다.

▌슬랙라인식 ▌

⑦ 하이리드식(high lead system)

100m 내외의 완경사지의 단거리 소량작업에 적합하다.

⑧ 러닝 스카이라인식(running skyline system)

- 집재거리 300m 내외의 소량의 간벌 및 택벌작업에 적합하다.
- 구조가 간단하고 비교적 긴 가로집재에도 사용 가능하다.
- 타워야더에 많이 사용되는 방식이다.

⑨ 단선순환식(monocable system)

- 별 모양의 특수 도르래를 이용하는 방식으로 작업효율이 낮다.
- 가선설치 시 제거해야 할 수목이 많고, 잔존목에 피해가 많이 발생한다.

▌하이리드식 ▌

▌러닝 스카이라인식 ▌

▌단선순환식 ▌

TOPIC · **57** **와이어로프**

① 와이어로프의 특징
- 와이어로프는 와이어(소선)를 몇 개씩 꼬아 스트랜드(strand)를 만들고, 심줄을 중심으로 이 스트랜드를 다시 몇 개 꼬아서 만든 쇠밧줄이다.
- 가선집재나 윈치를 이용한 집재작업에 반드시 필요한 부품이다.

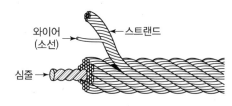

▌ 와이어로프 ▌

② 꼬임 방향에 따른 구분

꼬임 방향에 따라 보통꼬임과 랑꼬임으로 나눈다. 보통꼬임이 일반적으로 많이 쓰이며, 꼬임의 구분은 왼쪽 방향으로 꼬였는지 오른쪽 방향으로 꼬였는지에 따라 다시 Z꼬임과 S꼬임으로 구분할 수 있다.

[꼬임 방향에 따른 와이어로프의 구분]

구분	보통꼬임	랑꼬임(랭꼬임)
꼬임 방향	와이어의 꼬임과 스트랜드의 꼬임 방향이 반대이다.	와이어의 꼬임과 스트랜드의 꼬임 방향이 동일하다.
특징	꼬임이 안정되어 킹크가 생기기 어렵고 취급이 용이하지만, 마모가 크다.	꼬임이 풀리기 쉬워 킹크가 생기기 쉽지만, 마모가 적다.
주용도	작업본줄	가공본줄

* 킹크(kink) : 뒤틀리고 엉켜서 꼬이는 현상

보통 Z꼬임 보통 S꼬임 랭 Z꼬임 랭 S꼬임

▌ 와이어로프의 꼬임 ▌

③ 와이어로프의 표시방법(구성기호)

- 와이어로프는 '스트랜드의 본수 × 와이어의 개수, 로프의 표면처리상태/꼬임방식, 로프의 지름, 로프의 인장강도' 순으로 표시한다.

    예 $6 \times 7 \cdot$ C/L $\cdot$ 20mm $\cdot$ B종

    7본선 6꼬임, 컴포지션유도장, 랭 Z꼬임, 로프지름 20mm, 인장강도 B종

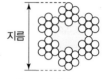

∣6×7 와이어로프∣

- $\sim$/O : 보통 Z꼬임, $\sim$/S : 보통 S꼬임, $\sim$/L : 랭 Z꼬임, $\sim$/LS : 랭 S 꼬임

    예 G/O : 아연도금, 보통 Z꼬임

Exercise

새로 구입한 와이어로프는 스트랜드 수 6개, 와이어 수 19개, 로프지름 20mm, 표면처리상태는 컴포지션유도장, 와이어로프의 꼬임은 랭 Z꼬임, 와이어 인장강도는 A종일 때 와이어로프의 구성기호는 어떻게 표시하는지 쓰시오.

풀이 6×19, C/L, 20mm, A종

④ 와이어로프의 안전계수

가공본줄은 2.7 이상, 짐당김줄, 되돌림줄, 버팀줄은 4.0, 짐달림줄은 6.0 정도가 적당하다.

$$안전계수 = \frac{와이어로프의\ 절단하중(kg)}{와이어로프에\ 걸리는\ 최대장력(kg)}$$

⑤ 와이어로프의 폐기(교체) 기준

- 꼬임 상태(킹크)인 것
- 현저하게 변형 또는 부식된 것
- 와이어로프 소선이 10분의 1(10%) 이상 절단된 것
- 마모에 의한 직경 감소가 공칭직경의 7%를 초과하는 것

사방공학

PART 03 사방공학

TOPIC·01 사방사업의 특징 및 효과

① 사방(砂防)의 정의(「사방사업법」 제2조)
- 황폐지란 자연적·인위적인 원인으로 산지가 붕괴되거나 토석·나무 등의 유출 또는 모래의 날림 등이 발생하는 지역으로서 국토의 보전, 재해의 방지, 경관의 조성 또는 수원(水源)의 함양을 위하여 복구공사가 필요한 지역을 말한다.
- 사방사업이란 황폐지를 복구하거나 산지의 붕괴, 토석·나무 등의 유출 또는 모래의 날림 등을 방지 또는 예방하기 위하여 인공구조물을 설치하거나 식물을 파종·식재하는 사업 또는 이에 부수되는 경관의 조성이나 수원의 함양을 위한 사업을 말한다.

② 사방사업의 구분(「사방사업법」 제3조)
- 산지사방사업 : 산사태예방사업, 산사태복구사업, 산지보전사업, 산지복원사업
- 해안사방사업 : 해안방재림 조성사업, 해안침식 방지사업
- 야계사방사업 : 계류보전사업, 계류복원사업, 사방댐 설치사업

③ 사방사업의 기능적 효과
- 공익적 기능 : 국토 보전 및 재해 방지, 수원 함양, 생활환경 및 경관 보전(대기정화, 기후완화, 방음, 방풍, 방조)
- 경제적 기능 : 임산물 생산(목재, 버섯·종실·산야초 등의 부산물), 야생조수 증식

[사방사업의 직·간접적 효과]

구분	내용	
직접적 효과	• 산지침식 및 토사유출 방지 • 산각 고정 및 땅밀림 방지 • 계상물매 완화 및 계류 보전 • 비사고정 및 방재림 형성 • 국토 보전	• 산복 및 계안 붕괴 방지 • 홍수조절 및 수원 함양 • 경지 및 저수지 매몰 방지 • 하구 및 항만의 토사퇴적 방지
간접적 효과	• 하천공작물 보호 • 경지와 택지의 조성 및 안정	• 각종 용수 보전 • 자연환경의 복구 및 보전

TOPIC·02 평균강수량(강우량) 산정방법

① 산술평균법

- 유역 내 각 관측점의 강수량을 모두 더해 산술평균하는 것으로, 가장 간단한 방법이다.
- 평야지역에서 강우분포가 비교적 균일한 경우에 사용하기 적합하다.

$$\text{평균강수량(mm) } P_m = \frac{P_1 + P_2 + \cdots + P_n}{N}$$

여기서, P_1, P_2, P_n : 관측지점별 강수량, N : 관측지점의 수

② 티센(Thiessen)법

우량계가 유역에 불균등하게 분포되었을 경우 사용하는 방법으로, 각 관측점의 지배면적을 가중하여 계산하므로 티센의 가중법이라고도 불린다.

$$\text{평균강수량(mm) } P_m = \frac{A_1 P_1 + A_2 P_2 + \cdots + A_n P_n}{A_1 + A_2 + \cdots + A_n}$$

여기서, P_1, P_2, P_n : 관측지점별 강수량, A_1, A_2, A_n : 관측지점별 지배면적

③ 등우선법

- 강우량이 같은 지점을 연결하여 등우선(等雨線)을 그리고, 각 등우선 간의 면적과 강우량 평균을 구하여 이용하는 방법이다.
- 산지지형에 이용하기 적합하다.

$$\text{평균강수량(mm) } P_m = \frac{A_1 P_{1m} + A_2 P_{2m} + \cdots + A_n P_{nm}}{A_1 + A_2 + \cdots + A_n}$$

여기서, A_1, A_2, A_n : 각 등우선 간의 면적, P_{1m}, P_{2m}, P_{nm} : 인접 등우선 간의 평균강우량

TOPIC·03 유량과 유속의 관계

① 물이 흐르는 속도를 유속(流速)이라 하며 m/s로 표시하고, 물 흐름을 직각으로 자른 횡단면적(통수단면적)을 유적(流積)이라 하며 m²로 표시한다.

② 유량(Q)은 단위시간(초)당 유적을 통과하는 물의 양으로 m³/s 로 나타내며, 유속(V)과 유적(A)을 곱해 계산한다.

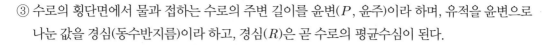

③ 수로의 횡단면에서 물과 접하는 수로의 주변 길이를 윤변(P, 윤주)이라 하며, 유적을 윤변으로 나눈 값을 경심(동수반지름)이라 하고, 경심(R)은 곧 수로의 평균수심이 된다.

> • 유량(m^3/s) $Q = 유속 \times 유적 = V \cdot A$
>
> • 경심(동수반지름, m) $R = \dfrac{유적}{윤변} = \dfrac{A}{P}$

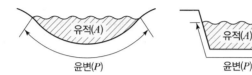

| 윤변과 유적 |

Exercise

평균유속이 2m/s, 5초 동안의 유량이 20m³일 때, 수로의 단면적을 계산하시오.

풀이   5초 동안의 유량이 20m³이므로 1초에는 4m³이다.
유량＝유속×유적, 4＝2×유적에서 유적은 2m²이다.

Exercise

유속이 3m/sec, 횡단면적이 5m²인 수로에 10초 동안 흐른 유량을 구하시오.

풀이   유량＝유속×유적＝3×5＝15m³/s이며, 10초 동안의 유량은 15×10＝150m³

④ 임계유속(臨界流速)

층류(層流)에서 난류(亂流)로 변할 때의 유속으로 계상에 침식을 일으키지 않는 최대유속이며, 임계유속 이상이 되면 사력이 이동하기 시작하면서 침식이 발생한다.

* 계상(溪床) : 계류바닥＝하상(河床)

TOPIC·04 평균유속 산정 공식

① 체지(Chezy) 공식

$$평균유속(m/s)\ \ V = c\sqrt{R \cdot I}$$

여기서, c : 유속계수, R : 경심(m), I : 수로 경사(%)

② 매닝(Manning) 공식

$$\text{평균유속(m/s)} \quad V = \frac{1}{n} \cdot R^{\frac{2}{3}} \cdot I^{\frac{1}{2}}$$

여기서, n : 유로 조도계수, R : 경심(m), I : 수로 경사(%)

* 조도계수 : 물길의 거친 정도로, 수치가 클수록 물 흐름을 방해하므로 유속은 감소

③ 바진(Bazin) 공식

• 구공식 : '자갈이 있는 불규칙한 자연수로(황폐계류)'일 때 조도계수의 값이 가장 크며, 값은 $\alpha = 0.0004$, $\beta = 0.0007$이다.

$$\text{평균유속(m/s)} \quad V = \sqrt{\frac{1}{\alpha + \dfrac{\beta}{R}}} \times \sqrt{R \cdot I}$$

여기서, α, β : 조도계수, R : 경심, I : 수로 경사(%)

• 신공식 : '큰 자갈과 수초가 많은 흙수로(황폐계류)'일 때 조도계수의 값이 가장 크며, 값은 $n = 1.75$이다.

$$\text{평균유속(m/s)} \quad V = \frac{87}{1 + \dfrac{n}{\sqrt{R}}} \times \sqrt{R \cdot I}$$

여기서, n : 조도계수, R : 경심, I : 수로 경사(%)

Exercise

경심 0.96, 유로비탈 $\dfrac{1}{18}$, 조도계수 $\alpha = 0.0004$, $\beta = 0.0007$일 경우 Bazin 공식을 활용하여 평균유속을 구하시오(소수점 셋째 자리에서 반올림).

풀이 조도계수의 값으로 보아 구공식을 적용해야 한다.

$$V = \sqrt{\frac{1}{\alpha + \dfrac{\beta}{R}}} \times \sqrt{R \cdot I} = \sqrt{\frac{1}{0.0004 + \dfrac{0.0007}{0.96}}} \times \sqrt{0.96 \times \frac{1}{18}} = 6.8725 \cdots$$

$$\therefore 6.87 \mathrm{m/s}$$

④ 쿠터(Kutter) 공식

물의 흐름이 등류일 때의 유속계산에는 편리하지만, 부등류와 부정류의 계산에는 적용하기 곤란하여 많이 사용하지 않는다.

TOPIC·**05** **최대홍수유량 산정 공식**

① 시우량법

최대시우량을 이용하여 1초 동안의 최대홍수유량을 산정하는 방식이다.

• 유역면적의 단위가 m²일 때 유량공식

$$최대홍수유량(\text{m}^3/\text{s}) \ \ Q = K \frac{A \times \dfrac{m}{1,000}}{60 \times 60} = \frac{1}{360} \times K \cdot A \cdot m \times \frac{1}{10,000}$$

여기서, K : 유거계수, A : 유역면적, m : 최대시우량(mm/h)

* 유거계수(流去係數, 유출계수) : 유역에 내린 강수량과 하천을 빠져나간 유출량의 비

• 유역면적의 단위가 km²일 때 유량공식

$$최대홍수유량(\text{m}^3/\text{s}) \ \ Q = \frac{1}{3.6} \times K \cdot A \cdot m = 0.2778 \times K \cdot A \cdot m$$

• 유역면적의 단위가 ha일 때 유량공식

$$최대홍수유량(\text{m}^3/\text{s}) \ \ Q = \frac{1}{360} \times K \cdot A \cdot m = 0.002778 \times K \cdot A \cdot m$$

② 합리식법

확률강우강도와 유역면적 및 유출계수를 이용하여 1초 동안의 최대홍수유량을 산정하는 방식이다.

• 유역면적의 단위가 km²일 때 유량공식

$$최대홍수유량(\text{m}^3/\text{s}) \ \ Q = \frac{1}{3.6} \times C \cdot I \cdot A = 0.2778 \times C \cdot I \cdot A$$

여기서, C : 유출계수, I : 강우강도(mm/h), A : 유역면적

• 유역면적의 단위가 ha일 때 유량공식

$$최대홍수유량(\text{m}^3/\text{s}) \ \ Q = \frac{1}{360} \times C \cdot I \cdot A = 0.002778 \times C \cdot I \cdot A$$

> **Exercise**
>
> 유역면적 5.5ha, 강우강도 160mm/h, 유거계수 0.8일 때 유량을 계산하시오(소수점 셋째 자리에서 반올림).
>
> > **풀이** 유역면적의 단위가 ha이므로 유량은 다음과 같다.
> > $$Q = 0.002778 \times C \cdot I \cdot A = 0.002778 \times 0.8 \times 160 \times 5.5 = 1.9557 \cdots$$
> > $$\therefore 1.96 \text{m}^3/\text{s}$$

③ 비유량법

유역 1km²당 최대홍수량인 비유량을 이용하여 산정하는 방식이다.

$$최대홍수유량(\text{m}^3/\text{s}) \ \ Q = A \times q$$

여기서, A : 유역면적(km²), q : 비유량(m³/s/km²)

TOPIC·**06** **침식 일반**

① 발생 원인에 따른 침식 구분

- 정상침식(正常浸蝕) : 자연 조건에 의하여 서서히 진행되는 침식으로 자연침식 또는 지질학적 침식이라고도 한다.
- 가속침식(加速浸蝕) : 가속침식은 주로 인위적인 활동이 원인이 되어 빠르게 진행되는 침식이다.

[가속침식의 종류(산지 토양침식의 형태)]

구분	내용
물침식(수식)	우수(빗물)침식, 하천침식, 지중침식, 바다침식
중력침식	붕괴형 침식, 지활형 침식, 유동형 침식, 동상 침식
바람침식(풍식)	해안사구(모래언덕)침식, 내륙사구침식

* 지중침식(地中浸蝕) : 땅속으로 흐르는 물에 의한 침식

② 빗물(강우)에 의한 침식 유형과 진행 순서

우격침식 – 면상침식 – 누구침식 – 구곡침식의 순으로 발달한다.

[빗물에 의한 침식 단계]

침식 유형	내용
우격침식 (雨擊浸蝕)	토양 표면에서 빗방울의 타격으로 인한 가장 초기 상태의 침식(우적침식)
면상침식 (面狀浸蝕)	• 토양의 얕은 층이 전면에 걸쳐 넓게 유실되는 현상 • 빗방울 튀김과 표면 유거수(流去水)의 결과로 발생 • 유기물이 많은 겉흙을 넓게 제거하여 토양의 비옥도와 생산성 저하
누구침식 (涙溝浸蝕)	• 토양 표면에 잔 도랑이 불규칙하게 생기면서 깎이는 현상 • 침식이 계속되는 비탈면을 따라 흐르는 작은 물길에 의해 발생 • 침식의 규모가 아직은 작아 경운작업으로 쉽게 제거 가능
구곡침식 (溝谷浸蝕)	• 도랑이 커지면서 심토까지 심하게 깎이는 현상 • 누구침식이 점점 더 진행되어 규모가 커지고 보다 깊고 넓은 골을 형성하는 왕성한 침식 형태

③ 비탈면의 안전율

- 안전율이란 비탈의 활동면에 대한 흙의 전단강도를 전단응력으로 나눈 값으로 비탈면의 안정 평가를 위해 계산한다.
- 즉, 토괴가 붕괴하려는 힘(전단력)에 대한 저항하여 유지하려는 힘(저항력)의 비로 전단력이 저항력을 압도하면 흙에 변형이 생기고 무너져 내리게 된다.

$$안전율 = \frac{전단강도}{전단응력}$$

  - 전단응력(전단력) : 활동면을 기준으로 토괴가 끊어지고 미끄러지려는 힘
  - 전단강도 : 흙의 전단력에 대항하여 견디는 최대의 저항력

TOPIC·**07** **중력 침식**

중력 침식은 유수나 바람 등의 여러 원인과 함께 중력이 작용하여 발생하는 침식으로 붕괴형 침식, 지활형 침식, 유동형 침식, 동상 침식 등이 있다.

① 붕괴형(崩壊型) 침식

호우 등이 주요 원인이 되어 수분으로 포화된 토층이 급한 경사면을 빠른 속도로 무너져 내려오는 현상이다. 산사태가 대표적이며, 그 외 산붕, 붕락, 포락, 암설붕락 등으로 구분할 수 있다.

[붕괴형 침식의 구분]

구분	내용
산사태(山沙汰)	• 흙덩어리가 계곡 · 계류를 향하여 일시에 연속적으로 길게 붕괴되는 현상 • 주로 호우에 의하여 산정에서 가까운 산복부에서 많이 발생 • 비교적 산지 경사가 급하고, 토층 바닥에 암반이 깔린 곳에서 많이 발생 • 주로 30~35° 부근의 변곡점에서 많이 발생 • 사질토로 된 지점에서 많이 발생
산붕(山崩)	• 산사태와 원인은 같으나 소규모이며, 산록부에서 많이 발생 • 사질토에서 가장 많이 발생
붕락(崩落)	• 주로 집중호우나 눈과 얼음이 녹은 물(융설수)에 의해 토층이 포화되어 토괴가 균형을 잃고 아래로 무너져 떨어지는 현상 • 무너진 토괴의 대부분은 그 비탈면의 끝이나 산각부에 쌓여 남아 있고, 주름이 잡힌 형태의 지표층을 형성
포락(浦落)	• 산지 비탈면의 끝을 흐르는 유수의 가로침식에 의해 무너지는 현상 • 침식 및 붕괴된 물질은 퇴적되지 않고 대부분 유수와 함께 유실
암설붕락(巖屑崩落)	• 돌 부스러기의 비탈면(토석더미)이 붕괴되어 밀려 내려오는 현상

② 지활형(地滑型) 침식

땅속의 지하수에 의해 토괴가 비탈면 아래로 원형을 보존한 채 서서히 미끄러져 내려오는 침식현상이다.

[침식 유형의 비교]

구분	산사태 및 산붕	땅밀림
토질	사질토(화강암)	점성토(혈암, 이질암, 응회암)
경사	20° 이상의 급경사지	20° 이하의 완경사지
원인	강우(강우강도)	지하수
규모(이동면적)	작다(1ha 이하).	크다(1~100ha).
토괴 형태	토괴 교란	원형 보존
이동속도	빠르다(10mm/day 이상).	느리다(10mm/day 이하).
발생 형태	돌발적 발생	계속적 · 지속적 발생

③ 유동형(流動型) 침식

붕괴형 침식이나 지활형 침식의 결과로 인한 유동성 물질에 의해 발생하는 침식작용이다.

④ 동상 침식

과습한 토양이 동결과 융해를 반복하는 과정에서 산지 비탈면 아래로 천천히 미끄러져 내려오는 침식작용이다.

TOPIC·08 기초공사

① 기초공사는 크게 직접기초(얕은 기초), 간접기초(깊은 기초)로 구분한다.

② 직접기초는 상부 지반이 견고하여 견고한 지반 위에 기초콘크리트를 직접 시공하고 하중이 작용하여 지지력을 얻는 기초이며, 간접기초는 상부 지반이 견고하지 못해 말뚝, 피어, 케이슨 등을 하부의 깊은 지반까지 박아 지지력을 얻는 기초이다.

[기초공사의 구분]

구분		내용
직접기초 (얕은 기초)	확대 기초	• 상부 구조의 하중을 확대하여 직접 지반에 전달하는 기초 • 하중을 기초지반에 안전하게 전달하기 위해 지반과 직접 접하는 푸팅(footing)부를 확대하여 설치 • 한 장의 기초 슬래브를 바닥 전체에 깔아 구조물의 하중을 지지하는 기초로 매트(mat) 기초라고도 함 • 상부 구조의 전면적을 받치는 단슬랩의 지지층에 하중이 실려 있는 형태 • 전체를 균일하게 지지하므로 부등침하의 영향이 적음
간접기초 (깊은 기초)	말뚝 기초	• 여러 재료로 구성된 말뚝을 지반에 삽입하여 지지력을 얻는 기초 • 종류 : 나무말뚝기초, 콘크리트말뚝기초, 강재말뚝기초
	피어 기초	견고한 지반까지 천공한 후 그 속에 콘크리트를 타설하여 기둥(피어, pier)을 형성하고 지지력을 얻는 기초
	케이슨 기초	• 토층이 연약한 지반에서 케이슨 관을 견고한 지반까지 관통하고 삽입하여 지지력을 얻는 기초로 케이슨공법이라고도 함 • 케이슨(caisson) : 말뚝이나 피어보다 단면적이 상당히 큰 상자형상의 관 • 종류 : 우물통기초, 공기케이슨기초

TOPIC·09 비탈면 녹화공법의 종류

① 파종공법(씨뿌리기공법)
- 산 비탈면에 초본이나 목본류를 직접 파종하여 녹화하는 공법이다.
- 파종방법에 따른 구분 : 점파공(점뿌리기), 조파공(줄뿌리기), 산파공(흩어뿌리기)
- 파종공법의 종류 : 분사식 씨뿌리기공법(분사식 파종공법), 종비토뿜어붙이기

참고 📖

분사식 씨뿌리기공법(분사식 파종공법)

- 종자, 비료, 양생제, 전착제를 물과 함께 혼합하여 사면에 기계를 이용하여 압력으로 분사하여 파종하는 공법이다.
- 대면적의 급한 경사면 등에 속성 녹화하고자 할 때 주로 이용되며, 암반 비탈면에는 효과가 작다.

종비토뿜어붙이기

- 종자, 비료, 흙, 양생제, 전착제 등을 물과 함께 혼합하여 사면에 기계를 이용하여 압력으로 뿜어 붙여 파종하는 공법으로 종자, 비료, 흙을 이용하므로 종비토(種肥土)뿜어붙이기라고 한다.
- 주로 암반 절개비탈면의 전면 속성 녹화에 적용하며, 용수가 없는 곳에 시공한다.

② 식재공법

비탈면에 묘목이나 수목 및 뿌리가 붙은 흙떼나 새 등을 직접 식재하여 녹화하는 공법이다.

참고 📖

산지사방 식재용 수종의 요구 조건

- 생장력이 왕성하여 잘 번성할 것
- 뿌리의 자람이 좋아 토양의 긴박력이 클 것
- 건조, 한해, 각종 병해충에 강할 것
- 갱신이 용이하며, 가급적이면 경제적 가치가 높을 것
- 묘목 생산 비용이 적게 들고, 대량생산이 가능할 것
- 토양개량 효과가 기대될 것

③ 식생공법

기타 식생공으로는 식생반공, 식생매트공, 식생대공(식생자루), 식생대공(식생띠), 식생망공, 식생혈공 등이 있다.

④ 새집공법(소상공)

- 암벽면의 요철 부분에 터파기를 하고 반달형 제비집 모양으로 돌을 쌓아 그 안을 흙으로 채우고 식생을 도입하는 공법이다.
- 새집공법은 차폐수벽공법과 함께 암반비탈면 녹화의 대표적인 공법이다.

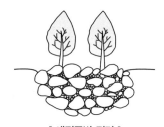

▌새집공법 정면 ▌

⑤ 차폐수벽공법(遮蔽樹壁工法)

암석 채굴지, 채석장, 절개지 등의 훼손된 암반비탈면이 외부에서 직접 보이지 않도록 비탈의 앞쪽에 수목을 2~3열로 식재하여 수벽을 조성하는 공법이다.

TOPIC· **10** **토목재료 석재**

① 석재의 구분

석재(石材)는 사방에서 가장 많이 사용하는 재료로 마름돌, 견치돌, 막깬돌 등의 가공석과 전석, 야면석, 호박돌, 조약돌, 잡석, 사석 등과 같은 자연석으로 크게 구분할 수 있다.

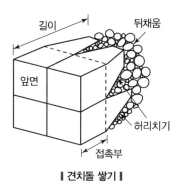

▎ **견치돌 쌓기** ▎

[주요 사방용 석재의 종류]

구분	내용
마름돌(다듬돌)	• 일정한 치수의 긴 직사각육면체가 되도록 각 면을 다듬은 석재 • 석재 중 가장 고급이고 일정한 규격으로 다듬어진 것 • 미관을 요하는 돌쌓기 공사에 메쌓기로 이용됨
견치돌	• 돌을 다듬을 때 앞면, 길이, 뒷면, 접촉부 및 허리치기의 치수를 특별한 규격에 맞도록 지정하여 만든 석재 • 단단하고 치밀하여 견고를 요하는 돌쌓기 공사, 사방댐, 옹벽 등에 사용 • 특별한 규격으로 다듬은 석재로 마름돌과 같이 고가의 재료
막깬돌	• 엄격한 치수가 아닌 면의 모양이 직사각에 가깝게 대략적 수치에 의해 깨낸 석재 • 이가 맞아떨어지지 않으므로 반드시 찰쌓기 공법으로 시공함 • 경제적이므로 사방공사에 많이 사용
전석(轉石)	무게가 100kg 이상인 자연석으로 주로 계천에서 채취하여 찰쌓기와 메쌓기에 사용
야면석(野面石)	• 무게가 약 100kg 정도인 자연석으로 주로 돌쌓기 현장 부근에서 채취하여 찰쌓기와 메쌓기에 사용 • 전석에 비해 면이 거칠며 각이 져 있음
호박돌	• 지름 20~30cm 되는 호박 모양의 둥글넓적한 자연석으로 주로 시공지 부근의 산이나 개울 등지에서 채취 • 안정성이 낮아 기초공사나 잡석쌓기 기초바닥용, 콘크리트 기초바닥용 등에 주로 사용
뒤채움돌	돌쌓기 시 안정을 위하여 뒷부분에 채우는 돌

② 쌓는 위치에 따른 구분

돌쌓기 시에 쌓는 위치에 따라서도 구분을 하는데, 아래와 같은 종류가 있다.

[쌓는 위치별 석재의 종류]

구분	내용	그림
갓돌 (머리돌)	• 돌쌓기벽의 가장 위에 덮어주는 돌 • 시공면의 보호와 오염 방지 등의 역할	
귀돌 (모서리돌)	돌쌓기벽의 모서리에 시공하는 돌	

TOPIC·**11** **토목재료 목재**

① 토목재료로서의 목재(木材)는 통나무를 그대로 이용하는 경우가 많으며, 주로 사방댐, 구곡막이, 바닥막이, 바자얽기, 각종 말뚝용 등으로 쓰인다.

② 통나무 외에 초두목이나 가지 등도 섶으로써 바자얽기 등에 이용되고 있다.

   * 초두목(梢頭木) : 통나무를 베어 이용하고 남은 끝부분의 가는 가지
   * 섶 : 잎이 달린 잔가지로 토목공사에 종종 이용되는 부재료

③ 목재의 장단점

   • 석재나 철재보다 가벼워 운반·가공 및 취급이 용이하다.
   • 공작에 필요한 설비가 간단하며, 온도에 따른 변화도 적다.
   • 충격이나 진동 등을 잘 흡수한다.
   • 타 재료에 비해 부패하기 쉬우며, 내구성이 약하다.
   • 함수량에 따라 수축 및 팽창하여 변형이 생길 수 있다.

TOPIC·**12** **토목재료 골재**

① 골재의 특징

   • 골재(骨材)란 모르타르나 콘크리트를 만들 때 첨가되는 모래, 자갈, 부순돌 등의 견고한 모든 재료를 말하는 것으로, 골재는 콘크리트 부피의 약 65~80%를 차지한다.
   • 콘크리트용 골재는 비중이 2.60 이상, 무게는 1,500~1,800kg/m³이 표준이다.

② 크기에 의한 구분

골재의 크기는 한국산업표준의 기준에 따라 구분하며, 잔골재는 10mm체를 모두 통과하고, 5mm 체를 거의 다 통과하며, 0.08mm체에 거의 다 남는 골재를 말한다.

[골재의 크기별 분류]

구분	내용
잔골재	5mm체에서 무게의 85% 이상 통과하는 골재
굵은 골재	5mm체에서 무게의 85% 이상 남는 골재

③ 비중에 의한 구분

어떤 물질의 무게와 같은 부피를 가진 물질의 무게와의 비율을 비중이라 하는데, 골재는 비중에 따라 경량, 보통, 중량골재로 구분한다.

[골재의 비중별 분류]

구분	비중
경량골재	2.50 이하
보통골재	2.50~2.65
중량골재	2.70 이상

TOPIC·13 토목재료 시멘트

① 시멘트의 특징
- 시멘트는 무기질 접합제로 일반적으로 포틀랜드시멘트(portland cement)를 일컫는다.
- 공기와 물에 반응하여 경화하는 성질인 수경성(水硬性)이며, 굳은 후에는 강도가 크다.
- 비중은 보통 3.10~3.15이며, 무게는 약 1,500kg/m³이다.
- 수화작용(水和作用)이란 시멘트 입자와 물 분자가 결합하여 응고되는 현상으로 이때 수화열이 발생하며, 시멘트의 응결은 이 수화작용에 의해 일어난다.

② 시멘트의 혼화재료
- 혼화재료란 물리화학적 성질 개선, 단위수량 감소, 내구성 증가 등을 목적으로 콘크리트에 첨가하는 시멘트·골재·물 이외의 재료로 크게 혼화재와 혼화제로 구분할 수 있다.
- 혼화재(混和材) : 시멘트 중량의 5% 이상으로 사용되며, 배합설계 시 중량계산에 포함되는 재료로 고체상태이다. 플라이애시, 고로슬래그, 포졸란 등이 있다.

- 혼화제(混和劑, 혼합제) : 시멘트 중량의 5% 이하로 사용되며, 배합설계 시 중량계산에 포함되지 않는 재료로 액체상태이다. AE제(계면활성제), 응결경화촉진제, 방수제, 지연제 등이 있다.
- 혼합제 사용 시 장점 : 시멘트 사용량의 절약, 콘크리트의 질 개선, 재료 분리의 감소, 내구성 향상, 응결경화의 촉진 및 지연 등

TOPIC·14 토목재료 콘크리트

① 콘크리트의 특징
- 시멘트와 돌·모래 등의 골재를 물과 함께 섞어 반죽하고 굳히는 것으로 오늘날 모든 건축 및 토목 공사에 가장 보편적으로 사용되고 있는 중심 건설재료이다.
- 콘크리트는 비전도체이며 알칼리성이고, 무게는 2,200~2,300kg/m³이다.

② 콘크리트의 배합비
콘크리트의 배합 비율은 '시멘트 : 잔골재 : 굵은 골재'의 순으로 표시한다. 소규모 공사에서는 부피비(용적비)를 대규모 공사에서는 무게비를 이용한다.

[시멘트, 모래(잔골재), 자갈(굵은 골재)의 용적배합비]

종류	시멘트 : 모래 : 자갈
보통콘크리트	1 : 3 : 6
철근콘크리트	1 : 2 : 4

③ 콘크리트의 양생
- 양생(養生)이란 콘크리트를 친 후 부적절한 온도, 광선, 하중, 충격, 파손 등으로부터 보호하고, 응결과 경화가 안전하게 충분히 진행되도록 관리하는 것을 말한다.
- 즉, 콘크리트를 쳐서 수화작용이 충분히 계속되도록 보존하는 작업이다.
- 양생 기간을 재령(age)이라 하며, 양생 효과는 7일 이내에 나타나고, 온도 20℃ 정도로 28일을 유지하면 최종강도에 도달한다.

④ 콘크리트의 강도
콘크리트의 강도는 일반적으로 압축강도를 일컫는 것으로 재령 28일의 강도를 표준으로 한다.

TOPIC·**15** **사방용 초목류**

① 주요 초본류

- 사방용 초본으로는 척악지나 건조지에서도 생장이 왕성하여 녹화가 빠르며, 내음성과 내한성이 좋아 그늘과 추위에서도 잘 견디는 종들이 주로 이용되고 있다.

[초본류의 구분]

구분	종류
재래초본 (향토초본)	김의털, 비수리, 까치수영, 새, 솔새, 개솔새, 수크령, 잔디, 억새, 참억새, 칡, 차풀, 매듭풀, 제비쑥
외래초본 (도입초본)	나도 김의털, 오리새(orchard grass), 겨이삭, 우산잔디(switch grass), 갈풀, 능수귀염풀

- 파종에 의하여 비탈면에 응급히 식생을 도입하고자 하는 경우 외래초본류를 주로 하고 여기에 재래초본류를 혼합하여 조성하는 경우가 많은데, 아래와 같은 특성을 지녔기 때문이다.

[외래초종과 재래초종의 특성]

외래초종	재래초종
• 초기발아가 우수하다. • 생장이 빠르고 뿌리의 자람이 좋다. • 토양의 긴박력이 크다. • 조기에 지표의 피복효과가 기대된다. • 종자의 구득이 일반적으로 용이하다. • 엽량과 뿌리가 많아 지표와 지중에 유기물질을 집적하여 토양의 성질을 개선해 준다. • 고온에 약하다. • 주변 식생과 이질적이다. • 병충해의 저항이 작다.	• 생육환경에 잘 적응한다. • 병충해에 강하다.

② 주요 목본류

- 사방용 수목으로는 척박하고 건조한 지역에서도 적응력이 강해 비교적 잘 자라며, 수분이나 양분의 요구도가 낮거나 종자 발아력과 맹아력이 좋아 빠르게 숲을 형성할 수 있는 특징을 지닌 수종을 식재하고 있다.
- 아까시나무는 수분과 양분요구도가 낮으며, 발아력과 맹아력이 모두 좋아 척박지에서도 생장이 좋을 뿐만 아니라 임지비배 효과도 있어 우리나라에서 대표적으로 많이 식재되고 있는 사방수종이다.

[목본류의 구분]

구분	종류
교목·관목	리기다소나무, 해송(곰솔), 오리나무류[산오리나무(물오리나무), 사방오리나무], 아까시나무, 참나무류(상수리나무, 졸참나무 등), 눈향나무(누운향나무), 싸리류, 족제비싸리, 회양목, 병꽃나무
덩굴식물	칡, 송악, 담쟁이덩굴, 인동덩굴, 등, 줄사철나무, 마삭줄

| 리기다소나무 | 물오리나무 | 족제비싸리 | 칡 |

❙ 사방수종 ❙

TOPIC·16 **야계사방 일반**

① 야계사방(野溪砂防)의 정의
- 야계의 작용은 계속해서 발생하는 것은 아니며, 집중호우 시에 다량의 유출이 일어난다. 이러한 야계의 문제를 방지하고자 계류에 공작물을 설치하거나 산각을 고정하여 계류의 유출을 돕는 작업을 야계사방이라 한다.
- 야계사방은 계간사방 또는 계천사방 등으로도 불린다.

② 야계사방의 주요 목적
- 계안과 계상의 종횡침식을 방지한다.
- 계상기울기를 완화하여 계류의 침식 및 토사유출을 억제한다.
- 산각을 고정하여 황폐계류와 계간을 안정상태로 유도한다.
- 붕괴지의 산각을 고정하는 산지사방의 기초가 된다.

③ 야계사방(계간사방) 공사의 종류

사방댐, 골막이(구곡막이), 바닥막이, 기슭막이, 수제, 모래막이, 계간수로, 둑쌓기

[시설 방향에 따른 구분]

구분	주요 기능	종류
횡공작물	종침식 방지	사방댐, 골막이(구곡막이), 바닥막이
종공작물	횡침식 방지	기슭막이, 수제, 둑쌓기

TOPIC·17 황폐계류

① 황폐계류(荒廢溪流)는 강우 시 토사의 침식, 운반, 퇴적으로 인해 급격한 계상변동이 발생하며 쉽게 황폐하는 하천을 말하는 것으로 야계사방 공사의 대상지가 된다.

② 황폐계류의 특성

- 유량이 강우에 의해 급격히 증가하거나 감소하며, 유량 변화가 크다.
- 유로의 연장(길이)이 비교적 짧으며, 계상기울기가 급하다.
- 호우 시에 사력의 유송이 심하여 모래나 자갈의 이동이 많다.
- 호우가 끝나면 유량이 급감하며, 사력의 유송은 완전히 중지된다.

③ 황폐계류 유역의 구분

황폐계류의 유역은 상류로부터 하류까지 '토사생산구역 → 토사유과구역 → 토사퇴적구역'으로 구분할 수 있다.

[황폐계류 유역]

구분	내용
토사생산구역 (사력생산구역)	• 붕괴 및 침식작용이 가장 활발히 진행되는 황폐계류의 최상부 구역 • 토사의 생산이 활발하여 급한 계상물매를 형성한다. • 집수구역, 굴취지대 등으로도 불린다.
토사유과구역 (토사유하구역)	• 상류에서 생산된 토사가 그대로 통과하는 구역 • 침식 및 퇴적이 거의 없어 중립지대 또는 무작용지대라고도 불린다. • 계상의 형태는 모래와 자갈을 하류로 운반하는 수로에 해당된다.
토사퇴적구역 (사력퇴적지역)	• 선상지를 형성하는 황폐계류의 최하부 구역 • 계상물매가 완만하고, 계폭이 넓다. • 유수의 유송력이 대부분 상실되어 토사가 퇴적된다. • 유송토사의 대부분이 퇴적되어 계상이 높아지게 된다. • 침적지대 등으로도 불린다.

TOPIC · 18 사방댐

① 사방댐의 특징

- 사방댐(砂防댐)은 황폐계류의 종횡침식으로 인한 유송물질을 억제하고, 산사태 등의 붕괴를 방지하고자 계류를 횡단하여 설치하는 댐 공작물이다.
- 구축재료에 따라 돌댐, 전석댐, 콘크리트댐, 철근콘크리트댐, 흙댐, 돌망태댐, 강제댐 등이 있으며, 2000년 대부터는 환경친화적인 전석댐, 흙댐, 목재댐 등이 많이 시공되고 있다.
- 설계 순서 : 예정지의 측량 및 위치 결정 → 댐의 방향과 높이 결정 → 댐의 형식과 종류 결정 → 방수로 및 기타 부분 설계 → 콘크리트배합 설계 → 댐 단면 및 물빼기 구멍 설계 → 물받침 부위의 보호공법 설계 → 가배수로 및 물막이공법 설계 → 부대시설 설계 → 설계서 작성

② 사방댐의 시공 목적(주요 기능)

- 계상물매를 완화하여 유속을 감소시킨다.
- 종횡침식을 방지한다.
- 산각을 고정하여 사면 붕괴를 방지한다.
- 계상에 퇴적된 불안정한 토석류의 이동을 저지한다.
- 하류지역의 피해를 방지한다.
- 각종 용수로서 댐 내의 물을 이용한다.

③ 사방댐의 시공 적지

- 계상 및 양안에 암반이 있는 곳
- 상류부의 계폭은 넓고, 댐자리가 좁은 곳
- 지류가 합류하는 지점에서는 합류점의 하류부
- 상류의 계상기울기가 완만한 곳
- 붕괴지의 하부 또는 다량의 계상 퇴적물이 존재하는 지역의 직하류부
- 계단상 댐으로 설치할 때는 첫 번째 댐의 추정퇴사선과 구 계상이 만나는 지점에 상류댐 설치

④ 사방댐의 설계 요인

- 방향 : 상류의 유심선(흐름 방향)에 직각 방향으로 댐의 방향을 설정하며, 부득이하게 계류의 곡선부에 설치할 경우 유심선의 접선에 직각 방향(90°)이 되도록 계획한다.
- 높이
  - 댐의 높이는 제저(堤底)로부터 방수로까지를 말하며, 메쌓기 돌댐의 높이는 4m 이내로 한다.
  - 사방댐의 높이 결정 기준 : 시공 목적, 지반상황, 계획물매, 시공지점의 상태 등
- 계획물매 : 설정하고자 하는 계획물매는 현재 계상물매의 1/2~2/3 정도가 표준으로 가장 실용적이다.

- 대수면/반수면
  - 반수면의 기울기는 6m 이상인 댐은 1 : 0.2, 6m 미만인 댐은 1 : 0.3으로 비교적 급하게 적용한다.
  - 일반적으로는 반수면의 물매는 완만한 것이 경제적이나, 사방댐의 경우 월류하여 낙하하는 석력 및 유목 등에 의하여 반수면이 마모되거나 손상될 위험이 있기 때문에 물매를 비교적 급하게 설정하여 피해가 없도록 한다.
  - 앞댐의 설치 목적 : 본댐 하류의 계상 보호, 본댐의 견고한 고정 및 지지, 댐 하류의 세굴 경감 등

[대수면과 반수면의 구분]

구분	내용
대수면(對水面)	댐의 상류 사면(물이 머무르는 면)
반수면(反水面)	댐의 하류 사면(물이 낙하하는 면)

- 방수로(放水路) : 상류의 물을 방출하는 출구인 방수로는 역사다리꼴의 형상을 가장 많이 이용하고 있으며, 방수로 양옆의 기울기는 1 : 1, 즉 45°를 표준으로 적용한다.
- 댐어깨/댐마루 : 댐어깨(댐둑어깨)는 댐의 좌우측에 계안과 접하여 댐을 지지해주는 부분이며, 댐마루는 댐 양쪽 어깨의 윗부분이다.
- 물빼기 구멍 : 수압 감소 및 배수 등을 목적으로 물빼기 구멍을 설치하는데, 댐의 규모에 따라서 크기나 개소는 달라질 수 있다.

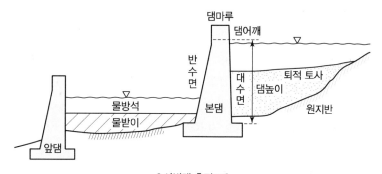

┃ **사방댐 측면도** ┃

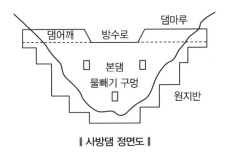

▋ 사방댐 정면도 ▋

참고 📖

물빼기 구멍 설치 목적

- 댐의 시공 중에 배수를 하며, 유수를 통과시킨다.
- 시공 후 대수면에 가해지는 수압을 감소시킨다.
- 퇴사 후의 침투수압을 경감시킨다.
- 사력층에 시공할 경우 기초 하부의 잠류 속도를 감소시킨다.
  * 잠류 : 댐 밑으로 스며들어 흐르는 물

물빼기 구멍 설치 위치 및 방법

- 하류 댐의 물빼기 구멍은 상류 댐의 기초보다 낮은 위치에 설치한다.
- 여러 개를 설치할 때에는 하단의 물빼기 구멍은 댐 높이의 1/3이 되는 곳에 설치하고, 상단의 물빼기 구멍은 몇 개를 수평으로 배치한다.
- 큰 규모의 사방댐에 설치하는 최상단의 물빼기 구멍은 토석류가 충돌할 때 파괴되기 쉬우므로 방수로 어깨로 부터 1.5m 이하에 설치한다.

- 물받이/물방석
  - 물받이(물받침)는 방수로에서 떨어지는 유수의 낙차에 의한 반수면 하단의 세굴을 방지하기 위해 설치하는 시설로 앞댐, 막돌놓기 공사와 함께 시행한다.
  - 물받이의 파괴를 막고자 본댐과 앞댐 사이에 물을 채워 물방석(워터쿠션)을 만든다.
  - 물받이의 길이(본댐과 앞댐 사이의 간격) 계산
    물받이의 길이는 일반적으로 댐높이(H)와 월류수심(t) 합의 1.5~2.0배로 하는 것이 좋다.

$$L \geq (H+t) \times (1.5 \sim 2.0)$$

여기서, L : 물받이 길이, H : 본댐높이, t : 월류수심(일류수심)
　　　$H+t$가 6m 이상인 높은 댐 : 1.5배 적용
　　　$H+t$가 6m 미만인 낮은 댐 : 2배 적용
　　* 월류수심(일류수심) : 방수로를 월류하여 흐르는 물의 깊이

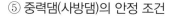
⑤ 중력댐(사방댐)의 안정 조건

- 전도(轉倒)에 대한 안정 : 합력작용선이 제저 중앙의 1/3 이내를 통과해야 전도하지 않는다.

  * 합력 : 댐의 자중 및 수압 등이 모여 이루는 힘

- 활동(滑動)에 대한 안정 : 수평분력의 총합과 수직분력의 총합의 비가 제저와 기초지반 사이의 마찰계수보다 작으면 활동되지 않는다.

- 제체(堤體)의 파괴에 대한 안정 : 제체에서 발생하는 최대인장응력은 허용인장강도를 초과하지 않아야 하며, 제저에서 발생하는 최대압축응력은 지반의 허용압축강도보다 작아야 한다.

- 기초지반의 지지력에 대한 안정 : 제저에 발생되는 최대압력강도는 지반의 지지력 강도를 초과해서는 안 된다

⑥ 사방댐의 총수압

- 총수압$(\text{ton/m}^2) = \dfrac{1}{2} \times$물의 단위중량$(\text{t/m}^3) \times [$보높이$(\text{m})]^2$ * 단위계산 : $\dfrac{\text{ton}}{\text{m}^3} \times \text{m} = \dfrac{\text{ton}}{\text{m}^2}$

- 총수압$(\text{kg/m}^2) = \dfrac{1}{2} \times$물의 단위중량$(\text{kg/m}^3) \times [$보높이$(\text{m})]^2$

▣ Exercise

보의 높이가 3m, 물의 단위중량이 1.1t/m³일 때, 이 사방댐이 받는 총수압을 계산하시오.

풀이 총수압 $= \dfrac{1}{2} \times$물의 단위중량$(\text{t/m}^3) \times [$보높이$(\text{m})]^2 = \dfrac{1}{2} \times 1.1 \times 3^2 = 4.95 \text{t/m}^2$

TOPIC · 19 골막이(구곡막이)

① 골막이의 특징

- 골막이는 구곡막이라고도 하며, 토사생산구역에서 유속을 완화하여 구곡의 침식을 방지하고자 계류를 횡단하여 설치하는 일종의 소형 사방댐이다.

- 사방댐과 외견상 모양이 유사하나 규모가 작고, 토사퇴적 기능이 없는 계간사방 횡공작물로 침식으로 인해 계상이 저하될 위험이 있는 곳에 계획한다.

- 구축재료에 따라 돌골막이, 흙골막이, 콘크리트골막이, 돌망태골막이, 통나무골막이 등이 있다.

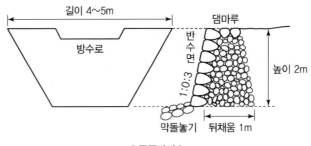

‖ 돌골막이 ‖

② 골막이의 시공 목적

- 유송토사를 억제하고 퇴적을 촉진하여 계상기울기를 완화한다.
- 계상기울기를 수정하여 유속을 완화한다.
- 산각을 고정하고, 양안의 산복붕괴를 방지한다.
- 종횡침식을 방지하여 토사유출을 막는다.

③ 사방댐과 골막이의 비교

- 사방댐은 규모가 크며, 골막이는 규모가 작다.
- 사방댐은 주로 계류의 하류부에 축설하지만, 골막이는 주로 상류부에 축설한다.
- 사방댐은 대수면과 반수면을 모두 축설하지만, 골막이는 반수면만을 축설하고 대수측은 채우기 한다.
- 사방댐은 물받이를 축설하지만, 골막이는 원칙적으로 물받이를 축설하지 않으며, 막돌을 놓아 유수의 힘을 분산시킨다.
- 사방댐은 계상 및 양안의 견고한 지반까지 깊게 파내고 시공하지만, 골막이는 견고한 지반까지는 파내지 않고 시공한다.

[사방댐과 골막이의 비교]

구분	사방댐	골막이
규모	크다.	작다.
시공위치	계류의 하류부	계류의 상류부
대수면/반수면	대수면, 반수면 모두 축설	반수면만 축설
물받이	물받이 설치	막돌놓기 시공
계상 · 양안의 지반공사	견고한 지반까지 깊게 파내고 시공	견고한 지반까지는 파내지 않고 시공

TOPIC·20 바닥막이

① 바닥막이의 특징

‖ 바닥막이 ‖

- 바닥막이는 황폐계천의 하상 침식 및 세굴 방지, 계상기울기 안정 등 계류의 종횡단 형상을 유지하기 위해 계류를 횡단하여 설치하는 계간사방 공작물이다.
- 사방댐, 골막이와 함께 계류를 가로질러 설치하는 횡(橫)방향의 구조물이다.
- 높이는 사방댐이나 골막이보다 일반적으로 낮고 3m 이하로 시공하며, 3m 이상이 되면 바닥막이가 아닌 사방댐으로 분류한다.
- 구축재료에 따라 콘크리트바닥막이, 돌바닥막이, 돌망태바닥막이, 통나무바닥막이 등이 있다.

② 바닥막이의 시공 적지

- 계상이 낮아질 위험이 있는 곳
- 지류가 합류되는 지점의 하류
- 종횡침식이 발생하는 지역의 하류
- 계상 굴곡부의 하류

TOPIC·21 기슭막이

① 기슭막이는 황폐계천에서 유수로 인한 계안의 횡침식을 방지하고, 산각의 안정을 도모하기 위하여 계류의 흐름 방향을 따라 축설하는 종(縱)공작물이다.

② 직접적으로 계상의 종침식을 방지하는 사방댐, 골막이, 바닥막이와는 다르게 기슭막이는 횡침식을 방지하는 것이 주목적인 공작물이다.

③ 구축재료에 따라 돌기슭막이, 콘크리트기슭막이, 돌망태기슭막이, 바자기슭막이, 타이어기슭막이 등이 있다.

‖ 돌기슭막이 ‖

‖ 콘크리트기슭막이 ‖

TOPIC · 22 수제

① 수제의 특징

- 수제(水制)는 계류의 유속과 흐름 방향을 조절할 수 있도록 둑이나 계안으로부터 유심(流心)을 향해 돌출하여 설치하는 공작물이다.
- 계류의 유심 방향을 변경시켜 계안의 침식과 붕괴를 방지하기 위해 설치한다.
- 구축재료에 따라 돌수제, 콘크리트수제, 돌망태수제, 통나무수제 등 이 있다.
- 일반적으로 계상의 너비가 넓고, 계상물매가 완만한 계류에 적용한다.
- 수제의 길이는 소수의 길고 큰 수제보다 다수의 짧은 수제가 효과적이다.

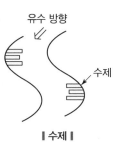

┃ 수제 ┃

② 수제의 종류

- 수제의 돌출 방향에 따른 구분
  - 상향수제 : 상류를 향해 돌출한 수제로, 수제 사이의 사력퇴적이 직각수제나 하향수제보다 많고 두부(수제 앞쪽)의 세굴이 가장 강하다.
  - 직각수제 : 유수의 흐름 방향에 직각으로 돌출한 수제로, 수제 사이의 중앙에 사력이 퇴적 되고, 두부의 세굴작용이 비교적 약하다.
  - 하향수제 : 하류를 향해 돌출한 수제로, 수제 사이의 사력퇴적이 직각수제보다 적고 두부의 세굴작용도 가장 약하나, 기부에 세굴작용이 일어나기 쉽다.
- 유수의 월류 여부에 따른 구분 : 월류수제, 불월류수제
- 유수의 투과 여부에 따른 구분 : 투과수제, 불투과수제

TOPIC · 23 산지사방 일반

① 산지사방의 정의

- 산지사방(山地砂防)이란 표토침식, 붕괴, 산사태 등에 의한 산지의 황폐화를 예방하거나 복구·복원하여 재해를 방지하고자 산지에 시행하는 공사를 말한다.
- 산지사방은 크게 산복공사와 계간공사로 구분할 수 있으며, 산지에서의 계간공사는 다소 하류에 시공하는 야계사방공사와는 구별된다.

② 산지사방의 주요 목적

표토 침식 방지, 붕괴 확대 방지, 산사태 위험 방지

③ 황폐지의 진행 순서

척악임지 → 임간나지 → 초기황폐지 → 황폐이행지 → 민둥산 → 특수황폐지

[산지사방공사의 종류]

종류	내용
기초공사	비탈다듬기(뭉기기), 단끊기, 땅속흙막이(묻히기), 산비탈흙막이(산복흙막이), 누구막이, 산비탈배수로(산복수로, 산비탈수로내기), 속도랑(배수구)
녹화공사	바자얽기(편책공, 목책공), 선떼붙이기, 조공, 줄떼시공(줄떼다지기, 줄떼붙이기, 줄떼심기), 평떼시공(평떼붙이기, 평떼심기), 단쌓기(떼단쌓기), 비탈덮기(거적덮기), 등고선구공법(수평구공법), 새심기, 씨뿌리기(파종공법), 종비토뿜어붙이기, 나무심기(식재공법)

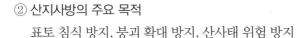

TOPIC·24 비탈다듬기(뭉기기, 뭉개기)

① 비탈다듬기의 특징

- 비탈다듬기는 불규칙하게 요철이 심하거나 불안정한 토석층이 있는 비탈면을 안정되고 일정한 경사도를 유지하도록 정리하여 다듬는 공사를 말한다.
- 일정 안정기울기보다 솟은 땅은 깎고, 패인 땅은 메워 비탈면을 평탄하게 만드는 작업으로 '뭉개기'라고도 한다.
- 시공 적지 : 기복이 심한 산비탈면, 절성토 비탈면, 암반절개 비탈면 등

② 비탈다듬기의 시공 요령

- 수정기울기는 대체로 최대 35° 전후로 한다.
- 공사는 산꼭대기부터 시작하여 산아래로 진행한다.
- 붕괴면 주변의 상부는 충분히 끊어내도록 한다.
- 퇴적층의 두께가 3m 이상일 때에는 속도랑과 땅속흙막이 공작물을 설계한다.
- 속도랑와 땅속흙막이 공사는 비탈다듬기 공사 전에 시공하는 것이 효과적이다.
- 비탈다듬기로 발생한 뜬흙을 계곡부에 쌓을 때는 땅속흙막이를 설계한다.

  * 뜬흙(부토, 浮土) : 비탈다듬기나 절토 등의 공사로 발생한 교란된 여분의 흙

TOPIC · 25 단끊기

① 단끊기의 특징
- 단끊기는 비탈다듬기를 실시한 후에 수평으로 단을 끊고, 식생을 파종하거나 식재하여 사면을 안정 · 녹화시키는 기초공사이다.
- 비탈다듬기 공사로 사면을 정리한 뒤, 비탈면에 계단상으로 너비가 일정한 소단을 만드는 공사이다.
- 주로 경사가 급한 비탈면에서 식생을 조기에 도입하기 위한 곳에 실시한다.

② 단끊기의 시공 요령
- 공사는 비탈의 상부로부터 하부로 시공한다.
- 단은 수평(등고선 방향)으로 끊는다.
- 단의 폭(너비)은 0.5~0.7m로 하며, 비탈 경사가 급할 때에는 단폭을 좁게 하여 계단 간의 경사를 완화한다.

③ 단끊기 계단 연장
일정 면적의 사면에 단을 끊을 때 계단의 총연장길이(m)를 말하는 것으로 계산식은 아래와 같다.

- 평면적법

$$
계단연장길이 = \frac{대상지\ 평면적(\mathrm{m}^2) \times \tan\theta}{단끊기\ 높이}
$$

　　여기서, θ : 사면경사도

- 사면적법

$$
계단연장길이 = \frac{대상지\ 사면적(\mathrm{m}^2) \times \sin\theta}{단끊기\ 높이}
$$

　　여기서, θ : 사면경사도

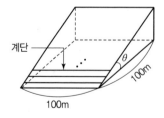

┃ 단끊기 계단 연장 모식도 ┃

Exercise

사면의 경사가 45°인 곳에 높이 2m로 단끊기를 하여 계단을 설치하고자 한다. 수평면 1ha의 면적에 대한 계단의 연장길이를 평면적법으로 구하시오.

풀이 $\quad$ 계단연장길이 $= \dfrac{\text{대상지 평면적}(\text{m}^2) \times \tan\theta}{\text{단끊기 높이}} = \dfrac{10,000 \times \tan45}{2} = 5,000\text{m}$

Exercise

경사가 25°인 사면에 높이 1.5m마다 단끊기를 할 때, 면적 1,800m², 사면적 1,987m²에 대한 계단의 연장길이를 평면적법과 사면적법으로 각각 계산하시오.

풀이 • 평면적법

$\quad$ 계단연장길이 $= \dfrac{\text{대상지 평면적}(\text{m}^2) \times \tan\theta}{\text{단끊기 높이}} = \dfrac{1,800 \times \tan25}{1.5} = 559.56 \cdots \therefore$ 약 560m

• 사면적법

$\quad$ 계단연장길이 $= \dfrac{\text{대상지 사면적}(\text{m}^2) \times \sin\theta}{\text{단끊기 높이}} = \dfrac{1,987 \times \sin25}{1.5} = 559.82 \cdots \therefore$ 약 560m

TOPIC·26 땅속흙막이(묻히기)

① 땅속흙막이의 특징
- 땅속흙막이는 비탈다듬기와 단끊기 공사로 발생한 뜬흙을 산지의 계곡부와 같은 오목한 곳에 투입하여 토사의 활동을 방지하고 유치·고정하기 위한 공작물이다.
- 비탈다듬기로 생긴 토사의 활동 방지를 위해 땅속에 묻히는 공작물로 '묻히기'라고도 한다.
- 비탈다듬기 공사 전에 땅속흙막이를 먼저 시공해 두는 것이 효과적이다.
- 구축재료에 따라 돌, 흙, 콘크리트, 바자, 돌망태 흙막이 등이 있다.

② 땅속흙막이의 시공 요령
- 바닥파기를 충분히 하고, 구조물 높이의 2/3 이상이 묻히도록 한다.
- 방향은 상류를 향하여 중심선에 직각 방향으로 설치한다.

TOPIC·27 산비탈흙막이(산복흙막이)와 누구막이

① 산비탈흙막이의 특징
- 산비탈흙막이는 비탈면의 기울기 완화와 지표 유하수의 분산 등을 유도하여 산지비탈에서 토사가 무너져 내리는 것을 막는 비탈면 안정 공종이다.
- 사면이 불안정한 곳이나, 비탈다듬기 공사로 생긴 토사를 유치·고정할 때 매토 부분에도 흙막이를 설치하여 비탈면의 안정을 도모한다.
- 구축재료에 따라 돌, 콘크리트, 돌망태, 통나무쌓기 흙막이 등이 있다.

② 산비탈흙막이의 시공 요령
- 흙막이 하부에 땅밀림 발생 방지를 위하여 본바닥에 기초를 설치하고 흙막이를 시공한다.
- 불투수성의 흙막이는 배수를 위하여 물빼기 구멍을 반드시 설치한다.

③ 누구막이의 특징
- 누구막이는 산복의 경사를 완화하여 산복에서 발생하는 누구(淚溝, 작은 도랑)로 인한 침식을 방지하고 붕괴를 막기 위해 물길을 횡단하여 설치하는 공작물이다.
- 산복수로 계획 시 함께 작업하는 횡공작물로, 수로의 기울기를 완화시키고자 하는 곳에 시공한다.

▌ 누구막이 ▐

TOPIC·28 산비탈배수로(산복수로, 산비탈수로내기)

① 산비탈배수로의 특징
- 산복수로는 강우로 인해 유수가 집중되는 곳(凹부)에 비탈사면의 침식을 방지하고 유수를 모아 배수하기 위하여 설치하는 공작물이다.
- 구축재료에 따라 돌붙임수로(돌수로), 콘크리트수로, 떼붙임수로(떼수로), 막논돌수로, 파식수로 등이 있다.

② 돌붙임수로(돌수로)
- 시공 적지 : 집수구역이 넓고, 경사가 급하며, 유량이 많은 산비탈
- 찰붙임돌수로 : 뒷붙임에 콘크리트를 채워 축설, 메붙임수로 시공 시 위험한 경우에 적합, 집수량이 많아 침식 위험이 높은 산비탈에 설치

- 메붙임돌수로 : 뒷붙임에 콘크리트를 사용하지 않고, 막깬돌, 호박돌 등을 땅속에 붙여(박아) 축설, 상수(常水)가 없고, 유량이 적으며, 기울기가 비교적 급한 산복에 적용

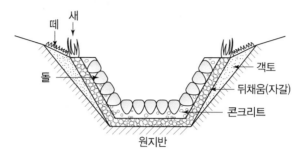

‖ **찰붙임돌수로** ‖

③ **콘크리트수로**
- 시공 적지 : 찰붙임돌수로에 비해 유속이 빠르고, 유량이 많은 지역
- 주로 단면이 역사다리꼴 형상인 수로를 적용하며, 현장에서 콘크리트를 쳐서 시공한다.

④ **떼붙임수로(떼수로)**
- 시공 적지 : 집수구역이 좁고, 경사가 완만하고, 유량이 적으며, 토사 유송이 적거나 없는 곳, 상수(常水)가 없는 곳
- 반원형의 형상으로 땅을 파고 떼를 심어 조성하는 것으로 산복수로 공사 중 가장 많이 적용하고 있다.

⑤ **막논돌수로**
- 시공 적지 : 집수구역이 작고, 경사가 완만한 곳
- 현장에 산재해 있는 납작한 잡석을 사용하여 시공한다.

⑥ **파식(播植)수로**
요(凹)지에 수목을 식재하고, 생장이 빠른 잡초류를 혼파하여 장마가 오기 전에 수로를 완전히 녹화 조성하는 간이수로공사이다.

TOPIC · **29** 바자얽기

① 바자얽기란 비탈면의 침식으로 인한 토사유출 방지와 붕괴 방지 및 식생 조성을 위하여 비탈면
   이나 계단 위에 바자를 설치하고, 그 뒤쪽에 흙을 채워 식생을 도입하는 녹화 공종이다.

② 편책공(編柵工, 바자얽기)
   비탈면에 나무 말뚝을 일정 간격으로 박고, 여기에 초두목(梢頭木)이나 가지를 엮어서 울타리를
   조성하는 공법으로, 일반적으로 바자얽기라고 하면 이 편책공을 일컫는다.

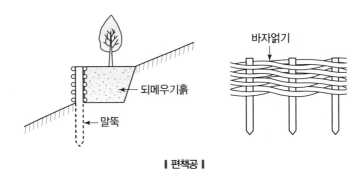

┃ 편책공 ┃

③ 목책공(木柵工, 통나무울짱얽기)
   통나무를 주재료로 이용하여 울타리를 조성하고, 뒤편으로는 흙을 메운 후 묘목을 심어 안정녹
   화하는 공법으로 '통나무울짱얽기'라고도 한다.

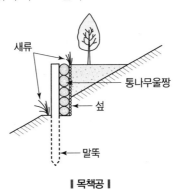

┃ 목책공 ┃

TOPIC·30 선떼붙이기

① 선떼붙이기의 특징
- 선떼붙이기는 산복비탈면에 등고선 방향으로 단을 끊고, 계단 앞면에 떼를 붙인 후 그 뒤쪽으로 흙을 채우고 묘목을 심어 녹화하는 공법이다.
- 지표수를 분산시켜 침식을 방지하고, 수토보전을 도모하기 위한 공법이다.
- 시공 적지 : 경사가 비교적 급하고, 지질이 단단한 지역

② 선떼붙이기의 시공 요령
- 산의 상부로에서 하부로 내려오면서 직고 1~2m마다 등고선 방향으로 단을 끊는다.
- 계단폭(소단폭, 단끊기폭)은 50~70cm, 발디딤은 10~20cm, 마루너비(천단폭)는 40cm를 기본으로 하며, 선떼의 기울기는 1 : 0.2~0.3 정도로 한다.
- 공법은 수평계단 길이 1m당 떼의 사용 매수에 따라 고급인 1급에서 저급인 9급까지 구분하는데, 1등급 증가할 때마다 떼의 사용 매수는 1.25매씩 감소한다.
- 1급 선떼붙이기에 가까울수록 고급이며, 경사가 급할수록 고급인 낮은 급수를 적용한다.

[급수별 1m당 떼 사용 매수]

1급	2급	3급	4급	5급	6급	7급	8급	9급
12.5매	11.25매	10매	8.75매	7.5매	6.25매	5매	3.75매	2.5매

③ 4급 선떼붙이기
4급 이상의 고급 선떼붙이기는 갓떼(머리떼), 선떼, 받침떼, 바닥떼 등을 시공한다.

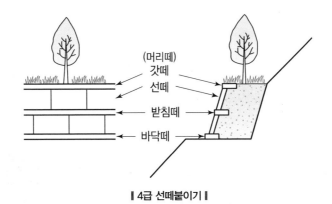

┃4급 선떼붙이기┃

TOPIC·31 해안사방 일반

① 해안사방의 특징
- 해안사방(海岸砂防)이란 해안 사구의 이동 및 모래의 비산으로 인한 가옥이나 농경지 등의 피해를 예방하기 위해 시행하는 공사를 말한다.
- 해안사구는 모래가 바람에 의해 바다에서 육지 쪽으로 이동하여 형성된 모래언덕이다.

② 모래언덕의 발달 순서
- 치올린 모래언덕
  - 바다에서 밀려오는 파도로 인해 해안선에 퇴적된 얕은 모래 둑
  - 모래언덕의 시초
- 설상사구(舌狀砂丘)
  - 치올린 모래언덕이 바람에 의해 내륙으로 이동할 때 장애물을 만나 그 뒤편으로 퇴적되어 형성된 혀 모양의 모래언덕
  - 바람의 힘이 약화된 곳에 형성
- 반월사구(半月砂丘) : 설상사구에서 바람이 모래를 수평 방향으로 이동시켜 양쪽으로 뾰족하게 퍼지며 형성된 초승달 또는 반달 모양의 모래언덕

[해안사방공사의 종류]

구분	내용
사구조성공법	퇴사울세우기, 구정바자얽기, 모래담쌓기, 모래덮기, 사초심기, 파도막이
사지조림공법	정사울세우기, 사지식수공법

TOPIC·32 사구조성공법

① 퇴사울세우기

퇴사울세우기는 해풍에 의해 날리는 모래(비사)를 억류·고정하고 퇴적시켜서 인공 모래언덕(사구)을 조성할 목적으로 퇴사(堆砂)울타리를 시공하는 공법이다.

‖ 지그재그형 퇴사울타리 ‖

② 구정(丘頂)바자얽기

퇴사울타리로 조성된 모래언덕이 바람에 의해 파괴되거나 이동하는 것을 막기 위해 쌓인 모래 앞에 발처럼 바자를 얽어매어 설치하는 낮은 울타리 공작물이다.

③ 모래담쌓기

퇴사울만으로 균등한 퇴사가 기대되지 않거나 사구의 조성이 긴급히 필요한 경우 인공으로 모래 담을 쌓는 공법이다.

④ 모래덮기

- 모래덮기는 퇴사울 등으로 조성된 사구가 파괴되는 것을 방지하기 위해 종자를 파종하고 거적, 짚, 섶 등으로 덮어주는 공법이다.
- 종류 : 소나무섶모래덮기, 갈대모래덮기, 짚모래덮기 등

⑤ 사초심기

사초심기는 조성된 모래언덕에 사구식물(사초, 沙草)을 심어 모래가 날리는 것을 방지하는 공법 이다.

⑥ 파도막이

파도막이는 고정된 사구가 파도에 파괴되지 않도록 사구 앞에 파도를 막아주는 공작물을 설치하 는 공법이다.

TOPIC·33 사지조림공법

① 정사울세우기

- 정사울세우기는 전사구(앞모래언덕) 육지 쪽의 후방모 래를 고정하여 표면을 안정시키고 식재목이 잘 생육할 수 있는 환경조성을 위해 정사(靜砂)울타리를 시공하는 공법이다.
- 앞모래언덕의 뒤쪽으로 풍속을 약화시켜 모래의 이동 을 막고, 식재목의 생육환경을 조성하기 위한 사지조림 공법이다.

▎정사울타리 ▎

② 사지식수공법

- 모래언덕에 울타리를 치고 수목을 식재하는 공법으로 해안사구조림이라고도 한다.
- 해안 식재 수종으로는 곰솔(해송)이 가장 대표적이며, 그 외에 사시나무, 아까시나무, 보리수나무, 순비기나무, 싸리 등이 있다.

참고 📖

해안사방 조림용 수종의 구비 조건

- 양분과 수분에 대한 요구가 적을 것
- 왕성한 낙엽·낙지 등으로 지력을 향상시킬 수 있을 것
- 급격한 온도 변화에도 잘 견딜 것
- 울폐력이 좋을 것
- 바람, 건조, 염분, 비사에 대한 저항력이 클 것
- 맹아력이 좋을 것

작업형 이론 및 문제

작업형 이론 및 문제 …

1. 실기 작업형 일반

① 시험의 구성
- 기사 : 복장, 질의응답, 하층식생, 임목조사 및 경영계획
- 산업기사 : 복장, 질의응답, 하층식생, 임목조사 및 미래목 선정

② 시험의 내용
- 복장 : 작업복, 작업화, 작업조끼, 챙모자 등 착용
- 질의응답 : 흉고직경 및 수고 측정 등과 관련된 여러 사항 질문
- 하층식생 : 5가지의 식생을 감별하여 명칭 기재
- 임목조사 및 경영계획 : 표준지 매목조사 후 각종 야장 및 경영계획 작성
- 임목조사 및 미래목 선정 : 표준지 매목조사 후 각종 야장 작성 및 도태간벌 시의 미래목 선정

③ 임목조사 및 경영계획의 구성
- 기사 : 매목조사 야장, 수고조사 야장, 재적조서, 산림조사 야장, 산림경영계획서, 경영계획도
- 산업기사 : 매목조사 야장, 수고조사 야장, 재적조서

④ 지참 준비물
신분증, 수험표, 휴대용 계산기, 자, 흑색 필기구, 색연필 등(큐넷 참고)

⑤ 시험의 흐름
- 각각의 해당 시험장에 오전, 오후 시간대로 나뉘어 집결한다.
- 본인 확인 및 시험에 있어서의 각종 유의사항을 전달받는다.
- 번호를 랜덤으로 뽑아 표준지를 배정받고 표준지로 이동한다.
- 표준지 측량에 필요한 줄자, 윤척, 측고계, 경사계, 방위계 등의 각종 기기를 배부받고, 시험 내용 및 측량 시 유의사항 등을 전달받는다.
- 시험이 시작되어 본인의 해당 표준지 각 수목의 흉고직경과 수고를 측정한다.
- 감독관이 표준지를 돌며 여러 사항을 질문한다.
- 표준지의 임목조사가 끝나고 천막으로 돌아와 각자의 책상에서 조사 결과를 기입하고, 임목조사 야장 및 경영계획서 · 경영계획도를 작성한다(또는 다시 교실로 돌아와 작성하기도 함).

- 한 명씩 한 켠에 마련된 하층식생 5가지를 보고와 하층식생 목록표에 기입한다.
- 기입 완료 후 기사는 임목조사 야장 및 경영계획서 · 경영계획도와 하층식생 목록표를 모두 제출하고 시험이 종료된다.
- 산업기사는 또 다른 임지에서 미래목을 선정하고 기재하여 임목조사 야장 및 하층식생 목록표와 함께 모두 제출한다.

┃ 시험장 풍경 ┃

2. 표준지 내 임목의 조사

(1) 임목조사 일반

① 흉고직경의 측정

- 지상으로부터 1.2m 높이의 직경을 2cm 단위로 괄약하여 측정한다.
  - → 괄약이란 직경의 수치를 2cm 단위로 묶어서 짝수인 자연수로 축약하여 나타내는 것으로, 측정직경이 아래 사진과 같이 21.6cm라면 괄약직경은 22cm이다. 괄약직경 22의 범위는 21 이상 23 미만이다.
- 경사지에서는 위쪽 경사면에 바르게 서서 측정한다. 이때 윤척이 수간축에 직각이 되며, 고정각, 유동각, 눈금자의 3면이 수평하여야 한다.
- 수간이 기울어진 경우 기운 상태 그대로인 수간축의 1.2m 높이에서 측정한다.
- 수간이 흉고 이하에서 분지된 나무는 각각의 나무로 보아 흉고 부위에 있는 나무를 모두 측정한다.
- 흉고 부위에 결함이 있을 때는 상하 최단거리 부위의 직경을 측정하고 이를 평균한다.

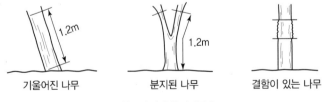

┃ 흉고직경의 측정방법 ┃

┃ 흉고직경 측정 ┃

② 수고의 측정
- 측정하고자 하는 나무의 초두부(나무 위 끝)와 근원부가 잘 보이는 지점을 선정한다.
- 측정위치가 멀거나 가까우면 오차가 생기므로 나무 높이 정도 떨어진 곳에서 측정한다.
- 경사지에서는 가급적 등고위치에서 측정한다.
- 경사지에서는 오차를 줄이기 위해 여러 방향에서 측정하여 평균한다.
- 경사지에서는 뿌리보다 높은 곳의 실질적 근원부에서 측정한다.
- 등고 방향으로 이동이 불가능할 때는 경사거리와 경사각을 측정·환산하여 이용한다.
- 평탄한 곳이라도 2회 이상 측정하여 평균한다.

(2) 수고 측정방법

수고는 일반적으로 측고계(수고계)로 측정하나, 경사계로도 측정이 가능하여 측정방법을
각각 살펴보기로 한다.

① 순토측고계(SUUNTO Heightmeter) 이용방법
순토측고계는 휴대와 측정이 간편하여 수고 측정 시 가장 많이 사용하는 기구로 사용법
은 아래와 같다.

┃ 순토측고계 ┃

- 측정하려는 수목과 수평거리 20m 또는 15m 떨어진 지점에서 바른 자세로 똑바로 선다.
- 기기의 고리와 줄을 오른손으로 단단히 쥐고, 오른쪽 눈에 시준공을 가까이 댄다.

┃ 순토측고계 사용 모습 ┃

- 시준공을 통해 내다보면 수목과의 수평거리가 20m, 15m일 때의 수치와 경사(%) 수치로 구성되어 있는 눈금줄자와 가로 조준선이 보인다.

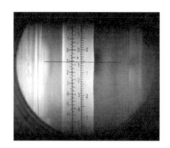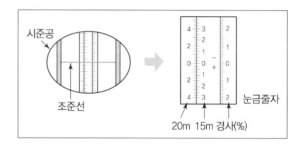

┃ 순토측고계 눈금 읽는 방법 ┃

- 그대로 두 눈을 뜬 채로 고개만 움직여 수목의 초두부와 근원부를 시준하여 조준선과 눈금이 일치하는 지점의 수치를 읽는다.
- 수목의 초두부를 시준하여 얻은 수치는 측정자의 눈높이로부터 위쪽의 수고로 +값을 나타내며, 근원부를 시준하여 얻은 수치는 측정자의 눈높이로부터 아래쪽의 수고로 − 값을 나타낸다.
- 해당 시준거리의 초두부와 근원부 눈금 수치를 읽은 뒤 두 수치를 감산하거나, 절대치를 합산하여 수고를 결정한다.

> 수고＝상단부 수치 − 하단부 수치

　여기서, 상단부＝초두부, 하단부＝근원부

예시

수평으로 15m 이동한 곳에서 수목을 시준하여 눈금줄자의 가운데 수치를 읽었더니 상단부 수치가
+11.2, 하단부 수치가 −1.6이라면, 수고는 11.2−(−1.6)=12.8m이다.

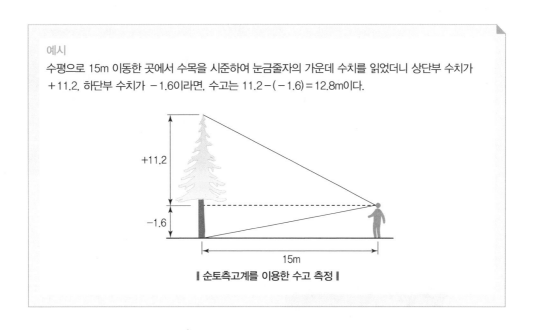

‖ 순토측고계를 이용한 수고 측정 ‖

② 순토경사계(SUUNTO Clinometer) 이용방법

순토경사계는 주로 경사각의 측정에 사용하지만, 경사(%)를 이용하여 수고의 측정이 가
능하며, 사용법은 아래와 같다.

‖ 순토경사계 ‖

- 측정하려는 수목과 일정거리 떨어진 지점에서 바른 자세로 똑바로 선다.
- 순토측고계 잡는 법과 동일하게 기기의 고리와 줄을 오른손으로 단단히 쥐고, 오른쪽
  눈에 시준공을 가까이 댄다.

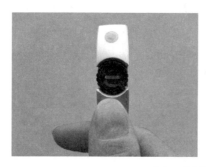

▌순토경사계 사용 모습 ▌

- 시준공을 통해 내다보면 경사 °와 경사 %의 수치로 구성되어 있는 눈금줄자 및 가로 조준선이 보인다.

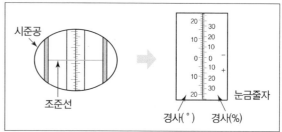

▌순토경사계 눈금 읽는 방법 ▌

- 그대로 두 눈을 뜬 채로 고개만 움직여 수목의 초두부와 근원부를 시준하여 조준선과 눈금이 일치하는 경사 % 지점의 수치를 읽는다.
- 초두부와 근원부 경사 %의 두 수치를 감산하거나, 절대치를 합산하고, 측정위치 거리비를 곱하여 수고를 계산한다.

$$수고 = (상단부 \% 수치 - 하단부 \% 수치) \times 측정위치 거리비$$

여기서, 상단부 = 초두부, 하단부 = 근원부

예시

수평으로 20m 이동한 곳에서 수목을 시준하여 눈금줄자의 오른쪽 수치를 읽었더니 상단부 수치가 +72, 하단부 수치가 −9라면, 수고는 $\{72-(-9)\} \times \dfrac{20}{100} = 16.2m$ 이다.

→ 초두부와 근원부의 절대치의 합은 81%이다. %는 수평거리 100m에 대한 수직거리의 비율이므로 두 절대치의 합이 81이라는 것은 수평거리 100m를 떨어졌을 때 수고가 81m라는 뜻이 된다. 여기서는 100m가 아닌 20m를 떨어졌으므로 81에 20/100＝0.2를 곱해야 한다.

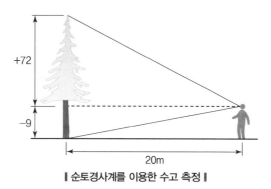

‖ 순토경사계를 이용한 수고 측정 ‖

③ 순토 방위경사계(SUUNTO Compass & Clinometer) 이용방법

순토 방위경사계는 방위와 경사를 함께 측정할 수 있는 기기로 일반 수고계나 경사계와는 모양이 달라 잡기 편리한 구조로 되어 있다.

‖ 순토 방위경사계 ‖

• 경사계 부분을 위쪽으로 하여 방위계 부분을 세워 잡고, 순토경사계 이용방법과 동일하게 측정하여 수고를 계산한다.

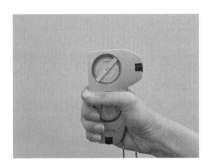 

┃ 순토 방위경사계 사용 모습 ┃

- 방위는 방위계와 방위경사계를 통하여 측정이 가능하며, 측정은 표준지의 경사면을 등
  지고, 방위계를 수평이 되게 손바닥 위에 놓은 뒤 빨간색 눈금이 가리키는 곳을 읽어 8
  방위로 나타낸다.
  → 방위를 측정하였더니 아래와 같이 가리키고 있다면 방위는 북서이다.

┃ 방위 측정방법 ┃

3. 산림기사 산림경영계획

산림기사 산림경영계획의 실제

실제 예시 문제를 통해 산림경영계획을 세워보자.

1. 요구사항

가. 본 임지는 ○○시 ○○읍 ○○리 산 167번지 임야 김공단 소유의 4.0ha로서 이를 합리적으로 경영하고자 한다. 주어진 야장으로 구획된 표준지에 대한 산림조사를 실시하고, 이를 바탕으로 경영계획서를 작성하시오.

　　(단, 해당 임야는 목재생산림으로 수확을 위한 간벌은 1회 이상 실시하며, 간벌량은 수험자가 제시한 수준으로 경영할 예정임)

1) 1임반 1소반은 2.5ha 임분(편백 조림지로 1 – 1 묘목을 식재한 지 1년 경과)이고, 1임반 2소반의 1.5ha 임분(소나무 단순림 조림지로 임령은 20년)입니다.

　　(단, 산림조사 대상 표준지는 1임반 2소반의 것으로 크기는 20m × 10m, 조사본수는 15본으로 실시함)

2) 산림조사 1시간, 수종구별 10분, 그 외 야장 정리 작업 등은 1시간 20분 이내 진행하여 답안지를 작성 후 제출해야 합니다.

　　(제출사항 : ① 표준지 매목조사야장, ② 표준지 수고조사야장, ③ 표준지 재적조서, ④ 산림조사야장, ⑤ 산림경영계획서, ⑥ 경영계획도, ⑦ 수종구별)

3) 표준지 수고조사야장에서 적용수고는 소수점 1째 자리에서 반올림하여 정수로 기재하고, 적용수고를 제외한 수고는 소수점 2째 자리에서 반올림하여 소수점 1째 자리로 기재하되 정수가 나오는 경우에도 소수점 1째 자리까지 기재하시오.

　　(단, 조사한 직경급이 없는 경우 야장 기입 생략이 가능함)

4) 재적계산 시 단재적은 수간재적표를 활용하며, 표준지 내 재적을 구한 후 이를 기준으로 해당 임분에 대한 축적을 산출하시오.

　　[단, 재적은 소수점 4째 자리까지, 합계재적은 소수점 3째 자리까지, 재계재적 및 축적은 소수점 2째 자리까지 기재(기준 소수점 미만은 모두 절사)]

5) 산림조사 야장의 모든 항목(임황, 지황 등)을 기재하시오.

　　(단, 시험일 기준 현지 여건상 측정이 불가능한 경우 감독위원이 제시한 값에 따름)

6) 감독위원이 제시한 수목의 명칭(보통명 또는 학명)을 답안지에 기재하시오.

7) 산림경영계획을 작성함에 가장 적합하다고 생각되는 시설계획을 작성하시오.

　　(단, 경영계획도 작성 시 범례에 필요한 사항은 수험자가 임의로 지정함)

8) 경영계획 개시는 2026년 1월 1일(감독위원이 제시)부터입니다.

2. 수험자 유의사항

※ 다음 유의사항을 고려하여 요구사항을 완성하시오.

※ 항목별 배점은 현지 채점 25점(입목조사 15점, 수종구별 10점) / 중앙 채점(수종구별 제외, 답안지 작성사항) 15점입니다.

가. 수험자 인적사항 및 답안 작성은 반드시 검은색 필기구만 사용하여야 하며 그 외 연필류, 유색 필기구, 지워지는 펜 등을 사용한 답안은 채점하지 않으며 0점 처리됩니다.
   (단, 경영계획도 작성은 예외로 함)

나. 답안 정정 시에는 정정하고자 하는 단어에 두 줄(=)을 긋고 다시 작성하거나 수정테이프(수정액 제외)를 사용하여 정정하시기 바랍니다.

다. 수험자는 타인과의 불필요한 대화를 금지하며 문의 사항은 감독위원에게만 질의해야 합니다.

라. 작업 과정별로 제한시간을 초과하는 경우 수행한 작업만 채점에 포함됩니다.

마. 사용기구는 정밀기구이므로 사용할 때 특히 주의하고 안전관리에 최대한 유의하십시오.

바. 산림조사 작성에 필요한 야장 기입은 요구사항에 의하여 작성해야 하며, 요구사항에서 주어지지 않은 사항은 관계규정에 따라 작성합니다.

사. 필기구와 자를 제외한 수험자가 개인적으로 가져온 종이, 도구, 기구, 장비는 일체 사용 불가하며, 종이가 필요한 경우 문제지 여백을 활용합니다.

아. 계산 및 소수점 자리 기록에 주의해야 합니다.

자. 산림작업을 시행하는 데 안전상 위험이 없도록 적합한 복장을 갖추어야 합니다.

차. 국가기술자격 실기시험 지급재료는 재지급하거나, 시험 종료 후 수험자(기권, 결시자 포함)에게 지급하지 않습니다.

카. 도면(작품, 답란 등)에는 문제와 관련 없는 불필요한 낙서나 특이한 기록사항 등을 기재하여서는 안 되며, 답안지의 인적사항 기재란 외의 부분에 답안과 관련 없는 특수한 표시를 하거나 특정인임을 암시하는 경우 답안지 전체를 0점 처리합니다.

타. 다음 사항은 실격에 해당하여 채점 대상에서 제외됩니다.
   • 수험자 본인 의사에 의하여 시험 중간에 포기한 경우
   • 요구사항의 한 개 과제라도 수행하지 않은 경우

임목조사 결과 기입방법

표준지의 각 수목에는 조사본수에 해당하는 번호들이 표시되어 있으므로, 해당 번호의 흉고직경과 수고를 측정하여 나누어준 백지에 적어 나온다. 이때, 아래와 같이 표를 만들어 표시하면 기입과 계산에 보다 효율적이다.

번호	흉고직경(cm)	수고(m)
1	20	16.5 + 1.6 = 18.1
2	16	15.8 + 1.6 = 17.4
3	14	15.0 + 1.6 = 16.6
4	16	16.1 + 1.6 = 17.7
5	12	12.5 + 1.6 = 14.1
6	12	10.1 + 1.6 = 11.7
7	10	10.4 + 1.6 = 12.0
8	14	14.7 + 1.6 = 16.3
9	18	17.1 + 1.6 = 18.7
10	22	18.5 + 1.6 = 20.1
11	20	17.6 + 1.6 = 19.2
12	10	9.5 + 1.6 = 11.1
13	16	14.9 + 1.6 = 16.5
14	20	17.4 + 1.6 = 19.0
15	20	18.1 + 1.6 = 19.7

[비고]
위는 순토측고계를 이용하여 수평으로 20m 떨어진 지점에서 초두부와 근원부의 수치를 기재하고 절대치를 합산하여 표준지 내 15본의 수고를 계산한 결과이다.

표준지 매목조사야장

경영계획구 : 김공단 사유림경영계획구　　　　　　**조사일자** : 2020○.○.○.

임　반 : 1-0　　　　**소　반** : 2-0　　　　　**조사자 성명** : ○○○　　(인)

임　상 : 침엽수림

수종	흉고직경	본수	계	수종	흉고직경	본수	계
소나무	10	丅	2				
	12	丅	2				
	14	丅	2				
	16	下	3				
	18	一	1				
	20	正	4				
	22	一	1				
합계			15				

매목조사야장 기입방법

- **경영계획구** : 임야 소유주의 이름과 함께 사유림경영계획구 또는 일반경영계획구를 붙여서 기재한다.
- **임소반** : 표준지가 속해 있는 해당 임반과 소반의 번호를 기재한다.
- **임상** : 표준지의 임상을 기재한다.
    → 표준지의 수목은 소나무이므로, 침엽수림에 해당한다.
- **조사일자** : 시험 당일의 연월일을 기재한다.
- **조사자 성명** : 본인의 이름을 기재한다.
- **수종** : 표준지 조사 수목의 수종명을 기재한다.
    → 표준지는 2소반의 소나무 조림지에 속해 있으므로 소나무로 기재한다.
- **흉고직경** : 조사한 괄약 흉고직경을 작은 것부터 순서대로 기재한다.
- **본수** : 조사 수목의 해당 괄약직경에 바를 정(正)자로 본수를 표시한다.
- **계** : 각 괄약직경의 본수를 자연수로 기재한다.
- **합계** : 표준지 조사 수목의 총 본수를 자연수로 기재한다.

참고 📑

실제 시험에서는 경영계획구, 임소반, 임상, 조사일자, 조사자 성명은 기재 여부가 달라지기도 하며, 아예 기재란이 생략되는 경우도 있으므로 참고한다.

표준지 수고조사야장

경영계획구 : 김공단 사유림경영계획구   **조사일자** : 202○.○.○.

임　반 : 1-0　　　　**소　반** : 2-0   **조사자 성명** : ○○○　　(인)

수　종 : 소나무

흉고 직경	조사목별 수고(m)									합계	평균	3점 평균	적용 수고
	조사수고												
	1	2	3	4	5	6	7	8	9				
10	12.0	11.1								23.1	11.6	11.6	12
12	14.1	11.7								25.8	12.9	13.7	14
14	16.6	16.3								32.9	16.5	15.5	16
16	17.4	17.7	16.5							51.6	17.2	17.5	18
18	18.7									18.7	18.7	18.3	18
20	18.1	19.2	19.0	19.7						76.0	19.0	19.3	19
22	20.1									20.1	20.1	20.1	20

수고조사야장 기입방법

- 경영계획구, 임소반, 수종, 조사일자, 조사자 성명은 매목조사 야장과 동일하게 기입한다.
- **흉고직경** : 조사한 괄약 흉고직경을 작은 것부터 순서대로 기재한다.
- **조사수고** : 조사한 수고를 각 직경급별로 소수점 1째 자리까지 기재한다.
- **합계** : 해당 직경급의 조사수고를 합산하여 소수점 1째 자리까지 기재한다.
- **평균** : 해당 직경급의 수고 합계를 본수로 나누어 소수점 1째 자리까지 기재한다. 여기서, 적용수고를 제외한 수고는 소수점 2째 자리에서 반올림하여 소수점 1째 자리로 기재하되, 정수가 나오는 경우에도 소수점 1째 자리까지 기재하라고 제시하였으므로 평균 또한 그에 맞게 적용한다.

> 평균 = 수고 합계 ÷ 해당 본수

  → 직경 10에서의 평균 : 수고 합계는 12.0 + 11.1 = 23.1이고, 본수는 2본이므로 평균은 23.1 ÷ 2 = 11.55로 반올림하여 11.6이 된다.

- **3점 평균** : 직경별로 연속하는 평균 3개를 다시 평균한 것으로 평균 3개의 합계를 3으로 나누어 산출한다. 처음 직경급과 마지막 직경급의 3점 평균은 평균을 그대로 적용한다. 직경급이 없는 경우에도 없는 직경급의 위아래 3점 평균은 평균을 그대로 적용한다.

> 3점 평균 = 평균 3개의 합계 ÷ 3

  → 직경 12에서의 3점 평균 : 직경 10, 12, 14의 평균의 합계는 11.6 + 12.9 + 16.5 = 41이므로 3점 평균은 41 ÷ 3 = 13.66…이 되는데, 반올림하여 소수점 1째 자리까지 기재이므로 13.7이 된다.

  → 직경 10과 22에서의 3점 평균 : 평균을 그대로 적용하여 각각 11.6, 20.1이 된다.

  → 만약 직경 18에 해당하는 수목이 없다면 직경 16의 평균 17.2, 20에서의 평균 19.0이 각각의 3점 평균이 된다.

- **적용수고** : 문제에서 제시한 대로 3점 평균을 반올림하여 정수로 기입한다.

참고 📖

실제 시험에서는 경영계획구, 임소반, 수종, 조사일자, 조사자 성명은 기재 여부가 달라지기도 하며, 아예 기재란이 생략되는 경우도 있으므로 참고한다.

표준지 재적조서

경영계획구 : 김공단 사유림경영계획구

개　소 : ○○시 ○○읍 ○○리 산167번지

임소반 : 1 - 0 - 2 - 0 　　면　적 : 1.5ha

표준지 면적 : 0.02ha　　표준지 개소수 : 1

수　종 : 소나무

조사일자 : 202○.○.○.

조사자 성명 : ○○○　（인）

표준지					축적	
경급(cm)	수고(m)	단재적(m³)	본수(본)	재적(m³)	ha당 축적(m³)	총축적(m³)
10	12	0.0488	2	0.0976		
12	14	0.0790	2	0.1580		
14	16	0.1191	2	0.2382		
16	18	0.1706	3	0.5118		
18	18	0.2111	1	0.2111		
20	19	0.2698	4	1.0792		
22	20	0.3377	1	0.3377		
합계			15	2.633		
재계			15	2.63	131.50	197.25

재적조서 기입방법

- 경영계획구, 수종, 조사일자, 조사자 성명은 야장과 동일하게 기입한다.
- 개소 : 임지의 주소를 기재한다.
- 임소반 : 표준지가 속해 있는 해당 임소반의 번호를 이어서 기재한다.
- 면적 : 표준지가 속해 있는 소반의 면적을 ha로 기재한다.
- 표준지 면적 : 문제에 제시된 표준지의 크기를 ha로 기재한다.
  - → 대상 표준지의 크기는 20m × 10m = 200m²이므로 0.02ha이다.
- 표준지 개소수 : 조사 표준지의 수로 한 개소이므로 1로 표시한다.
- 경급 : 조사한 괄약 흉고직경을 작은 것부터 순서대로 기재한다.
- 수고 : 수고조사 야장에서 계산한 적용수고를 기재한다.
- 단재적 : 지역과 수종에 맞는 수간재적표를 이용하여 해당 경급과 수고의 수치가 만나는 곳의 단재적을 찾아 기재한다.
- 본수 : 해당 경급의 본수를 각각 기재하며, 합계와 재계에도 총 조사본수를 기재한다.

[강원도지방 소나무의 수간재적표]

경급(cm) 수고(m)	6	8	10	12	14	16	18	20	22	24
5	0.0081	0.0135	0.0202	0.0280	0.0370	0.0471	0.0584	0.0707	0.0841	0.0987
6	0.0097	0.0163	0.0243	0.0337	0.0445	0.0567	0.0702	0.0850	0.1011	0.1185
7	0.0114	0.0190	0.0284	0.0394	0.0520	0.0662	0.0819	0.0992	0.1180	0.1384
8	0.0130	0.0218	0.0325	0.0450	0.0595	0.0757	0.0937	0.1135	0.1350	0.1582
9	0.0146	0.0245	0.0365	0.0507	0.0669	0.0852	0.1055	0.1277	0.1519	0.1781
10	0.0163	0.0272	0.0406	0.0564	0.0744	0.0947	0.1172	0.1419	0.1688	0.1979
11	0.0179	0.0300	0.0447	0.0620	0.0819	0.1042	0.1290	0.1562	0.1857	0.2177
12	0.0195	0.0327	0.0488	0.0677	0.0893	0.1137	0.1407	0.1704	0.2026	0.2375
13	0.0212	0.0354	0.0528	0.0733	0.0968	0.1232	0.1525	0.1846	0.2195	0.2573
14	0.0228	0.0381	0.0569	0.0790	0.1042	0.1327	0.1642	0.1988	0.2364	0.2771
15	0.0244	0.0409	0.0610	0.0846	0.1117	0.1421	0.1759	0.2130	0.2533	0.2969
16	0.0261	0.0436	0.0650	0.0903	0.1191	0.1516	0.1877	0.2272	0.2702	0.3167
17	0.0277	0.0463	0.0691	0.0959	0.1266	0.1611	0.1994	0.2414	0.2871	0.3364
18	0.0293	0.0490	0.0732	0.1015	0.1340	0.1706	0.2111	0.2556	0.3040	0.3562
19	0.0310	0.0518	0.0772	0.1072	0.1415	0.1801	0.2228	0.2698	0.3208	0.3760
20	0.0326	0.0545	0.0813	0.1128	0.1489	0.1895	0.2346	0.2840	0.3377	0.3958

- 재적 : 단재적에 해당 본수를 곱해 소수점 4째 자리까지 기재한다. 여기서, 재적은 소수점 4째 자리까지, 합계재적은 소수점 3째 자리까지, 재계재적 및 축적은 소수점 2째 자리까지 기재하며, 기준 소수점 미만은 모두 절사라고 제시하였으므로 그에 맞게 적용한다.

  * 절사 : 잘라 버림

재적＝단재적×해당 본수

  → 경급 10, 수고 12에서의 재적 : 단재적이 0.0488이며, 본수는 2본이므로 재적은 0.0488×2 ＝0.0976이 된다.

- 합계재적 : 각 재적을 모두 합산하여 소수점 3째 자리까지 기재하고 그 미만은 절사한다.

  → 재적의 총합이 2.6336이므로 절사하여 3째 자리까지 기재하면 2.633이 된다.

- 재계재적 : 합계재적을 소수점 2째 자리까지 기재하고 그 미만은 절사한다.

  → 합계재적이 2.633이므로 절사하여 2째 자리까지 기재하면 2.63이 된다.

- ha당 축적 : 표준지의 재계재적을 통해 ha당 축적을 계산하며, 소수점 2째 자리까지 기재하고 그 미만은 절사한다.

  → 표준지 면적이 0.02ha일 때 재계재적이 2.63이면, 1ha일 때는 0.02 : 2.63＝1 : x이므로 131.5이며, 소수점 2째 자리까지 기입이므로 131.50이 된다.

- 총축적 : 해당 소반의 전체 축적을 말하는 것으로 ha당 축적에 소반의 면적을 곱해 계산하며, 소수점 2째 자리까지 기재하고 그 미만은 절사한다.

총축적＝ha당 축적×해당 소반 면적

  → ha당 축적이 131.50이며, 해당 소반의 면적은 1.5ha이므로 총축적은 131.5×1.5＝197.25가 된다.

참고 📖

실제 시험에서는 경영계획구, 개소, 임소반, 면적, 표준지 면적, 표준지 개소수, 수종, 조사일자, 조사자 성명은 기재 여부가 달라지기도 하며, 아예 기재란이 생략되는 경우도 있으므로 참고한다.

산림조사야장

경영계획구 : 김공단 사유림경영계획구
산림소재지 : ○○시 ○○읍 ○○리 산167번지
임소반 : 1 - 0 - 2 - 0

조사일자 : 202○.○.○.
조사자(산림기술자) :
성명 : ○○○　(인)

지황					임황			
면적	입목지	1.5ha			임종	인	임상	침
	무입목지	미입목지	-		수종	소나무	혼효율	100%
		제지	-		임령	20	수고	$\frac{17}{12-20}$
		소계	-		경급	$\frac{16}{10-22}$	영급	Ⅱ
	합계	1.5ha			소밀도	중	하층식생	-
지세	방위	남서	경사	경	축적	ha당	131.50m³	
토양형	토성	사양토	토심	중		총	197.25m³	
	건습도	약건	지리	1급지	기타			
참고사항	주위에 임도가 개설되어 있음				참고사항	간벌을 실시한 흔적이 있음		

산림조사야장 기입방법

- 경영계획구, 산림소재지, 임소반, 조사일자, 조사자 성명은 야장과 동일하게 기입한다.
- 입목지/합계 : 표준지가 속해 있는 소반의 면적을 ha로 기재한다.
- 방위 : 동, 서, 남, 북, 남동, 남서, 북동, 북서의 8방위로 구분하여 기재한다.
  - → 조사지의 주요 사면을 등지고, 방위계를 수평이 되게 하여 빨간색 눈금이 S와 W 사이를 가리키고 있다면 방위는 남서이다.
- 경사 : 표준지의 경사도에 따라 완, 경, 급, 험, 절로 구분하여 기재한다.

[경사도의 구분]

구분	약어	경사도
완경사지	완	15° 미만
경사지	경	15~20° 미만
급경사지	급	20~25° 미만
험준지	험	25~30° 미만
절험지	절	30° 이상

- → 표준지의 경사가 17°라면 '경'으로 표기한다.
- 토성 : 흙을 만져 보았을 때의 촉감에 따라 아래와 같이 구분하여 기재하는데, 보통은 주어지거나 기재하지 않도록 하는 경우가 더 많다.

[토성의 구분]

구분	특징
사토	흙을 비볐을 때, 거의 모래만 감지되는 토양(점토 함량 10% 이하)
사양토	모래가 대략 1/3~2/3인 토양(점토 함량 20% 이하)
양토	모래와 미사가 대략 1/3~1/2씩인 토양(점토 함량 27% 이하)
식양토	모래와 미사가 대략 1/5~1/2씩인 토양(점토 함량 27~40%)
식토	점토가 대부분인 토양(점토 함량 50% 이상)

- 토심 : 유효토심의 깊이에 따라 천, 중, 심으로 구분하여 기재하는데, 보통은 주어지거나 기재하지 않도록 하는 경우가 더 많다.

> 천(淺) : 30cm 미만 / 중(中) : 30~60cm 미만 / 심(深) : 60cm 이상

- 건습도 : 흙을 손으로 꽉 쥐었을 때 습기에 대한 감촉에 따라 아래와 같이 구분하여 기재하는데, 보통은 주어지거나 기재하지 않도록 하는 경우가 더 많다.

[건습도의 구분]

구분	감촉
건조	손으로 꽉 쥐었을 때, 수분에 대한 감촉이 거의 없음
약건	손으로 꽉 쥐었을 때, 손바닥에 습기가 약간 묻는 정도
적윤	손으로 꽉 쥐었을 때, 손바닥 전체에 습기가 묻고 물에 대한 감촉이 뚜렷함
약습	손으로 꽉 쥐었을 때, 손가락 사이에 약간의 물기가 비친 정도
습	손으로 꽉 쥐었을 때, 손가락 사이에 물방울이 맺히는 정도

• 지리 : 해당 소반의 중심에서 임도 또는 도로까지의 거리를 100m 단위로 하여 10급지로 구분하는데, 보통은 주어지거나 기재하지 않도록 하는 경우가 더 많다.

[지리의 구분]

구분	내용	구분	내용
1급지	100m 이하	6급지	501~600m 이하
2급지	101~200m 이하	7급지	601~700m 이하
3급지	201~300m 이하	8급지	701~800m 이하
4급지	301~400m 이하	9급지	801~900m 이하
5급지	401~500m 이하	10급지	901m 이상

→ 해당 소반에서 임도까지의 거리가 대략 100m 이내라면 1급지이다.

• 지황의 참고사항 : 임도시설, 국도 등의 지리적 여건을 간략히 기재한다.

• 임종 : 조사 임지가 인공림인지 천연림인지에 따라 인 또는 천으로 기재하는데, 문제에서는 '소나무 조림지'라고 제시하였으므로 '인'으로 기재한다.

인공림 : 인 / 천연림 : 천

• 임상 : 침엽수와 활엽수의 구성비율에 따라 침엽수림, 활엽수림, 침활혼효림으로 구분하여 각각 침, 활, 혼으로 기재하는데, 문제에서는 '소나무 단순림'이라고 제시하였으므로 '침'이다.

[임상의 구분]

구분	약어	기호	특징
침엽수림	침	♠	침엽수가 75% 이상인 임분
활엽수림	활	♀	활엽수가 75% 이상인 임분
혼효림	혼	♠♀	침엽수 또는 활엽수가 26~75% 미만인 임분

• 수종 : 표준지 조사 수목의 수종명을 기재한다.

- **혼효율** : 주요 수종의 비율을 백분율로 나타내는데, 문제에서의 '소나무 단순림'은 소나무로만 100% 이루어졌다는 의미로 혼효율은 100%이다.
- **임령** : 해당 소반의 최저에서 최고의 임령범위를 분모로 하고, 평균임령을 분자로 하여 나타내는데, 임령은 이미 문제에 제시되어 있으므로 그대로 기재한다.
- **수고** : 수고는 적용수고를 이용하며, 해당 소반의 최저에서 최고의 수고범위를 분모로 하고, 평균수고를 분자로 하여 기재한다. 평균수고는 각 적용수고에 해당 본수를 곱해 전체를 더한 뒤 총 본수로 나누어 구하며, 소수점 이하는 반올림하여 자연수로 나타낸다.

$$평균수고 = \frac{(각\ 적용수고 \times 해당\ 본수)의\ 총합}{총\ 본수}$$

→ 적용수고가 각각 12, 14, 16, 18, 18, 19, 20이며, 해당 본수는 2, 2, 2, 3, 1, 4, 1이므로

$$평균수고 = \frac{(12 \times 2)+(14 \times 2)+(16 \times 2)+(18 \times 3)+(18 \times 1)+(19 \times 4)+(20 \times 1)}{15} = 16.8$$

이고, 반올림하여 자연수로 나타내므로 평균수고는 17이 된다. 따라서 수고는 $\dfrac{17}{12-20}$ 이다.

- **경급** : 해당 소반의 최저에서 최고의 경급범위를 분모로 하고, 평균직경을 분자로 하여 기재한다. 평균직경은 각 직경급과 해당 본수를 곱해 전체를 더한 뒤 총 본수로 나누어 구하며, 괄약직경과 같이 짝수인 자연수로 나타낸다.

$$평균직경 = \frac{(각\ 직경급 \times 해당\ 본수)의\ 총합}{총\ 본수}$$

→ 직경급은 각각 10, 12, 14, 16, 18, 20, 22이며, 해당 본수는 2, 2, 2, 3, 1, 4, 1이므로

$$평균직경 = \frac{(10 \times 2)+(12 \times 2)+(14 \times 2)+(16 \times 3)+(18 \times 1)+(20 \times 4)+(22 \times 1)}{15} = 16이$$

되어 경급은 $\dfrac{16}{10-22}$ 이다. 만약, 평균직경이 17.3이라면 괄약직경과 같이 짝수인 자연수로 나타내어 18이 된다.

- **영급** : 임령을 10년 단위로 Ⅰ ~ Ⅹ 영급으로 구분하여 로마숫자로 기재한다. 문제에서는 평균임령이 20년생이므로 Ⅱ영급을 적용한다.

[영급의 구분]

구분	내용	구분	내용
Ⅰ영급	1~10년생	Ⅵ영급	51~60년생
Ⅱ영급	11~20년생	Ⅶ영급	61~70년생
Ⅲ영급	21~30년생	Ⅷ영급	71~80년생
Ⅳ영급	31~40년생	Ⅸ영급	81~90년생
Ⅴ영급	41~50년생	Ⅹ영급	91~100년생

- 소밀도 : 수관의 울폐된 정도를 소, 중, 밀로 구분하여 기재한다.

[소밀도의 구분]

구분	약어	특징
소(疎)	′	수관밀도가 40% 이하인 임분
중(中)	″	수관밀도가 41~70%인 임분
밀(密)	‴	수관밀도가 71% 이상인 임분

→ 수관밀도(울폐도)가 60%라면 소밀도는 '중'이다.

- 하층식생 : 조사지 주변에 보이는 하층식생을 몇 가지 기재하거나 아예 기재하지 않도록 처리한 경우가 많다.
- ha당 축적 : 재적조서에서 계산한 ha당 축적을 단위와 함께 기재한다.
- 총축적 : 재적조서에서 계산한 소반의 총축적을 단위와 함께 기재한다.
- 임황의 참고사항 : 간벌 등의 숲 가꾸기 사업 내용이나 임지의 상황 등을 간략하게 기재한다.

참고 📖

산림조사야장의 각 표기란은 시험장과 감독관의 사정, 여건 등에 따라 이미 기재되어 있거나, 아예 기재하지 않도록 처리한 경우가 많으므로 참고한다.

산림경영계획서

□ 경영계획 개요

경영계획구 명칭 및 면적	김공단 사유림경영계획구 4.0ha			경영계획 기간	2026.1.1.~2035.12.31.	
산림소유자	성명	김공단	생년월일		주소	전화 :
작성자	성명		자격증번호		주소	전화 :
인가사항	담당자			인가일자		년 월 일
변경인가	담당자			인가일자		년 월 일
	변경사항					
〈구비서류〉 경영계획도						

□ 산림현황

소유자	산림소재지	지번	임반	소반	면적(ha)	산지 구분	경사도
김공단	○○시 ○○읍 ○○리	산167	1-0	1-0	2.5	보전산지 (임업용 산지)	경
				2-0	1.5		
					4.0		

□ 임황조사

지번	임반	소반	수종	임령(년)	수고(m)	경급(cm)	총축적(m³)
산167	1-0	1-0	편백	3			
		2-0	소나무	20	$\dfrac{17}{12-20}$	$\dfrac{16}{10-22}$	197.25

□ 경영계획 및 실행실적

경영목표	소나무 우량 대경재의 지속적 생산 공급
중점사업	수확간벌 및 운재로 개설

	지번	임반	소반	계획					실행				
				연도별	수종별	면적(ha)	본수(본)	조림사유	연도별	수종별	면적(ha)	본수(본)	조림사유
조림													

	지번	임반	소반	계획				실행			
				연도별	종별	면적(ha)	비고	연도별	종별	면적(ha)	비고
숲가꾸기	산167	1-0	2-0	2026	잡목솎아내기	1.5	소나무				

	지번	임반	소반	계획						실행					
				연도별	사업종별	작업종별	수종	면적(ha)	재적(m³)	연도별	사업종별	작업종별	수종	면적(ha)	재적(m³)
임목생산	산167	1-0	2-0	2031	수확간벌	정량간벌	소나무	1.5	50						

	지번	임반	소반	계획				실행			
				연도별	종별	개소수	사업량(km)	연도별	종별	개소수	사업량(km)
시설	산167	1-0	2-0	2031	운재로	1	0.1				

	지번	임반	소반	계획				실행			
				연도별	품목	작업종	사업량	연도별	품목	작업종	사업량
소득사업											

경영계획 개요 기입방법

- **경영계획구 명칭 및 면적** : 임야 소유주 이름의 경영계획구와 총임반의 면적을 기재한다.
- **산림소유자 성명** : 소유주 이름을 기재한다.
- **경영계획기간** : 산림경영계획 기간은 경영계획 개시일로부터 10년이 원칙이므로 제시된 개시
  일로부터 10년의 기간을 기재한다.
  → 경영계획 개시가 2026년 1월 1일이므로, 연초에 주의하여 10년의 기간을 설정하면 2026년
  1월 1일~2035년 12월 31일이 된다.

산림현황 기입방법

- 소유자, 산림소재지, 지번은 문제에서 제시한 대로 기입한다.
- **임소반** : 해당 임반의 번호와 임반에 속해 있는 소반의 번호를 칸을 나누어 기재한다.
- **면적** : 해당 소반의 면적과 전체 임반의 면적을 기재한다.
- **산지 구분** : 우리나라의 산지는 크게 보전산지와 준보전산지로 나뉘며, 보전산지는 다시 임업
  용 산지와 공익용 산지로 나뉜다. 사유림을 임업용으로 경영하고자 계획하는 것이므로 보전산
  지(임업용 산지)에 해당한다.
- **경사도** : 산림조사 야장에서 조사한 경사도를 기재한다.

임황조사 기입방법

- 지번, 임반은 문제에서 제시한 대로 기입한다.
- **소반** : 임반에 속해 있는 소반의 번호를 칸을 나누어 기재한다.
- **수종** : 해당 소반의 수종을 기재한다. 문제에서 1소반은 '편백 조림지', 2소반은 '소나무 조림지'
  라고 제시하였으므로 각각의 수종을 기재한다.
- **임령** : 해당 소반의 임령을 기재한다. 문제에서 1소반은 '1-1묘목을 식재한 지 1년 경과'라고
  하였으므로 3년생 묘목이며, 2소반은 제시되어 있으므로 그대로 기재한다.
- **수고** : 해당 소반의 수고를 기재한다. 문제에서 1소반의 수고 정보는 주어지지 않았으므로 기
  재하지 않으며, 2소반은 산림조사 야장에서 계산한 수고를 기재한다.
- **경급** : 해당 소반의 경급을 기재한다. 문제에서 1소반의 경급 정보는 주어지지 않았으므로 기
  재하지 않으며, 2소반은 산림조사 야장에서 계산한 경급을 기재한다.
- **총축적** : 재적조서에서 계산한 2소반의 총축적을 기재한다. 1소반의 정보는 없으므로 기재하
  지 않는다.

경영계획 및 실행실적 기입방법

- **경영목표** : 산림경영의 전반적 목적을 아래와 같이 명확하고 간략하게 기재한다.
  - → 소나무 우량대경재의 지속적 생산 공급

    소나무 40년 벌기령의 대경재를 지속적으로 생산 공급

    소나무 우량대경재 생산을 위한 보속적 산림경영
- **중점사업** : 경영기간 동안 중점적으로 실행할 사업을 아래와 같이 간략하게 기재한다.
  - → 수확간벌 및 운재로 개설, 숲 가꾸기 및 간벌재 생산, 솎아베기
- **조림** : 조림의 계획 및 실행 실적을 기재하나, 문제에서는 평균임령이 20년생으로 별다른 조림 계획이 없으므로 기재하지 않는다.
- **숲 가꾸기** : 풀베기, 덩굴제거, 잡목솎아내기, 무육간벌 등의 숲 가꾸기 사업 계획을 기재하거나, 계획하지 않기도 한다.
  - → 사업이 시작되는 2026년에 임지를 정리·정돈하고자 무육차원에서 가볍게 잡목솎아내기를 실시하기로 한다.
- **임목생산** : 임목생산은 주벌과 간벌 등으로 가능하나, 아직 주벌수확기가 아니므로 간벌 계획을 기재한다. 또한 문제에서 수확을 위한 간벌은 1회 이상 실시하라고 제시하였으므로 간벌 계획을 그에 맞게 적용한다.
  - → 임지를 정리한 2026년으로부터 약 5년이 경과한 2031년에 수확을 위한 간벌을 실시하기로 한다. 간벌재적은 일반적으로 소반 총축적의 20~30% 정도로 적용하는데, 총축적 197.25m³에 25%를 적용하면 49.3125m³이므로 약 50m³로 계획한다.
- **시설** : 운재로, 작업로 등의 시설 계획을 기재한다. 운재로나 작업로와 같은 시설은 임목생산을 하는 그 해 또는 한 해 전에 설치하여 차질이 없도록 한다.
  - → 2031년에 간벌계획이 있으므로, 같은 해에 운재로를 먼저 설치하여 작업하기로 한다. 사업량은 간벌에 필요한 운재로의 연장으로, 축척이 1/5,000일 때 지도의 1cm는 실제의 0.05km로 만약 운재로 사업량이 0.1km라면 지도에서는 2cm로 나타내야 하므로 경영계획도를 그릴 때 참고한다.
- **소득사업** : 밤, 표고, 더덕, 수액, 조경수 등 부수적으로 소득이 될 만한 품목을 선택하여 작업종과 사업량을 기재하나, 아예 계획하지 않는 경우도 많다.

경영계획도

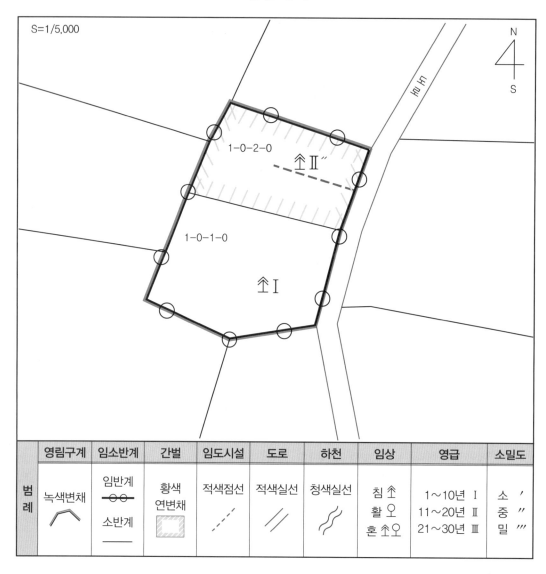

S=1/5,000

1-0-2-0

🌲Ⅱ″

1-0-1-0

🌲Ⅰ

범례	영림구계	임소반계	간벌	임도시설	도로	하천	임상	영급	소밀도
	녹색변채	임반계 ─○○─ 소반계 ───	황색 연변채	적색점선	적색실선	청색실선	침 🌲 활 ⚬ 혼 🌲⚬	1~10년 Ⅰ 11~20년 Ⅱ 21~30년 Ⅲ	소 ′ 중 ″ 밀 ‴

경영계획도 작성방법

- 경영계획도는 경영하고자 하는 임지의 상황과 계획을 지도에 표시하는 것으로 영림구계, 임소반계, 주벌, 간벌, 조림, 임도시설, 도로, 하천 등의 필요한 정보를 범례로 만들어 기입하고, 그 정보를 지도에 나타낸다.
- 지도에 축척, 방위, 임소반 번호는 대부분 표시되어 있으나, 표시가 없는 곳은 제시된 그림에서와 같이 나타내어 준다.
- 지도에 나타내고자 하는 정보를 제시된 그림과 같이 범례로 만들어 알맞은 내용과 색을 넣어 기입한다.
- 범례의 내용대로 지도에도 알맞은 색과 선으로 나타내며, 임상, 영급, 소밀도의 정보도 표시하여 준다.
  - → 1소반은 3년생 묘목의 편백 조림지이므로, 임상은 침엽수, 영급은 Ⅰ영급임을 알 수 있다. 2소반은 산림조사 야장에서 조사한 대로 기입한다.
- 경영계획 및 실행실적에서 계획한 운재로를 사업량에 맞게 지도에 빨간색 점선으로 나타내어 준다.
  - → 운재로 사업량이 0.1km이므로 축척 1/5,000 지도에서는 2cm로 나타내야 한다. 만약 사업량을 0.2km로 계획한다면 축척을 적용하여 4cm로 나타내야 한다.
- 도로와 하천은 지도에 나와 있으면 범례에 기입하고 지도에도 표시하지만, 나와 있지 않으면 범례에서 생략할 수 있다.

수목 및 하층식생 목록표

번호	하층식생명
1	산뽕나무
2	생강나무
3	낙엽송
4	국수나무
5	청미래덩굴

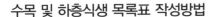

수목 및 하층식생 목록표 작성방법

• 하층식생에서는 5문제가 출제되고 있으며, 잎, 줄기, 꽃, 열매 등이 달린 모양을 보고 유추하여 각각의 번호에 명칭을 기재한다.

• 잎과 줄기를 중심으로 공부하도록 하며, 계절에 따라 꽃과 열매들이 붙어 나오기도 하므로 도감이나 인터넷 사진 등을 활용하여 많이 접해보도록 한다.

참고 📖

시험장별 기출 하층식생

• **강릉**

소나무, 리기다소나무, 해송(곰솔), 잣나무, 낙엽송, 노간주나무, 진달래, 철쭉, 산철쭉, 신갈나무, 떡갈나무, 굴참나무, 밤나무, 싸리, 조록싸리, 족제비싸리, 쪽동백나무, 때죽나무, 신나무, 느릅나무, 개옻나무, 붉나무, 산초나무, 오리나무, 물오리나무, 사방오리나무, 산벚나무, 생강나무, 청미래덩굴, 다래덩굴, 머루덩굴, 칡덩굴, 국수나무, 아까시나무, 산딸기, 당단풍나무, 초피나무, 찔레나무, 자작나무, 물푸레나무, 서어나무, 병꽃나무, 박달나무, 산뽕나무, 개암나무, 층층나무, 음나무, 누리장나무, 등나무, 고욤나무, 사위질빵 등

• **진안**

소나무, 리기다소나무, 주목, 낙엽송, 잣나무, 전나무, 편백, 화백, 독일가문비나무, 노간주나무, 상수리나무, 굴참나무, 떡갈나무, 신갈나무, 밤나무, 인동덩굴, 으름덩굴, 청가시덩굴, 청미래덩굴, 댕댕이덩굴, 칡덩굴, 조록싸리, 국수나무, 쥐똥나무, 비목나무, 개암나무, 찔레나무, 붉나무, 때죽나무, 생강나무, 철쭉, 산철쭉, 진달래, 신나무, 화살나무, 가막살나무, 독활나무, 산벚나무, 층층나무, 산초나무, 초피나무, 감태나무, 서어나무, 아까시나무, 물푸레나무, 산딸나무, 고로쇠나무, 산뽕나무, 음나무, 꽝꽝나무, 산수유, 참느릅나무, 이팝나무, 두릅나무, 사위질빵, 복분자딸기, 조팝나무 등

• **양산**

편백, 전나무, 삼나무, 노간주나무, 비자나무, 개암나무, 국수나무, 생강나무, 쥐똥나무, 굴피나무, 자귀나무, 상수리나무, 떡갈나무, 굴참나무, 갈참나무, 밤나무, 느티나무, 느릅나무, 단풍나무, 감태나무, 비목나무, 산벚나무, 산초나무, 가중(가죽)나무, 초피나무, 개옻나무, 붉나무, 두릅나무, 쪽동백나무, 산딸기, 가막살나무, 고로쇠나무, 물오리나무, 다래덩굴, 청미래덩굴, 칡덩굴, 으름덩굴, 서어나무, 물푸레나무, 쇠물푸레나무, 찔레나무, 병꽃나무, 싸리, 조록싸리, 때죽나무, 산뽕나무, 음나무, 덜꿩나무, 사위질빵, 아까시나무, 철쭉, 산철쭉, 진달래, 가래나무, 노린재나무, 신나무, 화살나무 등

• **청송**

소나무, 낙엽송, 잣나무, 노간주나무, 회양목, 상수리나무, 졸참나무, 굴참나무, 신갈나무, 밤나무, 생강나무, 붉나무, 신나무, 산초나무, 국수나무, 화살나무, 산뽕나무, 쥐똥나무, 물푸레나무, 산벚나무, 철쭉, 진달래, 매자나무, 병꽃나무, 아까시나무, 조팝나무, 싸리, 참싸리, 조록싸리, 개암나무, 개옻나무, 찔레나무, 칡덩굴, 청가시덩굴, 청미래덩굴, 다래덩굴, 인동덩굴, 산딸기, 사위질빵 등

표준지 매목조사야장

경영계획구 :   조사일자 :

임 반 :   소 반 :   조사자 성명 :   (인)

임 상 :

수종	흉고직경	본수	계	수종	흉고직경	본수	계
합계							

표준지 수고조사야장

경영계획구 :   조사일자 :

임 반 :   소 반 :   조사자 성명 :   (인)

수 종 :

흉고 직경	조사목별 수고(m)										합계	평균	3점 평균	적용 수고
	조사수고													
	1	2	3	4	5	6	7	8	9					

표준지 재적조서

경영계획구 :   조사일자 :

개 소 :   조사자 성명 :   (인)

임소반 :   면 적 :

표준지 면적 :   표준지 개소수 :

수 종 :

표준지					축적	
경급(cm)	수고(m)	단재적(m^3)	본수(본)	재적(m^3)	ha당 축적(m^3)	총축적(m^3)
합계						
재계						

산림조사야장

경영계획구 :   조사일자 :

산림소재지 :   조사자(산림기술자) :

임소반 :   성명 :   (인)

지황				임황			
면적	입목지			임종		임상	
	무입목지	미입목지	–	수종		혼효율	
		제지	–	임령		수고	
		소계	–	경급		영급	
	합계			소밀도		하층식생	–
지세	방위		경사	축적	ha당		
토양형	토성		토심		총		
	건습도		지리	기타			
참고사항				참고사항			

산림경영계획서

□ 경영계획 개요

경영계획구 명칭 및 면적					경영계획 기간		
산림소유자	성명		생년월일		주소	전화 :	
작성자	성명		자격증번호		주소	전화 :	
인가사항	담당자				인가일자	년 월 일	
변경인가	담당자				인가일자	년 월 일	
	변경사항						
〈구비서류〉 경영계획도							

□ 산림현황

소유자	산림소재지	지번	임반	소반	면적(ha)	산지 구분	경사도

□ 임황조사

지번	임반	소반	수종	임령	수고(m)	경급(cm)	총축적(m^3)

□ 경영계획 및 실행실적

경영목표	
중점사업	

조림	지번	임반	소반	계획					실행				
				연도별	수종별	면적 (ha)	본수 (본)	조림 사유	연도별	수종별	면적 (ha)	본수 (본)	조림 사유

숲 가 꾸 기	지번	임반	소반	계획				실행			
				연도별	종별	면적(ha)	비고	연도별	종별	면적(ha)	비고

임 목 생 산	지번	임반	소반	계획						실행					
				연도별	사업 종별	작업 종별	수종	면적 (ha)	재적 (m³)	연도별	사업 종별	작업 종별	수종	면적 (ha)	재적 (m³)

시 설	지번	임반	소반	계획				실행			
				연도별	종별	개소수	사업량(km)	연도별	종별	개소수	사업량(km)

소 득 사 업	지번	임반	소반	계획				실행			
				연도별	품목	작업종	사업량	연도별	품목	작업종	사업량

경영계획도

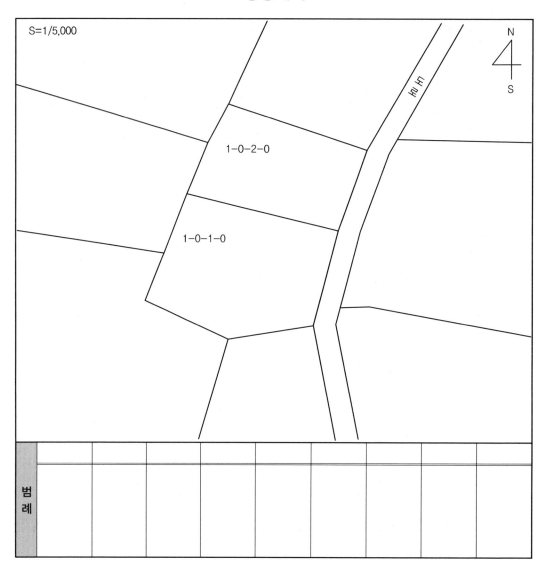

수목 및 하층식생 목록표

번호	하층식생명
1	
2	
3	
4	
5	

4. 산림산업기사 산림경영계획

> ### 산림산업기사 산림경영계획의 실제

실제 예시 문제를 통해 산림경영계획을 세워보자.

1. 요구사항

가. 본 임지는 ○○시 ○○읍 ○○리 산 167번지 임야 김공단 소유의 3.0ha로서 지급된 재료와 시설을 사용하여 구획된 표준지에 대하여 산림조사를 실시하여 아래 작업을 완성하시오.

1) 표준지는 20m×10m이며, 1임반 1소반 1.7ha 임분에 대한 것이고, 2소반은 1.3ha 활엽수 어린나무 숲입니다.

   (단, 산림조사 시 조사본수는 15본이고, 수종은 소나무, 임령 20년으로 간주함)

2) 산림조사 1시간, 수종구별 10분, 그 외 야장정리작업 등은 1시간 10분 이내에 진행하여 답안지를 작성 후 제출해야 합니다.

   (제출사항 : ① 표준지 매목조사야장, ② 표준지 수고조사야장, ③ 표준지 재적조서, ④ 미래목 선정, ⑤ 수종구별)

3) 표준지 수고조사야장에서 적용수고는 소수점 1째 자리에서 반올림하여 정수로 기재하고, 적용수고를 제외한 수고는 소수점 2째 자리에서 반올림하여 소수점 1째 자리로 기재하되 정수가 나오는 경우에도 소수점 1째 자리까지 기재하시오(단, 조사한 직경급이 없는 경우 야장 기입 생략이 가능함).

4) 재적계산 시 단재적은 수간재적표를 활용하며, 표준지 내 재적을 구한 후 이를 기준으로 해당 임분에 대한 축적을 산출하시오.

   [단, 재적은 소수점 4째 자리까지, 합계재적은 소수점 3째 자리까지, 재계재적 및 축적은 소수점 2째 자리까지 기재하시오(기준 소수점 미만은 모두 절사)].

5) 감독위원이 제시한 수목의 명칭(보통명 또는 학명)을 답안지에 기재하시오.

6) 해당 표준지에서 도태 간벌 시 미래목을 선정하시오.

   (단, 미래목 본수는 200본/ha을 기준으로 하고, 해당 표준지는 10본 존재하는 것으로 간주함).

2. 수험자 유의사항

※ 다음 유의사항을 고려하여 요구사항을 완성하시오.

※ 항목별 배점은 현지 채점 28점(입목조사 14점, 미래목 선발 4점, 수종구별 10점) / 중앙 채점(미래목 선발 및 수종구별 제외, 답안지 작성사항) 22점입니다.

가. 수험자 인적사항 및 답안 작성은 반드시 검은색 필기구만 사용하여야 하며 그 외 연필류, 유색 필기구, 지워지는 펜 등을 사용한 답안은 채점하지 않으며 0점 처리됩니다.

나. 답안 정정 시에는 정정하고자 하는 단어에 두 줄(=)을 긋고 다시 작성하거나 수정테이프(수정액 제외)를 사용하여 정정하시기 바랍니다.

다. 수험자는 타인과의 불필요한 대화를 금지하며 문의 사항은 감독위원에게만 질의해야 합니다.

라. 작업 과정별로 제한시간을 초과하는 경우 수행한 작업만 채점에 포함됩니다.

마. 사용기구는 정밀기구이므로 사용할 때 특히 주의하고 안전관리에 최대한 유의하십시오.

바. 산림조사 작성에 필요한 야장 기입은 요구사항에 의하여 작성해야 하며, 요구사항에서 주어지지 않은 사항은 관계규정에 따라 작성합니다.

사. 필기구와 자를 제외한 수험자가 개인적으로 가져온 종이, 도구, 기구, 장비는 일체 사용 불가하며, 종이가 필요한 경우 시험지 여백을 활용합니다.

아. 계산 및 소수점 자리 기록에 주의해야 합니다.

자. 산림작업을 시행하는 데 안전상 위험이 없도록 적합한 복장을 갖추어야 합니다.

차. 국가기술자격 실기시험 지급재료는 재지급하거나, 시험 종료 후 수험자(기권, 결시자 포함)에게 지급하지 않습니다.

카. 도면(작품, 답란 등)에는 문제와 관련 없는 불필요한 낙서나 특이한 기록사항 등을 기재하여서는 안 되며, 답안지의 인적사항 기재란 외의 부분에 답안과 관련 없는 특수한 표시를 하거나 특정인임을 암시하는 경우 답안지 전체를 0점 처리합니다.

타. 다음 사항은 실격에 해당하여 채점 대상에서 제외됩니다.
- 수험자 본인 의사에 의하여 시험 중간에 포기한 경우
- 요구사항의 한 개 과제라도 수행하지 않은 경우

임목조사 결과 기입방법

표준지의 각 수목에는 조사본수에 해당하는 번호들이 표시되어 있으므로, 해당 번호의 흉고직경과 수고를 측정하여 나누어준 백지에 적어 나온다. 이때, 아래와 같이 표를 만들어 표시하면 기입과 계산에 보다 효율적이다.

번호	흉고직경(cm)	수고(m)
1	20	16.5 + 1.6 = 18.1
2	16	15.8 + 1.6 = 17.4
3	14	15.0 + 1.6 = 16.6
4	16	16.1 + 1.6 = 17.7
5	12	12.5 + 1.6 = 14.1
6	12	10.1 + 1.6 = 11.7
7	10	10.4 + 1.6 = 12.0
8	14	14.7 + 1.6 = 16.3
9	18	17.1 + 1.6 = 18.7
10	22	18.5 + 1.6 = 20.1
11	20	17.6 + 1.6 = 19.2
12	10	9.5 + 1.6 = 11.1
13	16	14.9 + 1.6 = 16.5
14	20	17.4 + 1.6 = 19.0
15	20	18.1 + 1.6 = 19.7

[비고]
위는 순토측고계를 이용하여 수평으로 20m 떨어진 지점에서 초두부와 근원부의 수치를 기재하고 절대치를 합산하여 표준지 내 15본의 수고를 계산한 결과이다.

표준지 매목조사야장

경영계획구 : 김공단 사유림경영계획구   **조사일자** : 2020○.○.○.

임 반 : 1-0   **소 반** : 1-0   **조사자 성명** : ○○○   (인)

임 상 : 침엽수림

수종	흉고직경	본수	계	수종	흉고직경	본수	계
소나무	10	丅	2				
	12	丅	2				
	14	丅	2				
	16	下	3				
	18	—	1				
	20	正	4				
	22	—	1				
합계			15				

매목조사야장 기입방법

- 경영계획구 : 임야 소유주의 이름과 함께 사유림경영계획구 또는 일반경영계획구를 붙여서 기재한다.
- 임소반 : 표준지가 속해 있는 해당 임반과 소반의 번호를 기재한다.
- 임상 : 표준지의 임상을 기재한다.
    - → 표준지의 수목은 소나무이므로, 침엽수림에 해당한다.
- 조사일자 : 시험 당일의 연월일을 기재한다.
- 조사자 성명 : 본인의 이름을 기재한다.
- 수종 : 표준지 조사 수목의 수종명을 기재한다.
- 흉고직경 : 조사한 괄약 흉고직경을 작은 것부터 순서대로 기재한다.
- 본수 : 조사 수목의 해당 괄약직경에 바를 정(正)자로 본수를 표시한다.
- 계 : 각 괄약직경의 본수를 자연수로 기재한다.
- 합계 : 표준지 조사 수목의 총 본수를 자연수로 기재한다.

참고 📖

실제 시험에서는 경영계획구, 임소반, 임상, 조사일자, 조사자 성명은 기재 여부가 달라지기도 하며, 아예 기재란이 생략되는 경우도 있으므로 참고한다.

표준지 수고조사야장

경영계획구 : 김공단 사유림경영계획구   **조사일자** : 2020○.○.○.

임 반 : 1-0   **소 반** : 1-0   **조사자 성명** : ○○○ (인)

수 종 : 소나무

흉고 직경	조사목별 수고(m)											3점 평균	적용 수고
	조사수고									합계	평균		
	1	2	3	4	5	6	7	8	9				
10	12.0	11.1								23.1	11.6	11.6	12
12	14.1	11.7								25.8	12.9	13.7	14
14	16.6	16.3								32.9	16.5	15.5	16
16	17.4	17.7	16.5							51.6	17.2	17.5	18
18	18.7									18.7	18.7	18.3	18
20	18.1	19.2	19.0	19.7						76.0	19.0	19.3	19
22	20.1									20.1	20.1	20.1	20

수고조사야장 기입방법

• 경영계획구, 임소반, 수종, 조사일자, 조사자 성명은 매목조사 야장과 동일하게 기입한다.

• **흉고직경** : 조사한 괄약 흉고직경을 작은 것부터 순서대로 기재한다.

• **조사수고** : 조사한 수고를 각 직경급별로 소수점 1째 자리까지 기재한다.

• **합계** : 해당 직경급의 조사수고를 합산하여 소수점 1째 자리까지 기재한다.

• **평균** : 해당 직경급의 수고 합계를 본수로 나누어 소수점 1째 자리까지 기재한다. 여기서, 적용 수고를 제외한 수고는 소수점 2째 자리에서 반올림하여 소수점 1째 자리로 기재하되 정수가 나오는 경우에도 소수점 1째 자리까지 기재하라고 제시하였으므로 평균 또한 그에 맞게 적용한다.

평균＝수고 합계÷해당 본수

→ 직경 10에서의 평균 : 수고 합계는 12.0＋11.1＝23.1이고, 본수는 2본이므로 평균은 23.1÷2＝11.55로 반올림하여 11.6이 된다.

• **3점 평균** : 직경별로 연속하는 평균 3개를 다시 평균한 것으로 평균 3개의 합계를 3으로 나누어 산출한다. 처음 직경급과 마지막 직경급의 3점 평균은 평균을 그대로 적용한다. 직경급이 없는 경우에도 없는 직경급의 위아래 3점 평균은 평균을 그대로 적용한다.

3점 평균＝평균 3개의 합계÷3

→ 직경 12에서의 3점 평균 : 직경 10, 12, 14의 평균의 합계는 11.6＋12.9＋16.5＝41이므로 3점 평균은 41÷3＝13.66…이 되는데, 반올림하여 소수점 1째 자리까지 기재이므로 13.7이 된다.

→ 직경 10과 22에서의 3점 평균 : 평균을 그대로 적용하여 각각 11.6, 20.1이 된다.

→ 만약 직경 18에 해당하는 수목이 없다면 직경 16의 평균 17.2, 20에서의 평균 19.0이 각각의 3점 평균이 된다.

• **적용수고** : 문제에서 제시한 대로 3점 평균을 반올림하여 정수로 기입한다.

참고 📖

실제 시험에서는 경영계획구, 임소반, 수종, 조사일자, 조사자 성명은 기재 여부가 달라지기도 하며, 아예 기재란이 생략되는 경우도 있으므로 참고한다.

표준지 재적조서

경영계획구 : 김공단 사유림경영계획구 　　　**조사일자** : 202○.○.○.

개　소 : ○○시 ○○읍 ○○리 산167번지　　**조사자 성명** : ○○○　(인)

임소반 : 1－0－1－0　　**면　적** : 1.7ha

표준지 면적 : 0.02ha　　**표준지 개소수** : 1

수　종 : 소나무

표준지					축적	
경급(cm)	수고(m)	단재적(m³)	본수(본)	재적(m³)	ha당 축적(m³)	총축적(m³)
10	12	0.0488	2	0.0976		
12	14	0.0790	2	0.1580		
14	16	0.1191	2	0.2382		
16	18	0.1706	3	0.5118		
18	18	0.2111	1	0.2111		
20	19	0.2698	4	1.0792		
22	20	0.3377	1	0.3377		
합계			15	2.633		
재계			15	2.63	131.50	223.55

재적조서 기입방법

- 경영계획구, 수종, 조사일자, 조사자 성명은 야장과 동일하게 기입한다.
- 개소 : 임지의 주소를 기재한다.
- 임소반 : 표준지가 속해 있는 해당 임소반의 번호를 이어서 기재한다.
- 면적 : 표준지가 속해 있는 소반의 면적을 ha로 기재한다.
- 표준지 면적 : 문제에 제시된 표준지의 크기를 ha로 기재한다.
  → 대상 표준지의 크기는 20m × 10m = 200m²이므로 0.02ha이다.
- 표준지 개소수 : 조사 표준지의 수로 한 개소이므로 1로 표시한다.
- 경급 : 조사한 괄약 흉고직경을 작은 것부터 순서대로 기재한다.
- 수고 : 수고조사 야장에서 계산한 적용수고를 기재한다.
- 단재적 : 지역과 수종에 맞는 수간재적표를 이용하여 해당 경급과 수고의 수치가 만나는 곳의 단재적을 찾아 기재한다.
- 본수 : 해당 경급의 본수를 각각 기재하며, 합계와 재계에도 총 조사본수를 기재한다.

[강원도지방 소나무의 수간재적표]

경급(cm) 수고(m)	6	8	10	12	14	16	18	20	22	24
5	0.0081	0.0135	0.0202	0.0280	0.0370	0.0471	0.0584	0.0707	0.0841	0.0987
6	0.0097	0.0163	0.0243	0.0337	0.0445	0.0567	0.0702	0.0850	0.1011	0.1185
7	0.0114	0.0190	0.0284	0.0394	0.0520	0.0662	0.0819	0.0992	0.1180	0.1384
8	0.0130	0.0218	0.0325	0.0450	0.0595	0.0757	0.0937	0.1135	0.1350	0.1582
9	0.0146	0.0245	0.0365	0.0507	0.0669	0.0852	0.1055	0.1277	0.1519	0.1781
10	0.0163	0.0272	0.0406	0.0564	0.0744	0.0947	0.1172	0.1419	0.1688	0.1979
11	0.0179	0.0300	0.0447	0.0620	0.0819	0.1042	0.1290	0.1562	0.1857	0.2177
12	0.0195	0.0327	0.0488	0.0677	0.0893	0.1137	0.1407	0.1704	0.2026	0.2375
13	0.0212	0.0354	0.0528	0.0733	0.0968	0.1232	0.1525	0.1846	0.2195	0.2573
14	0.0228	0.0381	0.0569	0.0790	0.1042	0.1327	0.1642	0.1988	0.2364	0.2771
15	0.0244	0.0409	0.0610	0.0846	0.1117	0.1421	0.1759	0.2130	0.2533	0.2969
16	0.0261	0.0436	0.0650	0.0903	0.1191	0.1516	0.1877	0.2272	0.2702	0.3167
17	0.0277	0.0463	0.0691	0.0959	0.1266	0.1611	0.1994	0.2414	0.2871	0.3364
18	0.0293	0.0490	0.0732	0.1015	0.1340	0.1706	0.2111	0.2556	0.3040	0.3562
19	0.0310	0.0518	0.0772	0.1072	0.1415	0.1801	0.2228	0.2698	0.3208	0.3760
20	0.0326	0.0545	0.0813	0.1128	0.1489	0.1895	0.2346	0.2840	0.3377	0.3958

PART 04 작업형 이론 및 문제

- **재적** : 단재적에 해당 본수를 곱해 소수점 4째 자리까지 기재한다. 여기서, 재적은 소수점 4째 자리까지, 합계재적은 소수점 3째 자리까지, 재계재적 및 축적은 소수점 2째 자리까지 기재하며, 기준 소수점 미만은 모두 절사라고 제시하였으므로 그에 맞게 적용한다.

  * 절사 : 잘라 버림

재적 = 단재적 × 해당 본수

  → 경급 10, 수고 12에서의 재적 : 단재적이 0.0488이며, 본수는 2본이므로 재적은 0.0488 × 2 = 0.0976이 된다.

- **합계재적** : 각 재적을 모두 합산하여 소수점 3째 자리까지 기재하고 그 미만은 절사한다.

  → 재적의 총합이 2.6336이므로 절사하여 3째 자리까지 기재하면 2.633이 된다.

- **재계재적** : 합계재적을 소수점 2째 자리까지 기재하고 그 미만은 절사한다.

  → 합계재적이 2.633이므로 절사하여 2째 자리까지 기재하면 2.63이 된다.

- **ha당 축적** : 표준지의 재계재적을 통해 ha당 축적을 계산하며, 소수점 2째 자리까지 기재하고 그 미만은 절사한다.

  → 표준지 면적이 0.02ha일 때 재계재적이 2.63이면, 1ha일 때는 $0.02 : 2.63 = 1 : x$이므로 131.5이며, 소수점 2째 자리까지 기입이므로 131.50이 된다.

- **총축적** : 해당 소반의 전체 축적을 말하는 것으로 ha당 축적에 소반의 면적을 곱해 계산하며, 소수점 2째 자리까지 기재하고 그 미만은 절사한다.

총축적 = ha당 축적 × 해당 소반 면적

  → ha당 축적이 131.50이며, 해당 소반의 면적은 1.7ha이므로 총축적은 131.5 × 1.7 = 223.55가 된다.

참고 📖

실제 시험에서는 경영계획구, 개소, 임소반, 면적, 표준지 면적, 표준지 개소수, 수종, 조사일자, 조사자 성명은 기재 여부가 달라지기도 하며, 아예 기재란이 생략되는 경우도 있으므로 참고한다.

미래목 선정 목록표

구분	수목 번호
미래목	3번, 5번, 8번, 11번
제거목	4번, 6번
중용목	2번

미래목 선정 목록표 작성방법

• 「지속 가능한 산림자원의 관리 지침」의 미래목 선정관리 기준은 아래와 같으므로 이를 참고하여 미래목을 선정하고, 목록표 또는 백지에 목록을 만들어 번호를 기재한다.

참고 📖

미래목 선정·관리 기준

• 피압을 받지 않은 상층의 우세목으로 선정하되, 폭목은 제외
• 나무줄기가 곧고 갈라지지 않으며, 병충해 등 물리적 피해가 없어야 함
• 미래목 간의 거리 : 최소 5m 이상으로 임지 내에 고르게 분포
• 선정 본수 : 활엽수 ha당 200본 내외, 침엽수 ha당 200~400본
• 가지치기 : 미래목만 실행, 산 가지치기일 경우 11월~5월에 실행, 반드시 톱을 사용
• 표시 : 가슴높이에서 10cm의 폭으로 황색 수성페인트로 둘러서 표시

• 미래목 선정 본수는 문제에서 주어지는 ha당 본수를 이용하여 해당 표준지의 면적 대비 본수를 계산한다.
  → 문제에서 미래목 본수는 200본/ha을 제시하였으므로 표준지의 크기가 0.02ha일 때는 1 : 200 = 0.02 : x로 계산하면 4본이 된다.

• 감독관의 지시에 따라 제거목과 중용목을 선정하기도 하는데, 선정본수는 감독관이 제시하는 것에 따른다. 제거목은 생장이 좋지 못한 병해충목, 피압목, 형질불량목 등을 선정하며, 중용목은 미래목으로 선발되지 못했지만, 미래목과 충분한 거리로 떨어져 있어 미래목에 영향을 주지 않는 우세목으로 선정한다.

수목 및 하층식생 목록표

번호	하층식생명
1	산뽕나무
2	생강나무
3	낙엽송
4	국수나무
5	청미래덩굴

수목 및 하층식생 목록표 작성방법

- 하층식생에서는 5문제가 출제되고 있으며, 잎, 줄기, 꽃, 열매 등이 달린 모양을 보고 유추하여 각각의 번호에 명칭을 기재한다.
- 잎과 줄기를 중심으로 공부하도록 하며, 계절에 따라 꽃과 열매들이 붙어 나오기도 하므로 도감이나 인터넷 사진 등을 활용하여 많이 접해보도록 한다.

참고

시험장별 기출 하층식생
- **강릉**
  소나무, 리기다소나무, 해송(곰솔), 잣나무, 낙엽송, 노간주나무, 진달래, 철쭉, 산철쭉, 신갈나무, 떡갈나무, 굴참나무, 밤나무, 싸리, 조록싸리, 족제비싸리, 쪽동백나무, 때죽나무, 신나무, 느릅나무, 개옻나무, 붉나무, 산초나무, 오리나무, 물오리나무, 사방오리나무, 산벚나무, 생강나무, 청미래덩굴, 다래덩굴, 머루덩굴, 칡덩굴, 국수나무, 아까시나무, 산딸기, 당단풍나무, 초피나무, 찔레나무, 자작나무, 물푸레나무, 서어나무, 병꽃나무, 박달나무, 산뽕나무, 개암나무, 층층나무, 음나무, 누리장나무, 등나무, 고욤나무, 사위질빵 등

- **진안**
  소나무, 리기다소나무, 주목, 낙엽송, 잣나무, 전나무, 편백, 화백, 독일가문비나무, 노간주나무, 상수리나무, 굴참나무, 떡갈나무, 신갈나무, 밤나무, 인동덩굴, 으름덩굴, 청가시덩굴, 청미래덩굴, 댕댕이덩굴, 칡덩굴, 조록싸리, 국수나무, 쥐똥나무, 비목나무, 개암나무, 찔레나무, 붉나무, 때죽나무, 생강나무, 철쭉, 산철쭉, 진달래, 신나무, 화살나무, 가막살나무, 독활나무, 산벚나무, 층층나무, 산초나무, 초피나무, 감태나무, 서어나무, 아까시나무, 물푸레나무, 산딸나무, 고로쇠나무, 산뽕나무, 음나무, 꽝꽝나무, 산수유, 참느릅나무, 이팝나무, 두릅나무, 사위질빵, 복분자딸기, 조팝나무 등

- **양산**
  편백, 전나무, 삼나무, 노간주나무, 비자나무, 개암나무, 국수나무, 생강나무, 쥐똥나무, 굴피나무, 자귀나무, 상수리나무, 떡갈나무, 굴참나무, 갈참나무, 밤나무, 느티나무, 느릅나무, 단풍나무, 감태나무, 비목나무, 산벚나무, 산초나무, 가중(가죽)나무, 초피나무, 개옻나무, 붉나무, 두릅나무, 쪽동백나무, 산딸기, 가막살나무, 고로쇠나무, 물오리나무, 다래덩굴, 청미래덩굴, 칡덩굴, 으름덩굴, 서어나무, 물푸레나무, 쇠물푸레나무, 찔레나무, 병꽃나무, 싸리, 조록싸리, 때죽나무, 산뽕나무, 음나무, 덜꿩나무, 사위질빵, 아까시나무, 철쭉, 산철쭉, 진달래, 가래나무, 노린재나무, 신나무, 화살나무 등

- **청송**
  소나무, 낙엽송, 잣나무, 노간주나무, 회양목, 상수리나무, 졸참나무, 굴참나무, 신갈나무, 밤나무, 생강나무, 붉나무, 신나무, 산초나무, 국수나무, 화살나무, 산뽕나무, 쥐똥나무, 물푸레나무, 산벚나무, 철쭉, 진달래, 매자나무, 병꽃나무, 아까시나무, 조팝나무, 싸리, 참싸리, 조록싸리, 개암나무, 개옻나무, 찔레나무, 칡덩굴, 청가시덩굴, 청미래덩굴, 다래덩굴, 인동덩굴, 산딸기, 사위질빵 등

산림산업기사 산림경영계획의 각종 서식

표준지 매목조사야장

경영계획구 :   조사일자 :

임 반 :   소 반 :   조사자 성명 :   (인)

임 상 :

수종	흉고직경	본수	계	수종	흉고직경	본수	계
합계							

표준지 수고조사야장

경영계획구 :　　　　　　　　　　　　　조사일자 :

임 반 :　　　　소 반 :　　　　　　　　조사자 성명 :　　　　(인)

수 종 :

흉고 직경	조사목별 수고(m)									합계	평균	3점 평균	적용 수고
	조사수고												
	1	2	3	4	5	6	7	8	9				

표준지 재적조서

경영계획구 :

개 소 :

임소반 :　　　　　　면 적 :

표준지 면적 :　　　　　표준지 개소수 :

수 종 :

조사일자 :

조사자 성명 :　　　　　(인)

표준지					축적	
경급(cm)	수고(m)	단재적(m³)	본수(본)	재적(m³)	ha당 축적(m³)	총축적(m³)
합계						
재계						

미래목 선정 목록표

구분	수목 번호

수목 및 하층식생 목록표

번호	하층식생명
1	
2	
3	
4	
5	

[참고]

□ 강원도지방 소나무의 수간재적표 : 강원도, 경북북부(영주, 봉화, 울진, 영양)

경급(cm) / 수고(m)	6	8	10	12	14	16	18	20	22	24	26	28	30	32	34	36	38	40	42	44	46	48	50	52	54	56
5	0.0081	0.0135	0.0202	0.0280	0.0370	0.0471	0.0584	0.0707	0.0841	0.0987	0.1143	0.1310	0.1487	0.1676	0.1876	0.2087	0.2308	0.2541	0.2785	0.3040	0.3306	0.3584	0.3873	0.4173	0.4485	0.4809
6	0.0097	0.0163	0.0243	0.0337	0.0445	0.0567	0.0702	0.0850	0.1011	0.1185	0.1373	0.1573	0.1786	0.2012	0.2252	0.2504	0.2770	0.3048	0.3340	0.3645	0.3963	0.4296	0.4640	0.4999	0.5372	0.5758
7	0.0114	0.0190	0.0284	0.0394	0.0520	0.0662	0.0819	0.0992	0.1180	0.1384	0.1602	0.1836	0.2085	0.2349	0.2627	0.2921	0.3231	0.3555	0.3896	0.4250	0.4621	0.5007	0.5409	0.5826	0.6259	0.6709
8	0.0130	0.0218	0.0325	0.0450	0.0596	0.0757	0.0937	0.1135	0.1350	0.1582	0.1832	0.2099	0.2383	0.2684	0.3003	0.3339	0.3692	0.4062	0.4450	0.4855	0.5278	0.5719	0.6177	0.6653	0.7147	0.7659
9	0.0146	0.0245	0.0365	0.0507	0.0669	0.0852	0.1055	0.1277	0.1519	0.1781	0.2061	0.2362	0.2681	0.3020	0.3378	0.3756	0.4153	0.4569	0.5005	0.5460	0.5935	0.6430	0.6945	0.7479	0.8034	0.8609
10	0.0163	0.0272	0.0406	0.0564	0.0744	0.0947	0.1172	0.1419	0.1688	0.1979	0.2291	0.2624	0.2979	0.3356	0.3753	0.4173	0.4613	0.5074	0.5559	0.6065	0.6592	0.7141	0.7713	0.8306	0.8921	0.9559
11	0.0179	0.0300	0.0447	0.0620	0.0819	0.1042	0.1290	0.1562	0.1857	0.2177	0.2520	0.2887	0.3277	0.3691	0.4128	0.4589	0.5074	0.5582	0.6114	0.6670	0.7249	0.7853	0.8480	0.9132	0.9809	1.0510
12	0.0195	0.0327	0.0488	0.0677	0.0893	0.1137	0.1407	0.1704	0.2026	0.2375	0.2749	0.3149	0.3575	0.4026	0.4503	0.5006	0.5534	0.6088	0.6668	0.7274	0.7906	0.8564	0.9248	0.9959	1.0696	1.1460
13	0.0212	0.0354	0.0528	0.0733	0.0968	0.1232	0.1525	0.1846	0.2195	0.2573	0.2978	0.3412	0.3873	0.4362	0.4878	0.5422	0.5995	0.6595	0.7222	0.7878	0.8563	0.9275	1.0016	1.0785	1.1583	1.2410
14	0.0228	0.0381	0.0569	0.0790	0.1042	0.1327	0.1642	0.1988	0.2364	0.2771	0.3207	0.3674	0.4170	0.4697	0.5253	0.5839	0.6455	0.7101	0.7777	0.8483	0.9219	0.9986	1.0783	1.1611	1.2470	1.3359
15	0.0244	0.0409	0.0610	0.0846	0.1117	0.1421	0.1759	0.2130	0.2533	0.2969	0.3436	0.3936	0.4468	0.5032	0.5628	0.6255	0.6915	0.7607	0.8331	0.9087	0.9875	1.0697	1.1550	1.2437	1.3356	1.4309
16	0.0261	0.0436	0.0650	0.0903	0.1191	0.1516	0.1877	0.2272	0.2702	0.3167	0.3665	0.4198	0.4766	0.5367	0.6002	0.6671	0.7375	0.8113	0.8885	0.9691	1.0532	1.1407	1.2318	1.3263	1.4243	1.5259
17	0.0277	0.0463	0.0691	0.0959	0.1266	0.1611	0.1994	0.2414	0.2871	0.3364	0.3894	0.4461	0.5063	0.5702	0.6377	0.7088	0.7835	0.8619	0.9438	1.0295	1.1188	1.2118	1.3085	1.4088	1.5130	1.6208
18	0.0293	0.0490	0.0732	0.1015	0.1340	0.1706	0.2111	0.2556	0.3040	0.3562	0.4123	0.4723	0.5361	0.6037	0.6751	0.7504	0.8296	0.9124	0.9992	1.0899	1.1844	1.2828	1.3852	1.4914	1.6016	1.7158
19	0.0310	0.0518	0.0772	0.1072	0.1415	0.1801	0.2228	0.2698	0.3208	0.3760	0.4352	0.4985	0.5658	0.6372	0.7126	0.7920	0.8755	0.9630	1.0546	1.1503	1.2500	1.3539	1.4619	1.5740	1.6902	1.8107
20	0.0326	0.0545	0.0813	0.1128	0.1489	0.1895	0.2346	0.2840	0.3377	0.3958	0.4581	0.5247	0.5955	0.6706	0.7500	0.8336	0.9215	1.0136	1.1100	1.2106	1.3156	1.4249	1.5385	1.6565	1.7789	1.9056
21	0.0342	0.0572	0.0854	0.1185	0.1564	0.1990	0.2463	0.2982	0.3546	0.4155	0.4810	0.5509	0.6253	0.7041	0.7874	0.8752	0.9674	1.0641	1.1653	1.2710	1.3812	1.4959	1.6152	1.7391	1.8675	2.0005
22	0.0358	0.0599	0.0894	0.1241	0.1638	0.2085	0.2580	0.3124	0.3715	0.4353	0.5039	0.5771	0.6550	0.7376	0.8249	0.9168	1.0134	1.1147	1.2207	1.3314	1.4468	1.5670	1.6919	1.8216	1.9561	2.0954
23	0.0375	0.0627	0.0935	0.1297	0.1713	0.2180	0.2697	0.3265	0.3883	0.4551	0.5267	0.6033	0.6847	0.7711	0.8623	0.9584	1.0594	1.1653	1.2760	1.3918	1.5124	1.6380	1.7686	1.9041	2.0447	2.1903
24	0.0391	0.0654	0.0976	0.1354	0.1787	0.2274	0.2815	0.3407	0.4052	0.4748	0.5496	0.6295	0.7145	0.8046	0.8997	1.0000	1.1054	1.2158	1.3314	1.4521	1.5780	1.7090	1.8452	1.9867	2.1333	2.2852
25	0.0407	0.0681	0.1016	0.1410	0.1861	0.2369	0.2932	0.3549	0.4221	0.4946	0.5725	0.6557	0.7442	0.8380	0.9372	1.0416	1.1513	1.2664	1.3867	1.5124	1.6436	1.7800	1.9219	2.0692	2.2219	2.3801
26	0.0424	0.0708	0.1057	0.1467	0.1936	0.2464	0.3049	0.3691	0.4389	0.5144	0.5954	0.6819	0.7739	0.8715	0.9746	1.0832	1.1973	1.3169	1.4421	1.5728	1.7091	1.8510	1.9986	2.1517	2.3105	2.4750
27	0.0440	0.0736	0.1098	0.1523	0.2010	0.2558	0.3166	0.3833	0.4558	0.5341	0.6182	0.7081	0.8037	0.9050	1.0120	1.1248	1.2432	1.3675	1.4974	1.6332	1.7747	1.9220	2.0752	2.2342	2.3991	2.5699
28	0.0456	0.0763	0.1138	0.1579	0.2085	0.2653	0.3283	0.3975	0.4727	0.5539	0.6411	0.7343	0.8334	0.9384	1.0494	1.1663	1.2892	1.4180	1.5528	1.6935	1.8403	1.9930	2.1519	2.3167	2.4877	2.6648
29	0.0472	0.0790	0.1179	0.1636	0.2159	0.2748	0.3400	0.4116	0.4896	0.5737	0.6640	0.7605	0.8631	0.9719	1.0868	1.2079	1.3351	1.4685	1.6081	1.7539	1.9058	2.0640	2.2285	2.3992	2.5763	2.7597
30	0.0489	0.0817	0.1219	0.1692	0.2234	0.2842	0.3518	0.4258	0.5064	0.5934	0.6868	0.7866	0.8928	1.0054	1.1242	1.2495	1.3811	1.5191	1.6634	1.8142	1.9714	2.1350	2.3051	2.4817	2.6649	2.8545

□ 중부지방 소나무의 수간재적표 : 강원도지방 소나무 적용 제외 지역

수고(m) \ 경급(cm)	6	8	10	12	14	16	18	20	22	24	26	28	30	32	34	36	38	40	42	44	46	48	50	52	54	56
5	0.0090	0.0150	0.0222	0.0306	0.0402	0.0510	0.0630	0.0761	0.0904	0.1059	0.1225	0.1403	0.1593	0.1796	0.2010	0.2238	0.2478	0.2732	0.2999	0.3280	0.3576	0.3886	0.4211	0.4551	0.4907	0.5279
6	0.0109	0.0180	0.0267	0.0369	0.0485	0.0616	0.0760	0.0918	0.1090	0.1276	0.1476	0.1689	0.1917	0.2159	0.2416	0.2687	0.2973	0.3275	0.3592	0.3924	0.4273	0.4638	0.5020	0.5419	0.5835	0.6270
7	0.0127	0.0211	0.0313	0.0432	0.0568	0.0721	0.0890	0.1075	0.1276	0.1493	0.1727	0.1976	0.2242	0.2524	0.2823	0.3139	0.3471	0.3821	0.4188	0.4573	0.4976	0.5397	0.5837	0.6296	0.6774	0.7272
8	0.0146	0.0242	0.0358	0.0495	0.0651	0.0826	0.1020	0.1232	0.1462	0.1711	0.1978	0.2264	0.2567	0.2890	0.3231	0.3591	0.3970	0.4369	0.4787	0.5225	0.5682	0.6161	0.6660	0.7180	0.7721	0.8284
9	0.0164	0.0272	0.0404	0.0558	0.0734	0.0931	0.1149	0.1388	0.1648	0.1929	0.2230	0.2551	0.2893	0.3256	0.3640	0.4045	0.4471	0.4919	0.5388	0.5879	0.6392	0.6928	0.7487	0.8068	0.8674	0.9302
10	0.0182	0.0303	0.0449	0.0621	0.0817	0.1036	0.1279	0.1545	0.1834	0.2146	0.2481	0.2839	0.3220	0.3623	0.4050	0.4500	0.4973	0.5470	0.5991	0.6536	0.7105	0.7699	0.8317	0.8961	0.9631	1.0326
11	0.0201	0.0333	0.0495	0.0684	0.0899	0.1141	0.1409	0.1702	0.2021	0.2364	0.2733	0.3127	0.3546	0.3990	0.4460	0.4955	0.5476	0.6022	0.6596	0.7193	0.7819	0.8471	0.9150	0.9857	1.0591	1.1354
12	0.0219	0.0364	0.0540	0.0747	0.0982	0.1246	0.1539	0.1859	0.2207	0.2582	0.2985	0.3415	0.3873	0.4358	0.4870	0.5411	0.5979	0.6575	0.7199	0.7852	0.8534	0.9245	0.9985	1.0755	1.1555	1.2385
13	0.0237	0.0395	0.0586	0.0809	0.1065	0.1351	0.1668	0.2016	0.2393	0.2800	0.3237	0.3703	0.4199	0.4725	0.5281	0.5867	0.6482	0.7128	0.7805	0.8512	0.9251	1.0020	1.0822	1.1655	1.2520	1.3418
14	0.0256	0.0425	0.0631	0.0872	0.1148	0.1456	0.1796	0.2172	0.2579	0.3018	0.3489	0.3991	0.4526	0.5093	0.5692	0.6323	0.6986	0.7682	0.8411	0.9173	0.9968	1.0797	1.1660	1.2556	1.3488	1.4454
15	0.0274	0.0456	0.0676	0.0935	0.1230	0.1561	0.1928	0.2329	0.2765	0.3236	0.3741	0.4280	0.4853	0.5461	0.6103	0.6780	0.7491	0.8237	0.9018	0.9835	1.0687	1.1574	1.2498	1.3459	1.4456	1.5491
16	0.0293	0.0486	0.0722	0.0998	0.1313	0.1666	0.2058	0.2486	0.2952	0.3454	0.3993	0.4568	0.5180	0.5829	0.6514	0.7236	0.7995	0.8792	0.9625	1.0496	1.1405	1.2353	1.3338	1.4363	1.5426	1.6530
17	0.0311	0.0517	0.0767	0.1061	0.1396	0.1771	0.2187	0.2643	0.3138	0.3672	0.4245	0.4857	0.5507	0.6197	0.6926	0.7693	0.8500	0.9347	1.0233	1.1159	1.2125	1.3131	1.4179	1.5267	1.6397	1.7569
18	0.0329	0.0547	0.0813	0.1123	0.1478	0.1876	0.2317	0.2800	0.3324	0.3890	0.4497	0.5145	0.5835	0.6565	0.7337	0.8150	0.9005	0.9902	1.0840	1.1821	1.2845	1.3911	1.5020	1.6173	1.7369	1.8610
19	0.0348	0.0578	0.0858	0.1186	0.1561	0.1981	0.2447	0.2956	0.3510	0.4108	0.4749	0.5434	0.6162	0.6933	0.7749	0.8608	0.9510	1.0457	1.1449	1.2484	1.3565	1.4690	1.5862	1.7079	1.8342	1.9652
20	0.0366	0.0608	0.0903	0.1249	0.1643	0.2086	0.2576	0.3113	0.3696	0.4326	0.5001	0.5722	0.6489	0.7302	0.8160	0.9065	1.0016	1.1013	1.2057	1.3147	1.4285	1.5471	1.6704	1.7985	1.9315	2.0694
21	0.0384	0.0639	0.0949	0.1312	0.1726	0.2191	0.2706	0.3270	0.3883	0.4544	0.5253	0.6011	0.6816	0.7670	0.8572	0.9522	1.0521	1.1569	1.2666	1.3811	1.5006	1.6251	1.7546	1.8892	2.0289	2.1737
22	0.0403	0.0669	0.0994	0.1374	0.1809	0.2296	0.2836	0.3427	0.4069	0.4762	0.5505	0.6299	0.7144	0.8039	0.8984	0.9980	1.1027	1.2125	1.3274	1.4474	1.5727	1.7032	1.8389	1.9800	2.1263	2.2781
23	0.0421	0.0700	0.1039	0.1437	0.1891	0.2401	0.2965	0.3583	0.4255	0.4980	0.5757	0.6588	0.7471	0.8407	0.9396	1.0437	1.1532	1.2681	1.3882	1.5138	1.6448	1.7813	1.9232	2.0707	2.2238	2.3825
24	0.0439	0.0730	0.1085	0.1500	0.1974	0.2506	0.3095	0.3740	0.4441	0.5198	0.6010	0.6876	0.7798	0.8775	0.9808	1.0895	1.2038	1.3237	1.4491	1.5802	1.7170	1.8594	2.0076	2.1615	2.3213	2.4870
25	0.0458	0.0761	0.1130	0.1563	0.2057	0.2611	0.3225	0.3897	0.4627	0.5416	0.6262	0.7165	0.8126	0.9144	1.0220	1.1353	1.2544	1.3793	1.5100	1.6466	1.7891	1.9376	2.0920	2.2524	2.4189	2.5915
26	0.0476	0.0792	0.1175	0.1625	0.2139	0.2716	0.3354	0.4054	0.4814	0.5634	0.6514	0.7454	0.8453	0.9512	1.0632	1.1811	1.3050	1.4349	1.5709	1.7131	1.8613	2.0157	2.1764	2.3433	2.5164	2.6960
27	0.0494	0.0822	0.1221	0.1688	0.2222	0.2821	0.3484	0.4210	0.5000	0.5852	0.6766	0.7742	0.8781	0.9881	1.1044	1.2268	1.3556	1.4906	1.6319	1.7795	1.9335	2.0939	2.2608	2.4341	2.6140	2.8005
28	0.0513	0.0853	0.1266	0.1751	0.2304	0.2926	0.3614	0.4367	0.5186	0.6070	0.7018	0.8031	0.9108	1.0250	1.1456	1.2726	1.4062	1.5462	1.6928	1.8459	2.0057	2.1721	2.3452	2.5251	2.7117	2.9051
29	0.0531	0.0883	0.1311	0.1813	0.2387	0.3031	0.3743	0.4524	0.5372	0.6288	0.7270	0.8320	0.9436	1.0618	1.1868	1.3184	1.4568	1.6019	1.7537	1.9124	2.0779	2.2503	2.4297	2.6160	2.8093	3.0098
30	0.0549	0.0914	0.1357	0.1876	0.2470	0.3135	0.3873	0.4681	0.5559	0.6506	0.7523	0.8608	0.9763	1.0987	1.2280	1.3642	1.5074	1.6575	1.8147	1.9789	2.1501	2.3285	2.5141	2.7069	2.9070	3.1144

5. 질의응답

흉고직경 관련 질문

• 흉고직경은 어떻게 측정하나요?

경사지에서는 위쪽 경사면에 바르게 서서, 윤척이 수간축에 직각이 되며, 3면이 수평하게 되도록 하여 측정하고, 지상으로부터 1.2m 높이의 직경을 2cm 단위로 괄약하여 나타냅니다.

• 측정했을 때 직경은 얼마이고, 괄약하면 얼마가 나오나요?

측정직경은 22.3cm이며, 괄약직경은 22cm입니다(직접 측정하여 나오는 수치를 대답한다).

• 왜 1.2m 높이에서 2cm 괄약으로 측정하나요?

동양인의 가슴높이가 일반적으로 1.2m 정도로 흉고 부위에서 들고 재기 편하며, 2cm 단위의 짝수인 자연수로 나타내면 기입과 계산도 편리하기 때문입니다. 이에 더해, 수간재적표상에도 높이 1.2m, 2cm 괄약을 기준으로 재적을 산정하여 놓았으므로 이와 동일하게 적용해야 합니다.

• 왜 경사지 위쪽에서 측정하나요?

임목 수확 시 벌채점이 경사지 위쪽이므로 정확한 재적값 산출을 위해 경사지 위쪽에서 측정합니다.

• 윤척으로 23.4cm가 나왔다면, 괄약직경은 얼마인가요?

24cm입니다.

• 괄약직경 28의 범위는 어떻게 되나요?

27 이상 29 미만입니다.

• 수간이 기울어져 있다면 직경은 어떻게 측정하나요?

근원부로부터 기울어진 상태의 수간축을 따라 1.2m 지점에서 윤척이 직각이 되게 측정합니다.

• 수간이 중간에서 굽어 자랐다면 직경은 어떻게 측정하나요?

근원부로부터 굽은 수간축을 따라 1.2m가 되는 지점에서 윤척이 직각이 되게 측정합니다.

• 수간이 흉고 아래에서 분지되어 있다면 직경은 어떻게 측정하나요?

정확한 재적산출을 위해 분지된 각각의 수간축에 대해 모두 직경을 측정합니다.

• 측정하려는 흉고 부위에 결함이 있을 경우 어떻게 측정하나요?

흉고를 중심으로 상하 최단거리 부위의 직경을 각각 측정하고 두 수치의 평균값을 산출합니다.

• 쓰러진 나무의 흉고직경은 어떻게 측정하나요?

쓰러져 있는 상태에서 밑둥으로부터 수간축을 따라 1.2m가 되는 지점의 직경을 측정합니다.

• 나무가 편심생장을 하는 이유는 무엇인가요?

편심생장은 경사지 조건이나 바람 등에 의해 나이테의 중심이 한쪽으로 치우쳐 자라는 현상으로 나이테의 폭이 한 면은 좁게, 한 면은 넓게 나타나 타원형의 직경생장을 하게 되는데, 구부려지려는 힘에 저항하여 똑바로 자라기 위한 반응입니다.

• 나무가 편심생장으로 인해 타원형인 경우 어떻게 측정하나요?

높이 1.2m 지점에서 장경과 단경을 각각 측정하여 두 수치의 평균값을 산출합니다.

• 매목조사 시 흉고직경이 몇 cm일 때 측정하지 않나요?

흉고직경 6cm 미만은 측정하지 않습니다.

수고 관련 질문

• 순토측고계(하이트메타)를 이용하여 수고는 어떻게 측정하나요?

측정하려는 수목과 수평거리 20m 또는 15m 떨어진 지점에서 측고계를 시준하여 초두부와 근원부의 수치를 읽고 두 수치의 절대치를 합산하여 수고를 측정합니다.

• 순토경사계(클리노메타)를 이용하여 수고는 어떻게 측정하나요?

측정하려는 수목과 일정거리 떨어진 지점에서 경사계를 시준하여 초두부와 근원부의 경사 % 수치를 읽어 두 수치의 절대치를 합산하고 측정위치 거리비를 곱하여 수고를 측정합니다.

• 측고계(하이트메타)로 측정했더니 수고는 얼마가 나오나요?

초두부는 14.5m, 근원부는 1.7m로 수고는 16.2m입니다(직접 측정하여 나오는 수치를 대답한다).

• 나무 높이 정도 떨어져 측정하는 이유는 무엇인가요?

측정위치가 너무 멀거나 가까우면 오차가 생기므로 오차의 발생을 줄이고자 나무 높이 정도 떨어진 곳에서 측정합니다.

• 경사지에서는 왜 등고위치에서 측정하나요?

다른 위치에서는 측정과 계산이 복잡한 반면, 등고위치에서는 측정과 계산이 보다 간편하며 정확하기 때문에 등고위치에서 측정합니다.

• 측고계(하이트메타)의 1 : 20, 1 : 15는 무엇을 의미하나요?

측정하려는 나무와의 수평거리를 말하는 것으로 각각 20m, 15m를 의미합니다.

- 수간이 여러 갈래로 분지되어 있다면 수고는 어디를 측정해야 하나요?

  여러 갈래 중 가장 굵고 키가 큰 수간의 수고를 측정합니다.

- 경사계(클리노메타)를 이용하여 수고 측정 시 수평으로 18m 떨어졌다면 어떻게 계산해야 하나요?

  경사계를 시준하여 초두부와 근원부의 경사% 수치를 읽어 두 수치의 절대치를 합산하고 0.18
  을 곱하여 수고를 계산합니다.

- 등고 방향이 아닌 경사 아래에서 수고는 어떻게 측정하나요?

  시준 시 수평거리가 아닌 경사거리를 취해야 할 경우 기존의 경사계 이용 계산법에 cos경사각
  을 곱하여 수고를 계산합니다.

- 수고 측정이 가능한 기기들에는 무엇이 있나요?

  순토측고기(하이트메타), 와이제 측고기, 하가측고기, 블루메라이스 측고기 등이 있습니다.

6. 목본 하층식생

비슷한 하층식생의 구분

① 참나무류의 구분

참나무류에는 6종류가 있으며, 먼저 잎이 넓은지 좁은지에 따라 크게 분류한 뒤, 잎자루의 길이나 잎의 크기, 톱니 모양 등으로 세분하여 감별한다.

[참나무류의 종류별 특징]

구분		수종	특징
넓은 잎	긴 잎자루	졸참나무	다른 참나무에 비해 잎이 작은 편이며, 잎 가장자리에 안쪽으로 굽는 예리한 톱니가 있다.
		갈참나무	졸참에 비해 잎이 크고, 물결 모양 톱니가 있으며, 뒷면이 회백색이다.
	짧은 잎자루	신갈나무	물결 모양의 둔한 톱니가 있고, 뒷면은 떡갈에 비해 털이 없다.
		떡갈나무	참나무류 중에서 잎이 가장 크며, 물결 모양의 큰 둥근 톱니가 있고, 뒷면에 회백색 털이 밀생한다. 잎자루는 거의 없고, 털이 밀생한다.
좁은 잎		상수리나무	잎이 길쭉하며, 뒷면이 연녹색이다.
		굴참나무	잎이 길쭉하며, 뒷면이 회백색이다.

┃ 졸참나무 ┃

┃ 졸참나무 잎 ┃

| 갈참나무 |

| 갈참나무 잎 기부 |

| 신갈나무 |

| 신갈나무 잎 기부 |

| 떡갈나무 |

| 떡갈나무 잎 기부 |

┃ 상수리나무 ┃

┃ 상수리나무 잎 뒷면 ┃

┃ 굴참나무 ┃

┃ 굴참나무 잎 뒷면 ┃

② 소나무류와 잣나무류의 구분

소나무류와 잣나무는 먼저 잎의 개수에 따라 크게 분류한 뒤, 잎의 크기와 모양, 겨울눈 등으
로 세분하여 감별한다.

[잎 수에 따른 소나무류와 잣나무류의 구분]

잎의 수	수종	특징
2개	소나무	곰솔에 비해 잎이 짧고 가늘며, 부드러운 편이다. 겨울눈은 끝이 뾰족한 작은 솔방울 모양의 타원형으로 붉은 갈색을 띤다.
	곰솔(해송)	잎이 길고 두꺼우며, 억센 편이다. 겨울눈은 끝이 뾰족한 긴 병 모양으로 회백색을 띤다.
3개	리기다소나무	잎이 3개씩 비틀리며 모여 나고, 수간에도 잎이 나는 것이 특징이다.
5개	잣나무	잎이 5개씩 모여 나며, 뒷면에는 백색 기공선이 있어 은녹색을 띤다.

┃ 소나무 1 ┃

┃ 소나무 2 ┃

┃ 곰솔(해송) ┃

┃ 리기다소나무 ┃

┃ 잣나무 ┃

소나무   곰솔   리기다소나무   잣나무

┃ 소나무류와 잣나무류의 잎 수 비교 ┃

③ 개옻나무, 붉나무, 가죽나무의 구분

- 개옻나무

  작은 잎들로 구성된 우상복엽으로 잎의 가장자리는 톱니 없이 밋밋하며, 잎끝이 급격히 꼬리처럼 뾰족해진다. 잎이 붙어 있는 줄기인 엽축은 붉은색을 띤다.

- 붉나무

  여러 잎들로 구성된 우상복엽으로 엽축에 잎 모양의 날개가 발달한 것이 특징이다.

- 가죽나무(가중나무)

  작은 잎들로 구성된 우상복엽으로 전체적으로 개옻나무보다 잎이 길고 뾰족하다. 잎의 기부에는 둔한 톱니가 1~2쌍 있으며, 어린 줄기에는 하트 모양의 엽흔이 있다.

‖ 개옻나무 ‖   ‖ 개옻나무 붉은 엽축 ‖

‖ 붉나무 ‖   ‖ 붉나무 날개 잎 ‖

▮ 가죽나무 ▮

▮ 가죽나무 잎 ▮

④ 고로쇠나무, 단풍나무, 당단풍나무의 구분

- 고로쇠나무

  잎의 크기는 10cm 전후이며 잎이 5~7개로 갈라진다. 잎의 가장자리는 보통 밋밋하지만 1
  ~2개의 큰 톱니가 생기기도 한다.

- 단풍나무

  잎의 크기는 5cm 전후이며 잎이 5~7개로 갈라진다. 잎의 가장자리에는 불규칙한 겹톱니
  가 있으며, 끝이 꼬리처럼 길고 뾰족하다.

- 당단풍나무

  잎의 크기는 7cm 전후이며 잎이 9~11개로 갈라진다. 일반 단풍보다 더 여러 갈래로 갈라
  지며 모양이 통통하고, 가장자리에는 불규칙한 겹톱니가 있다.

▮ 고로쇠나무 ▮

▮ 단풍나무 ▮

┃ 당단풍나무 ┃

┃ 당단풍나무 열매 ┃

⑤ 산철쭉, 철쭉, 진달래의 구분

- 산철쭉

  잎은 어긋나지만, 가지 끝에서 모여 나며 좁고 긴 타원형이다. 잎과 줄기 등에 갈색의 긴 털
  이 밀생하며, 꽃은 가지 끝에 몇 개씩 모여 달리며 봄에 개화한다.

- 철쭉

  잎은 어긋나지만, 보통 가지 끝에서 5장씩 모여 나며 둥근 달걀형이다. 꽃은 가지 끝에 몇 개
  씩 모여 달리며 잎과 함께 봄에 개화한다.

- 진달래

  잎은 긴 타원형으로 끝이 약간 길며, 가장자리가 밋밋하고, 뒷면에 털이 밀생한다. 봄에 잎
  이 나기 전, 가지 끝에 분홍색의 꽃이 모여 달린다.

┃ 산철쭉 ┃

┃ 산철쭉 꽃 ┃

| 철쭉 |

| 철쭉 꽃 |

| 진달래 |

| 진달래 꽃 |

⑥ 싸리, 참싸리, 조록싸리의 구분
• 싸리
  잎은 3출엽으로 어긋나며, 잎끝이 살짝 둥근 난형을 하고 있다.
• 참싸리
  잎은 3출엽으로 어긋나며, 잎자루가 싸리보다 짧고, 잎끝이 대부분 움푹 들어가 있어 하트
  모양을 띠고 있다.
• 조록싸리
  잎은 3출엽으로 어긋나며, 위의 싸리들과는 다르게 잎끝이 뾰족한 것이 특징이고, 뒷면과
  잎자루에도 털이 더 많다.

| 싸리 | | 싸리 꽃 |

| 참싸리 | | 조록싸리 |

⑦ 족제비싸리, 아까시나무의 구분

- 족제비싸리

  작은 잎으로 이루어진 우상복엽으로 아까시보다 잎이 작으며 개수도 많은 편이다. 가을에
  진한 갈색의 열매가 하늘로 솟구쳐 달린다.

- 아까시나무

  작은 잎으로 이루어진 우상복엽으로 줄기에 가시가 나는 것이 족제비싸리와 구별된다. 봄
  에 백색의 꽃이 송이송이 모여 달리며, 열매는 납작한 콩깍지 형태로 가을에 열린다.

▌족제비싸리▐

▌족제비싸리 열매▐

▌아까시나무▐

▌아까시나무 가시▐

⑧ 느릅나무, 느티나무의 구분

• 느릅나무

잎은 어긋나고, 끝쪽으로 갈수록 넓어지다가 갑자기 뾰족해지는 모양이며, 가장자리에는
겹톱니가 있다.

• 느티나무

잎은 어긋나고, 느릅나무보다 잎이 전체적으로 일정하게 둥글고 길쭉하며, 가장자리에는
규칙적인 톱니가 있다.

❙ 느릅나무 ❙

❙ 느티나무 ❙

⑨ 산초나무, 초피나무의 구분

- 산초나무

  잎은 어긋나며, 아주 작은 잎으로 이루어진 우상복엽이다. 잎 가장자리에는 아주 작은 톱니
  가 줄지어 있으며, 줄기에 가시가 엇갈려서 난다.

- 초피나무

  잎은 어긋나며, 아주 작은 잎으로 이루어진 우상복엽이다. 잎 가장자리에는 물결 모양의 톱
  니가 있으며, 줄기에 가시가 마주나는 것이 산초나무와 다르다.

❙ 산초나무 ❙

❙ 산초나무 가시 ❙

| 초피나무 | | 초피나무 가시 |

⑩ 회양목, 꽝꽝나무의 구분

• 회양목

아주 작고 두꺼운 잎이 마주나며, 가장자리가 톱니 없이 밋밋하다. 6~7월에 꽃봉오리와 같은 모양의 열매가 열린다.

• 꽝꽝나무

아주 작고 다소 두꺼운 잎이 어긋나며, 가장자리에 얕은 톱니가 있는 것이 회양목과 다르다. 9~10월에 검은색 둥근 열매로 성숙한다.

| 회양목 | | 꽝꽝나무 |

⑪ 측백, 편백, 화백의 구분

• 측백

잎의 양면 모두 녹색으로 모양이 거의 같은 것이 특징이다. 열매는 도깨비방망이와 같은 우둘투둘한 형상으로 분을 발라놓은 듯한 녹색을 띠고 있고 후에 적갈색으로 익는다.

- 편백

  측백이나 화백과는 달리 잎 뒷면에 Y자 모양의 백색 기공선이 있는 것이 특징이다. 열매는
  1cm가량의 구형으로 잎 뒷면에 달린다.

- 화백

  측백이나 편백과는 달리 잎 뒷면에 나비(W자) 모양의 백색 기공선이 있는 것이 특징이며,
  잎끝이 가장 뾰족하다.

‖ 측백 ‖　　　　　　　　　　‖ 측백 열매 ‖

‖ 편백 ‖　　　　　　　　　　‖ 편백 열매 ‖

‖ 편백 기공선 ‖　　　　　　　　‖ 화백 기공선 ‖

⑫ 청가시덩굴, 청미래덩굴의 구분

- 청가시덩굴

  잎은 난형으로 털이 없으며 5줄의 잎맥이 뚜렷하게 발달하고, 잎끝이 뾰족하다. 청미래덩굴에 비해 잎이 얇고 잎 가장자리가 물결 모양을 하고 있는 것이 특징이다. 줄기에 바늘 같은 곧은 가시가 발달한다.

- 청미래덩굴

  청가시덩굴보다 잎이 좀 더 원형에 가까운 타원형이며, 두꺼운 가죽질로 표면은 광택이 난다. 잎끝이 뒤로 젖혀져 오목한 모양을 하고 있다. 줄기에 갈고리와 같은 단단한 가시가 있다.

‖ 청가시덩굴 ‖

‖ 청가시덩굴 가시 ‖

‖ 청미래덩굴 ‖

‖ 청미래덩굴 잎 ‖

하층식생의 종류

① 가막살나무

잎은 넓은 타원형으로 마주나며, 가장자리에 얕은 톱니가 있고, 뚜렷한 잎맥이 많이 발달한다. 5월경 하얀색 꽃 뭉치가 모여 나고, 가을에 붉은 열매가 달린다.

▌가막살나무 잎 1▐

▌가막살나무 잎 2▐

▌가막살나무 꽃▐

▌가막살나무 열매▐

② 개암나무

잎은 넓은 타원형으로 어긋나며, 가장자리에 굉장히 불규칙한 겹톱니가 있고, 그 끝이 꼬리처럼 뾰족하다. 어린잎의 중앙에는 붉은색의 얼룩무늬가 나타나기도 한다. 8월경 종 모양의 열매가 달린다.

▮ 개암나무 잎 1 ▮

▮ 개암나무 잎 2 ▮

▮ 개암나무 어린잎 ▮

▮ 개암나무 열매 ▮

③ 구상나무

바늘잎의 모양이지만 잎끝은 두 갈래로 갈라져 약간 오목한 것이 특징이며, 뒷면은 분백색을 띤다. 열매는 길이 5cm가량의 원통형으로 녹갈색을 띠며, 하늘을 향해 달린다.

┃ 구상나무 잎 1 ┃

┃ 구상나무 잎 2 ┃

┃ 구상나무 잎 뒷면 ┃

┃ 구상나무 열매 ┃

④ 국수나무

잎의 길이는 3cm 전후로 가장자리가 몇 갈래로 크게 갈라져 결각이 있고, 끝이 뾰족하며 겹톱니가 있다. 잎이 얇으며 여린 편이고, 줄기를 꺾어 보면 안이 국수가닥처럼 흰 것이 특징이다.

▌국수나무 잎 1▌

▌국수나무 잎 2▌

⑤ 누리장나무

잎은 삼각형을 띤 난형으로 마주나고, 가장자리는 밋밋하거나 얕은 톱니가 있다. 여름에 가지 끝에서 흰색의 꽃이 모여 피며, 가을에 진보라색의 열매가 맺힌다.

▌누리장나무 잎▌

▌누리장나무 열매▌

| 누리장나무 꽃봉오리 |

| 누리장나무 꽃 |

⑥ 노간주나무

바늘잎의 끝이 상당히 뾰족하며, 줄기를 중심으로 잎이 세 개씩 돌려나는 것이 특징이다. 잎 표면에 V자 모양의 홈이 있으며, 홈을 따라 백색의 기공선이 나타난다.

| 노간주나무 바늘잎 1 |

| 노간주나무 바늘잎 2 |

| 노간주나무 새잎과 수꽃 |

| 노간주나무 열매 |

⑦ 노린재나무

잎은 어긋나며 가장자리에 잔 톱니가 있고 끝이 짧고 뾰족하다. 5월경 백색의 원추형 꽃차례가 모여난다. 수관의 윗부분이 평평하게 퍼지는 수형을 나타낸다.

❘ 노린재나무 잎1 ❘

❘ 노린재나무 잎2 ❘

❘ 노린재나무 꽃 ❘

❘ 노린재나무 수형 ❘

⑧ 때죽나무

잎은 끝으로 갈수록 뾰족해지는 난형으로 어긋나고, 가장자리에는 밋밋하거나 아주 얕은 톱니가 있다. 5월경 향기가 좋은 백색 꽃이 아래로 드리우며 송이송이 핀다.

‖ 때죽나무 잎 ‖

‖ 때죽나무 꽃 ‖

⑨ 독일가문비

잎의 표면은 짙은 녹색을 띠며, 줄기를 중심으로 바늘잎이 사방으로 엇갈려 난다. 어린 가지
는 아래로 처지는 성질이 있어 가지 끝이 늘어져 보인다. 열매는 길이 12cm 정도의 원통형으
로 아래를 향해 달린다.

‖ 독일가문비 바늘잎 1 ‖

‖ 독일가문비 바늘잎 2 ‖

‖ 독일가문비 어린잎 ‖

‖ 독일가문비 어린 가지 ‖

⑩ 두릅나무

작은 잎들이 나란히 배열된 2회 우상복엽이며, 잎의 가장자리에는 가지런한 톱니가 있다. 줄기는 회갈색이며 날카로운 가시가 많고, 엽축에도 붉은색 가시가 하늘을 향해 상당히 뾰족하게 돋아난다.

▌두릅나무 잎 ▌

▌두릅나무 줄기 ▌

▌두릅나무 엽축 가시 ▌

▌두릅나무 수형 ▌

⑪ 메타세쿼이아

잎은 깃털 모양이며, 작은 잎과 큰 잎, 어린 가지가 모두 마주나는 특징이 있다. 어린 가지는 녹색이나, 점차 갈색으로 변하며, 가을에 낙엽을 한다.

‖ 메타세쿼이아 잎 ‖

‖ 메타세쿼이아 낙엽 ‖

⑫ 물오리나무

잎은 10cm가량의 넓은 난형으로 가장자리는 얕게 여러 갈래로 갈라지며, 다시 작은 겹톱니로 이루어져 있다. 열매는 2cm가량의 타원형으로 가을에 열린다.

‖ 물오리나무 잎 ‖

‖ 물오리나무 열매 ‖

⑬ 물푸레나무

작은 잎이 5~7개로 이루어진 우상복엽으로 마주난다. 잎끝은 둥글기도 뾰족하기도 하며, 가장자리에는 잔 톱니가 있다. 잎 뒷면의 잎맥 주변에는 갈색 털이 밀생하는 것이 특징이다.

┃물푸레나무 잎┃

┃물푸레나무 잎 뒷면 갈색 털┃

⑭ 밤나무

잎은 끝이 좁고 긴 타원형으로 상수리잎과 비슷하나, 밤나무 잎의 톱니는 끝까지 엽록소가 형성되어 있어 초록색을 띠고, 상수리 잎의 톱니는 엽록소가 없어 갈색 가시처럼 보인다. 5월경 길고 하얀 꽃차례가 나오며, 가을에 밤이 달린다.

┃밤나무 잎┃

┃밤나무 꽃차례┃

⑮ 병꽃나무

잎은 난형으로 마주나며, 대체적으로 잎끝이 길고 뾰족하며 가장자리에 작은 톱니가 있다. 잎 양면과 어린 가지, 열매 표면에 잔털이 많고, 잎자루가 거의 없는 것이 특징이다. 5월경 황색 의 꽃이 피고, 수분이 되면 점차 적색으로 변한다.

[병꽃나무 잎1]

[병꽃나무 꽃1]

[병꽃나무 꽃2]

⑯ 복자기나무

잎은 긴 타원형의 3출엽이며, 가장자리에 큰 톱니가 몇 개 있고, 잎맥과 잎자루에 털이 밀생한
다. 단풍나무과로 날개가 달린 시과(翅果)의 열매가 열린다.

‖ 복자기나무 잎 ‖　　　　　　　　　‖ 복자기나무 열매 ‖

⑰ 사위질빵

덩굴성 목본이며 잎은 3출엽으로 마주나고, 크게 세 갈래로 갈라지며 다시 굵직한 톱니로 이
루어져 있다. 잎이 얇고 줄기가 가늘어 연하고 잘 끊어진다.

‖ 사위질빵 잎 ‖　　　　　　　　　‖ 사위질빵 열매 ‖

⑱ 산딸기

잎은 손바닥 모양의 장상으로 크게 세 갈래 또는 다섯 갈래로 갈라지고 가장자리에 불규칙한 겹톱니가 있다. 줄기, 잎맥, 잎자루에 작은 가시가 많이 난다. 5월경 흰색 꽃이 피고, 이어 붉은색 열매가 맺힌다.

‖ 산딸기 잎 ‖

‖ 산딸기 열매 ‖

⑲ 산딸나무

잎은 마주나고, 끝이 길고 뾰족하며 가장자리는 밋밋하다. 잎가는 물결 모양으로 살짝 주름이 진다. 5~7월경 하얀색 총포와 함께 꽃이 피는데, 꽃을 싸고 있는 비늘 조각인 총포는 하얀색으로 화려하여 꽃으로 오해하기도 한다. 가을에 구형의 열매가 붉은색으로 익는다.

‖ 산딸나무 잎 ‖

‖ 산딸나무 꽃 ‖

∥ 산딸나무 잎과 열매 ∥

∥ 산딸나무 열매 ∥

⑳ 산벚나무

잎은 어긋나며, 전체적으로 타원형이나 끝이 꼬리처럼 길고 뾰족하며, 가장자리에는 촘촘한 톱니가 있다. 일반 벚나무와는 다르게 잎자루가 적색인 것이 특징이며, 잎자루 상부에 1~2개 의 선점(밀선)이 있다.

∥ 산벚나무 잎 1 ∥

∥ 산벚나무 잎 2 ∥

∥ 산벚나무 선점 ∥

∥ 산벚나무 붉은 잎자루 ∥

㉑ 산뽕나무

잎은 전체적으로 난형이기는 하나 깊게 갈라져 결각이 생기기도 한다. 일반 뽕나무와는 다르게 잎끝이 꼬리처럼 길고 뾰족하며, 가장자리에 거친 톱니가 있다.

▌산뽕나무 잎 1 ▌

▌산뽕나무 잎 2 ▌

▌산뽕나무 결각 ▌

▌산뽕나무 잎끝 ▌

㉒ 산수유

잎은 마주나고, 끝이 길고 뾰족하며 가장자리는 밋밋하다. 잎 뒷면에 잎맥을 중심으로 갈색 털이 뚜렷하게 밀생한다. 3월경에 노란색의 꽃이 잎보다 먼저 피고, 가을에 타원형의 열매가 빨갛게 익는다.

▮ 산수유 잎 1 ▮

▮ 산수유 잎 2 ▮

▮ 산수유 잎 뒷면 ▮

▮ 산수유 꽃 ▮

㉓ 삼나무

대표적 난대성 침엽수로 바늘잎은 줄기를 중심으로 나선형으로 돌려난다. 잎 끝은 뾰족하고 아래로 갈수록 두꺼우며, 약간 굽은 형태를 하고 있다. 열매는 2cm 정도의 구형으로 실편이 많으며, 10월경 성숙한다.

‖ 삼나무 잎 ‖

‖ 삼나무 열매 ‖

㉔ 생강나무

가지 앞쪽의 잎이 삼지창과 같은 모양을 하고 있으며, 가장자리는 밋밋하다. 가지나 잎을 비비면 생강냄새가 나며, 3월경에 노란색의 꽃이 잎보다 먼저 핀다.

‖ 생강나무 잎 1 ‖

‖ 생강나무 잎 2 ‖

‖ 생강나무 꽃 ‖

‖ 생강나무 열매 ‖

㉕ 신나무

잎은 마주나며, 크게 세 갈래로 갈라지고 불규칙한 톱니가 있다. 5월경 흰 빛의 꽃이 피며, 가을에 시과의 열매가 열린다.

‖ 신나무 잎 ‖

‖ 신나무 꽃 ‖

‖ 신나무 열매 ‖

‖ 신나무 잎과 열매 ‖

㉖ 으름덩굴

작은 잎 5~6개가 둥글게 돌려나는 형태이며, 잎의 가장자리는 밋밋하고 잎자루가 길다. 가을에 둥글고 다소 길쭉한 모양의 열매가 열리고, 성숙하여 익으면 세로로 벌어져 과육이 드러난다.

▍으름덩굴 잎 ▍

▍으름덩굴 열매 ▍

㉗ 음나무

잎은 10~30cm 정도로 크기가 크며, 다섯 갈래 이상으로 깊게 갈라지고, 가장자리에는 잔톱니가 있다. 줄기에는 굵고 억센 회갈색의 가시가 많이 난다.

▍음나무 잎 ▍

▍음나무 가시 ▍

㉘ 일본잎갈나무(낙엽송)

잎은 보통 짧은 가지에 20~30개씩 모여서 나지만, 새 가지에서는 한 개씩 난다. 구과는 난형이며, 실편의 끝이 뒤로 젖혀져 잎갈나무와 구분된다.

▌일본잎갈나무 잎▐

▌일본잎갈나무 새 가지▐

▌일본잎갈나무 구과▐

▌잎갈나무 구과▐

㉙ 자귀나무

작은 잎들이 깃털과 같이 나란히 배열된 2회 우상복엽으로 어긋난다. 밤에는 수면운동으로 작은 잎들이 접힌다. 여름에 연분홍색의 꽃이 공작처럼 피며, 가을에 콩깍지와 같은 열매가 열린다.

❙ 자귀나무 잎 1 ❙

❙ 자귀나무 잎 2 ❙

❙ 자귀나무 꽃 ❙

❙ 자귀나무 꽃과 열매 ❙

㉚ 자작나무

잎은 어긋나며, 짧은 가지에서는 2개씩 모여달리기도 한다. 전체적으로 끝은 뾰족하고 밑으로 갈수록 넓어지는 삼각형 모양이며, 기부에는 톱니가 없이 밋밋하고 가장자리에는 크고 작은 톱니가 발달해 있다. 가을에 4cm 정도의 원통형 열매(과수)가 달린다.

▮ 자작나무 잎 ▮

▮ 자작나무 열매 ▮

㉛ 쥐똥나무

잎은 끝이 둥글고 가장자리가 밋밋한 긴 타원형으로 마주난다. 5월경 향이 좋은 하얀 잔꽃들이 피며, 가을에 검은 쥐똥 모양의 열매로 익는다.

▮ 쥐똥나무 잎 1 ▮

▮ 쥐똥나무 잎 2 ▮

❙ 쥐똥나무 꽃 ❙

❙ 쥐똥나무 열매 ❙

㉜ 전나무

바늘잎으로 잎끝이 뾰족하고 뒷면에 백색 기공선이 두 줄 있다. 줄기를 중심으로 잎이 사방으로 돌려나며, 열매는 10cm 정도의 원통형으로 하늘을 향해 달린다.

❙ 전나무 잎 1 ❙

❙ 전나무 잎 2 ❙

❙ 전나무 잎 3 ❙

❙ 전나무 잎 뒷면 ❙

㉝ 주목

잎은 줄기를 중심으로 나선형으로 돌려나며, 표면은 짙은 녹색이고 뒷면에는 연한 줄무늬가 있다. 종 모양을 한 둥글고 붉은 열매가 9월쯤 열린다.

∥주목 잎∥

∥주목 열매∥

∥주목 새잎∥

∥주목 잎 뒷면∥

㉞ 쪽동백나무

잎은 어긋나며, 원형에 가까운 모양에 끝이 짧고 뾰족하며 불규칙한 톱니가 있다. 크기는 20cm 정도로 큰 잎도 있으며, 잎 뒷면은 회백색 털이 밀생하여 희게 보인다. 봄에 긴 꽃차례에 흰 꽃들이 아래로 늘어지며 피고, 가을에 포도송이와 같은 열매가 열린다.

‖ 쪽동백나무 잎 1 ‖

‖ 쪽동백나무 잎 2 ‖

‖ 쪽동백나무 꽃 ‖

‖ 쪽동백나무 열매 ‖

㉟ 찔레나무

작은 잎 여러 개로 이루어진 우상복엽으로 가장자리에 잔 톱니가 있다. 줄기에 가시가 많으며, 5월경 흰색 또는 연분홍색의 꽃이 한데 모여 핀다.

‖ 찔레나무 잎 1 ‖

‖ 찔레나무 잎 2 ‖

‖ 찔레나무 꽃 ‖

‖ 찔레나무 잎과 꽃 ‖

㊱ 층층나무

잎은 어긋나며, 가지 끝에 몇 장씩 모여 달린다. 잎끝이 길게 뾰족하고 가장자리는 밋밋하다. 봄에 하얀색 작은 꽃들이 뭉텅이로 피며, 가을에 검은 알맹이와 같은 열매가 열린다.

‖ 층층나무 잎 ‖

‖ 층층나무 꽃 ‖

㊲ 칡

잎은 3출엽이며, 마름모형이거나 두세 갈래로 크게 갈라지고 가장자리는 밋밋하다. 잎 뒷면
이 흰 빛을 띠며, 어린 줄기에는 진갈색 털이 밀생한다.

┃칡 잎 1┃

┃칡 잎 2┃

┃칡 줄기 갈색 털┃

┃칡 꽃차례┃

㊳ 화살나무

잎은 타원형이며 끝은 뾰족하고 가장자리에 잔 톱니가 있다. 줄기에 화살깃과 같은 코르크질
의 날개가 발달한다.

┃화살나무 잎 1┃

┃화살나무 잎 2┃

┃화살나무 줄기┃

┃화살나무 꽃┃

APPENDIX

과년도
기출문제

2018년 1회 기출문제

01 임황조사 항목 8가지를 쓰시오.

해답
① 임종 ② 임상 ③ 수종 ④ 혼효율
⑤ 임령 ⑥ 영급 ⑦ 수고 ⑧ 경급

> **참고**
> 산림조사 항목
> • 지황조사 항목 : 지종, 방위, 경사도, 표고, 토성, 토심, 건습도, 지위, 지리, 지세 등
> • 임황조사 항목 : 임종, 임상, 수종, 혼효율, 임령, 영급, 수고, 경급, 소밀도, 축적 등

02 벌기령과 벌채령을 설명하시오.

해답
① 벌기령 : 임목이 경영 용도에 맞는 일정 성숙기에 도달하는 계획상의 연수로 산림경영계획상의 인위적 성숙기이다.
② 벌채령 : 임목이 실제로 벌채되는 연령이다.

03 아래 표에서 임분 A, B, C의 입목도를 각각 계산하시오.

임분	현실축적	법정축적
A	70	80
B	81	90
C	96	100

해답
$$입목도(\%) = \frac{현실축적}{법정축적} \times 100$$

① 임분 A : 입목도 $= \dfrac{70}{80} \times 100 = 87.5\%$

② 임분 B : 입목도 $= \dfrac{81}{90} \times 100 = 90\%$

③ 임분 C : 입목도 $= \dfrac{96}{100} \times 100 = 96\%$

04 아래와 같은 선떼붙이기 공법에서 ( ) 안에 알맞은 수치를 써넣으시오.

> 시공 직고 1~2m의 간격마다 등고선 방향으로 단을 끊고, 계단 폭은 (①), 발디딤은 (②), 천단 폭은 40cm로 시공한다.

해답 ① 50~70cm   ② 10~20cm

05 주행방식에 따른 타이어바퀴식과 크롤러바퀴식의 특징을 각각 2가지씩 적으시오.

해답 ① 타이어바퀴식
- 가격이 상대적으로 저렴하고, 수리유지비가 적게 소요된다.
- 운전이 쉬우며 기동력이 좋다.

② 크롤러바퀴식
- 가격이 고가이고, 수리유지비가 많이 소요된다.
- 접지압은 작고 접지면적은 커서 연약지반에서도 안전하게 작업할 수 있다.
- 차체의 중심이 낮아 경사지에서의 작업성과 등판력이 우수하다.

06 임도설계 시 평면곡선 설정방법을 3가지 쓰시오.

해답 ① 교각법   ② 편각법   ③ 진출법

07 다음과 같은 임분이 있을 때 임분 C의 개위면적을 계산하시오.

임분	면적(ha)	1ha당 벌기재적(m³)
A	25	10
B	20	13
C	15	14

해답 벌기평균재적 $= \dfrac{(25 \times 10) + (20 \times 13) + (15 \times 14)}{60} = 12\,\mathrm{m}^3/\mathrm{ha}$

임분 C의 개위면적은 $15 \times 14 = 12 \times x$ 이므로 $x = 17.5$ha

08 골쌓기와 켜쌓기의 그림을 그리시오.

해답

∥ 골쌓기 ∥   ∥ 켜쌓기 ∥

09 법정축적법의 정의를 쓰고, 카메랄탁세(Kameraltaxe)법의 공식을 쓰시오.

해답 ① 법정축적법 : 산림 연간벌채량의 기준을 연간생장량에 두고, 현실림과 정상적인 축적의 차이를 통해 조절하는 수확기법으로 현실림을 점차 법정림으로 유도하는 방식이다.

② 카메랄탁세법 공식

$$연간표준벌채량 = 현실 연간생장량 + \frac{현실축적 - 법정축적}{갱정기(정리기)}$$

10 교각법에서 곡선반지름이 25m이고, 교각이 120°일 때 접선길이와 곡선길이를 구하시오 (소수점 셋째 자리에서 반올림하여 둘째 자리까지 기재).

해답 ① 접선길이 $T.L = R \cdot \tan\frac{\theta}{2} = 25 \times \tan\frac{120}{2} = 43.301\cdots$ ∴ 43.30m

② 곡선길이 $C.L = \frac{2\pi R\theta}{360} = \frac{2 \times \pi \times 25 \times 120}{360} = 52.359\cdots$ ∴ 52.36m

여기서, R : 곡선반지름, θ : 교각

11 반출할 목재의 길이가 22m, 도로 너비가 5m인 임도의 최소곡선반지름을 계산하시오.

해답 최소곡선반지름(m) $R = \dfrac{l^2}{4B} = \dfrac{22^2}{4 \times 5} = 24.2m$

여기서, l : 반출할 목재의 길이(m), B : 도로의 폭(m)

> 📖 **참고**
>
> 최소곡선반지름의 계산
> - 운반되는 통나무의 길이에 의한 경우
>
> $$최소곡선반지름(m)\ R = \frac{l^2}{4B}$$
>
> 여기서, l : 반출할 목재의 길이(m), B : 도로의 폭(m)
> - 원심력과 타이어 마찰계수에 의한 경우
>
> $$최소곡선반지름(m)\ R = \frac{V^2}{127(f+i)}$$
>
> 여기서, V : 설계속도, f : 노면과 타이어의 마찰계수, i : 횡단기울기 또는 외쪽기울기

12 사방댐의 시공 대상지와 시공 장소를 각각 2가지씩 쓰시오.

해답 ① 시공 대상지
- 산사태 등의 발생이 예상되는 황폐계류
- 계상물매가 급하여 유속이 빠르며, 토석류의 이동이 많은 황폐계류

② 시공 장소
- 계상 및 양안에 암반이 있는 곳
- 상류부의 계폭은 넓고, 댐자리가 좁은 곳

13 연년생장량과 평균생장량의 관계를 2가지 설명하시오.

해답 ① 처음에는 연년생장량이 평균생장량보다 크다.
② 연년생장량은 평균생장량보다 빨리 극대점에 이른다.

> 📖 **참고**
>
> 연년생장량과 평균생장량의 관계
> - 처음에는 연년생장량이 평균생장량보다 크다.
> - 연년생장량은 평균생장량보다 빨리 극대점에 이른다.
> - 평균생장량의 극대점에서 두 생장량의 크기는 같아진다. 임목은 이 지점일 때 벌채하여 수확하는 것이 가장 효율적이다.
> - 평균생장량이 극대점에 이르기 전까지는 연년생장량이 항상 평균생장량보다 크다.
> - 평균생장량이 극대점을 지난 후에는 연년생장량이 항상 평균생장량보다 작다.

14 어떤 수목의 흉고직경이 40cm, 수고가 20m, 재적이 1.142m³일 때, 흉고형수를 계산하시오(소수점 셋째 자리에서 반올림하여 둘째 자리까지 기재).

해답 ◆ 형수 $f = \dfrac{V}{g \cdot h} = \dfrac{1.142}{0.2 \times 0.2 \times \pi \times 20} = 0.454 \cdots$ ∴ 0.45

여기서, f : 형수, g : 원의 단면적, h : 수고

15 임도 평면곡선 중 배향곡선의 정의와 설치 목적을 설명하시오.

해답 ◆ ① 배향곡선 : 반지름이 작은 원호의 앞이나 뒤에 반대 방향 곡선을 넣어 헤어핀 모양으로 된 곡선으로 헤어핀 곡선이라고도 부른다.
② 설치 목적 : 급경사지에서 노선거리를 연장하여 종단기울기를 완화할 때나 같은 사면에서 우회할 목적으로 설치한다.

2018년 1회 기출문제 · · ·

01 체인톱 원동기의 주요 구성부품을 3가지 쓰시오.

해답 ① 실린더　　　　② 피스톤　　　　③ 크랭크축

> 📖 **참고**
>
> 체인톱의 원동기 부분
> • 엔진이 가동하면서 동력이 발생하는 부분
> • 엔진의 본체로 실린더, 피스톤, 크랭크축, 연료탱크, 점화장치 등으로 구성

02 글라저(Glaser)법에 대해 설명하시오.

해답 ① 유령림과 장령림 사이의 생장에 있는 중령림은 임목비용가법이나 임목기망가법을 적용하기에 부적당하여 중간적인 방법으로 고안한 것이 글라저법이다.

② 글라저법 공식

임목가 $A_m = (A_u - C_o)\,\dfrac{m^2}{u^2} + C_o$

여기서, A_u : 주벌수입(벌기임목가), C_o : 초년도의 조림비, u : 벌기, m : 임목연령

03 토목재료로서 목재의 장단점을 쓰시오.

해답 ① 석재나 철재보다 가벼워 운반·가공 및 취급이 용이하다.
② 공작에 필요한 설비가 간단하며, 온도에 따른 변화도 적다.
③ 충격이나 진동 등을 잘 흡수한다.
④ 타 재료에 비해 부패하기 쉬우며, 내구성이 약하다.
⑤ 함수량에 따라 수축 및 팽창하여 변형이 생길 수 있다.

04 임도개설 시 효과를 4가지 쓰시오.

> **해답** ① 조림, 벌채 시 비용과 시간이 절감된다.
> ② 작업원의 피로가 줄어들어 벌채사고가 감소하고 산림사업 품질이 향상된다.
> ③ 산림보호기능이 증진되며, 집중적 과다벌채가 완화된다.
> ④ 농산촌의 생활수준이 향상되고, 지역산업이 발전한다.

> **참고**
>
> 임도의 개설효과
>
> | 직접적 효과 | • 조림비, 벌채비 등의 비용 절감
• 작업원의 피로 경감
• 산림사업 품질의 향상 | • 조림, 벌채 등의 시간 절감
• 벌채사고의 경감 |
> |---|---|---|
> | 간접적 효과 | • 사업기간의 단축
• 집중적 과다벌채 완화 | • 산림보호기능의 증진(산불, 병해충)
• 주변의 지가 상승 |
> | 파급효과 | • 농산촌의 생활수준 향상
• 관광자원의 개발 | • 지역산업의 발전 |

05 빗물침식의 과정을 순서에 맞게 4단계로 쓰고 간단하게 설명하시오.

> **해답** ① 우격침식 : 토양 표면에서 빗방울의 타격으로 인한 가장 초기 상태의 침식
> ② 면상침식 : 토양의 얇은 층이 전면에 걸쳐 넓게 유실되는 현상
> ③ 누구침식 : 토양 표면에 잔 도랑이 불규칙하게 생기면서 깎이는 현상
> ④ 구곡침식 : 도랑이 커지면서 심토까지 심하게 깎이는 현상

06 임반의 면적과 구획 기준에 대하여 설명하시오.

> **해답** 임반의 면적은 100ha 내외로 하며, 능선, 하천 등 자연경계나 도로 등의 고정적 시설을 따라 구획하고, 경영계획구 유역 하류에서 시계 방향으로 연속되게 숫자 1, 2, 3···으로 표시한다.

07 양단면적이 각각 28m², 36m²이며, 단면 사이의 거리가 30m일 때, 양단면적평균법으로 토적량을 계산하시오.

> **해답** $V = \dfrac{A_1 + A_2}{2} \times L = \dfrac{28 + 36}{2} \times 30 = 960\text{m}^3$
>
> 여기서, V : 토량(m³), A_1, A_2 : 양단면적(m²), L : 양단면적 간의 거리(m)

08 현실 평균생장량 22m³, 현실축적 380m³, 법정축적 420m³, 갱정기 25년일 때 오스트리안(Austrian) 공식에 의한 연간표준벌채량을 구하시오.

> **해답** 연간표준벌채량 = 현실 연간생장량 + $\dfrac{현실축적 - 법정축적}{갱정기(정리기)}$
>
> $= 22 + \dfrac{380 - 420}{25} = 20.4\text{m}^3$

09 축척 1/25,000의 지형도에서 양각기의 폭이 6mm, 두 지점 간의 수직거리가 15m인 노선의 종단기울기를 계산하시오.

> **해답** 양각기의 폭 6mm를 축척을 적용하여 실제 수평거리로 나타내면
>
> 1cm : 250m = 0.6cm : 수평거리이므로 수평거리 = 150m이고,
>
> 종단물매 = $\dfrac{수직거리}{수평거리} \times 100 = \dfrac{15}{150} \times 100 = 10\%$이다.

10 지황조사 항목을 6가지 쓰시오.

> **해답** ① 지종 ② 방위 ③ 경사도
> ④ 표고 ⑤ 토성 ⑥ 토심
>
> > 📖 **참고**
> >
> > 산림조사 항목
> > • 지황조사 항목 : 지종, 방위, 경사도, 표고, 토성, 토심, 건습도, 지위, 지리, 지세 등
> > • 임황조사 항목 : 임종, 임상, 수종, 혼효율, 임령, 영급, 수고, 경급, 소밀도, 축적 등

11 임지비용가에 대해 설명하시오.

> **해답** 임지의 취득과 개량에 들어간 총비용의 후가합계에서 그동안 얻은 수익의 후가합계를 공제한 가격으로 원가방식에 의한 임지평가법이다.

12 임업경영의 지도원칙을 4가지 쓰시오.

해답 ① 수익성의 원칙　　　② 경제성의 원칙
③ 생산성의 원칙　　　④ 공공성의 원칙

> 참고
> 산림(임업)경영의 지도원칙
> • 수익성의 원칙 : 최대의 순수익 또는 최고의 수익률을 올리도록 경영하자는 원칙
> • 경제성의 원칙
> – 수익을 비용으로 나눈 값이 최대가 되도록 경영하자는 원칙
> – 최소비용으로 최대효과를 내도록 경영하자는 원칙
> • 생산성의 원칙
> – 생산량을 생산요소의 수량으로 나눈 값이 최대가 되도록 경영하자는 원칙
> – 단위면적당 최대의 목재를 생산하도록 경영하자는 원칙
> – 우리나라에서 중요시되는 원칙
> • 공공성의 원칙 : 질 좋은 목재를 국민에게 안정적으로 공급하고, 국민의 복리 증진을 목표로 하는 원칙
> • 보속성의 원칙 : 해마다 목재 수확을 계속하여 균등하게 생산·공급하도록 경영하자는 원칙
> • 합자연성의 원칙 : 자연법칙을 존중하며 산림을 경영하자는 원칙
> • 환경보전의 원칙 : 산림의 국토보전, 수원함양, 자연보호 등의 기능을 충분히 발휘할 수 있도록 경영하자는 원칙

13 노면 처리방식에 따른 머캐덤식 쇄석도의 종류를 4가지 쓰시오.

해답 ① 수체 머캐덤도　　　② 교통체 머캐덤도
③ 역청 머캐덤도　　　④ 시멘트 머캐덤도

> 참고
> 쇄석도의 노면 포장방법

구분		내용
탤퍼드식		• 노반의 하층에 큰 깬돌을 깔고 쇄석 재료를 입히는 방법 • 지반이 연약한 곳에 효과적
머캐덤식	수체 머캐덤도	쇄석 틈 사이에 석분을 물로 침투시켜 롤러로 다진 도로
	교통체 머캐덤도	쇄석이 교통과 강우로 다져진 도로
	역청 머캐덤도	쇄석을 타르나 아스팔트로 결합시킨 도로
	시멘트 머캐덤도	쇄석을 시멘트로 결합시킨 도로

14 산림경영계획서에서 산림구획의 순서를 적으시오.

> **해답** ◈ 경영계획구 구획 – 임반 구획 – 소반 구획 – 임소반 기입 – 임소반 면적 및 규모와 수 기입

15 임도시공 시 설치하는 배수시설의 종류를 4가지 쓰고 간단히 설명하시오.

> **해답** ◈ ① 옆도랑(측구) : 노면과 절토 비탈면에 흐르는 물을 모아 집수정으로 유도하여 처리하기 위한 배수시설이다.
> ② 횡단배수구 : 옆도랑으로 흐르는 유하수와 계곡으로부터 집수되는 유수를 임도의 횡단을 따라 성토 비탈면 아래쪽으로 배수하기 위한 배수시설이다.
> ③ 빗물받이 : 많은 토사와 오물을 포함한 유수로 인해 배수관이나 속도랑이 막히는 것을 방지하기 위한 배수시설이다.
> ④ 비탈어깨돌림수로(비탈돌림수로, 사면어깨돌림수로) : 산지에서 비탈면에 유입되는 유수로 발생되는 침식을 방지하기 위해 비탈면의 최상부(비탈어깨 부위)와 원래 자연비탈면의 경계 부위에 설치하는 배수시설이다.

2018^년 2^회 기출문제

01 어떤 임분의 현실축적이 ha당 400m³이며, 법정축적은 ha당 500m³이고, 법정벌채량이 ha당 40m³일 때 훈데스하겐법을 이용하여 표준벌채량을 계산하시오.

해답 $연간표준벌채량 = \dfrac{법정벌채량}{법정축적} \times 현실축적 = \dfrac{40}{500} \times 400 = 32\text{m}^3/\text{ha}$

02 간선임도, 지선임도, 작업임도의 설계속도 기준을 각각 적으시오.

해답

구분	설계속도(km/h)
간선임도	40~20
지선임도	30~20
작업임도	20 이하

03 절충방식에 의한 임지평가법을 4가지 쓰시오.

해답 ① 수익가 비교절충법
② 기망가 비교절충법
③ 수확 · 수익 비교절충법
④ 주벌수익 비교절충법

> 📖 **참고**
>
> 임지의 평가방법
>
> | | |
> |---|---|
> | 원가방식에 의한 임지평가 | 원가방법, 임지비용가법 |
> | 수익방식에 의한 임지평가 | 임지기망가법, 수익환원법 |
> | 비교방식에 의한 임지평가 | 직접사례비교법(대용법, 입지법), 간접사례비교법 |
> | 절충방식에 의한 임지평가 | 수익가 비교절충법, 기망가 비교절충법, 수확 · 수익 비교절충법, 주벌수익 비교절충법 |

04 지황조사 중 지위와 지리에 대해 설명하시오.

해답 ① 지위 : 임지 내 우세목의 수고와 수령을 측정하여 임지의 생산력 판단지표인 지위지수를 판별하고 이를 통해 지위를 상, 중, 하로 구분한다.
② 지리 : 해당 임지에서 임도 또는 도로까지의 거리를 100m 단위로 하여 10급지로 구분한다.

05 지황조사 시 사용되는 8방위를 쓰시오.

해답 ① 동 ② 서 ③ 남 ④ 북
⑤ 남동 ⑥ 남서 ⑦ 북동 ⑧ 북서

06 수확표의 용도를 3가지 쓰시오.

해답 ① 임목재적 측정 ② 생장량 예측 ③ 수확량 예측

> 📖 **참고**
>
> 수확표의 용도
> 임목재적 측정, 임분재적 측정, 생장량 예측, 수확량 예측, 지위 판정, 입목도 및 벌기령 결정, 경영성과 판정, 산림평가, 경영기술의 지침, 육림보육의 지침 등

07 토공작업 시 안식각에 대해 설명하시오.

해답 지반을 수직으로 깎아내면 시간이 지남에 따라 흙이 무너져 내려 물매가 완만해지고 어떤 각도에 이르러 영구히 안정을 유지하게 되는데, 이때의 수평면과 비탈면이 이루는 각이다.

08 단목의 연령 측정방법을 4가지 쓰시오.

해답 ① 기록에 의한 방법 ② 목측에 의한 방법
③ 지절에 의한 방법 ④ 생장추에 의한 방법

09 다음 돌골막이의 정면도와 측면도의 각 수치를 이용하여 총체적을 구하시오.

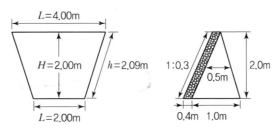

- 윗너비 길이 $L = 4.00$m
- 밑너비 길이 $L = 2.00$
- 수직높이 $H = 2.00$m
- 물매면 비탈길이 $h = 2.09$m
- 돌쌓기두께 $= 0.4$m
- 뒤채움 평균두께 $= 0.5$m

해답 정면의 형상이 사다리꼴이므로 면적은 $\left(\dfrac{윗변 + 아랫변}{2} \times 높이 \right)$의 사다리꼴 넓이 공식을 이용하고, 뒤쪽의 평균두께(돌쌓기두께 + 뒤채움 평균두께)를 곱하여 체적을 계산한다.

$$총체적 = \left(\frac{윗변 + 아랫변}{2} \times 높이 \right) \times (돌쌓기두께 + 뒤채움 평균두께)$$

$$= \left(\frac{4+2}{2} \times 2 \right) \times (0.4 + 0.5) = 5.4\text{m}^3$$

10 다음 그림의 방위각을 방위로 나타내시오.

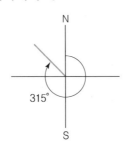

해답 방위는 아래 표와 같이 순서에 따라 '방향 각도 방향'으로 표시하며, 방위각 315°는 4영역으로 N 45° W 이다.

측선의 영역	방위 표시
1영역	N 방위각 E
2영역	S (180° − 방위각) E
3영역	S (방위각 − 180°) W
4영역	N (360° − 방위각) W

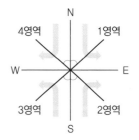

11 아래와 같은 토지에 토공작업을 하려고 한다. 직사각형기둥법을 이용하여 토적량을 계산하시오(직사각형 하나의 면적은 10m²).

```
3 — 2 — 2 — 4
|   |   |   |
2 — 1 — 3 — 2
|   |   |   |
1 — 2 — 2 — 1
|   |
2 — 4
```

해답
먼저 $\sum h_1,\ \sum h_2,\ \sum h_3,\ \sum h_4$를 구하면,

$\sum h_1 = 3+4+1+2+4 = 14$

$\sum h_2 = 2+2+2+2+1+2 = 11$

$\sum h_3 = 2$

$\sum h_4 = 1+3 = 4$ 이고 계산식에 대입하면 다음과 같다.

토적량 $= \dfrac{A}{4}\,(\sum h_1 + 2\sum h_2 + 3\sum h_3 + 4\sum h_4)$

$\quad = \dfrac{10}{4} \times \{14 + (2\times11) + (3\times2) + (4\times4)\} = 145\text{m}^3$

12 보의 높이가 3m, 물의 부피당 단위중량이 1,100kg/m³일 때, 사방댐의 총수압을 계산하시오.

해답
총수압(kg/m²) $= \dfrac{1}{2} \times$ 물의 단위중량(kg/m³) $\times$ [보높이](m)]²

$\quad = \dfrac{1}{2} \times 1{,}100 \times 3^2 = 4{,}950\text{kg/m}^2$ * 단위계산 : $\dfrac{\text{kg}}{\text{m}^3} \times \text{m} = \dfrac{\text{kg}}{\text{m}^2}$

13 아래 표를 보고 각 임분의 임상을 구분하여 적으시오.

구분	(①)	(②)	(③)	(④)	(⑤)
침엽수	55%	76%	37%	82%	21%
활엽수	45%	24%	63%	18%	79%

해답 ① 혼효림　　② 침엽수림　　③ 혼효림
　　④ 침엽수림　　⑤ 활엽수림

> 📖 **참고**
>
> 임상의 구분 기준
>
> | 구분 | 기준 |
> |---|---|
> | 침엽수림 | 침엽수가 75% 이상인 임분 |
> | 활엽수림 | 활엽수가 75% 이상인 임분 |
> | 혼효림 | 침엽수 또는 활엽수가 26~75% 미만인 임분 |

14 프로세서, 하베스터 등과 같은 다공정 임목수확기계의 제약점을 4가지 쓰시오.

해답 ① 장비가 매우 고가이며, 전문 기술을 요하는 숙련공을 필요로 한다.
② 소규모 작업에서는 작업비가 많이 소요되어 비효율적이다.
③ 급경사지나 험지에서는 작업이 어려워 제한을 받는다.
④ 유지비, 수리비 등의 경비가 많이 소요될 수 있다.

15 임도선형 설계 시의 횡단기울기, 외쪽기울기, 합성기울기에 대해 각각 설명하시오.

해답 ① 횡단기울기 : 임도의 횡단에서 본 단면의 기울기로 노면배수를 위해 적용하며, 교통 안정
성에도 문제를 주지 않는 기울기로 설치한다. 보통은 중앙부를 살짝 높이고 양쪽 길가를
낮추어 배수에 지장이 없는 범위 내에서 가장 완만하게 설치한다.
② 외쪽기울기 : 차량의 곡선부 주행 시 원심력에 의해 바깥쪽으로 튕겨나가려는 힘이 발생
하여 노면 바깥쪽을 안쪽보다 높게 하는 기울기로 일반적으로 8% 이하로 설치한다.
③ 합성기울기 : 종단기울기와 횡단기울기(또는 외쪽기울기)를 합성한 기울기로 차량이 곡
선부 주행 시 보통 노면보다 더 급한 합성기울기가 발생되어 주행에 좋지 않은 영향을 끼
치므로 이를 제한하기 위한 기준이 필요하다. 간선 · 지선임도의 합성기울기는 비포장 노
면인 경우 12% 이하로 한다.

2018년 2회 기출문제

01 회귀년에 대해 설명하시오.

[해답] 택벌작업급을 몇 개의 벌구로 나눠 매년 순차적으로 택벌하고, 다시 최초의 택벌구로 벌채가 되돌아오는 데 소요되는 기간으로 택벌작업에 따른 개념이다.

02 임황조사 항목 중 임종을 2가지 쓰시오.

[해답] ① 인공림   ② 천연림

03 아래의 4급 선떼붙이기 그림에서 각 번호의 명칭을 적으시오.

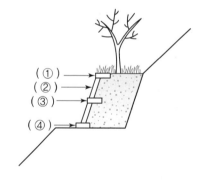

[해답] ① 갓떼   ② 선떼   ③ 받침떼   ④ 바닥떼

04 표준지 내 입목의 수고가 아래와 같을 때, 산림조사야장에 표기할 수고를 쓰시오.

수고(m)	11, 15, 17, 17, 19, 20, 20, 22, 23, 24

[해답] 수고는 최저에서 최고의 수고범위를 분모로 하고, 평균수고를 분자로 하여 기재한다. 평균수고의 소수점 이하는 반올림하여 자연수로 나타낸다.

$$\text{평균수고} = \frac{11+15+17+17+19+20+20+22+23+24}{10} = \frac{188}{10} = 18.8$$

따라서 수고는 $\frac{19}{11-24}$ 이다.

---

05 사방댐의 시공 적지를 3곳 쓰시오.

해답 ① 계상 및 양안에 암반이 있는 곳
② 상류부의 계폭은 넓고, 댐자리가 좁은 곳
③ 지류가 합류하는 지점에서는 합류점의 하류부

> **참고**
>
> 그 외 시공 적지
> • 상류의 계상기울기가 완만한 곳
> • 붕괴지의 하부 또는 다량의 계상 퇴적물이 존재하는 지역의 직하류부
> • 계단상 댐으로 설치할 때는 첫 번째 댐의 추정퇴사선과 구 계상이 만나는 지점에 상류댐 설치

---

06 벌기령이 30년인 수목의 주벌수익이 450만 원, 조림비가 35만 원이라면 글라저식을 이용하여 20년생의 임목가를 계산하시오(소수점 첫째 자리에서 반올림하여 자연수로 기재).

해답
$$A_m = (A_u - C_o)\frac{m^2}{u^2} + C_o = (4,500,000 - 350,000)\frac{20^2}{30^2} + 350,000$$

$$= 2,194,444.444 \cdots \fallingdotseq 2,194,444 \, 원$$

여기서, A_m : 임목가, A_u : 주벌수입(벌기임목가), C_o : 초년도의 조림비
u : 벌기, m : 임목연령

---

07 소나무 임분이 30년생일 때 재적이 120m³, 35년생일 때 재적이 180m³라면 이 임분의 연년생장량과 프레슬러 공식에 의한 생장률을 각각 계산하시오.

해답 ① 연년생장량 : $\frac{180-120}{5} = 12\text{m}^3$

② 생장률 : $P = \frac{V-v}{V+v} \times \frac{200}{m} = \frac{180-120}{180+120} \times \frac{200}{5} = 8\%$

여기서, P : 생장률(%), V : 현재의 재적, v : m년 전의 재적, m : 기간연수

08 평판측량의 종류를 3가지 쓰시오.

해답 ① 방사법(사출법)   ② 전진법(도선법)   ③ 교회법(교차법)

> 📖 **참고**
>
> 평판측량의 종류
> - 방사법(사출법) : 평판을 한 측점에 고정하고 많은 측점을 시준하여 방향선을 그리고, 거리는 직접 측정하여 도면상에 측점의 위치를 결정하는 방법이다.
> - 전진법(도선법) : 장애물이 있거나 지형이 좁고 길어, 한 점에서 많은 측점의 시준이 불가능할 때 각 측점마다 평판을 옮겨가며 방향선과 거리를 측정하여 차례로 제도해 나가는 방법이다.
> - 교회법(교차법) : 이미 알고 있는 2~3개의 측점(기지점)에 평판을 세우고, 알고자 하는 미지점을 시준하여 시준한 방향선의 교차점을 도면상의 측점 위치로 결정하는 방법이다.

09 사방댐과 비교한 골막이의 시공상 특징을 3가지 쓰시오.

해답 ① 사방댐은 규모가 크며, 골막이는 규모가 작다.
② 사방댐은 주로 계류의 하류부에 축설하지만, 골막이는 주로 상류부에 축설한다.
③ 사방댐은 대수면과 반수면을 모두 축설하지만, 골막이는 반수면만을 축설하고 대수측은 채우기 한다.

> 📖 **참고**
>
> 사방댐과 골막이의 비교
>
> | 구분 | 사방댐 | 골막이 |
> |---|---|---|
> | 규모 | 크다. | 작다. |
> | 시공위치 | 계류의 하류부 | 계류의 상류부 |
> | 대수면/반수면 | 대수면, 반수면 모두 축설 | 반수면만 축설 |
> | 물받이 | 물받이 설치 | 막돌놓기 시공 |
> | 계안 · 양안의 지반 공사 | 견고한 지반까지 깊게 파내고 시공 | 견고한 지반까지는 파내지 않고 시공 |

10 기고식 고저측량에서 기계고 57.4m, 전시 2.2m일 때 지반고를 구하시오.

해답 지반고(G.H) = 기계고(I.H) − 전시(F.S) = 57.4 − 2.2 = 55.2m

11 돌을 쌓는 방법 중 찰쌓기와 메쌓기에 대해 설명하시오.

해답
① 찰쌓기 : 돌을 쌓을 때 뒤채움에 콘크리트, 줄눈에 모르타르를 사용하는 돌쌓기로 표준 기울기는 1 : 0.2이다. 석축 뒷면의 물빼기에 유의해야 하며, 배수를 위하여 시공면적 2~3m²마다 직경 3cm 정도의 물빼기 구멍을 반드시 설치한다.
② 메쌓기 : 돌을 쌓을 때 모르타르를 사용하지 않는 돌쌓기로 표준 기울기는 1 : 0.3이며, 돌 틈으로 배수가 용이하여 물빼기 구멍을 설치하지 않는다.

12 임반의 구획방법을 설명하시오.

해답
① 면적 : 100ha 내외로 구획하며, 능선, 하천 등 자연경계나 도로 등의 고정적 시설을 따라 확정한다.
② 번호 부여 방식 : 경영계획구 유역 하류에서 시계 방향으로 연속되게 숫자 1, 2, 3…으로 표시하고, 신규 재산 취득 등으로 보조임반을 편성할 때는 임반의 번호에 보조번호를 1−1, 1−2, 1−3… 순으로 붙여 나타낸다.

13 임령에 따른 임목의 평가법 4가지를 적으시오.

해답
① 유령림의 임목평가 : 임목비용가법
② 중령림의 임목평가 : 글라저(Glaser)법
③ 벌기 미만인 장령림의 임목평가 : 임목기망가법
④ 벌기 이상인 성숙림의 임목평가 : 시장가역산법

14 임도설계 시 종단면도에서 작성하는 사항을 4가지 쓰시오.

해답
① 지반고   ② 계획고
③ 절토고   ④ 성토고

> **참고**
>
> 임도설계도의 축척 및 기입사항
>
> | 도면 구분 | 축척 | 기입사항 |
> |---|---|---|
> | 평면도 | 1/1,200 | 임시기표, 교각점, 측점번호, 사유토지의 지번별 경계, 구조물, 지형지물, 곡선제원 |
> | 종단면도 | • 횡 1/1,000
• 종 1/200 | 지반고, 계획고, 절토고, 성토고, 종단기울기, 누가거리, 거리, 측점, 곡선 |
> | 횡단면도 | 1/100 | 지반고, 계획고, 절토고, 성토고, 단면적(절성토), 지장목 제거, 측구터파기 단면적, 사면보호공 물량 |

15 와이어로프의 가공본줄, 버팀줄, 짐달림줄의 안전계수를 쓰시오.

[해답] ① 가공본줄 : 2.7 이상
　　　② 버팀줄 : 4.0
　　　③ 짐달림줄 : 6.0

2018년 3회 기출문제

01 훈데스하겐법에 대하여 설명하시오.

> **해답** 생장량이 축적에 비례한다는 가정하에 실시하는 방법이지만, 임분의 생장은 유령임분에서는 왕성하고 과숙임분에서는 미비하므로 임분의 영급이 불법정일 경우에는 적용하기 어렵다. 법정축적에 대한 법정벌채량의 비에 현실축적을 곱해 계산한다.

02 산지사방 시 설치하는 산비탈수로의 종류를 4가지 쓰시오.

> **해답** ① 돌붙임수로(돌수로) ② 콘크리트수로
> ③ 떼붙임수로(떼수로) ④ 막논돌수로

03 아래 표를 참고하여 재적에 따른 각 수목의 혼효율을 계산하시오.

소나무	잣나무	상수리나무
33m^3	55m^3	22m^3

> **해답** ① 소나무 $\dfrac{33}{33+55+22} \times 100 = 30\%$
>
> ② 잣나무 $\dfrac{55}{33+55+22} \times 100 = 50\%$
>
> ③ 상수리나무 $\dfrac{22}{33+55+22} \times 100 = 20\%$

04 면적이 300ha인 산지에 밀도 10m/ha의 임도를 설치할 때, 임도총연장거리, 임도간격, 집재거리, 평균집재거리를 각각 계산하시오.

> **해답** ① 임도밀도$(\mathrm{m/ha}) = \dfrac{임도총연장거리(\mathrm{m})}{총면적(\mathrm{ha})}$ 에서
>
> 임도총연장거리(m) = 임도밀도$(\mathrm{m/ha}) \times$ 총면적(ha) = 10×300 = 3,000m

$$② \ 임도간격 = \frac{10,000}{적정임도밀도} = \frac{10,000}{10} = 1,000m$$

$$③ \ 집재거리 = \frac{5,000}{적정임도밀도} = \frac{5,000}{10} = 500\,m$$

$$④ \ 평균집재거리 = \frac{2,500}{적정임도밀도} = \frac{2,500}{10} = 250m$$

05 와이어로프 폐기 기준을 4가지 쓰시오.

───────────────────────────

해답 ① 꼬임 상태(킹크)인 것
② 현저하게 변형 또는 부식된 것
③ 와이어로프 소선이 10분의 1(10%) 이상 절단된 것
④ 마모에 의한 직경 감소가 공칭직경의 7%를 초과하는 것

06 20년생 소나무의 수고가 16m, 25년생일 때는 18m일 경우 프레슬러 공식에 의한 수고 생장률을 계산하시오(소수점 셋째 자리에서 반올림하여 둘째 자리까지 기재).

───────────────────────────

해답 $P = \dfrac{V-v}{V+v} \times \dfrac{200}{m} = \dfrac{18-16}{18+16} \times \dfrac{200}{5} = 2.352 \cdots \quad \therefore 2.35\%$

여기서, P : 생장률(%), V : 현재의 수고, v : m년 전의 수고, m : 기간연수

07 수확표의 용도를 4가지 쓰시오.

───────────────────────────

해답 ① 임목재적 측정 ② 임분재적 측정
③ 생장량 예측 ④ 수확량 예측

> 📖 **참고**
>
> 수확표의 용도
> 그 외 지위 판정, 입목도 및 벌기령 결정, 경영성과 판정, 산림평가, 경영기술의 지침, 육림보육의 지침 등이 있다.

08 임도에서 완화구간을 설치하는 이유를 설명하시오.

> 해답 ▶ 직선부에서 곡선부로 연결되는 구간에 차량의 원활한 통행을 위하여 설치한다.

09 황폐지의 침식 방지를 위한 방법 4가지를 쓰시오.

> 해답 ▶ ① 초본류 파식
> ② 비료목 식재
> ③ 등고선구 설치
> ④ 비탈면 덮기 및 시비 실시

10 중력댐(사방댐)의 안정 조건을 4가지 쓰시오.

> 해답 ▶ ① 전도에 대한 안정
> ② 활동에 대한 안정
> ③ 제체의 파괴에 대한 안정
> ④ 기초지반의 지지력에 대한 안정

11 임도의 대피소 설치 기준을 적으시오.

> 해답 ▶ 차량의 원활한 소통을 위해서는 300m 이내의 간격마다 5m 이상의 너비와 15m 이상의 길이를 가지는 대피소를 설치해야 한다.

12 임황조사 시 임상의 구분 기준을 3가지 쓰고 각각 설명하시오.

> 해답 ▶ ① 침엽수림 : 침엽수가 75% 이상인 임분
> ② 활엽수림 : 활엽수가 75% 이상인 임분
> ③ 혼효림 : 침엽수 또는 활엽수가 26~75% 미만인 임분

13 벌기 50년마다 4,000만 원의 수입을 영구히 얻을 수 있는 산림의 전가를 계산하시오(이율 6%, $1.06^{50} = 18.42$, 백 원 이하 버림).

해답 무한정기이자의 전가식 : 현재로부터 n년마다 R씩 영구히 얻을 수 있는 이자의 전가합계식

$$K = \frac{R}{1.0P^n - 1} = \frac{40,000,000}{1.06^{50} - 1} = \frac{40,000,000}{18.42 - 1} = 2,296,211.251 \cdots \quad \therefore 2,296,000\,원$$

여기서, P : 이율

14 수고, 흉고직경, 지위가 흉고형수에 미치는 영향을 각각 설명하시오.

해답 ① 수고가 작을수록 형수는 커진다.
② 흉고직경이 작을수록 형수는 커진다.
③ 지위가 양호할수록 형수는 작아진다.

> 📖 **참고**
>
> 흉고형수에 영향을 미치는 주요 인자
>
> | 주요 인자 | 형수값 |
> |---|---|
> | 수고가 작을수록 | |
> | 흉고직경이 작을수록 | |
> | 지하고가 높고 수관량이 적은 나무일수록 | 커짐 |
> | 연령이 많을수록 | |
> | 지위가 양호할수록 | 작아짐 |

15 비탈면 토목재료인 콘크리트의 강도에 영향을 주는 요인을 3가지 쓰시오.

해답 ① 물-시멘트 비   ② 시멘트 강도
③ 골재의 종류와 양

> 📖 **참고**
>
> 그 외 양생온도가 있다.

2018년 3회 기출문제

01 평판측량의 3요소를 쓰고 설명하시오.

해답 ① 정준(정치) : 수평 맞추기로, 삼각을 바르게 놓고 앨리데이드를 가로세로로 차례로 놓아
가며 기포관의 기포가 중앙에 오도록 수평을 조절한다.
② 구심(치심) : 중심 맞추기로, 구심기의 추를 놓아 지상측점과 도상측점이 일치하도록 조
절한다.
③ 표정 : 방향 맞추기로, 모든 측선의 도면상 방향과 지상 방향이 일치하도록 조절한다.

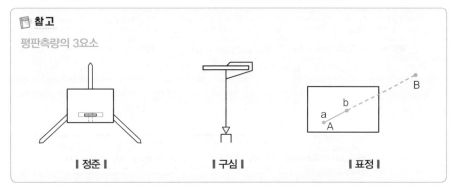

> 📖 **참고**
>
> 평판측량의 3요소
>
> | 정준 | | 구심 | | 표정 |

02 산림경영에 있어 기술적 특성을 3가지 쓰시오.

해답 ① 생산 기간이 대단히 길다.
② 임목은 성숙기가 일정하지 않다.
③ 자연 조건의 영향을 많이 받는다.

> 📖 **참고**
>
> 산림경영의 기술적 · 경제적 특성
> • 산림경영의 기술적 특성
> – 생산 기간이 대단히 길다.   – 임목은 성숙기가 일정하지 않다.
> – 자연 조건의 영향을 많이 받는다.   – 토지나 기후 조건에 대한 요구도가 낮다.
> • 산림경영의 경제적 특성
> – 육성임업과 채취임업이 병존한다.   – 임업노동은 계절적 제약을 크게 받지 않는다.
> – 원목가격의 구성요소는 대부분이 운반비이다. – 임업생산은 조방적이다.
> – 공익성이 커서 제한성이 많다.

03 축척 1/25,000의 지형도에 종단물매 7%, 등고차 10m인 노선을 계획할 때, 지도상의 수평거리는 얼마인지 계산하시오.

> **해답**
>
> 종단물매 $= \dfrac{\text{수직거리}}{\text{수평거리}} \times 100$에서 $7\% = \dfrac{10}{\text{수평거리}} \times 100$이므로,
>
> 등고선 간의 수평거리는 $142.857 \cdots$ m 이다.
>
> 이것을 축척을 적용하여 지도상의 수치로 나타내면, 축척 1/25,000은 지도상의 1cm를 실제 25,000cm(250m)로 나타내는 것이므로 $1 : 250 = x : 142.857$으로 지도상의 수평거리 $x = 0.571 \cdots$cm ≒ 5.7mm이다.

04 산지사방의 기초공사와 녹화공사의 종류를 3가지씩 쓰시오.

> **해답**
> ① 기초공사 : 비탈다듬기, 단끊기, 산비탈흙막이
> ② 녹화공사 : 선떼붙이기, 조공, 바자얽기

> 📖 **참고**
>
> 산지사방공사의 종류
>
> | 기초공사 | 비탈다듬기(뭉기기), 단끊기, 땅속흙막이(묻히기), 산비탈흙막이(산복흙막이), 누구막이, 산비탈배수로(산복수로, 산비탈수로내기), 속도랑(배수구) |
> | --- | --- |
> | 녹화공사 | 바자얽기(편책공, 목책공), 선떼붙이기, 조공, 줄떼시공(줄떼다지기, 줄떼붙이기, 줄떼심기), 평떼시공(평떼붙이기, 평떼심기), 단쌓기(떼단쌓기), 비탈덮기(거적덮기), 등고선구공법(수평구공법), 새심기, 씨뿌리기(파종공법), 종비토뿜어붙이기, 나무심기(식재공법) |

05 5급 선떼붙이기 모식도를 그리시오.

> **해답**

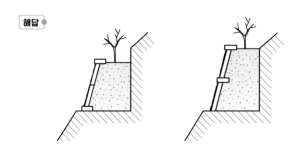

06 설계속도가 30km/h, 외쪽물매가 5%, 마찰계수가 0.2일 때 최소곡선반지름을 구하시오 (소수점 셋째 자리에서 반올림하여 둘째 자리까지 기재).

해답

$$R = \frac{V^2}{127(f+i)} = \frac{30^2}{127(0.2+0.05)} = 28.346 \cdots \quad \therefore 28.35\text{m}$$

여기서, R : 최소곡선반지름(m), V : 설계속도, f : 노면과 타이어의 마찰계수

i : 횡단기울기 또는 외쪽기울기

> **참고**
>
> 최소곡선반지름의 계산
> - 운반되는 통나무의 길이에 의한 경우
>
> $$\text{최소곡선반지름(m)} \ R = \frac{l^2}{4B}$$
>
> 여기서, l : 반출할 목재의 길이(m), B : 도로의 폭(m)
>
> - 원심력과 타이어 마찰계수에 의한 경우
>
> $$\text{최소곡선반지름(m)} \ R = \frac{V^2}{127(f+i)}$$
>
> 여기서, V : 설계속도, f : 노면과 타이어의 마찰계수, i : 횡단기울기 또는 외쪽기울기

07 50년 벌기령의 소나무를 개벌하여 주벌수입은 1,000만 원, 간벌수입은 25년일 때 200만 원, 35년일 때 300만 원을 얻을 수 있고, 조림비는 60만 원, 관리비는 매년 2만 원, 이율이 5%일 때 임지기망가를 구하시오.

해답

$$B_u = \frac{A_u + D_a 1.0P^{u-a} + \cdots + D_q 1.0P^{u-q} - C1.0P^u}{1.0P^u - 1} - \frac{v}{0.0P}$$

$$= \frac{10,000,000 + (2,000,000 \times 1.05^{50-25}) + (3,000,000 \times 1.05^{50-35}) - (600,000 \times 1.05^{50})}{1.05^{50} - 1}$$

$$- \frac{20,000}{0.05}$$

$$= 1,540,884.544 \cdots - 400,000 = 1,140,884.544 \cdots \quad \therefore \text{약 } 1,140,885\text{원}$$

여기서, B_u : 임지기망가(원), u : 벌기, A_u : 주벌수익

$D_a, D_b \cdots$: $a, b \cdots$ 년도 간벌수익, C : 조림비, v : 관리비, P : 이율

08 가공본줄이 있는 가선집재시스템의 종류를 4가지 쓰시오.

[해답] ① 타일러식 　　　　　　　　　② 엔드리스 타일러식
　　　　③ 호이스트 캐리지식 　　　　④ 스너빙식

> 📖 **참고**
> 가선집재시스템의 종류
>
> | 가공본줄의 유무 | 가공본줄이 있는 방식 | 타일러식, 엔드리스 타일러식, 호이스트 캐리지식, 스너빙식, 폴링블록식, 슬랙라인식 |
> |---|---|---|
> | | 가공본줄이 없는 방식 | 하이리드식, 러닝 스카이라인식, 단선순환식 |
> | 가공본줄의 고정 가부 | 고정 스카이라인식 | 타일러식, 엔드리스 타일러식, 호이스트 캐리지식, 스너빙식, 폴링블록식 |
> | | 유동 스카이라인식 | 슬랙라인식, 하이리드식, 러닝 스카이라인식, 단선순환식 |

09 산림조사 항목 중 지리의 구분 기준에 대해 설명하시오.

[해답] 해당 임지에서 임도 또는 도로까지의 거리를 100m 단위로 하여 10급지로 구분한다.

> 📖 **참고**
> 지리의 구분
>
> | 구분 | 내용 | 구분 | 내용 |
> |---|---|---|---|
> | 1급지 | 100m 이하 | 6급지 | 501~600m 이하 |
> | 2급지 | 101~200m 이하 | 7급지 | 601~700m 이하 |
> | 3급지 | 201~300m 이하 | 8급지 | 701~800m 이하 |
> | 4급지 | 301~400m 이하 | 9급지 | 801~900m 이하 |
> | 5급지 | 401~500m 이하 | 10급지 | 901m 이상 |

10 아래와 같은 토지에 토공작업을 하려고 한다. 직사각형 하나의 면적이 40m²일 때 직사각형기둥법을 이용하여 토적량을 계산하시오.

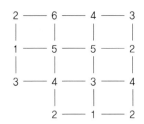

해답 ● 먼저 $\sum h_1$, $\sum h_2$, $\sum h_3$, $\sum h_4$를 구하면,

$\sum h_1 = 2+3+3+2+2 = 12$

$\sum h_2 = 6+4+1+2+4+1 = 18$

$\sum h_3 = 4$

$\sum h_4 = 5+5+3 = 13$ 이고, 계산식에 대입하면 다음과 같다.

토적량 $= \dfrac{A}{4}\,(\sum h_1 + 2\sum h_2 + 3\sum h_3 + 4\sum h_4)$

$\quad\quad = \dfrac{40}{4}\,\{12 + (2\times18) + (3\times4) + (4\times13)\} = 1{,}120\text{m}^3$

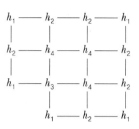

11 임도의 대피소를 간격, 너비, 유효길이로 나누어 설치 기준을 쓰시오.

해답 ● ① 간격 : 300m 이내 　　　　　② 너비 : 5m 이상
　　 ③ 유효길이 : 15m 이상

12 임지기망가에 영향을 주는 인자를 4가지 적으시오.

해답 ● ① 주벌수익과 간벌수익 　　　② 조림비와 관리비
　　 ③ 이율 　　　　　　　　　　　　④ 벌기

> 📖 **참고**
>
> 임지기망가 크기에 영향을 주는 요소
> • 주벌수익과 간벌수익 : 항상 플러스(+) 값이므로, 값이 크고 시기가 빠를수록 임지기망가는 커진다.
> • 조림비와 관리비 : 항상 마이너스(−) 값이므로, 값이 클수록 임지기망가는 작아진다.
> • 이율 : 이율이 높으면 임지기망가는 작아지고, 낮으면 임지기망가는 커진다.
> • 벌기 : 벌기가 길어지면 임지기망가의 값이 처음에는 증가하다가 어느 시기에 이르러 최대에 도 달하고, 그 후부터는 점차 감소한다.

13 지황조사 항목 중 토심의 구분 기준을 쓰시오.

해답 ● ① 천 : 30cm 미만 　　　　　② 중 : 30~60cm 미만
　　 ③ 심 : 60cm 이상

14 표준지 조사에 쓰이는 각산정 표준지법에 대해 설명하시오.

해답 스피겔릴라스코프(프리즘)라는 측정기계를 이용하여 임분의 ha당 흉고단면적을 구하고 임분 전체 재적을 측정하는 방법이다. 표본점을 필요로 하지 않아 플롯레스 샘플링이라고도 한다.

> 📖 **참고**
>
> 각산정 표준지법에 의한 임분재적의 계산
> * 임분의 ha당 흉고단면적(m^2) $G = k \cdot n$
>   여기서, k : 릴라스코프의 단면적 계수(흉고단면적 정수), n : 임목본수
> * 임분의 ha당 재적(m^3) $V = G \cdot H \cdot F = k \cdot n \cdot H \cdot F$
>   여기서, H : 임분평균수고, F : 임분형수

15 천연림 보육 대상지의 선정 기준을 2가지 쓰시오.

해답 ① 우량대경재 이상을 생산할 수 있는 천연림
② 조림지 중 형질이 우수한 조림목은 없으나 천연 발생목을 활용하여 우량대경재를 생산할 수 있는 인공림

> 📖 **참고**
>
> 그 외 천연림 보육 대상지
> * 평균수고 8m 이하이며, 입목 간의 우열이 현저하게 나타나지 않는 임분으로서 유령림 단계의 숲 가꾸기가 필요한 산림
> * 평균수고 10~20m이며, 상층목 간의 우열이 현저하게 나타나는 임분으로서 솎아베기 단계의 숲 가꾸기가 필요한 산림

2019년 1회 기출문제

01 표준목법의 종류를 2가지 쓰시오.

해답 ① 단급법 : 전체의 임분을 하나의 급으로 취급하여 단 한 개의 표준목을 선정하는 방법
② 드라우드법(Draudt법) : 먼저 임분 전체의 표준목 선정 본수를 정한 후, 각 직경급의 본수에 따라 비례배분하여 표준목을 선정하는 방법

> **📖 참고**
>
> 표준목법의 종류
> - 단급법(單級法) : 전체의 임분을 하나의 급으로 취급하여 단 한 개의 표준목을 선정하는 방법
> - 드라우드법(Draudt법) : 먼저 임분 전체의 표준목 선정 본수를 정한 후, 각 직경급의 본수에 따라 비례배분하여 표준목을 선정하는 방법
> - 우리히법(Urich법) : 전 임목을 몇 개의 계급으로 나누고 각 계급의 본수를 동일하게 한 다음 각 계급에서 같은 수의 표준목을 선정하는 방법
> - 하르티히법(Hartig법) : 전 임목을 몇 개의 계급으로 나누고 각 계급의 흉고단면적 합계를 동일하게 하여 각 계급에서 표준목을 선정하는 방법으로 계산식은 우리히법과 동일

02 외쪽기울기가 3%, 종단기울기가 4%일 때 합성기울기를 구하시오.

해답 $S = \sqrt{(i^2 + j^2)} = \sqrt{3^2 + 4^2} = \sqrt{25} = 5\%$
여기서, S : 합성물매(%), i : 횡단물매 또는 외쪽물매(%)
j : 종단물매(%)

03 사방댐의 물빼기 구멍 설치 요령을 쓰시오.

해답 여러 개를 설치할 때에는 하단의 물빼기 구멍은 댐 높이의 1/3이 되는 곳에 설치하고, 상단의 물빼기 구멍은 몇 개를 수평으로 배치한다.

> 📒 **참고**
>
> 물빼기 구멍 설치 위치 및 방법
>
> • 하류 댐의 물빼기 구멍은 상류 댐의 기초보다 낮은 위치에 설치
> • 여러 개를 설치할 때에는 하단의 물빼기 구멍은 댐 높이의 1/3이 되는 곳에 설치하고, 상단의 물빼기 구멍은 몇 개를 수평으로 배치
> • 큰 규모의 사방댐에 설치하는 최상단의 물빼기 구멍은 토석류가 충돌할 때 파괴되기 쉬우므로 방수로 어깨로부터 1.5m 이하에 설치

04 입목지의 기준을 설명하시오.

> 해답 ▶ 입목재적 또는 본수 비율이 30%를 초과하는 임분

> 📒 **참고**
>
> 입목재적 또는 본수 비율에 따른 지종 구분
>
> | 구분 | | 내용 |
> |---|---|---|
> | 입목지 | | 입목재적 또는 본수 비율이 30%를 초과하는 임분 |
> | 무입목지 | 미입목지 | 입목재적 또는 본수 비율이 30% 이하인 임분 |
> | | 제지 | 암석 및 석력지로 조림이 불가능한 임지 |

05 황폐계류의 특성을 설명하시오.

> 해답 ▶ ① 유량이 강우에 의해 급격히 증가하거나 감소하며, 유량 변화가 크다.
> ② 유로의 연장(길이)이 비교적 짧으며, 계상기울기가 급하다.
> ③ 호우 시에 사력의 유송이 심하여 모래나 자갈의 이동이 많다.
> ④ 호우가 끝나면 유량이 급감하며, 사력의 유송은 완전히 중지된다.

06 축척 1/25,000의 지형도에 등고선 간격이 10m, 종단물매가 10%인 노선을 나타낼 때 양각기의 폭을 계산하시오.

> 해답 ▶ 종단물매 $= \dfrac{\text{등고선 간격}}{\text{수평거리}} \times 100$ 에서 $10 = \dfrac{10}{\text{수평거리}} \times 100$ 이므로, 수평거리 $=100$m이다.
> 이것을 축척을 적용하여 지도상의 수치로 나타내면, 축척 1/25,000은 지도상의 1cm를 실제 25,000cm(250m)로 나타내는 것이므로 $1 : 250 = x : 100$ 으로 양각기의 폭 $x = 0.4$cm$=4$mm이다.

07 「산림자원의 조성 및 관리에 관한 법률」에 의한 산림의 기능별 구분 6가지를 쓰시오.

해답
① 생활환경보전림　　　　　② 자연환경보전림
③ 수원함양림　　　　　　　④ 산지재해방지림
⑤ 산림휴양림　　　　　　　⑥ 목재생산림

08 산림수확조절기법 중 구획윤벌법에 대해 설명하시오.

해답
전 산림면적을 윤벌기 연수와 같은 수의 벌구로 나누어 전 윤벌기를 지내는 동안 매년 한 벌구씩 벌채·수확할 수 있도록 조정한 것으로 단순구획윤벌법과 비례구획윤벌법이 있다.

> 📖 참고
>
> 구획윤벌법의 종류
> - 단순구획윤벌법 : 전 산림면적을 기계적으로 윤벌기 연수로 나누어 벌구면적을 같게 하는 방식
> - 비례구획윤벌법 : 토지의 생산능력에 따라 벌구면적을 조절하여 연수확량을 같게 하는 방식

09 표준지 재적조사 야장의 결과가 아래와 같을 때 각각의 물음에 답하시오.

경급(cm)	수고(m)	본수(본)	단재적(m³)
6	5	10	0.0081
8	6	12	0.0163
10	7	21	0.0284
12	7	23	0.0394
14	8	15	0.0595

① 경급을 구하시오.
② 수고를 구하시오.
③ 표준지 면적이 800m²일 때 ha당 축적을 구하시오(소수점 둘째 자리까지 기재, 그 미만은 절사).

해답
① 경급은 최저에서 최고의 경급범위를 분모로 하고, 평균직경을 분자로 하여 기재한다. 평균직경은 괄약직경과 같이 짝수인 자연수로 나타낸다.

$$평균직경 = \frac{(각\,직경급 \times 해당\,본수)의\,총합}{총\,본수}$$

$$= \frac{(6 \times 10) + (8 \times 12) + (10 \times 21) + (12 \times 23) + (14 \times 15)}{81}$$

$$= \frac{852}{81} = 10.518 \cdots$$

따라서 경급은 $\frac{10}{6-14}$ 이다.

② 수고는 최저에서 최고의 수고범위를 분모로 하고, 평균수고를 분자로 하여 기재한다. 평균수고는 소수점 이하는 반올림하여 자연수로 나타낸다.

$$평균수고 = \frac{(각\,적용수고 \times 해당\,본수)의\,총합}{총\,본수}$$

$$= \frac{(5 \times 10) + (6 \times 12) + (7 \times 21) + (7 \times 23) + (8 \times 15)}{81}$$

$$= \frac{550}{81} = 6.790 \cdots$$

따라서 수고는 $\frac{7}{5-8}$ 이다.

③ 합계 재적과 재계 재적을 통해 ha당 축적을 계산한다.

경급(cm)	수고(m)	본수(본)	단재적(m³)	재적(m³)	ha당 축적
6	5	10	0.0081	0.0810	
8	6	12	0.0163	0.1956	
10	7	21	0.0284	0.5964	
12	7	23	0.0394	0.9062	
14	8	15	0.0595	0.8925	
합계		81		2.671	
재계		81		2.67	33.37

합계는 각 재적을 모두 합산하여 소수점 셋째 자리까지 기재하고 그 미만은 절사하며, 재계는 합계를 소수점 둘째 자리까지 기재하고 그 미만은 절사한다.

표준지 면적이 800m²(=0.08ha)일 때 재계가 2.67m³이므로 1ha일 때는 아래와 같은 식을 적용한다.

$0.08 : 2.67 = 1 : x$ ∴ $x = 33.375$

소수점 둘째 자리까지 기재이므로, ha당 축적은 33.37m³이다.

10 어떤 입목이 25년일 때 재적이 0.1861m³, 30년일 때 재적이 0.2565m³라면 프레슬러 공식을 이용하여 생장률을 계산하시오(소수점 셋째 자리에서 반올림하여 둘째 자리까지 기재).

해답

$$P = \frac{V-v}{V+v} \times \frac{200}{m} = \frac{0.2565 - 0.1861}{0.2565 + 0.1861} \times \frac{200}{5} = 6.362 \cdots \quad \therefore 6.36\%$$

여기서, P : 생장률(%), V : 현재의 재적, v : m년 전의 재적, m : 기간연수

11 랑꼬임과 보통꼬임의 차이점을 보통꼬임 중심으로 설명하시오.

해답 ① 보통꼬임은 와이어의 꼬임과 스트랜드의 꼬임 방향이 반대인 반면 랑꼬임은 방향이 동일하다.
② 보통꼬임은 꼬임이 안정되어 킹크가 생기기 어렵고 취급이 용이하지만 마모가 크고, 랑꼬임은 꼬임이 풀리기 쉬워 킹크가 생기기 쉽지만 마모가 적다.

12 유역면적 4.0km², 유출계수 0.8, 강우강도 100mm/h일 때 계획 지점의 최대홍수유량을 계산하시오.

해답 유역면적의 단위가 km²일 때 합리식법

$$Q = \frac{1}{3.6} \times C \cdot I \cdot A = \frac{1}{3.6} \times 0.8 \times 100 \times 4 = 88.888 \cdots \quad \therefore \text{약 } 88.89\text{m}^3/\text{s}$$

여기서, Q : 최대홍수유량(m³/s), C : 유출계수,
I : 강우강도(mm/h), A : 유역면적(km²)

📖 **참고**

합리식법
- 유역면적의 단위가 ha일 때 유량공식

$$Q = \frac{1}{360} \times C \cdot I \cdot A$$

- 유역면적의 단위가 km²일 때 유량공식

$$Q = \frac{1}{3.6} \times C \cdot I \cdot A$$

여기서, Q : 최대홍수유량(m³/s), C : 유출계수, I : 강우강도(mm/h), A : 유역면적

---

13 최소곡선반지름 크기에 영향을 미치는 인자 5가지를 쓰시오.

해답 ① 도로의 너비   ② 반출할 목재의 길이
③ 차량의 구조   ④ 운행속도
⑤ 도로의 구조

> 📖 **참고**
>
> 최소곡선반지름 크기에 영향을 미치는 인자
> 도로의 너비(노폭, 유효폭), 반출할 목재의 길이, 차량의 구조, 운행속도(설계속도), 도로의 구조, 시거, 타이어와 노면의 마찰계수 등

14 벌기 재적을 최대로 하기 위한 연년생장량과 평균생장량의 그림을 그리고 설명하시오.

해답 ① 처음에는 연년생장량이 평균생장량보다 크다.
② 연년생장량은 평균생장량보다 빨리 극대점에 이른다.
③ 평균생장량의 극대점에서 두 생장량의 크기는 같아진다.
④ 평균생장량이 극대점에 이르기 전까지는 연년생장량이 항상 평균생장량보다 크다.
⑤ 평균생장량이 극대점을 지난 후에는 연년생장량이 항상 평균생장량보다 작다.

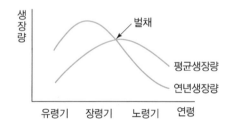

15 아래의 기고식 야장에서 빈 곳의 기계고와 지반고를 계산하시오.

측점	후시	기계고	전시		지반고
			T.P	I.P	
B.M No.8	3.30	(①)			50.00
1				2.50	(②)

해답 ① 기계고 = 기기점의 지반고 + 후시 = 50.00 + 3.30 = 53.30m
② 미지점의 지반고 = 기계고 − 전시 = 53.30 − 2.50 = 50.80m

2019^년 1^회 기출문제

01 평면곡선의 종류를 4가지 쓰시오.

해답 ① 단곡선(원곡선)   ② 복심곡선(복합곡선)
      ③ 반향곡선(반대곡선)   ④ 배향곡선(헤어핀곡선)

📖 **참고**

평면곡선의 종류

단곡선 (원곡선)	• 두 개의 직선을 하나로 부드럽게 연결한 원곡선 • 설치가 쉬워 일반적으로 많이 사용
복심곡선 (복합곡선)	반지름이 달라 곡률이 다른 두 개의 곡선이 같은 방향으로 연속되는 곡선
반향곡선 (반대곡선, S-curve)	• 방향이 서로 다른 곡선을 연속시킨 곡선 • 차량의 안전주행을 위하여 두 곡선 사이에 10m 이상의 직선부를 설치해야 함
배향곡선 (헤어핀곡선)	• 반지름이 작은 원호의 앞이나 뒤에 반대 방향 곡선을 넣어 헤어핀 모양으로 된 곡선 • 급경사지에서 노선거리를 연장하여 종단기울기를 완화할 때나 같은 사면에서 우회할 때 적용 • 곡선반지름이 10m 이상 되도록 설치
완화곡선	• 직선부에서 곡선부로 연결되는 완화구간에 외쪽물매와 너비 확폭이 원활하도록 설치하는 곡선 • 차량의 원활한 통행을 위하여 설치

02 벌도 후 행해지는 조재작업의 종류를 4가지 쓰시오.

해답 ① 지타(가지치기)   ② 조재목 마름질
      ③ 작동(통나무 자르기)   ④ 박피(껍질 벗기기)

03 옹벽의 안정 조건을 4가지 쓰시오.

해답 ① 전도에 대한 안정   ② 활동에 대한 안정
      ③ 침하에 대한 안정   ④ 내부응력에 대한 안정

04 산복수로 중 돌수로와 떼수로의 적용 조건을 쓰시오.

해답 ① 돌수로(돌붙임수로) : 집수구역이 넓고, 경사가 급하며, 유량이 많은 산비탈에 적용한다.
② 떼수로(떼붙임수로) : 집수구역이 좁고, 경사가 완만하고, 유량이 적으며, 토사 유송이 적거나 없는 곳, 상수가 없는 곳 등에 적용한다.

05 슈나이더의 생장률 공식을 쓰고, 계산인자를 적으시오.

해답 생장률(%) $P = \dfrac{k}{nD}$

여기서, n : 수피 밑 1cm 내의 연륜 수, D : 흉고직경(cm)
k : 상수(직경 30cm 이하는 550, 30cm 초과는 500을 적용)

06 임도시공 시 절토사면의 기울기 기준을 3가지로 분류하여 쓰시오.

해답 ① 경암 : 1 : 0.3~0.8
② 연암 : 1 : 0.5~1.2
③ 토사 : 1 : 0.8~1.5

07 비교방식에 의한 임지평가법을 2가지 적고, 간단히 설명하시오.

해답 ① 직접사례비교법 : 평가하려는 임지와 조건이 유사한 다른 임지의 실제 매매사례가격과 직접 비교하여 결정하는 임지평가법이다.
② 간접사례비교법 : 만일 임지가 대지 등으로 가공 조성된 후에 매매된 경우라면, 그 매매가에서 대지로 가공 조성하는 데 소요된 비용을 역으로 공제하여 산출된 임지가와 비교하여 결정하는 임지평가법이다.

08 원목의 단위재적당 시장가는 80,000원/m³, 조재율이 75%, 자본회수기간 5개월, 월이율 2%, 기업이익률 10%, 운반비가 30,000원/m³일 때 시장가역산법에 의한 임목가를 계산하시오.

> **해답**
>
> $$x = f\left(\frac{a}{1 + mp + r} - b\right) = 0.75\left\{\frac{80,000}{1 + (5 \times 0.02) + 0.1} - 30,000\right\} = 27,500원/m^3$$
>
> 여기서, x : 단위재적당 임목가(원/m³), f : 조재율, m : 자본회수기간, P : 월이율
> r : 기업이익률, a : 원목의 단위재적당 시장가(원목시장단가, 원/m³)
> b : 단위재적당 벌목비 · 운반비 · 집재비 · 조재비 등의 생산비용(원/m³)

09 임반의 면적과 구획방법에 대하여 설명하시오.

> **해답**
>
> 임반의 면적은 100ha 내외로 하며, 능선, 하천 등 자연경계나 도로 등의 고정적 시설을 따라 구획하고, 경영계획구 유역 하류에서 시계 방향으로 연속되게 숫자 1, 2, 3…으로 표시한다.

10 임업이율의 특징을 4가지 쓰시오.

> **해답**
>
> ① 임업이율은 대부이자가 아니고 자본이자이다.
> ② 임업이율은 단기이율이 아니고 장기이율이다.
> ③ 임업이율은 현실이율이 아니고 평정이율(계산이율)이다.
> ④ 임업이율은 실질적 이율이 아니고 명목적 이율이다.

11 국유림 경영관리의 기본 원칙을 4가지 쓰시오.

> **해답**
>
> ① 지역사회의 발전을 고려한 국가 전체의 이익 도모
> ② 지속 가능한 산림경영을 통한 임산물의 안정적 공급
> ③ 자연친화적 국유림 육성을 통한 산림의 공익기능 증진
> ④ 국유림의 국민이용 증진을 통한 국민의 삶의 질 향상
>
> > **참고**
> >
> > 그 외 공사유림 경영의 선도적 역할 수행이 있다.

12 아래 표의 방위각을 참고하여 각각의 교각을 구하시오.

교각점	방위각	교각
No.1	45°	–
IP.1	135°	90°
IP.2	90°	(①)
IP.3	45°	(②)
IP.4	115°	(③)

해답 교각은 전측선의 방위각과 다음 측선의 방위각의 차이이므로, 각 측선의 방위각 차이로 교각을 구한다.

① $135° - 90° = 45°$

② $90° - 45° = 45°$

③ $45° - 115° = 70°$

13 유역면적 2ha, 최대시우량 100mm/h, 유거계수 0.7일 때 최대홍수유량을 시우량법에 의해 계산하시오(소수점 셋째 자리에서 반올림하여 둘째 자리까지 기재).

해답 유역면적의 단위가 ha일 때 유량공식

$$Q = \frac{1}{360} \times K \cdot A \cdot m = \frac{1}{360} \times 0.7 \times 2 \times 100 = 0.388 \cdots \quad \therefore \ 0.39 \text{m}^3/\text{s}$$

여기서, Q : 최대홍수유량(m³/s), K : 유거계수, A : 유역면적(ha)

m : 최대시우량(mm/h)

> **참고**
>
> 시우량법
> - 유역면적의 단위가 m²일 때 유량공식
>
> $$Q = K \frac{A \times \dfrac{m}{1,000}}{60 \times 60} = \frac{1}{360} \times K \cdot A \cdot m \times \frac{1}{10,000}$$
>
> - 유역면적의 단위가 ha일 때 유량공식
>
> $$Q = \frac{1}{360} \times K \cdot A \cdot m = 0.002778 \times K \cdot A \cdot m$$
>
> 여기서, Q : 최대홍수유량(m³/s), K : 유거계수, A : 유역면적, m : 최대시우량(mm/h)

14 다음의 찰붙임돌수로에서 표시된 부분의 명칭을 쓰시오.

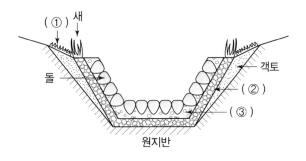

해답 ① 떼 ② 뒤채움자갈 ③ 콘크리트

15 표준지 재적조사 야장의 결과가 아래와 같을 때 총재적을 구하시오(소수점 셋째 자리에서 반올림하여 둘째 자리까지 기재).

경급(cm)	수고(m)	본수(본)	단재적(m³)
14	10	8	0.0744
16	12	13	0.1137
18	15	15	0.1759
20	16	10	0.2272

해답 총재적 $= (0.0744 \times 8) + (0.1137 \times 13) + (0.1759 \times 15) + (0.2272 \times 10)$
$= 6.9838 \quad \therefore 6.98\text{m}^3$

2019년 2회 기출문제

01 임지기망가의 크기에 영향을 주는 인자를 4가지 쓰시오.

해답 ① 주벌수익과 간벌수익 ② 조림비와 관리비
③ 이율 ④ 벌기

02 임도의 횡단배수구 설치장소를 4가지 쓰시오.

해답 ① 물 흐름 방향의 종단기울기 변이점
② 구조물 위치의 전후
③ 외쪽기울기로 인해 옆도랑 물이 역류하는 곳
④ 흙이 부족하여 속도랑으로는 부적당한 곳(겉도랑 설치)

> 📖 **참고**
> 그 외 체류수가 있는 곳에 설치한다.

03 임령이 30년인 소나무 임분의 우세목 평균수고가 12.8m, 흉고단면적 합계가 24.3m²이다. 이때 아래 수확표의 내용을 참고하여 ha당 재적을 구하시오(소수점 셋째 자리에서 반올림하여 둘째 자리까지 기재).

임령	지위지수	평균수고	ha당 흉고단면적 합계	수간재적
30년	10	12.4m	26.2m²	151.1m³

해답

$$ha당 재적 = 수확표상 간재적 \times \frac{현실수고}{수확표상 수고} \times \frac{현실 흉고단면적 합계}{수확표상 흉고단면적 합계}$$

$$= 151.1 \times \frac{12.8}{12.4} \times \frac{24.3}{26.2} = 144.663 \cdots \quad \therefore 144.66m^3$$

04 측량오차의 종류 3가지를 적고 각각 설명하시오.

해답 ① 누적오차(누차, 정오차)
- 발생 원인을 분명히 알 수 있는 오차로 측량 후 오차의 보정이 가능하다.
- 측정횟수에 따라 오차가 누적되어 누적오차 또는 오차의 크기나 형태가 일정하여 정오차라고 한다.

② 우연오차(부정오차, 상쇄오차, 상차)
- 발생 원인을 알 수 없는 오차로 오차의 보정이 상당이 어렵다.
- 우연적으로 발생하여 우연오차 또는 원인이 일정하지 않은 오차라 하여 부정오차, 반대의 오차값이 발생하여 서로 상쇄되기도 하므로 상쇄오차(상차)라고 한다.
- 아무리 주의해도 피할 수 없으며 반드시 존재하는 오차로 누적되지는 않는다.

③ 과오(과실, 착오)
- 측량자의 착각, 부주의나 미숙 등으로 발생하는 과실에 의한 인위적인 오차이다.
- 주로 측정값의 눈금을 잘못 읽거나 야장의 기록 실수, 계산 착오 등으로 발생한다.

05 등고선구공법의 설치 목적을 적으시오.

해답 강우 시 수평구(등고선구) 안으로 빗물과 유출토사가 머물러 비탈면의 침식을 방지하며, 식생의 활착에도 도움을 주는 수토보전 저사저수공법이다.

06 사방댐의 시공 적지를 3곳 쓰시오.

해답 ① 계상 및 양안에 암반이 있는 곳
② 상류부의 계폭은 넓고, 댐자리가 좁은 곳
③ 지류가 합류하는 지점에서는 합류점의 하류부

> 📖 **참고**
> 그 외 시공 적지
> - 상류의 계상기울기가 완만한 곳
> - 붕괴지의 하부 또는 다량의 계상 퇴적물이 존재하는 지역의 직하류부
> - 계단상 댐으로 설치할 때는 첫 번째 댐의 추정퇴사선과 구 계상이 만나는 지점에 상류댐 설치

07 임업이율의 성격을 4가지 쓰시오.

해답 ① 임업이율은 대부이자가 아니고 자본이자이다.
② 임업이율은 단기이율이 아니고 장기이율이다.
③ 임업이율은 현실이율이 아니고 평정이율(계산이율)이다.
④ 임업이율은 실질적 이율이 아니고 명목적 이율이다.

08 임업기계 중 정지작업이 가능한 기계를 3가지 쓰시오.

해답 ① 모터그레이더　　② 불도저　　③ 스크레이퍼도저

> 📖 **참고**
>
> 정지 및 전압 가능 기계
>
> | 구분 | 작업내용 | 기계 종류 |
> |---|---|---|
> | 정지작업 | 땅고르기 | 모터그레이더, 불도저, 스크레이퍼도저 |
> | 다짐(전압)작업 | 땅다지기 | 탬핑롤러, 로드롤러(탠덤, 머캐덤), 타이어롤러, 진동롤러, 진동콤팩터, 탬퍼, 래머, 불도저 |

09 혼효율 산정방법에 대해 설명하시오.

해답 주요 수종의 입목본수, 입목재적, 수관점유면적 비율을 이용하여 백분율로 산정한다.

10 표준목법에서 표준목의 흉고직경 결정방법을 3가지 쓰시오.

해답 ① 흉고단면적법　　② 산술평균지름법　　③ 와이제법

> 📖 **참고**
>
> 표준목의 흉고직경 결정방법
> - 흉고단면적법 : 매목조사로 얻은 직경을 토대로 각 수목의 흉고단면적을 구하고, 그 합계를 전체 임목본수로 나누어 평균인 흉고단면적을 산출한 후 이 흉고단면적을 이용하여 표준목의 흉고직경을 결정하는 방법
>
> $$\text{표준목의 흉고단면적} = \frac{\text{임분의 흉고단면적 합계}}{\text{임분전체본수}}$$

- 산술평균지름법(산술평균직경법) : 각 수목의 흉고직경 합계를 전체 임목본수로 나누어 평균인 흉고직경을 얻는 방법

$$\text{표준목의 흉고직경} = \frac{\text{임분의 흉고직경 합계}}{\text{임분전체본수}}$$

- 와이제법 : 임목 직경을 작은 것부터 차례로 줄지어 놓는다고 할 때 60%에 해당하는 위치에 있는 임목 직경을 표준목의 흉고직경으로 하는 방법

11 면적이 10ha인 산림에 길이가 2km, 평균집재거리가 10m인 임도가 개설되어 있다. 이 임도의 개발지수를 구하시오.

해답

$$\text{임도밀도(m/ha)} = \frac{\text{임도 총연장거리(m)}}{\text{총면적(ha)}} = \frac{2,000}{10} = 200\text{m/ha}$$

$$\text{개발지수} = \frac{\text{평균집재거리} \times \text{임도밀도}}{2,500} = \frac{10 \times 200}{2,500} = 0.8$$

12 아래의 4급 선떼붙이기 모식도에서 각 번호의 명칭을 적으시오.

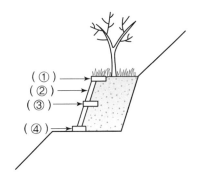

(①) →
(②) →
(③) →
(④) →

해답
① 갓떼   ② 선떼
③ 받침떼   ④ 바닥떼

13 아래의 내용에 맞는 수확조정기법을 쓰시오.

> 생장량법에는 일정한 수식이나 특수한 규정이 따로 정해져 있는 것이 아니라 경험을 근거로 실행하는 방식인 (①), 각 임분의 평균생장량의 합계를 곧 수확예정량으로 하는 방식인 (②), 현실축적에 각 임분의 평균생장률을 곱한 연년생장량을 수확예정량으로 하는 방식인 (③)이(가) 있다.

해답 ① 조사법   ② 마틴법   ③ 생장률법

14 쇄석도에서 수체 머캐덤도와 교통체 머캐덤도에 대해 설명하시오.

해답 ① 수체 머캐덤도 : 쇄석 틈 사이에 석분을 물로 침투시켜 롤러로 다진 도로
② 교통체 머캐덤도 : 쇄석이 교통과 강우로 다져진 도로

📖 **참고**

쇄석도의 노면 포장방법

구분		내용
탤퍼드식		• 노반의 하층에 큰 깬돌을 깔고 쇄석 재료를 입히는 방법 • 지반이 연약한 곳에 효과적
머캐덤식	수체 머캐덤도	쇄석 틈 사이에 석분을 물로 침투시켜 롤러로 다진 도로
	교통체 머캐덤도	쇄석이 교통과 강우로 다져진 도로
	역청 머캐덤도	쇄석을 타르나 아스팔트로 결합시킨 도로
	시멘트 머캐덤도	쇄석을 시멘트로 결합시킨 도로

15 스피겔릴라스코프를 이용한 각산정 표준지법에서 ha당 흉고단면적과 ha당 재적 계산법을 설명하시오.

해답 ① 임분의 ha당 흉고단면적＝흉고단면적 정수×임목본수
② 임분의 ha당 재적＝흉고단면적 정수×임목본수×임분수고×임분형수

2019년 2회 기출문제

01 임지기망가에 영향을 주는 인자를 4가지 적으시오.

해답
① 주벌수익과 간벌수익　　　　② 조림비와 관리비
③ 이율　　　　　　　　　　　④ 벌기

> **📖 참고**
> 임지기망가 크기에 영향을 주는 요소
> • 주벌수익과 간벌수익 : 항상 플러스(+) 값이므로, 값이 크고 시기가 빠를수록 임지기망가는 커진다.
> • 조림비와 관리비 : 항상 마이너스(−) 값이므로, 값이 클수록 임지기망가는 작아진다.
> • 이율 : 이율이 높으면 임지기망가는 작아지고, 낮으면 임지기망가는 커진다.
> • 벌기 : 벌기가 길어지면 임지기망가의 값이 처음에는 증가하다가 어느 시기에 이르러 최대에 도달하고, 그 후부터는 점차 감소한다.

02 임지평가법 중 비교방식에 의한 평가법을 3가지 쓰시오.

해답
① 대용법　　　　② 입지법　　　　③ 간접사례비교법

> **📖 참고**
> 임지의 평가방법
>
> | | |
> |---|---|
> | 원가방식에 의한 임지평가 | 원가방법, 임지비용가법 |
> | 수익방식에 의한 임지평가 | 임지기망가법, 수익환원법 |
> | 비교방식에 의한 임지평가 | 직접사례비교법(대용법, 입지법), 간접사례비교법 |
> | 절충방식에 의한 임지평가 | 수익가 비교절충법, 기망가 비교절충법, 수확·수익 비교절충법, 주벌수익 비교절충법 |

03 평판측량 시 기기 설치에 있어 필수 조건 3가지를 쓰고 설명하시오.

해답
① 정준(정치) : 수평 맞추기로, 삼각을 바르게 놓고 앨리데이드를 가로세로로 차례로 놓아가며 기포관의 기포가 중앙에 오도록 수평을 조절한다.

② 구심(치심) : 중심 맞추기로, 구심기의 추를 놓아 지상측점과 도상측점이 일치하도록 조절한다.

③ 표정 : 방향 맞추기로, 모든 측선의 도면상 방향과 지상 방향이 일치하도록 조절한다.

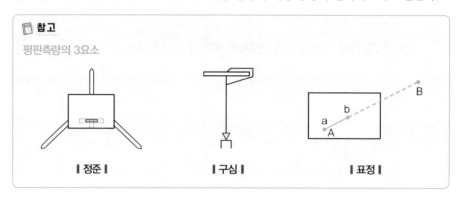

> 📖 **참고**
>
> 평판측량의 3요소

┃ 정준 ┃　　　　┃ 구심 ┃　　　　┃ 표정 ┃

04 와이어로프를 교체해야 하는 기준을 쓰시오.

해답 ① 꼬임 상태(킹크)인 것
② 현저하게 변형 또는 부식된 것
③ 와이어로프 소선이 10분의 1(10%) 이상 절단된 것
④ 마모에 의한 직경 감소가 공칭직경의 7%를 초과하는 것

05 기능과 규모에 따른 임도의 종류를 3가지 쓰시오.

해답 ① 간선임도　　　　② 지선임도　　　　③ 작업임도

> 📖 **참고**
>
> 임도의 기능과 규모에 따른 종류(산림기반시설)

간선임도	• 산림의 경영관리 및 보호상 중추적인 역할을 하는 임도 • 도로와 도로를 연결하는 근간이 되는 임도 • 연결임도, 도달임도
지선임도	• 일정 구역의 산림경영 및 산림보호를 목적으로 하는 임도 • 간선임도 또는 도로에서 연결하여 설치하는 임도 • 순수한 산림 개발(경영)의 목적으로 설치 • 경영임도, 시업임도
작업임도	• 일정 구역의 산림사업 시행을 위한 임도 • 간선임도·지선임도 또는 도로에서 연결하여 설치하는 임도 • 각종 임내 작업을 능률적으로 실시하기 위하여 시설되는 간이 도로 • 기계, 자재, 작업원 등을 가급적 작업지점 가까운 곳까지 수송하여 집재 및 운재 작업을 시작할 수 있도록 함

06 임도설계도 작성 시 평면도, 종단면도, 횡단면도의 축척 기준을 쓰시오.

> **해답**
> ① 평면도 : 1/1,200
> ② 종단면도 : 횡 1/1,000, 종 1/200
> ③ 횡단면도 : 1/100

> **📖 참고**
> 임도설계도의 축척 및 기입사항
>
> | 도면 구분 | 축척 | 기입사항 |
> |---|---|---|
> | 평면도 | 1/1,200 | 임시기표, 교각점, 측점번호, 사유토지의 지번별 경계, 구조물, 지형지물, 곡선제원 |
> | 종단면도 | • 횡 1/1,000
• 종 1/200 | 지반고, 계획고, 절토고, 성토고, 종단기울기, 누가거리, 거리, 측점, 곡선 |
> | 횡단면도 | 1/100 | 지반고, 계획고, 절토고, 성토고, 단면적(절성토), 지장목 제거, 측구터파기 단면적, 사면보호공 물량 |

07 20년생일 때의 재적이 210m³, 25년생일 때의 재적이 270m³인 임분의 생장률을 프레슬러 공식을 이용하여 계산하시오.

> **해답**
> $$P = \frac{V-v}{V+v} \times \frac{200}{m} = \frac{270-210}{270+210} \times \frac{200}{5} = 5\%$$
> 여기서, P : 생장률(%), V : 현재의 재적, v : m년 전의 재적, m : 기간연수

08 교각법에 의해 평면곡선 설정 시 곡선반지름이 80m, 교각이 40°일 때 접선길이와 곡선길이를 구하시오(소수점 셋째 자리에서 반올림하여 둘째 자리까지 기재).

> **해답**
> ① 접선길이 $\text{T.L} = \text{R} \cdot \tan\frac{\theta}{2} = 80 \times \tan\frac{40}{2} = 29.117\cdots$ ∴ 29.12m
> ② 곡선길이 $\text{C.L} = \frac{2\pi\text{R}\theta}{360} = \frac{2 \times \pi \times 80 \times 40}{360} = 55.850\cdots$ ∴ 55.85m
> 여기서, R : 곡선반지름, θ : 교각

09 표준지에서 임목조사의 결과가 아래와 같을 때 산림조사 야장의 수고값을 나타내시오.

경급(cm)	수고(m)	본수(본)
10	8	11
12	9	15
14	11	20
16	11	19
18	13	8

해답 수고는 최저에서 최고의 수고범위를 분모로 하고, 평균수고를 분자로 하여 기재한다. 평균 수고의 소수점 이하는 반올림하여 자연수로 나타낸다.

$$평균수고 = \frac{(각\,적용수고 \times 해당\,본수)의\,총합}{총\,본수}$$

$$= \frac{(8 \times 11) + (9 \times 15) + (11 \times 20) + (11 \times 19) + (13 \times 8)}{73}$$

$$= \frac{756}{73} = 10.356 \cdots$$

따라서 수고는 $\frac{10}{8-13}$ 이다.

10 건습도의 구분 기준을 쓰고 각각 설명하시오.

해답 ① 건조 : 손으로 꽉 쥐었을 때, 수분에 대한 감촉이 거의 없음
② 약건 : 손으로 꽉 쥐었을 때, 손바닥에 습기가 약간 묻는 정도
③ 적윤 : 손으로 꽉 쥐었을 때, 손바닥 전체에 습기가 묻고 물에 대한 감촉이 뚜렷함
④ 약습 : 손으로 꽉 쥐었을 때, 손가락 사이에 약간의 물기가 비친 정도
⑤ 습 : 손으로 꽉 쥐었을 때, 손가락 사이에 물방울이 맺히는 정도

11 임황조사 시 영급의 구분 기준에 대해 설명하고, Ⅲ영급의 임령을 적으시오.

해답 ① 영급 구분 기준 : 임령을 10년 단위로 하나의 영급으로 묶어, Ⅰ ~ Ⅹ영급으로 구분한다.
② Ⅲ영급 : 21~30년생

참고

영급의 구분

구분	내용	구분	내용
I 영급	1~10년생	VI 영급	51~60년생
II 영급	11~20년생	VII 영급	61~70년생
III 영급	21~30년생	VIII 영급	71~80년생
IV 영급	31~40년생	IX 영급	81~90년생
V 영급	41~50년생	X 영급	91~100년생

12 사방공사 재료 중 마름돌에 대해 설명하시오.

해답 일정한 치수의 긴 직사각육면체가 되도록 각 면을 다듬은 석재로 석재 중 가장 고급이며, 미관을 요하는 돌쌓기 공사에 메쌓기로 이용된다.

13 옹벽의 안정 조건을 4가지 쓰시오.

해답 ① 전도에 대한 안정　　　　② 활동에 대한 안정
③ 침하에 대한 안정　　　　④ 내부응력에 대한 안정

 참고

옹벽의 안정 조건
• 전도에 대한 안정 : 외력에 의한 합력 작용선이 반드시 옹벽 밑변과 교차해야 하며, 옹벽 밑변의 한 끝에 균열이 생기지 않게 하려면 외력의 합력이 밑너비의 중앙 1/3 이내에서 작용하도록 해야 한다.
• 활동에 대한 안정 : 합력과 밑변에서의 수직선이 만드는 각이 옹벽 밑변과 지반과의 마찰각을 넘지 않아야 한다.
• 침하에 대한 안정 : 합력에 의한 기초지반의 압력강도는 그 지반의 지지력보다 적어야 한다.
• 내부응력에 대한 안정 : 외력에 의하여 생기는 옹벽 내부의 최대응력은 그 재료의 허용응력 이상이 되지 않아야 한다.

14 산복수로 중 돌수로와 떼수로의 적용 조건을 쓰시오.

> **해답** ① 돌수로(돌붙임수로) : 집수구역이 넓고, 경사가 급하며, 유량이 많은 산비탈에 적용한다.
> ② 떼수로(떼붙임수로) : 집수구역이 좁고, 경사가 완만하고, 유량이 적으며, 토사 유송이 적
> 거나 없는 곳, 상수가 없는 곳 등에 적용한다.

15 보속성의 원칙에서 보속성의 의미를 협의와 광의로 구분하여 설명하시오.

> **해답** ① 협의 : 매년 지속적 목재의 수확을 통한 공급 측면에서의 보속, 목재 공급의 보속성
> ② 광의 : 임지가 항상 임목을 꾸준히 육성하는 생산 측면에서의 보속, 목재 생산의 보속성

2019년 3회 기출문제

01 교각법에 의한 임도곡선 설정 시 아래 그림을 보고 각 명칭을 적으시오.

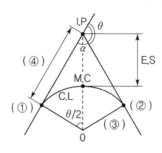

> **해답** ① B.C : 곡선시점 ② E.C : 곡선종점
> ③ R : 곡선반지름 ④ T.L : 접선길이

02 카메랄탁세(Kameraltaxe) 공식의 계산인자 4가지를 적으시오.

> **해답** ① 현실연간생장량 ② 현실축적
> ③ 법정축적 ④ 갱정기
>
> > 📖 **참고**
> >
> > 카메랄탁세법
> >
> > $$연간표준벌채량 = 현실연간생장량 + \frac{현실축적 - 법정축적}{갱정기(정리기)}$$

03 이령림의 임령 측정방법을 3가지 쓰시오.

> **해답** ① 본수령 ② 재적령 ③ 면적령

> **참고**
>
> 이령림의 평균임령 산출법
>
> - 본수령 $A = \dfrac{n_1 a_1 + n_2 a_2 + n_3 a_3 + \cdots + n_n a_n}{n_1 + n_2 + n_3 + \cdots + n_n}$
>
>   여기서, a_1, a_2, a_3 : 연령, n_1, n_2, n_3 : 각 연령의 본수
>
> - 재적령 $A = \dfrac{v_1 a_1 + v_2 a_2 + v_3 a_3 + \cdots + v_n a_n}{v_1 + v_2 + v_3 + \cdots + v_n}$
>
>   여기서, a_1, a_2, a_3 : 연령, v_1, v_2, v_3 : 각 연령의 재적
>
> - 면적령 $A = \dfrac{f_1 a_1 + f_2 a_2 + f_3 a_3 + \cdots + f_n a_n}{f_1 + f_2 + f_3 + \cdots + f_n}$
>
>   여기서, a_1, a_2, a_3 : 연령, f_1, f_2, f_3 : 각 연령의 면적
>
> - 단면적령 $A = \dfrac{g_1 a_1 + g_2 a_2 + g_3 a_3 + \cdots + g_n a_n}{g_1 + g_2 + g_3 + \cdots + g_n}$
>
>   여기서, a_1, a_2, a_3 : 연령, g_1, g_2, g_3 : 각 연령의 단면적

04 측량 시 발생하는 오차의 종류를 3가지 적으시오.

해답
① 누적오차(누차, 정오차)
② 우연오차(부정오차, 상쇄오차, 상차)
③ 과오(과실, 착오)

> **참고**
>
> 오차의 종류
> - 누적오차(누차, 정오차)
>   - 발생 원인을 분명히 알 수 있는 오차로 측량 후 오차의 보정이 가능하다.
>   - 측정횟수에 따라 오차가 누적되어 누적오차 또는 오차의 크기나 형태가 일정하여 정오차라고 한다.
> - 우연오차(부정오차, 상쇄오차, 상차)
>   - 발생 원인을 알 수 없는 오차로 오차의 보정이 상당이 어렵다.
>   - 우연적으로 발생하여 우연오차 또는 원인이 일정하지 않은 오차라 하여 부정오차, 반대의 오차 값이 발생하여 서로 상쇄되기도 하므로 상쇄오차(상차)라고 한다.
>   - 아무리 주의해도 피할 수 없으며 반드시 존재하는 오차로 누적되지는 않는다.
> - 과오(과실, 착오)
>   - 측량자의 착각, 부주의나 미숙 등으로 발생하는 과실에 의한 인위적인 오차이다.
>   - 주로 측정값의 눈금을 잘못 읽거나 야장의 기록 실수, 계산 착오 등으로 발생한다.

05 사방수종의 요구 조건을 4가지 쓰시오.

해답 ① 생장력이 왕성하여 잘 번성할 것
② 뿌리의 자람이 좋아 토양의 긴박력이 클 것
③ 건조, 한해, 각종 병해충에 강할 것
④ 갱신이 용이하며, 가급적이면 경제적 가치가 높을 것

📖 **참고**
그 외 요구 조건
• 묘목 생산 비용이 적게 들고, 대량생산이 가능할 것
• 토양개량 효과가 기대될 것

06 토성 구분에서 사양토의 특징에 대해 설명하시오.

해답 모래가 대략 1/3~2/3인 토양으로 점토 함량이 20% 이하이다.

📖 **참고**
토성(土性)
모래, 미사, 점토의 백분율로 나타낸 토양의 성질로 점토의 함량에 따른 촉감으로 구분한다.

구분	약어	특징
사토	사, S	흙을 비볐을 때, 거의 모래만 감지되는 토양(점토 함량 10% 이하)
사양토	사양, SL	모래가 대략 1/3~2/3인 토양(점토 함량 20% 이하)
양토	양, L	모래와 미사가 대략 1/3~1/2인 토양(점토 함량 27% 이하)
식양토	식양, CL	모래와 미사가 대략 1/5~1/2씩인 토양(점토 함량 27~40%)
식토	식, C	점토가 대부분인 토양(점토 함량 50% 이상)

07 소단 설치 시 효과를 4가지 쓰시오.

해답 ① 절성토 사면의 안정성을 상승시킨다.
② 유수로 인한 사면의 침식을 저하한다.
③ 유지·보수 작업 시 작업원의 발판으로 이용 가능하다.
④ 보행자나 운전자에게 심리적 안정감을 준다.

08 산림면적이 3,600ha, 윤벌기가 60년, 1영급의 영계 수가 10개일 때 법정영급면적과 영급 수를 구하시오.

해답

① 법정영급면적 $= \dfrac{F}{U} \times n = \dfrac{3,600}{60} \times 10 = 600\text{ha}$

② 영급 수 $= \dfrac{U}{n} = \dfrac{60}{10} = 6$개

여기서, U : 윤벌기, F : 산림면적(ha), n : 1영급의 영계 수

> 📖 **참고**
>
> 법정영급분배 계산법
>
> • 법정영계면적 $a = \dfrac{F}{U}$ • 법정영급면적 $A = \dfrac{F}{U} \times n$ • 영급 수 $= \dfrac{U}{n}$
>
> 여기서, U : 윤벌기, F : 산림면적(ha), n : 1영급의 영계 수

09 설계속도 40km/h, 횡단물매 7%, 마찰계수 0.13일 때 최소곡선반지름을 구하시오(소수점 셋째 자리에서 반올림하여 둘째 자리까지 기재).

해답

$R = \dfrac{V^2}{127(f+i)} = \dfrac{40^2}{127(0.13+0.07)} = 62.992 \cdots \quad \therefore 62.99\text{m}$

여기서, R : 최소곡선반지름(m), V : 설계속도, f : 노면과 타이어의 마찰계수

i : 횡단기울기 또는 외쪽기울기

> 📖 **참고**
>
> 최소곡선반지름의 계산
>
> • 운반되는 통나무의 길이에 의한 경우
>
> 최소곡선반지름(m) $R = \dfrac{l^2}{4B}$
>
> 여기서, l : 반출할 목재의 길이(m), B : 도로의 폭(m)
>
> • 원심력과 타이어 마찰계수에 의한 경우
>
> 최소곡선반지름(m) $R = \dfrac{V^2}{127(f+i)}$
>
> 여기서, V : 설계속도, f : 노면과 타이어의 마찰계수, i : 횡단기울기 또는 외쪽기울기

10 수익방식에 의한 임지평가법을 2가지 적고 각각 설명하시오.

해답
① 임지기망가법
- 임지기망가란 일제림에서 일정 시업을 앞으로 영구히 실시한다고 가정할 때 그 임지에서 기대되는 순수익의 현재가 합계로 수익방식에 의한 임지평가법이다.
- 총수입의 현재가 − 총비용의 현재가 = 무한수익의 전가합계 − 무한비용의 전가합계

② 수익환원법 : 임지로부터 매년 일정한 수익이 있는 경우 그 수익을 공정한 이율로 할인하여 현재가를 결정하는 수익방식에 의한 임지평가법이다.

📖 **참고**

임지의 평가방법

원가방식에 의한 임지평가	원가방법, 임지비용가법
수익방식에 의한 임지평가	임지기망가법, 수익환원법
비교방식에 의한 임지평가	직접사례비교법(대용법, 입지법), 간접사례비교법
절충방식에 의한 임지평가	수익가 비교절충법, 기망가 비교절충법, 수확 · 수익 비교절충법, 주벌수익 비교절충법

11 측고기 사용 시 주의사항을 쓰시오.

해답
① 측정하고자 하는 나무의 초두부(나무 위 끝)와 근원부가 잘 보이는 지점을 선정한다.
② 측정위치가 멀거나 가까우면 오차가 생기므로 나무 높이 정도 떨어진 곳에서 측정한다.
③ 경사지에서는 가급적 등고위치에서 측정한다.
④ 경사지에서는 오차를 줄이기 위해 여러 방향에서 측정하여 평균한다.
⑤ 경사지에서는 뿌리보다 높은 곳의 실질적 근원부에서 측정한다.
⑥ 등고 방향으로 이동이 불가능할 때는 경사거리와 경사각을 측정 · 환산하여 이용한다.
⑦ 평탄한 곳이라도 2회 이상 측정하여 평균한다.

12 임도설계 시 고려사항을 3가지 쓰시오.

해답
① 운재비(운반비)가 적게 들도록 한다.
② 신속한 운반이 되도록 한다.
③ 운반량에 제한이 없도록 한다.

> **참고**
>
> 그 외 고려사항
> • 운재방법이 단일화되도록 한다.
> • 날씨와 계절에 따른 운재(운반)능력에 제한이 없도록 한다.
> • 목재의 손실이 적도록 한다.
> • 산림풍치의 보전과 등산 · 관광 등의 편익도 고려한다.

13 평균유속이 0.18km/h, 수로의 횡단면적이 5m²인 수로에 10초 동안의 유량을 계산하시오.

해답 먼저, 유속 0.18km/h를 m/s로 환산하면, 0.18km=180m이고 1h=3,600s이므로

$\dfrac{180\text{m}}{3,600\text{s}} = 0.05\text{m/s}$ 이다.

따라서 유량(m³/s)=유속(m/s) × 유적(m²)=0.05 × 5=0.25m³/s이며, 10초 동안의 유량은
0.25×10=2.5m³이다.

14 흉고직경이 20cm, 수고가 12m, 흉고형수가 0.5인 수목의 재적을 구하시오(소수점 셋째
자리에서 반올림하여 둘째 자리까지 기재).

해답 $V = g \cdot h \cdot f = \dfrac{\pi \cdot d^2}{4} \cdot h \cdot f = \dfrac{\pi \times 0.2^2}{4} \times 12 \times 0.5 = 0.1884 \cdots \quad \therefore 0.19\text{m}^3$

여기서, V : 수간재적, g : 원의 단면적, h : 수고, f : 형수, d : 흉고직경

15 벌목 시 수구면과 추구면 사이에 일정한 너비를 남기는 이유가 무엇인지 4가지 쓰시오.

해답 ① 나무가 넘어지는 속도 감소
② 벌도 방향의 혼란 감소
③ 벌도목의 파열 방지
④ 작업의 안전

2019년 3회 기출문제

01 지황조사의 항목을 4가지 쓰시오.

해답 ① 지종 ② 방위 ③ 경사도 ④ 표고

> **📖 참고**
>
> 산림조사 항목
> • 지황조사 항목 : 지종, 방위, 경사도, 표고, 토성, 토심, 건습도, 지위, 지리, 지세 등
> • 임황조사 항목 : 임종, 임상, 수종, 혼효율, 임령, 영급, 수고, 경급, 소밀도, 축적 등

02 임황조사 항목 중 소밀도의 구분 기준을 쓰시오.

해답 ① 소 : 수관밀도가 40% 이하인 임분
② 중 : 수관밀도가 41~70%인 임분
③ 밀 : 수관밀도가 71% 이상인 임분

03 반출할 목재의 길이가 15m, 도로의 폭이 3m인 경우 최소곡선반지름을 구하시오.

해답 $R = \dfrac{l^2}{4B} = \dfrac{15^2}{4 \times 3} = 18.75\text{m}$

여기서, R : 최소곡선반지름(m), l : 반출할 목재의 길이(m), B : 도로의 폭(m)

> **📖 참고**
>
> 최소곡선반지름의 계산
> • 운반되는 통나무의 길이에 의한 경우
>
> $$\text{최소곡선반지름(m)} \quad R = \frac{l^2}{4B}$$
>
> 여기서, l : 반출할 목재의 길이(m), B : 도로의 폭(m)
> • 원심력과 타이어 마찰계수에 의한 경우
>
> $$\text{최소곡선반지름(m)} \quad R = \frac{V^2}{127(f+i)}$$
>
> 여기서, V : 설계속도, f : 노면과 타이어의 마찰계수, i : 횡단기울기 또는 외쪽기울기

04 사이클 타임 24초, 버킷 용량 0.7m³, 버킷 계수 0.9, 토량변화율 1.2, 작업능률 0.8, 1일 작업시간 7시간인 백호우로 6,000m³를 굴착할 때 작업소요일수를 구하시오.

해답
토량환산계수$(f) = \dfrac{1}{\text{토량변화율}}$ 이므로

$$Q = \frac{3,600 \times q \times K \times f \times E}{C_m} = \frac{3,600 \times 0.7 \times 0.9 \times \dfrac{1}{1.2} \times 0.8}{24} = 63\text{m}^3/\text{h}$$

여기서, C_m : 1회 사이클 시간(초), q : 버킷 용량(m³), K : 버킷 계수
f : 토량환산계수, E : 작업효율

시간당 작업량이 63m³이며, 1일에 7시간 작업이므로 하루작업량은 $63 \times 7 = 441\text{m}^3$이다. 따라서 작업소요일수는 $6,000 \div 441 = 13.605\cdots$로 14일이다.

05 가선집재 종류 중에 타일러방식에 대해 설명하시오.

해답
2 드럼식으로 가공본줄 경사가 $10\sim25°$인 개벌작업에 적합한 방식이다. 자중에 의해 반송기가 이동하여 경제적이며, 운전 및 가로집재가 용이하나 집재거리가 제한적이며, 택벌지에서는 가로집재에 의해 잔존목에 피해를 주기 쉽다.

06 임도의 평면곡선 중 복심곡선과 반향곡선을 도식화하여 나타내고 각각의 특징을 설명하시오.

해답
① 복심곡선 : 반지름이 달라 곡률이 다른 두 개의 곡선이 같은 방향으로 연속되는 곡선으로 복합곡선이라고도 한다.
② 반향곡선 : 방향이 서로 다른 곡선을 연속시킨 곡선으로 반대곡선, S−curve라고도 부른다. 차량의 안전주행을 위하여 두 곡선 사이에 10m 이상의 직선부를 설치해야 한다.

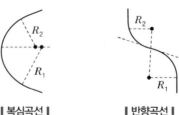

‖ 복심곡선 ‖ ‖ 반향곡선 ‖

참고

평면곡선의 종류

단곡선 (원곡선)	• 두 개의 직선을 하나로 부드럽게 연결한 원곡선 • 설치가 쉬워 일반적으로 많이 사용
복심곡선 (복합곡선)	반지름이 달라 곡률이 다른 두 개의 곡선이 같은 방향으로 연속되는 곡선
반향곡선 (반대곡선, S-curve)	• 방향이 서로 다른 곡선을 연속시킨 곡선 • 차량의 안전주행을 위하여 두 곡선 사이에 10m 이상의 직선부를 설치해야 함
배향곡선 (헤어핀곡선)	• 반지름이 작은 원호의 앞이나 뒤에 반대 방향 곡선을 넣어 헤어핀 모양으로 된 곡선 • 급경사지에서 노선거리를 연장하여 종단기울기를 완화할 때나 같은 사면에서 우회할 때 적용 • 곡선반지름이 10m 이상 되도록 설치
완화곡선	• 직선부에서 곡선부로 연결되는 완화구간에 외쪽물매와 너비 확폭이 원활하도록 설치하는 곡선 • 차량의 원활한 통행을 위하여 설치

07 임도설계 시 토량을 산정하는 계산식을 3가지 쓰시오.

해답 ① 양단면적평균법
② 중앙단면적법
③ 주상체공식(각주공식)

참고

토량 계산식

• 양단면적평균법(평균단면적법) : 도로, 철도 등의 토적을 계산하거나 매립량, 토취량 등을 구할 때 유토곡선을 이용하여 계산하는 방법이다.

$$토량(m^3) \quad V = \frac{A_1 + A_2}{2} \times L$$

여기서, A_1, A_2 : 양단면적(m^2), L : 양단면적 간의 거리(m)

• 중앙단면적법 : 양단면 사이의 중앙에 위치한 단면적에 단면적 사이의 거리를 곱해 체적을 계산한다.

$$토량(m^3) \quad V = A_m \times L$$

여기서, A_m : 중앙단면적(m^2), L : 끝단면적 간의 거리(m)

• 주상체공식(각주공식)

$$토량(m^3) \quad V = \frac{L}{6}(A_1 + 4A_m + A_2)$$

여기서, L : 끝단면적 간의 거리, A_1, A_2 : 양단면적, A_m : 중앙단면적

08 소반을 다르게 구획하는 요인을 4가지 적으시오.

> **해답** ① 산림의 기능이 상이할 때
> ② 지종이 상이할 때
> ③ 임종, 임상 및 작업종이 상이할 때
> ④ 임령, 지위, 지리 또는 운반계통이 상이할 때

09 컴퍼스 측량의 국지인력에 대해 설명하시오.

> **해답** 측량하는 곳 주변에 자력 방해 시설이 있을 경우 컴퍼스가 자북을 가리키지 못하게 되는데 이때에 영향을 미치는 국지적인 자력을 말한다.

10 아래의 지위지수 분류표를 이용하여 임령이 28년이며, 우세목의 평균수고가 12m인 잣나무 임분의 지위지수를 구하시오.

(단위 : m)

임령(년)	지위지수			
	6	8	10	12
20	6.0	8.0	10.0	12.0
25	7.4	8.9	11.7	12.9
30	8.9	9.7	12.5	13.7
35	10.1	10.5	13.2	14.6

> **해답** 해답 1)
> 표의 지위지수 10에서 25~30년생의 수고는 11.7~12.5m이므로, 임령이 28년이며 평균수고가 12m이면 지위지수 10에 해당한다.
>
> 해답 2)
> 임령이 28년이며, 우세목의 평균수고가 12m이므로 지위지수는 대략 10이나 12 부근임을 알 수 있다. 따라서 임령이 28년일 때의 지위지수 10과 12에 해당하는 수고를 구하여, 보다 12m에 가까운 지위지수를 선택한다.
>
> ① 지위지수 10인 경우의 수고 : $11.7 + \dfrac{3}{5} \times (12.5 - 11.7) = 12.18m$
>
> ② 지위지수가 12인 경우의 수고 : $12.9 + \dfrac{3}{5} \times (13.7 - 12.9) = 13.38m$
>
> 계산 결과 12m에 가까운 수고는 지위지수가 10일 때이므로, 이 잣나무 임분의 지위지수는 10으로 판정한다.

11 시장가역산법에서 공제하는 비용인자를 3가지 쓰시오.

> **해답** ① 벌목비 　　　② 운반비 　　　③ 집재비
>
> > 📖 **참고**
> >
> > 시장가역산법의 계산
> >
> > $$x = f\left(\frac{a}{1+mp+r} - b\right)$$
> >
> > 여기서, x : 단위재적당 임목가(원/m^3), f : 조재율, m : 자본회수기간, p : 월이율
> >
> > r : 기업이익률, a : 원목의 단위재적당 시장가(원목시장단가, 원/m^3)
> >
> > b : 단위재적당 벌목비 · 운반비 · 집재비 · 조재비 등의 생산비용(원/m^3)

12 분사식 씨뿌리기공법에 대해 설명하시오.

> **해답** 종자, 비료, 양생제, 전착제를 물과 함께 혼합하여 사면에 기계를 이용하여 압력으로 분사하여 파종하는 공법이다. 대면적의 급한 경사면 등에 전면을 속성 녹화하고자 할 때 주로 이용되나, 암반비탈면에는 효과가 작다.

13 아래의 슈나이더에 의한 생장률 공식에서 n, k가 나타내는 것이 무엇인지 쓰시오.

$$\text{생장률(\%)} \ P = \frac{k}{nD}$$

> **해답** ① n : 수피 밑 1cm 내의 연륜 수
>
> ② k : 상수(직경 30cm 이하는 550을, 30cm 초과는 500을 적용)

14 흉고단면적이 0.112m², 수고가 15m, 흉고형수가 0.45인 수목의 재적을 구하시오.

> **해답** $V = g \cdot h \cdot f = 0.112 \times 15 \times 0.45 = 0.756\text{m}^3$
>
> 여기서, V : 수간재적, g : 원의 단면적, h : 수고, f : 형수

15 아래의 ( ) 안에 알맞은 말을 채워 넣으시오.

영선은 임도의 시공기면과 산지의 경사면이 만나는 교차선으로 노반에 나타나며, (①)
작업과 (②)작업의 경계선이 된다.

해답◆ ① 절토   ② 성토

2020^년 1^회 기출문제

01 산림경영계획도에 표시하는 항목을 4가지 쓰시오.

해답 ① 영림구계 ② 임소반계 ③ 주벌 ④ 간벌

> 📖 **참고**
>
> 그 외 조림, 임도시설, 도로, 하천, 임상, 영급, 소밀도 등이 있다.

02 사방댐의 적절한 설치장소를 4곳 쓰시오.

해답 ① 계상 및 양안에 암반이 있는 곳
　　 ② 상류부의 계폭은 넓고, 댐자리가 좁은 곳
　　 ③ 지류가 합류하는 지점에서는 합류점의 하류부
　　 ④ 상류의 계상기울기가 완만한 곳

> 📖 **참고**
>
> 그 외 시공 적지
> • 붕괴지의 하부 또는 다량의 계상 퇴적물이 존재하는 지역의 직하류부
> • 계단상 댐으로 설치할 때는 첫 번째 댐의 추정퇴사선과 구 계상이 만나는 지점에 상류댐 설치

03 임도의 곡선 설정방법을 3가지 쓰시오.

해답 ① 교각법 ② 편각법 ③ 진출법

04 와이어로프의 폐기 기준을 4가지 쓰시오.

해답 ① 꼬임 상태(킹크)인 것
　　 ② 현저하게 변형 또는 부식된 것
　　 ③ 와이어로프 소선이 10분의 1(10%) 이상 절단된 것
　　 ④ 마모에 의한 직경 감소가 공칭직경의 7%를 초과하는 것

05 사방수종의 요구 조건을 4가지 쓰시오.

해답 ① 생장력이 왕성하여 잘 번성할 것
② 뿌리의 자람이 좋아 토양의 긴박력이 클 것
③ 건조, 한해, 각종 병해충에 강할 것
④ 갱신이 용이하며, 가급적이면 경제적 가치가 높을 것

> 📖 **참고**
>
> 그 외 요구 조건
> • 묘목 생산 비용이 적게 들고, 대량생산이 가능할 것
> • 토양개량 효과가 기대될 것

06 측고기를 사용하여 측정 시 주의사항을 설명하시오.

해답 ① 측정하고자 하는 나무의 초두부(나무 위 끝)와 근원부가 잘 보이는 지점을 선정한다.
② 측정위치가 멀거나 가까우면 오차가 생기므로 나무 높이 정도 떨어진 곳에서 측정한다.
③ 경사지에서는 가급적 등고위치에서 측정한다.
④ 경사지에서는 오차를 줄이기 위해 여러 방향에서 측정하여 평균한다.
⑤ 경사지에서는 뿌리보다 높은 곳의 실질적 근원부에서 측정한다.
⑥ 등고 방향으로 이동이 불가능할 때는 경사거리와 경사각을 측정 · 환산하여 이용한다.
⑦ 평탄한 곳이라도 2회 이상 측정하여 평균한다.

07 찰쌓기 물빼기 구멍의 설치 기준을 설명하시오.

해답 구멍은 서로 어긋나게 배치하고, $2\sim3m^2$당 1개소를 표준으로 하여 설치한다.

08 아래 표의 임령별 임목본수를 참고하여 이 임분의 평균임령을 계산하시오(소수점 첫째 자리에서 반올림하여 자연수로 기재).

임령	17	18	19	20	21	22	23
본수	20	15	16	13	17	10	8

해답 본수령

$$A = \frac{n_1 a_1 + n_2 a_2 + n_3 a_3 + \cdots + n_n a_n}{n_1 + n_2 + n_3 + \cdots + n_n}$$

$$= \frac{(17 \times 20) + (18 \times 15) + (19 \times 16) + (20 \times 13) + (21 \times 17) + (22 \times 10) + (23 \times 8)}{20 + 15 + 16 + 13 + 17 + 10 + 8}$$

$$= \frac{1,935}{99} = 19.5454 \cdots \quad \therefore \text{평균임령은 20년생}$$

여기서, a_1, a_2, a_3 : 연령, n_1, n_2, n_3 : 각 연령의 본수

09 임도에서 최소곡선반지름 크기에 영향을 미치는 인자를 5가지 쓰시오.

해답
① 도로의 너비(노폭, 유효폭)
② 반출할 목재의 길이
③ 차량의 구조
④ 운행속도(설계속도)
⑤ 도로의 구조

> 📖 **참고**
> 그 외 시거, 타이어와 노면의 마찰계수 등이 있다.

10 임지기망가에 영향을 주는 요소를 4가지 적으시오.

해답
① 주벌수익과 간벌수익 ② 조림비와 관리비
③ 이율 ④ 벌기

> 📖 **참고**
> 임지기망가 크기에 영향을 주는 요소
> • 주벌수익과 간벌수익 : 항상 플러스(+) 값이므로, 값이 크고 시기가 빠를수록 임지기망가는 커진다.
> • 조림비와 관리비 : 항상 마이너스(−) 값이므로, 값이 클수록 임지기망가는 작아진다.
> • 이율 : 이율이 높으면 임지기망가는 작아지고, 낮으면 임지기망가는 커진다.
> • 벌기 : 벌기가 길어지면 임지기망가의 값이 처음에는 증가하다가 어느 시기에 이르러 최대에 도달하고, 그 후부터는 점차 감소한다.

11 법정축적법 중 교차법의 종류 3가지를 적으시오.

해답 ① 카메랄탁세(Kameraltaxe)법
② 하이어(Heyer)법
③ 칼(Karl)법

> 📖 **참고**
> 수확조정기법
>
> | 구획윤벌법 | 단순구획윤벌법, 비례구획윤벌법 | |
> |---|---|---|
> | 재적배분법 | Beckmann법, Hufnagl법 | |
> | 평분법 | 재적평분법, 면적평분법, 절충평분법 | |
> | 법정축적법 | 교차법 | Kameraltaxe법, Heyer법, Karl법, Gehrhardt법 |
> | | 이용률법 | Hundeshagen법, Mantel법 |
> | | 수정계수법 | Breymann법, Schmidt법 |
> | 영급법 | 순수영급법, 임분경제법, 등면적법 | |
> | 생장량법 | Martin법, 생장률법, 조사법 | |

12 임도에서 대피소의 설치 기준을 쓰시오.

해답 ① 임도는 1차선이므로 차량이 비켜 지나갈 수 있도록 너비를 넓게 하여 설치한 장소이다.
② 차량의 원활한 소통을 위해서는 300m 이내의 간격마다 5m 이상의 너비와 15m 이상의 길이를 가지는 대피소를 설치해야 한다.

> 📖 **참고**
> 대피소의 설치 기준
>
> | 구분 | 기준 |
> |---|---|
> | 간격 | 300m 이내 |
> | 너비 | 5m 이상 |
> | 유효길이 | 15m 이상 |

13 흉고형수에 영향을 미치는 주요 인자 4가지를 적으시오.

해답 ① 수고 ② 흉고직경
③ 연령 ④ 지위

14 경심 0.87, 유로비탈 1/12, 조도계수 α : 0.0004, β : 0.0006일 때 바진(Bazin) 공식에 의해 평균유속을 구하시오(소수점 셋째 자리에서 반올림하여 둘째 자리까지 기재).

해답

구공식 : $V = \sqrt{\dfrac{1}{\alpha + \dfrac{\beta}{R}}} \times \sqrt{R \cdot I} = \sqrt{\dfrac{1}{0.0004 + \dfrac{0.0006}{0.87}}} \times \sqrt{0.87 \times \dfrac{1}{12}}$

$= 8.156 \cdots$ ∴ 8.16m/s

여기서, V : 평균유속(m/s), α, β : 조도계수, R : 경심, I : 수로 경사(%)

참고

바진(Bazin) 공식

• 구공식

$$V = \sqrt{\dfrac{1}{\alpha + \dfrac{\beta}{R}}} \times \sqrt{R \cdot I}$$

여기서, V : 평균유속(m/s), α, β : 조도계수, R : 경심, I : 수로 경사(%)

• 신공식

$$V = \dfrac{87}{1 + \dfrac{n}{\sqrt{R}}} \times \sqrt{R \cdot I}$$

여기서, V : 평균유속(m/s), n : 조도계수, R : 경심, I : 수로 경사(%)

15 축척 1/25,000의 지형도에 종단물매 8%, 높이 10m인 노선의 양각기의 폭을 계산하시오.

해답

종단물매 $= \dfrac{수직거리}{수평거리} \times 100$에서 $8\% = \dfrac{10}{x} \times 100$이므로, 등고선 간의 수평거리 $x = 125m$ 이다.

이것을 축척을 적용하여 지도상의 수치로 나타내면, 축척 1/25,000은 지도상의 1cm를 실제 25,000cm(250m)로 나타내는 것이므로 1 : 250 = x : 125으로 양각기의 폭 $x = 0.5$cm = 5mm 이다.

2020^년 1^회 기출문제

01 수제의 정의와 설치 이유를 쓰시오.

> **해답** ① 수제 : 계류의 유속과 흐름 방향을 조절할 수 있도록 둑이나 계안으로부터 유심을 향해 돌출하여 설치하는 공작물이다.
> ② 설치 이유 : 계류의 유심 방향을 변경시켜 계안의 침식과 붕괴를 방지하기 위해 설치한다.

02 임황조사 시 영급의 구분 기준에 대해 설명하고, Ⅳ영급의 임령을 적으시오.

> **해답** ① 영급 구분 기준 : 임령을 10년 단위로 하나의 영급으로 묶어, Ⅰ ~ Ⅹ영급으로 구분한다.
> ② Ⅳ영급 : 31~40년생

> **📖 참고**
>
> 영급의 구분
>
> | 구분 | 내용 | 구분 | 내용 |
> |------|------|------|------|
> | Ⅰ영급 | 1~10년생 | Ⅵ영급 | 51~60년생 |
> | Ⅱ영급 | 11~20년생 | Ⅶ영급 | 61~70년생 |
> | Ⅲ영급 | 21~30년생 | Ⅷ영급 | 71~80년생 |
> | Ⅳ영급 | 31~40년생 | Ⅸ영급 | 81~90년생 |
> | Ⅴ영급 | 41~50년생 | Ⅹ영급 | 91~100년생 |

03 임반을 구획하는 방법을 쓰시오.

> **해답** 면적은 100ha 내외로 구획하며, 능선, 하천 등 자연경계나 도로 등의 고정적 시설을 따라 확정한다. 경영계획구 유역 하류에서 시계 방향으로 연속되게 숫자 1, 2, 3…으로 표시하고, 신규 재산 취득 등으로 보조임반을 편성할 때는 임반의 번호에 보조번호를 1−1, 1−2, 1−3… 순으로 붙여 나타낸다.

04 임업이율의 성격을 4가지 쓰시오.

> **해답** ① 임업이율은 대부이자가 아니고 자본이자이다.
> ② 임업이율은 단기이율이 아니고 장기이율이다.
> ③ 임업이율은 현실이율이 아니고 평정이율(계산이율)이다.
> ④ 임업이율은 실질적 이율이 아니고 명목적 이율이다.

05 유역면적 1.5ha, 최대시우량 100mm/h, 유거계수 0.7일 때 최대홍수유량을 시우량법에 의해 계산하시오(소수점 셋째 자리에서 반올림하여 둘째 자리까지 기재).

> **해답** 유역면적의 단위가 ha일 때 유량공식
>
> $$Q = \frac{1}{360} \times K \cdot A \cdot m = \frac{1}{360} \times 0.7 \times 1.5 \times 100 = 0.291 \cdots \quad \therefore 0.29 \mathrm{m^3/s}$$
>
> 여기서, Q : 최대홍수유량(m³/s), K : 유거계수, A : 유역면적
> m : 최대시우량(mm/h)
>
> ---
>
> 📖 **참고**
>
> 시우량법
> • 유역면적의 단위가 m²일 때 유량공식
>
> $$Q = K \frac{A \times \dfrac{m}{1,000}}{60 \times 60} = \frac{1}{360} \times K \cdot A \cdot m \times \frac{1}{10,000}$$
>
> • 유역면적의 단위가 ha일 때 유량공식
>
> $$Q = \frac{1}{360} \times K \cdot A \cdot m = 0.002778 \times K \cdot A \cdot m$$
>
> 여기서, Q : 최대홍수유량(m³/s), K : 유거계수, A : 유역면적, m : 최대시우량(mm/h)

06 아래의 4급 선떼붙이기 모식도에서 각 번호의 명칭을 적으시오.

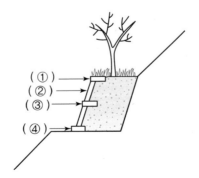

(①)
(②)
(③)
(④)

해답 ① 갓떼　　② 선떼　　③ 받침떼　　④ 바닥떼

07 **경사도의 구분 중에 급경사지의 기준을 쓰시오.**

해답 경사도 20~25° 미만

> 📖 **참고**
>
> 경사도의 구분
>
> | 구분 | 약어 | 경사도 |
> |------|------|--------|
> | 완경사지 | 완 | 15° 미만 |
> | 경사지 | 경 | 15~20° 미만 |
> | 급경사지 | 급 | 20~25° 미만 |
> | 험준지 | 험 | 25~30° 미만 |
> | 절험지 | 절 | 30° 이상 |

08 **임목기망가법에 대해 설명하시오.**

해답 임목기망가란 평가 임목을 일정 연도에 벌채할 때 앞으로 기대되는 수익의 전가합계에서 그동안의 경비의 전가합계를 공제한 가격으로 벌기 미만 장령림의 임목평가에 적용하는 방법이다.

09 **말구의 직경이 20cm, 재장이 5.8m인 원목의 재적을 말구직경자승법을 이용하여 구하시오.**

해답 재장이 6m 미만일 때

$$V = d_n^2 \times l \times \frac{1}{10,000} = 20^2 \times 5.8 \times \frac{1}{10,000} = 0.232\text{m}^3$$

여기서, V : 재적(m³), d_n : 말구지름(cm), l : 재장(m)

> **참고**
>
> 말구지름제곱법(말구직경자승법)
>
> • 재장이 6m 미만일 때
>
> $$V = d_n^{\,2} \times l \times \frac{1}{10,000}$$
>
> 여기서, V : 재적(m^3), d_n : 말구지름(cm), l : 재장(m)
>
> • 재장이 6m 이상일 때
>
> $$V = \left(d_n + \frac{l'-4}{2}\right)^2 \times l \times \frac{1}{10,000}$$
>
> 여기서, V : 재적(m^3), d_n : 말구지름(cm), l : 재장(m), l' : 1m 단위의 재장

10 토목재료로서 골재를 비중에 따라 3가지로 구분하시오.

해답 ① 경량골재 : 비중 2.50 이하   ② 보통골재 : 비중 2.50~2.65
③ 중량골재 : 비중 2.70 이상

11 아래의 지위지수 분류표를 이용하여 임령이 22년이며, 우세목의 평균수고가 17m인 소나무 임분의 지위지수를 구하시오.

(단위 : m)

임령(년)	지위지수			
	10	12	14	16
10	3.3	4.0	4.6	5.2
15	6.9	8.3	9.6	10.9
20	10.0	12.0	14.0	16.0
25	12.4	14.9	17.4	19.9

해답 임령이 22년이며, 우세목의 평균수고가 17m이므로 지위지수는 대략 14나 16 부근임을 알 수 있다. 따라서 임령이 22년일 때의 지위지수 14와 16에 해당하는 수고를 구하여, 보다 17m에 가까운 지위지수를 선택한다.

① 지위지수가 14인 경우의 수고 : $14 + \frac{2}{5}(17.4 - 14) = 15.36$m

② 지위지수가 16인 경우의 수고 : $16 + \frac{2}{5}(19.9 - 16) = 17.56$m

계산결과, 17m에 가까운 수고는 지위지수가 16일 때이므로, 이 소나무 임분의 지위지수는 16으로 판정한다.

12 임도의 대피소를 간격, 너비, 유효길이로 나누어 설치 기준을 쓰시오.

해답 ① 간격 : 300m 이내
② 너비 : 5m 이상
③ 유효길이 : 15m 이상

13 타워야더에서 많이 사용되고 있는 러닝 스카이라인식 가선집재에 대해 설명하시오.

해답 집재거리 300m 내외의 소량의 간벌 및 택벌작업에 적용하는 방식으로 구조가 간단하며, 설치 및 철거가 쉬우나 운전은 어려운 특징이 있다.

14 평판측량의 종류를 3가지 쓰시오.

해답 ① 방사법(사출법)   ② 전진법(도선법)   ③ 교회법(교차법)

> 📖 **참고**
>
> 평판측량의 종류
> - 방사법(사출법) : 평판을 한 측점에 고정하고 많은 측점을 시준하여 방향선을 그리고, 거리는 직접 측정하여 도면상에 측점의 위치를 결정하는 방법이다.
> - 전진법(도선법) : 장애물이 있거나 지형이 좁고 길어, 한 점에서 많은 측점의 시준이 불가능할 때 각 측점마다 평판을 옮겨가며 방향선과 거리를 측정하여 차례로 제도해 나가는 방법이다.
> - 교회법(교차법) : 이미 알고 있는 2~3개의 측점(기지점)에 평판을 세우고, 알고자 하는 미지점을 시준하여 시준한 방향선의 교차점을 도면상의 측점 위치로 결정하는 방법이다.

15 산림측량의 종류를 3가지 적고, 각각의 정의를 쓰시오.

해답 ① 주위측량 : 산림의 경계선을 명확히 하고, 그 면적을 확정하기 위해 실시하는 토지 주위의 측량
② 구획측량 : 임반과 소반의 구획 및 면적을 나누기 위한 측량(산림구획측량)
③ 시설측량 : 임도, 운반로 등의 신설과 보수, 산림경영에 필요한 각종 건물 및 시설의 설치를 위한 측량

2020년 2회 기출문제

01 직사각 칼날웨어에서 월류수심이 1m, 유량 2m³/s라면 웨어너비는 얼마인지 계산하시오 (소수점 셋째 자리에서 반올림하여 둘째 자리까지 기재).

해답

유량 $= 1.84 \times$ 웨어너비 $\times$ 월류수심$(m)^{\frac{3}{2}}$ 에서 $2 = 1.84 \times$ 웨어너비 $\times 1^{\frac{3}{2}}$ 이므로

웨어너비 $= 1.0869 \cdots$ ∴ 1.09m

> **📖 참고**
>
> 양수웨어(量水weir) 유량측정법
> 계류에 양수 댐을 설치한 후, 월류수심을 측정하여 유량을 산출하는 방법
>
> - 사각웨어
>   - 노치부분(방수로 부분)의 형상이 직사각형인 것
>   - 유량 $= 1.84 \times$ 웨어너비 $\times$ 월류수심$(m)^{\frac{3}{2}}$
> - 삼각웨어
>   - 노치부분의 형상이 이등변삼각형인 것
>   - 유량 $= 1.4 \times$ 월류수심$(m)^{\frac{5}{2}}$

02 산림조사 시 지황조사와 임황조사 항목을 3가지씩 쓰시오.

해답

① 지황조사 : 지종, 방위, 경사도
② 임황조사 : 임종, 임상, 수종

> **📖 참고**
>
> 산림조사 항목
> - 지황조사 항목 : 지종, 방위, 경사도, 표고, 토성, 토심, 건습도, 지위, 지리, 지세 등
> - 임황조사 항목 : 임종, 임상, 수종, 혼효율, 임령, 영급, 수고, 경급, 소밀도, 축적 등

03 소반을 구획하는 요인을 3가지 쓰시오.

해답 ① 산림의 기능이 상이할 때 : 생활환경보전림, 자연환경보전림, 수원함양림, 산지재해방지 림, 산림휴양림, 목재생산림
② 지종이 상이할 때 : 입목지, 무입목지, 법정지정림, 일반경영림
③ 임종, 임상 및 작업종이 상이할 때

> **참고**
> 그 외 임령, 지위, 지리 또는 운반계통이 상이할 때가 있다.

04 가선집재 작업의 순서를 쓰시오.

해답 공차주행 – 로프인출 – 초커설치 – 가로집재 – 적재주행 – 초커제거 – 모아쌓기

05 산림면적이 1,000ha, 윤벌기가 50년, 1영급의 영계 수가 10일 때 법정영급면적과 영급 수를 구하시오.

해답 ① 법정영급면적 $= \dfrac{F}{U} \times n = \dfrac{1,000}{50} \times 10 = 200\text{ha}$

② 영급 수 $= \dfrac{U}{n} = \dfrac{50}{10} = 5$개

여기서, U : 윤벌기, F : 산림면적(ha), n : 1영급의 영계 수

> **참고**
> 법정영급분배 계산법
> • 법정영계면적 $a = \dfrac{F}{U}$ • 법정영급면적 $A = \dfrac{F}{U} \times n$ • 영급 수 $= \dfrac{U}{n}$
> 여기서, U : 윤벌기, F : 산림면적(ha), n : 1영급의 영계 수

06 이령림의 평균임령 산출법 중 면적령을 설명하시오.

해답 ① 면적령은 각 연령이 차지하고 있는 면적을 가중인자로하여 평균임령을 산출하는 방법이다.
② 면적령 $A = \dfrac{f_1 a_1 + f_2 a_2 + f_3 a_3 + \cdots + f_n a_n}{f_1 + f_2 + f_3 + \cdots + f_n}$

여기서, a_1, a_2, a_3 : 연령, f_1, f_2, f_3 : 각 연령의 면적

07 정상침식과 가속침식에 대해 설명하시오.

해답 ① 정상침식(正常浸蝕) : 자연 조건에 따라 서서히 진행되는 침식으로 자연 침식 또는 지질학적 침식이라고도 한다.
② 가속침식(加速浸蝕)
   • 가속침식은 주로 인위적인 활동이 원인이 되어 빠르게 진행되는 침식이다.
   • 종류 : 물침식(수식), 중력침식, 바람침식(풍식)

08 법정축적법의 정의를 쓰고, 카메랄탁세(Kameraltaxe)법의 공식을 적으시오.

해답 ① 법정축적법 : 산림 연간벌채량의 기준을 연간생장량에 두고, 현실림과 정상적인 축적의 차이로 조절하는 수확기법으로 현실림을 점차 법정림으로 유도하는 방식이다. 즉, 법정축적에 도달하도록 하는 수식법이다.

② 카메랄탁세법 공식
$$연간표준벌채량 = 현실\ 연간생장량 + \frac{현실축적 - 법정축적}{갱정기(정리기)}$$

09 임도의 횡단배수구 설치장소 4곳을 적으시오.

해답 ① 물 흐름 방향의 종단기울기 변이점   ② 구조물 위치의 전후
② 외쪽기울기로 인해 옆도랑 물이 역류하는 곳   ④ 체류수가 있는 곳

10 아래는 4급 선떼붙이기의 모식도이다. 그림에서 가리키는 곳의 명칭을 쓰시오.

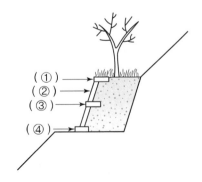

해답 ① 갓떼   ② 선떼   ③ 받침떼   ④ 바닥떼

11 사방댐과 골막이(구곡막이)의 차이점을 설명하시오.

해답 ① 사방댐은 규모가 크며, 골막이는 규모가 작다.
② 사방댐은 주로 계류의 하류부에 축설하지만, 골막이는 주로 상류부에 축설한다.
③ 사방댐은 대수면과 반수면을 모두 축설하지만, 골막이는 반수면만을 축설하고 대수측은 채우기 한다.
④ 사방댐은 물받이를 설치하지만, 골막이는 원칙적으로 물받이를 설치하지 않으며 막돌을 놓아 유수의 힘을 분산시킨다.
⑤ 사방댐은 계안 및 양안의 견고한 지반까지 깊게 파내고 시공하지만, 골막이는 견고한 지반까지는 파내지 않고 시공한다.

> 📖 **참고**
>
> 사방댐과 골막이의 비교
>
> | 구분 | 사방댐 | 골막이 |
> |---|---|---|
> | 규모 | 크다. | 작다. |
> | 시공위치 | 계류의 하류부 | 계류의 상류부 |
> | 대수면/반수면 | 대수면, 반수면 모두 축설 | 반수면만 축설 |
> | 물받이 | 물받이 설치 | 막돌놓기 시공 |
> | 계안·양안의 지반 공사 | 견고한 지반까지 깊게 파내고 시공 | 견고한 지반까지는 파내지 않고 시공 |

12 유역면적이 54ha, 강우강도가 100mm/h, 유출계수가 0.8에서 0.5로 변했을 때 감소 유량을 합리식으로 계산하시오.

해답 ① 유출계수가 0.8일 때의 유량

$$Q = \frac{1}{360} \times C \cdot I \cdot A$$

$$= \frac{1}{360} \times 0.8 \times 100 \times 54 = 12 \quad \therefore \ 12\text{m}^3/\text{s}$$

여기서, Q : 최대홍수유량(m³/s), C : 유출계수, I : 강우강도(mm/h), A : 유역면적

② 유출계수가 0.5일 때의 유량

$$Q = \frac{1}{360} \times C \cdot I \cdot A$$

$$= \frac{1}{360} \times 0.5 \times 100 \times 54 = 7.5 \quad \therefore \ 7.5\text{m}^3/\text{s}$$

따라서 감소량은 $12 - 7.5 = 4.5\text{m}^3/\text{s}$

참고

합리식법

- 유역면적의 단위가 ha일 때 유량공식 $Q = \dfrac{1}{360} \times C \cdot I \cdot A = 0.002778 \times C \cdot I \cdot A$

- 유역면적의 단위가 km²일 때 유량공식 $Q = \dfrac{1}{3.6} \times C \cdot I \cdot A = 0.2778 \times C \cdot I \cdot A$

 여기서, Q : 최대홍수유량(m³/s), C : 유출계수, I : 강우강도(mm/h), A : 유역면적

13 새집공법에 대해 설명하시오.

해답 암벽면의 요철 부분에 터파기를 하고 반달형 제비집 모양으로 돌을 쌓아 그 안을 흙으로 채우고 식생을 도입하는 공법이다.

14 입목도의 정의와 계산식을 쓰시오.

해답 ① 입목도 : 이상적인 임분의 재적 · 본수 · 흉고단면적에 대한 실제 임분의 재적 · 본수 · 흉고단면적의 비율

② 입목도$(\%) = \dfrac{현실축적}{법정축적} \times 100$

15 10m×10m의 표준지 내에 직경 10cm가 5본, 12cm가 3본, 14cm가 1본, 16cm가 2본일 때 1ha 내의 흉고단면적의 합계를 구하시오.

해답 원의 넓이 = 흉고단면적 $= \dfrac{\pi \cdot d^2}{4}$

① 표준지의 흉고단면적 합계

$$\left(\frac{\pi \cdot 0.1^2}{4} \times 5\right) + \left(\frac{\pi \cdot 0.12^2}{4} \times 3\right) + \left(\frac{\pi \cdot 0.14^2}{4} \times 1\right) + \left(\frac{\pi \cdot 0.16^2}{4} \times 2\right)$$

$= 0.1288 \cdots \fallingdotseq 0.129\text{m}^2$

② 1ha의 흉고단면적 합계

표준지는 $10\text{m} \times 10\text{m} = 100\text{m}^2 = 0.01\text{ha}$이고, $0.01\text{ha} : 0.129\text{m}^2 = 1\text{ha} : x$이므로

1ha의 흉고단면적 합계는 12.9m^2이다.

2020년 2회 기출문제

01 임지기망가에 영향을 주는 인자를 4가지 적으시오.

해답
① 주벌수익과 간벌수익
② 조림비와 관리비
③ 이율
④ 벌기

> **참고**
> 임지기망가 크기에 영향을 주는 요소
> - 주벌수익과 간벌수익 : 항상 플러스(+) 값이므로, 값이 크고 시기가 빠를수록 임지기망가는 커진다.
> - 조림비와 관리비 : 항상 마이너스(−) 값이므로, 값이 클수록 임지기망가는 작아진다.
> - 이율 : 이율이 높으면 임지기망가는 작아지고, 낮으면 임지기망가는 커진다.
> - 벌기 : 벌기가 길어지면 임지기망가의 값이 처음에는 증가하다가 어느 시기에 이르러 최대에 도달하고, 그 후부터는 점차 감소한다.

02 사방댐에서 물빼기 구멍을 설치하는 목적을 3가지 쓰시오.

해답
① 댐의 시공 중에 배수를 하며, 유수를 통과시킨다.
② 시공 후 대수면에 가해지는 수압을 감소시킨다.
③ 퇴사 후의 침투수압을 경감시킨다.

> **참고**
> 그 외 목적으로 사력층에 시공할 경우 기초 하부의 잠류 속도를 감소시키는 데 있다.

03 지황조사 항목 중 경사도를 5가지로 구분하고 그 기준을 쓰시오.

해답
① 완경사지 : 15° 미만
② 경사지 : 15~20° 미만
③ 급경사지 : 20~25° 미만
④ 험준지 : 25~30° 미만
⑤ 절험지 : 30° 이상

04 임목조사에서 평균경급이 A임분은 12cm, B임분은 30cm로 조사되었을 때 각 임분의 경급을 구분하시오.

해답 ① A임분 : 소경목　　　　　　　② B임분 : 대경목

> 📖 **참고**
>
> 경급의 구분 기준
>
> | 구분 | 내용 |
> |---|---|
> | 치수 | 흉고직경이 6cm 미만인 임목 |
> | 소경목 | 흉고직경이 6~16cm인 임목 |
> | 중경목 | 흉고직경이 18~28cm인 임목 |
> | 대경목 | 흉고직경이 30cm 이상인 임목 |

05 임도설계 측량 시 사용되는 영선에 대해 설명하시오.

해답 노면의 시공면과 산지의 경사면이 만나는 점을 영점이라 하며, 이 영점을 연결한 노선의 종축을 영선이라 한다. 영선은 절토작업과 성토작업의 경계선이 된다.

06 원목의 원구단면적이 0.126m², 말구단면적이 0.105m², 중앙단면적이 0.113m²이고, 재장이 12m일 때 후버식과 스말리안식으로 재적을 계산하시오.

해답 ① 후버식

$$V = r \cdot l = 0.113 \times 12 = 1.356 \mathrm{m}^3$$

　　여기서, V : 재적(m³), r : 중앙단면적(m²), l : 재장(m)

② 스말리안식

$$V = \frac{g_o + g_n}{2} \times l = \frac{0.126 + 0.105}{2} \times 12 = 1.386 \mathrm{m}^3$$

　　여기서, V : 재적(m³), g_o : 원구단면적(m²), g_n : 말구단면적(m²), l : 재장(m)

07 평판측량 시 사용되는 측정기구를 4가지 쓰시오.

> **해답** ① 평판   ② 삼각대
> ③ 앨리데이드   ④ 구심기

> 📖 **참고**
>
> 평판측량 기기
>
> | | |
> |---|---|
> | 평판 | 삼각대 위에 고정하여 제도하기 위한 평평한 사각판(제도판) |
> | 삼각 | 평판을 수평으로 유지하는 세 개의 받침다리 |
> | 앨리데이드 | • 평판 위에서 사용하며, 목표 지점의 방향을 측정하는 기구
• 시준판, 기포관, 정준간으로 구성 |
> | 구심기 | 추가 달려 있어 평판상의 측점과 추를 내린 지상의 측점이 일치하여 동일 수직선상에 있도록 하는 기구 |
> | 자침함 | 자침이 들어 있어 평판과 도면의 방향 결정에 쓰이는 기구 |

08 평균유속이 4m/s, 유량이 20m³/s인 수로의 단면적과 5초 동안의 유량을 계산하시오.

> **해답** ① 수로의 단면적 : 유량＝유속×유적, $20 = 4 \times$ 유적, 유적＝5m²
> ② 5초 동안의 유량 : $20 \times 5 = 100$m³

09 정사울세우기와 퇴사울세우기의 시공 목적을 쓰시오.

> **해답** ① 정사울세우기 : 전사구(앞모래언덕) 육지 쪽의 후방모래를 고정하여 표면을 안정시키고 식재목이 잘 생육할 수 있는 환경조성을 위해 시공한다. 앞모래언덕의 뒤쪽으로 풍속을 약화시켜 모래의 이동을 막고, 식재목의 생육환경을 조성하기 위한 사지조림공법이다.
> ② 퇴사울세우기 : 해풍에 의해 날리는 모래(비사)를 억류·고정하고 퇴적시켜서 인공 모래 언덕(사구)을 조성할 목적으로 시공한다.

10 트랙터집재와 가선집재의 장단점을 쓰시오.

> **해답** ① 트랙터집재
> • 장점 : 기동성이 높고, 작업이 단순하며, 작업생산성이 높다.
> • 단점 : 급경사지에서는 작업이 불가능하며, 잔존임분에 피해가 심하다.

② 가선집재
- 장점 : 급경사지에서도 작업이 가능하며, 잔존임분에 피해가 적다.
- 단점 : 기동성이 낮고, 숙련된 기술을 요하며, 작업생산성이 낮다.

📖 **참고**

트랙터집재와 가선집재의 비교

집재 방식	장점	단점
트랙터집재 (면의 집재)	• 기동성이 높다. • 작업이 단순하다. • 작업생산성이 높다. • 운전이 용이하다. • 작업비용이 적다.	• 완경사지에서만 작업이 가능하다. • 잔존임분에 피해가 심하다. • 높은 임도밀도가 요구된다. • 저속이라 장거리 운반이 어렵다.
가선집재 (선의 집재)	• 급경사지에서도 작업이 가능하다. • 잔존임분에 피해가 적다. • 낮은 임도밀도에서 작업이 가능하다.	• 기동성이 낮다. • 숙련된 기술을 요한다. • 작업생산성이 낮다. • 장비구입비가 비싸다. • 설치와 철거에 시간이 필요하다.

11 임도의 평면곡선에서 곡선반지름 설정 시 배향곡선은 곡선반지름을 몇 m 이상으로 설치해야 하는지 쓰시오.

해답 ◆ 10m 이상

12 바닥막이의 시공 장소로 적당한 곳을 4가지 쓰시오.

해답 ◆ ① 계상이 낮아질 위험이 있는 곳
② 지류가 합류되는 지점의 하류
③ 종횡침식이 발생하는 지역의 하류
④ 계상 굴곡부의 하류

13 주벌수확의 작업 종류를 4가지 쓰시오.

해답 ◆ ① 개벌작업　　　② 모수작업
③ 산벌작업　　　④ 택벌작업

> **참고**
>
> 주벌수확(수확을 위한 벌채)
> - 개벌작업 : 임목 전부를 일시에 벌채(모두베기)
> - 모수작업 : 모수만 남기고, 그 외의 임목을 모두 벌채
> - 산벌작업 : 3단계의 점진적 벌채(예비벌 – 하종벌 – 후벌)
> - 택벌작업 : 성숙한 임목만을 선택적으로 골라 벌채(골라베기)
> - 왜림작업 : 연료재 생산을 위한 짧은 벌기의 개벌과 맹아 갱신
> - 중림작업 : 용재의 교림과 연료재의 왜림을 동일 임지에 실시

14 보조임반을 편성하는 이유와 번호 부여 방식에 대해 설명하시오.

해답 ① 편성 이유 : 신규 재산 취득 시, 기존의 임반번호에 이어서 편성이 어려운 경우 등
② 번호 부여 방식 : 임반번호에 보조번호를 $1-1, 1-2, 1-3 \cdots$ 순으로 붙여 나타낸다.

15 어떤 잣나무림이 2015년에 재적이 120m³, 2025년에 재적이 240m³라면 프레슬러 공식에 의한 생장률은 얼마인지 계산하시오(소수점 셋째 자리에서 반올림하여 둘째 자리까지 기재).

해답 $P = \dfrac{V-v}{V+v} \times \dfrac{200}{m} = \dfrac{240-120}{240+120} \times \dfrac{200}{10} = 6.666 \cdots \quad \therefore 6.67\%$

여기서, P : 생장률(%), V : 현재의 재적, v : m년 전의 재적, m : 기간연수

2020년 3회 기출문제 · · ·

01 유역 내 평균강우량 산정방법을 3가지 쓰고, 간단히 설명하시오.

해답 ① 산술평균법
- 유역 내 각 관측점의 강수량을 모두 더해 산술평균하는 것으로, 가장 간단한 방법이다.
- 평야지역에서 강우분포가 비교적 균일한 경우에 사용하기 적합하다.

② 티센(Thiessen)법 : 우량계가 유역에 불균등하게 분포되었을 경우 사용하는 방법으로, 각 관측점의 지배면적을 가중하여 계산하므로 티센의 가중법(티센법)이라고도 불린다.

③ 등우선법
- 강우량이 같은 지점을 연결하여 등우선(等雨線)을 그리고, 각 등우선 간의 면적과 강우량 평균을 구하여 이용하는 방법이다.
- 산지지형에 이용하기 적합하다.

02 임반을 구획하는 이유를 3가지 쓰시오.

해답 ① 경영의 합리화를 도모하는 데 유리
② 측량 및 임지의 면적을 계산하는 데 편리
③ 임반의 절개선을 따라 이용하는 데 이익

> 📖 **참고**
> 그 외 산림의 내부 및 도면상에서 임지의 위치를 명백히 알 수 있으며, 산림상태를 정정하는 데 편리하다.

03 토양의 건습도 중 건조, 적윤, 습의 기준을 각각 설명하시오.

해답 ① 건조 : 손으로 꽉 쥐었을 때, 수분에 대한 감촉이 거의 없음
② 적윤 : 손으로 꽉 쥐었을 때, 손바닥 전체에 습기가 묻고 물에 대한 감촉이 뚜렷함
③ 습 : 손으로 꽉 쥐었을 때, 손가락 사이에 물방울이 맺히는 정도

04 평판측량 시 고려해야 할 필수요소 3가지를 쓰고 설명하시오.

해답
① 정준(정치) : 수평 맞추기로, 삼각을 바르게 놓고 앨리데이드를 가로세로로 차례로 놓아가며 기포관의 기포가 중앙에 오도록 수평을 조절한다.
② 구심(치심) : 중심 맞추기로, 구심기의 추를 놓아 지상측점과 도상측점이 일치하도록 조절한다.
③ 표정 : 방향 맞추기로, 모든 측선의 도면상 방향과 지상 방향이 일치하도록 조절한다.

참고

평판측량의 3요소

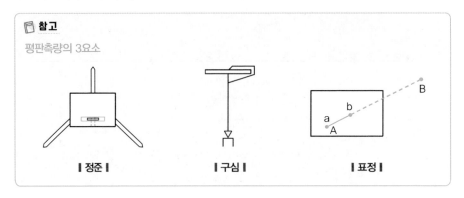

| 정준 |　　| 구심 |　　| 표정 |

05 산사태와 비교한 땅밀림 침식의 특징을 3가지 쓰시오.

해답
① 산사태는 급경사지에서 발생하는 반면 땅밀림은 20° 이하의 완경사지에서 발생한다.
② 산사태는 주로 강우에 의해 발생하나 땅밀림은 지하수가 원인이 되어 발생한다.
③ 산사태는 규모가 1ha 이하로 작지만, 땅밀림은 1~100ha로 크다.

참고

침식 유형의 비교

구분	산사태 및 산붕	땅밀림
토질	사질토(화강암)	점성토(혈암, 이질암, 응회암)
경사	20° 이상의 급경사지	20° 이하의 완경사지
원인	강우(강우강도)	지하수
규모(이동면적)	작다(1ha 이하).	크다(1~100ha).
토괴 형태	토괴 교란	원형 보존
이동속도	빠르다(10mm/day 이상).	느리다(10mm/day 이하).
발생 형태	돌발적 발생	계속적 · 지속적 발생

06 임목수확기계인 프로세서와 하베스터의 기능 및 차이점을 설명하시오.

해답 ① 프로세서(processor) : 집재된 전목재의 가지치기, 절단, 초두부 제거, 집적 등의 조재작업을 전문적으로 실행하는 장비로, 벌도작업은 수행하지 않는다.
② 하베스터(harvester) : 벌도작업을 비롯한 가지치기, 조재목 마름질, 토막내기 등의 조재작업을 모두 수행할 수 있는 고성능 장비이다.

07 삼각 칼날웨어를 이용한 유량측정법에서 월류수심이 80cm일 때의 유량을 계산하시오(소수점 둘째 자리에서 반올림).

해답 유량 $= 1.4 \times$ 월류수심$(\mathrm{m})^{\frac{5}{2}} = 1.4 \times 0.8^{\frac{5}{2}} = 0.8014 \cdots \quad \therefore 0.8\mathrm{m}^3/\mathrm{s}$

참고

양수웨어(量水weir) 유량측정법
계류에 양수 댐을 설치한 후, 월류수심을 측정하여 유량을 산출하는 방법
- 사각웨어
  - 노치부분(방수로 부분)의 형상이 직사각형인 것
  - 유량 $= 1.84 \times$ 웨어너비 $\times$ 월류수심$(\mathrm{m})^{\frac{3}{2}}$
- 삼각웨어
  - 노치부분의 형상이 이등변삼각형인 것
  - 유량 $= 1.4 \times$ 월류수심$(\mathrm{m})^{\frac{5}{2}}$

08 사방댐의 주요 기능을 3가지 쓰시오.

해답 ① 계상물매를 완화하여 유속을 감소시키고, 종횡침식을 방지한다.
② 산각을 고정하여 사면 붕괴를 방지한다.
③ 계상에 퇴적된 불안정한 토석류의 이동을 저지하여 하류지역의 피해를 방지한다.

09 임도의 평면곡선 중 복합곡선과 배향곡선을 도식화하여 나타내고 각각의 특징을 설명하시오.

해답 ① 복합곡선 : 반지름이 달라 곡률이 다른 두 개의 곡선이 같은 방향으로 연속되는 곡선으로 복심곡선이라고도 한다.
② 배향곡선 : 반지름이 작은 원호의 앞이나 뒤에 반대 방향 곡선을 넣어 헤어핀 모양으로 된 곡선으로 헤어핀곡선이라고도 한다.

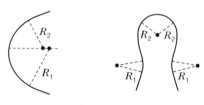

| 복합곡선 |　　　　| 배향곡선 |

📖 **참고**	
평면곡선의 종류	
단곡선 (원곡선)	• 두 개의 직선을 하나로 부드럽게 연결한 원곡선 • 설치가 쉬워 일반적으로 많이 사용
복심곡선 (복합곡선)	반지름이 달라 곡률이 다른 두 개의 곡선이 같은 방향으로 연속되는 곡선
반향곡선 (반대곡선, S-curve)	• 방향이 서로 다른 곡선을 연속시킨 곡선 • 차량의 안전주행을 위하여 두 곡선 사이에 10m 이상의 직선부를 설치해야 함
배향곡선 (헤어핀곡선)	• 반지름이 작은 원호의 앞이나 뒤에 반대 방향 곡선을 넣어 헤어핀 모양으로 된 곡선 • 급경사지에서 노선거리를 연장하여 종단기울기를 완화할 때나 같은 사면에서 우회할 때 적용 • 곡선반지름이 10m 이상 되도록 설치
완화곡선	• 직선부에서 곡선부로 연결되는 완화구간에 외쪽물매와 너비 확폭이 원활하도록 설치하는 곡선 • 차량의 원활한 통행을 위하여 설치

10 2013년에 재적이 150m³, 2023년에 재적이 250m³라면 프레슬러 공식에 의한 생장률은 얼마인지 계산하시오.

해답 $P = \dfrac{V-v}{V+v} \times \dfrac{200}{m} = \dfrac{250-150}{250+150} \times \dfrac{200}{10} = 5\%$

여기서, P : 생장률(%), V : 현재의 재적, v : m년 전의 재적, m : 기간연수

11 20년 전에 임지구입가가 200,000원, 매년 개량비 30,000원과 관리비 10,000원이 들어가고, 간벌수익 미래가가 150,000원일 경우 임지비용가를 계산하시오(이율 6%, 소수점 첫째 자리에서 반올림하여 자연수로 기재).

해답 임지를 n년 전에 A원으로 구입하고, 그 후 매년 M원의 임지개량비와 v원의 관리비를 계속하여 투입한 경우 총 들어간 비용은 아래와 같다.

$B_k = A1.0P^n + \dfrac{(M+v)(1.0P^n - 1)}{0.0P}$

$= (200,000 \times 1.06^{20}) + \dfrac{(30,000 + 10,000)(1.06^{20} - 1)}{0.06} = 2,112,850.742\cdots$

$\therefore 2,112,851$ 원

간벌수익 후가 150,000원이 있으므로 $2,112,851 - 150,000 = 1,962,851$ 원이다.

12 표준목법의 종류 중 드라우드법과 우리히법에 대해 설명하고, 계산식을 쓰시오.

해답 ① 드라우드법(Draudt법)
- 먼저 임분 전체의 표준목 선정 본수를 정한 후, 각 직경급의 본수에 따라 비례배분하여 표준목을 선정하는 방법
- 임분전체재적 V = 표준목의 재적합계 $\times \dfrac{\text{임분 전체본수}}{\text{표준목 수}}$

② 우리히법(Urich법)
- 전 임목을 몇 개의 계급으로 나누고 각 계급의 본수를 동일하게 한 다음, 각 계급에서 같은 수의 표준목을 선정하는 방법
- 임분전체재적 V = 표준목의 재적합계 $\times \dfrac{\text{임분의 흉고단면적 합계}}{\text{표준목의 흉고단면적 합계}}$

13 자연휴양림에 기본적으로 들어가는 시설을 4가지 쓰시오.

해답 ① 숙박시설 ② 편익시설
③ 위생시설 ④ 체험·교육시설

📖 **참고**

자연휴양림 시설의 종류

구분	시설의 종류
숙박시설	숲속의 집, 산림휴양관, 트리하우스 등
편익시설	임도, 야영장(야영데크 포함), 오토캠핑장, 야외탁자, 데크로드, 전망대, 모노레일, 야외쉼터, 야외공연장, 대피소, 주차장, 방문자안내소, 산림복합경영시설, 임산물판매장 및 매점과 휴게음식점영업소 및 일반음식점영업소 등
위생시설	취사장, 오물처리장, 화장실, 음수대, 오수정화시설, 샤워장 등
체험·교육시설	산책로, 탐방로, 등산로, 자연관찰원, 전시관, 천문대, 목공예실, 생태공예실, 산림공원, 숲속교실, 숲속수련장, 산림박물관, 교육자료관, 곤충원, 동물원, 식물원, 세미나실, 산림작업체험장, 임업체험시설, 로프체험시설, 유아숲체험원 및 산림교육센터 등
체육시설	철봉, 평행봉, 그네, 족구장, 민속씨름장, 배드민턴장, 게이트볼장, 썰매장, 테니스장, 어린이놀이터, 물놀이장, 산악승마시설, 운동장, 다목적잔디구장, 암벽등반시설, 산악자전거시설, 행글라이딩시설, 패러글라이딩시설 등
전기·통신시설	전기시설, 전화시설, 인터넷, 휴대전화중계기, 방송음향시설 등
안전시설	울타리, 화재감시카메라, 화재경보기, 재해경보기, 보안등, 재해예방시설, 사방댐, 방송시설 등

14 아래 표를 보고 각 수목의 혼효율을 계산하고, 그에 따른 임상을 적으시오.

소나무	잣나무	신갈나무
12본	6본	18본

해답 ① 혼효율

- 소나무 $\dfrac{12}{12+6+18} \times 100 = 33.33\cdots$ 약 33.3%

- 잣나무 $\dfrac{6}{12+6+18} \times 100 = 16.66\cdots$ 약 16.7%

- 신갈나무 $\dfrac{18}{12+6+18} \times 100 = 50\%$

② 임상 : 혼효림

침엽수인 소나무와 잣나무가 차지하는 비율이 33.3 + 16.7 = 50%이고, 활엽수인 신갈나무도 50%이므로 혼효림이다.

📖 **참고**

임상의 구분 기준

구분	기준
침엽수림	침엽수가 75% 이상인 임분
활엽수림	활엽수가 75% 이상인 임분
혼효림	침엽수 또는 활엽수가 26~75% 미만인 임분

15 지위를 판정하는 방법 3가지를 쓰고 설명하시오.

해답 ① 지위지수에 의한 방법(우세목 수고에 의한 방법)
- 지위지수 분류표에 의한 방법 : 기존에 미리 조사된 지위지수 분류표를 이용하여 지위를 알고자 하는 임지의 임령과 우세목의 평균수고에 따라 지위를 읽어 판별한다.
- 지위지수 분류곡선에 의한 방법 : 기존의 지위지수 분류곡선을 이용하여 횡축에는 임령을, 종축에는 우세목의 평균수고를 넣어 두 선이 만나는 교차점에서 가까운 곡선 수치를 읽어 지위를 판별한다.

② 환경인자에 의한 방법 : 토양, 지형, 기후 등의 환경인자로 지위를 판정하는 방법으로 수목이 없거나 평가 불가능한 치수만 있는 임지의 간접적 지위 판단에 이용한다.
- 입지환경인자 : 기후, 지형, 경사, 표고, 방위 등
- 토양단면인자 : 토양구조, 토심, 토성, 토색, 건습도 등

③ 지표식물에 의한 방법 : 환경 조건에 따라 발생한 지표식물로 지위를 간접적으로 판정하는 방법이다. 주로 한랭하여 지표식물의 종류가 적은 곳에서 사용된다.

2020^년 3^회 기출문제

01 와이어로프의 폐기 기준을 3가지 쓰시오.

해답 ① 꼬임 상태(킹크)인 것
② 현저하게 변형 또는 부식된 것
③ 와이어로프 소선이 10분의 1(10%) 이상 절단된 것

02 지황조사 항목 중 경사도의 구분 기준을 쓰시오.

해답 ① 완경사지 : 15° 미만
② 경사지 : 15~20° 미만
③ 급경사지 : 20~25° 미만
④ 험준지 : 25~30° 미만
⑤ 절험지 : 30° 이상

03 임황조사 항목 중 소밀도의 구분 기준을 쓰시오.

해답 ① 소 : 수관밀도가 40% 이하인 임분
② 중 : 수관밀도가 41~70%인 임분
③ 밀 : 수관밀도가 71% 이상인 임분

04 수확기법 중 재적평분법에 대해 설명하시오.

해답 한 윤벌기를 몇 개의 분기로 나누고 각 분기의 벌채 재적을 동일하게 하여 재적수확의 균등을 도모하려는 방식이다.

05 임도의 개설효과를 4가지 쓰시오.

해답 ① 조림비, 벌채비 등의 비용과 시간 절감
② 작업원의 피로와 벌채사고의 경감
③ 사업기간의 단축
④ 농산촌의 생활수준 향상

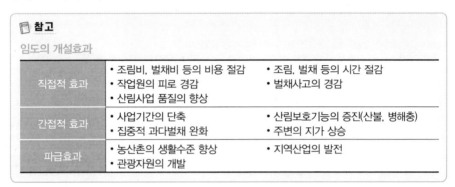

📖 참고

임도의 개설효과

직접적 효과	• 조림비, 벌채비 등의 비용 절감 • 작업원의 피로 경감 • 산림사업 품질의 향상	• 조림, 벌채 등의 시간 절감 • 벌채사고의 경감
간접적 효과	• 사업기간의 단축 • 집중적 과다벌채 완화	• 산림보호기능의 증진(산불, 병해충) • 주변의 지가 상승
파급효과	• 농산촌의 생활수준 향상 • 관광자원의 개발	• 지역산업의 발전

06 임목기망가법에 대해 설명하시오.

해답 임목기망가란 평가 임목을 일정 연도에 벌채할 때 앞으로 기대되는 수익의 전가합계에서 그 동안의 경비의 전가합계를 공제한 가격으로, 벌기 미만 장령림의 임목평가에 적용하는 방법이다.

07 법정택벌률이 50%이고 윤벌기가 120년일 때 회귀년을 계산하시오.

해답 $P = \dfrac{200}{U} \times n$ 에서 $50 = \dfrac{200}{120} \times n$ 이므로, 회귀년$(n) = 30$년

여기서, P : 법정택벌률(%), U : 윤벌기, n : 회귀년

08 탬핑롤러의 형태적 특징과 주요 기능을 설명하시오.

해답 ① 형태적 특징 : 롤러의 표면에 돌기가 부착되어 있다.
② 주요 기능 : 점착성이 큰 점질토의 두꺼운 성토층 다짐에 효과적이며, 돌기로 인해 토층 내부까지 다져지므로, 다지기의 유효 깊이가 상당히 깊다.

09 임도설계 측량 시 사용되는 영선에 대해 설명하시오.

> **해답** 노면의 시공면과 산지의 경사면이 만나는 점을 영점이라 하며, 이 영점을 연결한 노선의 종 축을 영선이라 한다. 영선은 절토작업과 성토작업의 경계선이 된다.

10 세월시설의 설치장소를 3가지 쓰시오.

> **해답** ① 평시에는 유량이 적지만 강우 시에는 유량이 급증하는 곳
> ② 선상지, 애추지대를 횡단하는 곳
> ③ 상류부가 황폐계류인 곳
>
> > 📖 **참고**
> >
> > 그 외 세월시설 설치장소
> > • 관거 등으로는 흙이 부족한 곳
> > • 계상물매가 급하여 산지로부터 유입하기 쉬운 계류인 곳

11 비탈면 파종녹화공법 시행 시 발생기대본수 1,000본/m², 평균입수 50립/g, 순도 80%, 발아율 80%인 종자를 산림 100m²의 면적에 파종하려고 한다. 이때 전체 파종량을 계산 하시오.

> **해답**
> $$\text{파종량}(g) = \frac{\text{파종상 면적}(m^2) \times \text{가을에 } m^2\text{당 남길 묘목 수}}{1g\text{당 종자입수} \times \text{순량률} \times \text{발아율}(\times \text{득묘율})}$$
> $$= \frac{100 \times 1,000}{50 \times 0.8 \times 0.8} = 3,125g = 3.125kg$$

12 기슭막이의 설치 목적을 쓰시오.

> **해답** 황폐계천에서 유수로 인한 계안의 횡침식을 방지하고, 산각의 안정을 도모하기 위하여 계류 의 흐름 방향을 따라 축설하는 종공작물이다.

13 공·사유림의 경영계획도 축척을 쓰시오.

> **해답** 1/5,000 또는 1/6,000

> 📔 **참고**
>
> 산림경영계획도
> • 경영계획구의 임황과 사업기간 중의 각종 사업계획을 표시한 도면
> • 국유림에서는 1/25,000, 공·사유림에서는 1/5,000 또는 1/6,000의 축척 이용

14 다음의 내용에 적합한 수치를 쓰시오.

> • 중심선 측량은 측점 간격 (①)마다 중심을 설치하며, 필요한 각 점에도 보조말뚝을 설치한다.
> • 곡선반지름이란 평면선형에서 노선의 굴곡 정도를 표현하는 것으로 내각이 (②) 이상 되는 장소는 곡선을 설치하지 않을 수 있으며, 배향곡선은 곡선반지름이 10m 이상 되도록 설치한다.
> • 횡단기울기는 포장을 하지 않은 노면인 경우 (③)를 적용하며, 포장 노면인 경우 1.5~2%를 적용한다.

> **해답** ① 20m ② 155° ③ 3~5%

15 횡단기울기가 5%, 종단기울기가 3%인 임도의 합성기울기를 계산하시오(소수점 셋째 자리에서 반올림하여 둘째 자리까지 기재).

> **해답** $S = \sqrt{(i^2 + j^2)} = \sqrt{5^2 + 3^2} = 5.830 \cdots \quad \therefore 5.83\%$
> 여기서, S : 합성물매(%), i : 횡단물매 또는 외쪽물매(%), j : 종단물매(%)

2020^년 4^회 기출문제 • • •

01 사방댐의 물빼기 구멍 설치 목적 및 효과를 3가지 쓰시오.

해답 ① 댐의 시공 중에 배수를 하며, 유수를 통과시킨다.
② 시공 후 대수면에 가해지는 수압을 감소시킨다.
③ 퇴사 후의 침투수압을 경감시킨다.

> 📖 **참고**
> 그 외 사력층에 시공할 경우 기초 하부의 잠류 속도를 감소시키는 효과가 있다.

02 견치돌, 다듬돌, 야면석, 호박돌에 대해 설명하시오.

해답 ① 견치돌
- 돌을 다듬을 때 앞면, 길이, 뒷면, 접촉부 및 허리치기의 치수를 특별한 규격에 맞도록 지정하여 만든 석재
- 단단하고 치밀하여 견고를 요하는 돌쌓기 공사, 사방댐, 옹벽 등에 사용

② 다듬돌
- 일정한 치수의 긴 직사각육면체가 되도록 각 면을 다듬은 석재
- 석재 중 가장 고급이고, 일정한 규격으로 다듬어진 것으로 미관을 요하는 돌쌓기 공사에 메쌓기로 이용됨

③ 야면석 : 무게가 약 100kg 정도인 자연석으로 주로 돌쌓기 현장 부근에서 채취하여 찰쌓기와 메쌓기에 사용

④ 호박돌
- 지름 20~30cm 되는 호박 모양의 둥글넓적한 자연석으로 주로 시공지 부근의 산이나 개울 등지에서 채취
- 안정성이 낮아 기초공사나 잡석쌓기 기초바닥용, 콘크리트 기초바닥용 등에 주로 사용

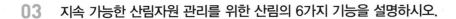

03 지속 가능한 산림자원 관리를 위한 산림의 6가지 기능을 설명하시오.

해답
① 생활환경보전림 : 도시와 생활권 주변의 경관유지 등 쾌적한 환경을 제공하기 위한 산림
② 자연환경보전림 : 생태·문화 및 학술적으로 보호할 가치가 있는 자연 및 산림을 보호·보전하기 위한 산림
③ 수원함양림 : 수자원 함양과 수질정화를 위한 산림
④ 산지재해방지림 : 산사태, 토사유출, 대형산불, 산림병해충 등 각종 산림재해의 방지 및 임지의 보전에 필요한 산림
⑤ 산림휴양림 : 산림휴양 및 휴식공간의 제공을 위한 산림(자연휴양림)
⑥ 목재생산림 : 생태적 안정을 기반으로 하여 국민경제활동에 필요한 양질의 목재를 지속적·효율적으로 생산·공급하기 위한 산림

04 설계속도가 30km/h, 노면의 횡단물매가 4%, 마찰계수가 0.15일 때 최소곡선반지름을 구하시오(소수점 셋째 자리에서 반올림하여 둘째 자리까지 기재).

해답
$$R = \frac{V^2}{127(f+i)} = \frac{30^2}{127(0.15+0.04)} = 37.297\cdots \quad \therefore 37.30\text{m}$$
여기서, R : 최소곡선반지름(m), V : 설계속도, f : 노면과 타이어의 마찰계수
i : 횡단기울기 또는 외쪽기울기

> 📖 **참고**
>
> 최소곡선반지름의 계산
> • 운반되는 통나무의 길이에 의한 경우
> $$\text{최소곡선반지름(m) } R = \frac{l^2}{4B}$$
> 여기서, l : 반출할 목재의 길이(m), B : 도로의 폭(m)
>
> • 원심력과 타이어 마찰계수에 의한 경우
> $$\text{최소곡선반지름(m) } R = \frac{V^2}{127(f+i)}$$
> 여기서, V : 설계속도, f : 노면과 타이어의 마찰계수, i : 횡단기울기 또는 외쪽기울기

05 산비탈흙막이의 시공 목적을 3가지 쓰시오.

해답
① 비탈면의 기울기 완화   ② 지표 유하수의 분산
③ 산지사면의 토사 붕괴 방지

06 단목의 연령 측정방법을 3가지 쓰시오.

해답 ① 기록에 의한 방법　　② 목측에 의한 방법　　③ 지절에 의한 방법

> 📖 **참고**
>
> 그 외 생장추에 의한 방법이 있다.

07 벌기령이 40년이고, 갱신기간이 2년일 때 윤벌기를 구하시오.

해답 윤벌기＝윤벌령(벌기령)＋갱신기간＝40＋2＝42년

08 면적이 380ha인 산림에 간선임도 500m, 지선임도 8km가 개설되어 있다. 이 산림의 임도밀도가 25m/ha가 되려면 임도를 얼마나 증설해야 하는지 계산하시오.

해답 임도밀도$(\text{m/ha})=\dfrac{\text{임도총연장거리}(\text{m})}{\text{총면적}(\text{ha})}$에서 $25\text{m/ha}=\dfrac{500\text{m}+8{,}000\text{m}+x}{380\text{ha}}$ 이므로

$x=1{,}000\text{m}$. 따라서 1,000m를 증설해야 한다.

09 소나무, 잣나무, 리기다소나무의 국유림 기준벌기령을 쓰시오.

해답 ① 소나무 : 60년, ② 잣나무 : 60년, ③ 리기다소나무 : 30년

> 📖 **참고**
>
> 주요 수종의 일반 기준벌기령
>
> | 주요 수종 | 국유림 | 공·사유림(기업경영림) |
> |---|---|---|
> | 소나무(춘양목보호림단지) | 60년(100년) | 40년(30년) (100년) |
> | 잣나무 | 60년 | 50년(40년) |
> | 리기다소나무 | 30년 | 25년(20년) |
> | 낙엽송(일본잎갈나무) | 50년 | 30년(20년) |
> | 삼나무 | 50년 | 30년(30년) |
> | 편백 | 60년 | 40년(30년) |
> | 기타 침엽수 | 60년 | 40년(30년) |
> | 참나무류 | 60년 | 25년(20년) |
> | 포플러류 | 3년 | 3년 |
> | 기타 활엽수 | 60년 | 40년(20년) |

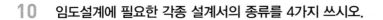

10 임도설계에 필요한 각종 설계서의 종류를 4가지 쓰시오.

> **해답**
> ① 공사설명서(설계설명서)　　　　② 시방서
> ③ 예정공정표　　　　　　　　　④ 예산내역서

11 산림면적 100ha, 윤벌기 50년, 벌기 때의 수확량이 200m³/ha일 때 벌기수확에 의한 법정축적을 계산하시오.

> **해답**
> $$V_s = \frac{U}{2} \times V_u \times \frac{F}{U} = \frac{50}{2} \times 200 \times \frac{100}{50} = 10,000\text{m}^3$$
>
> 여기서, V_s : 벌기수확에 의한 법정축적, U : 윤벌기, V_u : 윤벌기의 ha당 재적(m³)
> 　　　　F : 산림면적(ha)
>
> > 📖 **참고**
> >
> > 법정축적 계산법
> > • 벌기수확에 의한 법정축적 계산
> > $$\text{법정축적 } V_s = \frac{U}{2} \times V_u \times \frac{F}{U}$$
> > 여기서, U : 윤벌기, V_u : 윤벌기의 ha당 재적(m³), F : 산림면적(ha)
> >
> > • 수확표에 의한 법정축적 계산
> > $$\text{법정축적 } V_s = n(V_n + V_{2n} + V_{3n} + \cdots + V_{u-n} + \frac{V_u}{2}) \times \frac{F}{U}$$
> > 여기서, n : 수확표의 재적표시기간, V_n, V_{2n} ⋯ : n년마다의 ha당 재적(m³)
> > 　　　　V_u : 윤벌기의 ha당 재적(m³), U : 윤벌기, F : 산림면적(ha)

12 임도개설 시의 긍정적 효과를 4가지 쓰시오.

> **해답**
> ① 조림, 벌채 시 비용과 시간이 절감된다.
> ② 작업원의 피로가 줄어들어 벌채사고가 감소하고 산림사업 품질이 향상된다.
> ③ 산림보호기능이 증진되며, 집중적 과다벌채가 완화된다.
> ④ 농산촌의 생활수준이 향상되고, 지역산업이 발전한다.

13 다음 빈칸에 알맞은 말을 쓰시오.

> 전 산림면적을 윤벌기 연수와 같은 수의 벌구로 나누어 윤벌기를 거치는 가운데 매년 한 벌구씩 벌채 수확하는 방법을 (①)이라 하며, 전체 산림면적을 기계적으로 윤벌기 연수로 나누어 벌구면적을 같게 하는 (②)과 토지의 생산능력에 따라 벌구의 크기를 조절하는 (③)이 있다.

해답 ① 구획윤벌법   ② 단순구획윤벌법   ③ 비례구획윤벌법

14 미입목지, 제지, 혼효림에 대해 각각 설명하시오.

해답 ① 미입목지 : 입목재적 또는 본수 비율이 30% 이하인 임분
② 제지 : 암석 및 석력지로 조림이 불가능한 임지
③ 혼효림 : 침엽수 또는 활엽수가 26~75% 미만인 임분

> 📖 **참고**
>
> 입목재적 또는 본수 비율에 따른 지종 구분
>
> | 구분 | | 내용 |
> |---|---|---|
> | 입목지 | | 입목재적 또는 본수 비율이 30%를 초과하는 임분 |
> | 무입목지 | 미입목지 | 입목재적 또는 본수 비율이 30% 이하인 임분 |
> | | 제지 | 암석 및 석력지로 조림이 불가능한 임지 |

15 다음 빈칸에 알맞은 말을 쓰시오.

> 원목이 실린 반송기가 매달린 줄을 (①)이라고 하며, 드럼에 감기고 풀리면서 반송기를 주행시키고, 짐을 올리고 내리는 등의 기능을 하는 (②)은(는) 본줄 지름의 (③) 정도 되는 쇠밧줄을 많이 이용한다.

해답 ① 가공본줄   ② 작업줄   ③ 1/2

2020년 4회 기출문제

• • •

01 임지기망가의 최댓값이 늦게 오는 조건을 4가지 쓰시오.

해답 ① 이율이 낮을 때 　　　　　　② 지위가 좋지 않을 때
　　　③ 간벌수익이 작을 때 　　　　④ 조림비가 클 때

> 📖 **참고**
>
> 임지기망가의 최댓값 도달 시기
> • 이율 : 이율이 높을수록 임지기망가의 최대 시기가 빨리 온다.
> • 주벌수익 : 주벌수익의 증대 속도가 빨리 감퇴할수록 임지기망가의 최대 시기가 빨리온다. 즉, 지위가 양호한 임지일수록 최대가 빨리 온다.
> • 간벌수익 : 간벌수익이 클수록 임지기망가의 최대 시기가 빨리 온다.
> • 조림비 : 조림비가 클수록 임지기망가의 최대 시기가 늦게 온다.
> • 관리비 : 임지기망가의 최대 시기와는 관계가 없다.
> • 채취비 : 임지기망가식에서 나타내는 인자는 아니지만, 보통 채취비가 클수록 임지기망가의 최대 시기는 늦게 온다.

02 중력댐(사방댐)의 안정 조건을 4가지 쓰시오.

해답 ① 전도에 대한 안정
　　　② 활동에 대한 안정
　　　③ 제체의 파괴에 대한 안정
　　　④ 기초지반의 지지력에 대한 안정

03 임업이율의 성격을 4가지 쓰시오.

해답 ① 임업이율은 대부이자가 아니고 자본이자이다.
　　　② 임업이율은 단기이율이 아니고 장기이율이다.
　　　③ 임업이율은 현실이율이 아니고 평정이율(계산이율)이다.
　　　④ 임업이율은 실질적 이율이 아니고 명목적 이율이다.

04 지황조사 항목 중 토심의 구분 기준을 쓰시오.

> **해답** ① 천 : 30cm 미만
> ② 중 : 30~60cm 미만
> ③ 심 : 60cm 이상

05 임령이 20년생인 소나무 임분에서 지위지수 12는 무엇을 의미하는지 설명하시오.

> **해답** 지위지수는 일정 기준임령에서의 우세목의 평균수고를 조사하여 수치로 나타낸 것으로 소나무의 기준임령은 20년이며 이때 지위지수가 12이면 우세목의 평균수고가 12m라는 의미이다.

06 축척 1/5,000의 지형도에서 종단기울기가 8%, 지도상의 수평거리가 20cm인 노선의 수직거리를 계산하시오.

> **해답** 지도상 수평거리 20cm를 축척을 적용한 실제 수평거리로 계산하면 1 : 5,000 = 20 : 실제수평거리이므로 실제수평거리 = 100,000cm = 1,000m이다.
> 종단기울기는 $\dfrac{수직거리}{수평거리} \times 100 = \dfrac{수직거리}{1,000} \times 100 = 8\%$이므로, 수직거리 = 80m이다.

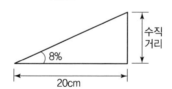

07 다공정 처리기계인 하베스터의 수행작업에 대해 설명하시오.

> **해답** 임내에서 벌도, 가지치기, 조재목 마름질, 토막내기의 작업을 모두 수행할 수 있는 대표적 다공정 임목수확기계이다.

08 평면곡선 중 복심곡선에 대해 설명하시오.

> **해답** 반지름이 달라 곡률이 다른 두 개의 곡선이 같은 방향으로 연속되는 곡선으로 복합곡선이라고도 부른다.

09 사방 토목재료인 시멘트에 사용되는 응결경화촉진제에 대해 설명하시오.

> **해답** 빠른 강도 증진을 위하여 응결과 경화를 촉진시키는 제제로 동절기 콘크리트 공사 등에 사용
> 한다. 대표적 촉진제로는 염화칼슘($CaCl_2$), 염화알루미늄, 규산나트륨 등이 있다.

10 20년생일 때의 수고가 18m, 25생일 때의 수고가 22m인 수목의 수고 생장률을 프레슬러
공식을 이용하여 계산하시오.

> **해답** $$P = \frac{V-v}{V+v} \times \frac{200}{m} = \frac{22-18}{22+18} \times \frac{200}{5} = 4\%$$
>
> 여기서, P : 생장률(%), V : 현재의 수고, v : m년 전의 수고, m : 기간연수

11 수확조정기법 중 법정축적법의 정의를 쓰고, 카메랄탁세(Kameraltaxe)법의 계산식을 적
으시오.

> **해답** ① 법정축적법 : 산림 연간벌채량의 기준을 연간생장량에 두고, 현실림과 정상적인 축적의
> 차이에 의해 조절하는 수확기법으로 현실림을 점차 법정림으로 유도하는 방식이다. 즉,
> 법정축적에 도달하도록 하는 수식법이다.
>
> ② 카메랄탁세법 공식
> $$연간표준벌채량 = 현실\ 연간생장량 + \frac{현실축적 - 법정축적}{갱정기(정리기)}$$

12 산림면적 30ha, 현실생장량 4m³/ha, 현실축적 120m³/ha, 법정축적 150m³/ha, 갱정기
25년일 때 연간평균벌채량을 오스트리안 공식에 의해 계산하시오.

> **해답** $$연간표준벌채량(\text{m}^3/\text{ha}) = 현실연간생장량 + \frac{현실축적 - 법정축적}{갱정기}$$
>
> $$= 4 + \frac{120-150}{25} = 2.8\text{m}^3/\text{ha}$$
>
> 산림면적이 30ha이므로 총 연간평균벌채량은 $2.8 \times 30 = 84\text{m}^3$

13 아래 그림은 돌망태 기슭막이의 단면 구조도이다. 말뚝을 3개 박는 경우 적합한 위치를 구조도에 그려서 나타내시오.

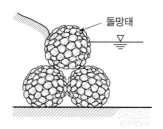

해답

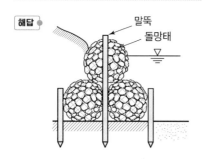

14 계간사방공사 중 횡공작물과 종공작물의 종류를 3가지씩 쓰시오.

해답 ① 횡공작물 : 사방댐, 골막이, 바닥막이
② 종공작물 : 기슭막이, 수제, 둑쌓기

15 선떼붙이기의 시공 목적을 쓰시오.

해답 묘목의 생장을 조장하며, 지표수를 분산시켜 침식을 방지하고, 수토보전을 도모하기 위함이다.

2021^년 1^회 기출문제

...

01 삼각법을 응용한 측고기의 종류를 4가지 쓰시오.

해답 ① 아브네이(핸드)레블 ② 하가측고기
③ 블루메라이스측고기 ④ 순토측고기

> **📖 참고**
> 그 외 덴드로미터, 트랜싯, 스피겔릴라스코프가 있다.

02 해안사방공사 중 모래덮기 공사의 종류 3가지를 쓰시오.

해답 ① 소나무섶모래덮기 ② 갈대모래덮기
③ 짚모래덮기

03 산림평가의 산림경영요소 3가지를 쓰시오.

해답 ① 수익 ② 비용 ③ 임업이율

04 고성능 임목수확기계인 펠러번처(feller buncher)에 대해 설명하시오.

해답 벌도와 집적(모아서 쌓기)의 2가지 공정을 실행할 수 있는 다공정 처리기계이다.

05 수로기울기 2.2%, 유속계수 0.8인 유로의 평균유속이 0.25m/s일 때 체지(Chezy) 공식을 이용하여 경심을 구하시오(소수점 둘째 자리에서 반올림하여 첫째 자리까지 기재).

해답 $V = c\sqrt{R \cdot I}$ 에서 $0.25 = 0.8\sqrt{R \times 0.022}$ 이므로
$R = 4.438\cdots$ ∴ 약 4.4m
여기서, V : 평균유속(m/s), c : 유속계수, R : 경심(m), I : 수로 경사(%를 소수로)

06 임반을 구획하는 기준과 번호 부여방법을 쓰시오.

> **해답** ① 구획 기준 : 면적은 100ha 내외로 구획하며, 능선, 하천 등 자연경계나 도로 등의 고정적
> 시설을 따라 확정한다.
> ② 번호 부여방법 : 경영계획구 유역 하류에서 시계 방향으로 연속되게 숫자 1, 2, 3…으
> 로 표시하고, 신규 재산 취득 등으로 보조임반을 편성할 때는 임반의 번호에 보조번호
> 를 1−1, 1−2, 1−3… 순으로 붙여 나타낸다.

07 벌채목의 원구직경이 32cm, 말구직경이 22cm, 재장이 9m일 때, 스말리안(Smalian)식
에 의해 재적을 계산하시오(소수점 셋째 자리에서 반올림하여 둘째 자리까지 기재).

> **해답**
> $$V = \frac{g_o + g_n}{2} \times l = \frac{\dfrac{\pi \cdot d^2}{4} + \dfrac{\pi \cdot d^2}{4}}{2} \times l$$
> $$= \frac{\dfrac{\pi \cdot 0.32^2}{4} + \dfrac{\pi \cdot 0.22^2}{4}}{2} \times 9 = 0.5329 \cdots \quad \therefore 0.53\text{m}^3$$
> 여기서, V : 재적(m³), g_o : 원구단면적(m²), g_n : 말구단면적(m²), l : 재장(m), d : 직경(m)

08 벌기 50년마다 1,000만 원의 수입을 영구히 얻을 수 있는 잣나무림의 현재가를 구하시오
(이율은 5%, $1.05^{50} = 11.467$, 백 원 이하는 버림).

> **해답** 무한정기이자의 전가식 : 현재로부터 n년마다 R씩 영구히 얻을 수 있는 이자의 전가합계식
> $$K = \frac{R}{1.0P^n - 1} = \frac{10,000,000}{1.05^{50} - 1} = \frac{10,000,000}{11.467 - 1} = 955,383.586 \cdots \quad \therefore \text{약 } 955,000\text{원}$$
> 여기서, P : 이율

09 면적이 1,000ha인 산림에 임도밀도 20m/ha의 임도를 개설하려고 한다. 임도의 총연장
거리, 임도간격, 집재거리, 평균집재거리를 구하시오.

> **해답** ① 임도의 총연장거리
> $$\text{임도밀도(m/ha)} = \frac{\text{임도총연장거리(m)}}{\text{총면적(ha)}} \text{에서 } 20 = \frac{\text{임도총연장거리}}{1,000} \text{이므로,}$$
> 임도총연장거리 = 20,000m = 20km

② 임도간격 $= \dfrac{10,000}{적정임도밀도} = \dfrac{10,000}{20} = 500\text{m}$

③ 집재거리 $= \dfrac{5,000}{적정임도밀도} = \dfrac{5,000}{20} = 250\text{m}$

④ 평균집재거리 $= \dfrac{2,500}{적정임도밀도} = \dfrac{2,500}{20} = 125\text{m}$

10 곡선반지름이 15m, 내각이 90°인 평면곡선에서 접선길이와 곡선길이를 계산하시오(반올림하여 소수점 둘째 자리까지).

해답 ● 교각과 내각의 합은 180°이므로 내각이 90°이면 교각(θ)도 90°이다.

① 접선길이 T.L $= R \cdot \tan \dfrac{\theta}{2} = 15 \times \tan \dfrac{90}{2} = 15\text{m}$

② 곡선길이 C.L $= \dfrac{2\pi R\theta}{360} = \dfrac{2 \times \pi \times 15 \times 90}{360} = 23.561 \cdots \quad \therefore 23.56\text{m}$

　　여기서, R : 곡선반지름, θ : 교각

11 방수로 사다리꼴의 장단점을 쓰시오.

해답 ● ① 장점
　　• 방수로 부분이 넓어 월류수심이 최소가 된다.
　　• 댐의 횡단면적이 절약된다.
　　• 하류 계상부의 침식이 경감된다.

② 단점
　　• 양안의 암반이 비교적 견고해야 적용 가능하다.
　　• 천단부 상부의 암석은 풍화 부분을 절취해야 한다.
　　• 계획고 수위 이상까지 돌붙이기 시공이 필요하다.

12 와이어로프의 연결고정방법 3가지를 쓰시오.

해답 ● ① 아이 스플라이스(eye splice) 가공법 : 연결부의 매듭을 스트랜드를 여러 번 꼬아 짠 형식
② 소켓(socket) 가공법 : 연결부에 금형 또는 소켓을 부착 후 용융금속을 주입하여 고착한 형식
③ 록(lock) 가공법 : 연결부의 매듭에 파이프 형태의 슬립(slip)을 넣어 압착 고정한 형식

13 어떤 임분의 현실축적이 450m³/ha, 법정축적이 500m³/ha, 법정벌채량이 10m³/ha일 때 훈데스하겐(Hundeshagen)법에 의한 ha당 연간표준벌채량을 계산하시오.

해답 $$연간표준벌채량(\mathrm{m^3/ha}) = \frac{법정벌채량}{법정축적} \times 현실축적 = \frac{10}{500} \times 450 = 9\mathrm{m^3/ha}$$

14 체인톱의 안전장치를 3가지 이상 쓰시오.

해답 ① 전후방 손잡이
② 전후방 손보호판
③ 체인브레이크

15 옹벽의 안정 조건 4가지를 쓰시오.

해답 ① 전도에 대한 안정 ② 활동에 대한 안정
③ 침하에 대한 안정 ④ 내부응력에 대한 안정

2021^년 1^회 기출문제

● ● ●

---

01 임지기망가의 크기에 영향을 주는 인자를 4가지 쓰시오.

> **해답** ① 주벌수익과 간벌수익 ② 조립비와 관리비
> ③ 이율 ④ 벌기

---

02 임반의 면적과 구획방법에 대하여 설명하시오.

> **해답** 임반의 면적은 100ha 내외로 하며, 능선, 하천 등 자연경계나 도로 등의 고정적 시설을 따라
> 구획하고, 경영계획구 유역 하류에서 시계 방향으로 연속되게 숫자 1, 2, 3…으로 표시한다.

---

03 4급 선떼붙이기의 측면도를 그리시오.

> **해답**

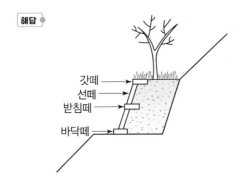

갓떼
선떼
받침떼
바닥떼

---

04 유토곡선에 대해 설명하시오.

> **해답** 최적 토량 배분, 토사 운반거리 산출, 토공기계 선정, 작업환경 결정 등을 목적으로 적절한
> 토공(흙일)의 균형을 얻기 위해 작성하는 곡선이다. 곡선이 상향인 구간은 절토구간, 하향인
> 구간은 성토구간이며, 곡선과 평형선이 교차하는 점은 절토량과 성토량이 평형상태를 나타
> 낸다.

> 📖 **참고**
>
> 유토곡선의 이해
> - 곡선이 상향인 구간은 절토구간, 하향인 구간은 성토구간이다.
> - 곡선과 평형선이 교차하는 점은 절토량과 성토량이 평형상태를 나타낸다.
> - 평형선에서 곡선의 곡점과 정점까지의 높이는 절토에서 성토로 운반되는 전체의 토량이다.
> - 곡선이 평형선보다 위에 있는 경우, 절토에서 성토로 운반되며, 작업 방향은 좌에서 우로 이루어진다.
> - 곡선이 평형선보다 아래에 있는 경우, 절토에서 성토로 운반되며, 작업 방향은 우에서 좌로 이루어진다.
>
>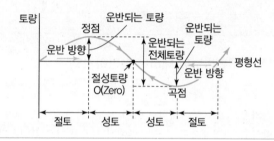

05 유령림, 벌기 미만의 장령림, 중령림, 벌기 이상인 성숙림의 임목에 대해 각각 적합한 임목 평가법을 적으시오.

> **해답** ① 유령림의 임목평가 : 임목비용가법
> ② 중령림의 임목평가 : 글라저(Glaser)법
> ③ 벌기 미만인 장령림의 임목평가 : 임목기망가법
> ④ 벌기 이상인 성숙림의 임목평가 : 시장가역산법

06 산림경영의 지도 원칙을 5가지 쓰시오.

> **해답** ① 수익성의 원칙　　　　　② 경제성의 원칙
> ③ 생산성의 원칙　　　　　④ 공공성의 원칙
> ⑤ 보속성의 원칙

> **참고**
>
> 산림경영의 지도 원칙
> - 수익성의 원칙 : 최대의 순수익 또는 최고의 수익률을 올리도록 경영하자는 원칙
> - 경제성의 원칙
>   - 수익을 비용으로 나눈 값이 최대가 되도록 경영하자는 원칙
>   - 최소비용으로 최대효과를 내도록 경영하자는 원칙
> - 생산성의 원칙
>   - 생산량을 생산요소의 수량으로 나눈 값이 최대가 되도록 경영하자는 원칙
>   - 단위면적당 최대의 목재를 생산하도록 경영하자는 원칙
>   - 우리나라에서 중요시되는 원칙
> - 공공성의 원칙 : 질 좋은 목재를 국민에게 안정적으로 공급하고, 국민의 복리 증진을 목표로 하는 원칙
> - 보속성의 원칙 : 해마다 목재 수확을 계속하여 균등하게 생산·공급하도록 경영하자는 원칙
> - 합자연성의 원칙 : 자연법칙을 존중하며 산림을 경영하자는 원칙
> - 환경보전의 원칙 : 산림의 국토보전, 수원함양, 자연보호 등의 기능을 충분히 발휘할 수 있도록 경영하자는 원칙

07 벌목 시 발생할 수 있는 바버체어(baber chair)에 대해 설명하시오.

해답 벌채 시 임목을 충분히 절단하지 않아 수간이 수직 방향으로 쪼개지는 현상으로 수구를 충분히 절제하지 않으면 바버체어 현상이 나타날 수 있으므로 주의한다.

08 임도간격 200m, 산지사면 기울기 32%, 종단기울기 4%일 때 배향곡선의 적정 간격을 계산하시오.

해답 배향곡선의 간격 $=$ 임도간격 $\times \dfrac{1}{2} \times \dfrac{산지사면기울기(\%)}{종단기울기(\%)}$

$$= 200 \times \frac{1}{2} \times \frac{32}{4} = 800\text{m}$$

09 사방댐의 높이 결정 기준을 4가지 쓰시오.

해답
① 시공목적   ② 지반상황
③ 계획물매   ④ 시공지점의 상태

10 지황조사 항목 중 지리에 대해 설명하시오.

해답 해당 임지에서 임도 또는 도로까지의 거리를 100m 단위로 하여 10급지로 구분한다.

구분	내용	구분	내용
1급지	100m 이하	6급지	501~600m 이하
2급지	101~200m 이하	7급지	601~700m 이하
3급지	201~300m 이하	8급지	701~800m 이하
4급지	301~400m 이하	9급지	801~900m 이하
5급지	401~500m 이하	10급지	901m 이상

11 설치위치별 임도의 종류를 3가지 쓰고, 간단히 설명하시오.

해답 ① 계곡임도 : 임지의 하단부로부터 개발되며, 임지개발의 중추적 역할을 한다. 산림개발 시 처음으로 시설되는 임도이다.
② 사면임도(산복임도) : 계곡임도에서 시작되어 산록부와 산복부에 설치하는 임도로 산지개발 효과와 집재작업효율이 높으며, 상향집재도 가능하다. 집재나 공사비 등의 면에서 효율성과 경제성이 가장 좋은 임도이다.
③ 능선임도 : 능선을 따라 설치되어 배수가 좋으며, 눈에 쉽게 띄고, 대개 직선적이다. 산악지대 임도 배치방법 중 건설비가 가장 적게 소요되며, 접근이 어려운 계곡이나 늪지대 등에서의 임도개설 시 용이하다.

12 임황조사 항목 중 소밀도의 구분 기준을 설명하시오.

해답 조사면적에 대한 입목의 수관면적이 차지하는 비율을 백분율로 나타내어 수관의 울폐된 정도를 소, 중, 밀로 구분한다.
① 소 : 수관밀도가 40% 이하인 임분
② 중 : 수관밀도가 41~70%인 임분
③ 밀 : 수관밀도가 71% 이상인 임분

13 아래의 기고식 야장에서 빈칸을 계산하시오.

측점	후시	기계고	전시		지반고
			이기점	중간점	
B.M No.8	2.30	52.30			50.00
1				3.20	(①)
2				2.50	49.80
3	4.25	(②)	1.10		51.20
4				2.30	53.15
5				2.10	53.35

해답 ① 지반고＝기계고－전시＝52.30－3.20＝49.10m
② 기계고＝지반고＋후시＝51.20＋4.25＝55.45m

14 표준지 면적 6,400m²의 재적이 50m³일 때, 표준지가 속해 있는 100ha의 산림 전체 재적을 구하시오.

해답 $0.64\text{ha} : 50\text{m}^3 = 100\text{ha} : x$이므로 $x = 7,812.5\text{m}^3$

15 견치돌에 대해 설명하시오.

해답 돌을 다듬을 때 앞면, 길이, 뒷면, 접촉부 및 허리치기의 치수를 특별한 규격에 맞도록 지정하여 만든 석재로 단단하고 치밀하여 견고를 요하는 돌쌓기 공사, 사방댐, 옹벽 등에 사용한다.

2021년 2회 기출문제 · · ·

01 투자효율의 측정방법 중 내부투자수익률법에 대해 설명하시오.

> **해답** 투자에 의하여 장래에 예상되는 현금유입과 유출의 현재가를 동일하게 하는 할인율(내부이익률)로 효율을 측정하는 방법이다. 현금유입의 현재가와 현금유출의 현재가가 같아 결국 순현재가치가 0이 되는 이자율(P)로 투자효율을 평가한다.

02 윤벌기의 정의를 쓰고, 벌기령이 40년이고 갱신기간이 4년일 때 윤벌기를 계산하시오.

> **해답** ① 윤벌기 : 보속작업에서 한 작업급에 속하는 모든 임분을 일순벌하는 데 소요되는 기간이다.
> ② 윤벌기 = 윤벌령(벌기령) + 갱신기간 = 40 + 4 = 44년

03 평면곡선의 종류를 4가지 쓰고 각각 설명하시오.

> **해답** ① 단곡선 : 두 개의 직선을 하나로 부드럽게 연결한 원곡선이다.
> ② 복심곡선(복합곡선) : 반지름이 달라 곡률이 다른 두 개의 곡선이 같은 방향으로 연속되는 곡선이다.
> ③ 반향곡선(반대곡선) : 방향이 서로 다른 곡선을 연속시킨 곡선이다.
> ④ 배향곡선(헤어핀곡선) : 반지름이 작은 원호의 앞이나 뒤에 반대 방향 곡선을 넣어 헤어핀 모양으로 된 곡선이다.

04 빗물침식의 과정을 순서에 맞게 4단계로 나누어 쓰고 각각 설명하시오.

> **해답** ① 우격침식 : 토양 표면에서 빗방울의 타격으로 인한 가장 초기 상태의 침식
> ② 면상침식 : 토양의 얇은 층이 전면에 걸쳐 넓게 유실되는 현상
> ③ 누구침식 : 토양 표면에 잔 도랑이 불규칙하게 생기면서 깎이는 현상
> ④ 구곡침식 : 도랑이 커지면서 심토까지 심하게 깎이는 현상

05 스피겔릴라스코프에 대해 설명하시오.

해답 각산정 표준지법에 사용되는 측정기구로 임분의 흉고단면적 결정에 쓰여 전체 재적을 산출할 수 있으며, 수고 등 다양한 측정도 가능하다.

06 와이어로프의 보통꼬임과 랑꼬임에 대해 각각 설명하시오.

해답 ① 보통꼬임 : 와이어의 꼬임과 스트랜드의 꼬임 방향이 반대로 킹크가 생기기 어렵고 취급이 용이하지만, 마모가 크다.
② 랑꼬임 : 와이어의 꼬임과 스트랜드의 꼬임 방향이 동일하여 킹크가 생기기 쉽지만, 마모가 적다.

07 유역면적 1.2ha, 최대시우량 110mm/h, 유거계수 0.8일 때 최대홍수유량을 시우량법에 의해 계산하시오(소수점 셋째 자리에서 반올림하여 둘째 자리까지 기재).

해답 유역면적의 단위가 ha일 때 유량공식

$$Q = \frac{1}{360} \times K \cdot A \cdot m$$

$$= \frac{1}{360} \times 0.8 \times 1.2 \times 110 = 0.2933 \cdots \quad \therefore 약 \ 0.29\text{m}^3/\text{s}$$

여기서, Q : 최대홍수유량(m^3/s), K : 유거계수, A : 유역면적(ha)
m : 최대시우량(mm/h)

> 📋 **참고**
>
> 시우량법
> • 유역면적의 단위가 m^2일 때 유량공식
>
> $$Q = K \frac{A \times \frac{m}{1,000}}{60 \times 60} = \frac{1}{360} \times K \cdot A \cdot m \times \frac{1}{10,000}$$
>
> • 유역면적의 단위가 ha일 때 유량공식
>
> $$Q = \frac{1}{360} \times K \cdot A \cdot m = 0.002778 \times K \cdot A \cdot m$$
>
> 여기서, Q : 최대홍수유량(m^3/s), K : 유거계수, A : 유역면적, m : 최대시우량(mm/h)

08 교각법에 의해 평면곡선 설정 시 곡선반지름이 20m, 교각이 60°일 때 접선길이와 곡선길이를 구하시오(소수점 셋째 자리에서 반올림하여 둘째 자리까지 기재).

해답

① 접선길이 $T.L = R \cdot \tan\dfrac{\theta}{2} = 20 \times \tan\dfrac{60}{2} = 11.547\cdots$　　∴ 11.55m

② 곡선길이 $C.L = \dfrac{2\pi R\theta}{360} = \dfrac{2 \times \pi \times 20 \times 60}{360} = 20.943\cdots$　　∴ 20.94m

　여기서, R : 곡선반지름, θ : 교각

09 저목장 설치장소로 적합한 곳을 적으시오.

해답 작업로와 임도의 연결점 부근에 위치시키며, 곡선부, 협곡부, 언덕 부위, 습한 곳 등은 피하고 장비의 이동에 지장이 없는 곳에 설치한다.

10 벌기가 30년인 수목의 주벌수익은 400만 원이고, 간벌수익은 20년과 25년일 때 각각 50만 원, 70만 원이며, 조림비는 ha당 20만 원, 관리비는 매년 1만 원, 이율은 5%일 때 임지기망가를 계산하시오.

해답

$$B_u = \frac{A_u + D_a 1.0P^{u-a} + \cdots + D_q 1.0P^{u-q} - C 1.0P^u}{1.0P^u - 1} - \frac{v}{0.0P}$$

$$= \frac{4,000,000 + (500,000 \times 1.05^{30-20}) + (700,000 \times 1.05^{30-25}) - (200,000 \times 1.05^{30})}{1.05^{30} - 1} - \frac{10,000}{0.05}$$

$= 1,458,019.25\cdots - 200,000 = 1,258,019.25\cdots$　　∴ 약 1,258,019원

　여기서, B_u : 임지기망가(원), u : 벌기, A_u : 주벌수익

　　$D_a, D_b\cdots$: $a, b\cdots$년도 간벌수익, C : 조림비, v : 관리비, P : 이율

11 임반의 구획방법을 면적, 번호 부여 방식, 보조임반 구획 방식의 3가지로 나누어 설명하시오.

해답 ① 면적 : 100ha 내외로 구획하며, 능선, 하천 등 자연경계나 도로 등의 고정적 시설을 따라 확정한다.

② 번호 부여 방식 : 경영계획구 유역 하류에서 시계 방향으로 연속되게 숫자 1, 2, 3…으로 표시한다.

③ 보조임반 구획 방식 : 신규 재산 취득 등으로 보조임반을 편성할 때는 임반의 번호에 보조번호를 1-1, 1-2, 1-3… 순으로 붙여 나타낸다.

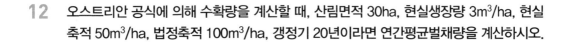

12 오스트리안 공식에 의해 수확량을 계산할 때, 산림면적 30ha, 현실생장량 3m³/ha, 현실 축적 50m³/ha, 법정축적 100m³/ha, 갱정기 20년이라면 연간평균벌채량을 계산하시오.

해답
$$연간표준벌채량(m^3/ha) = 현실연간생장량 + \frac{현실축적 - 법정축적}{갱정기}$$

$$= 3 + \frac{50 - 100}{20} = 0.5 m^3/ha$$

산림면적이 30ha이므로 총 연간평균벌채량은 $0.5 \times 30 = 15 m^3$

13 골쌓기와 켜쌓기를 간단히 설명하고, 그림을 그려 나타내시오.

해답
① 골쌓기 : 마름모꼴 대각선으로 쌓는 방법으로 비교적 규격이 일정한 막깬돌이나 견치돌을 이용한다.

② 켜쌓기 : 돌 면의 높이를 맞추어 가로 줄눈이 일직선이 되도록 쌓는 방법으로 주로 마름돌을 사용한다.

∥골쌓기∥

∥켜쌓기∥

14 아래 수목의 혼효율을 계산하고, 우점도에 따라 임상을 적으시오.

소나무	낙엽송	갈참나무
5본	10본	3본

해답
① 혼효율

- 소나무 $\dfrac{5}{5 + 10 + 3} \times 100 = 27.77 \cdots$ 약 27.8%

- 낙엽송 $\dfrac{10}{5 + 10 + 3} \times 100 = 55.55 \cdots$ 약 55.6%

- 갈참나무 $\dfrac{3}{5 + 10 + 3} \times 100 = 16.66 \cdots$ 약 16.7%

② 임상 : 침엽수림

소나무와 낙엽송이 차지하는 비율이 27.8 + 55.6 = 83.4% 이므로 임상은 침엽수림이다.

> 📖 **참고**
>
> 임상의 구분 기준
>
> | 구분 | 기준 |
> |------|------|
> | 침엽수림 | 침엽수가 75% 이상인 임분 |
> | 활엽수림 | 활엽수가 75% 이상인 임분 |
> | 혼효림 | 침엽수 또는 활엽수가 26~75% 미만인 임분 |

15 아래의 기고식 야장에서 빈칸을 계산하시오.

측점	후시	기계고	전시 이기점	전시 중간점	지반고	비고
B.M	2.30	32.30			30.00	B.M의 H = 30.0m
1				3.20	(①)	
2				2.50	29.80	
3	4.25	(②)	1.10		31.20	
4				2.30	33.15	
5				2.10	33.35	
6			3.50		(③)	
계	+6.55		−4.60			측점 6은 B.M에 비하여 1.95m 높다.

해답 ① 지반고 = 기계고 − 전시 = 32.30 − 3.20 = 29.10m

② 기계고 = 지반고 + 후시 = 31.20 + 4.25 = 35.45m

③ 지반고 = 기계고 − 전시 = 35.45 − 3.50 = 31.95m

2021년 2회 기출문제

01 옹벽의 안정 조건을 4가지 쓰시오.

해답
① 전도에 대한 안정
② 활동에 대한 안정
③ 침하에 대한 안정
④ 내부응력에 대한 안정

02 임지기망가에 영향을 주는 요소를 4가지 쓰시오.

해답
① 주벌수익과 간벌수익
② 조림비와 관리비
③ 이율
④ 벌기

> 📖 **참고**
>
> 임지기망가 크기에 영향을 주는 요소
> • 주벌수익과 간벌수익 : 항상 플러스(+) 값이므로, 값이 크고 시기가 빠를수록 임지기망가는 커진다.
> • 조림비와 관리비 : 항상 마이너스(−) 값이므로, 값이 클수록 임지기망가는 작아진다.
> • 이율 : 이율이 높으면 임지기망가는 작아지고, 낮으면 임지기망가는 커진다.
> • 벌기 : 벌기가 길어지면 임지기망가의 값이 처음에는 증가하다가 어느 시기에 이르러 최대에 도달하고, 그 후부터는 점차 감소한다.

03 임목 수확작업을 순서에 맞게 4가지 쓰시오.

해답 벌도 − 조재 − 집재 − 운재

> 📖 **참고**
>
> 임목 수확작업의 구성요소
> • 벌도(伐倒) : 입목의 지상부를 잘라 넘어뜨리는 작업(벌목)
> • 조재(造材) : 지타(가지치기), 조재목 마름질, 작동(통나무 자르기), 박피(껍질 벗기기) 등 원목을 정리하는 작업
> • 집재(集材) : 원목을 운반하기 편리한 임도변이나 집재장에 모아두는 작업
> • 운재(運材) : 집재한 원목을 제재소, 원목시장 등 수요처까지 운반하는 작업

04 면적이 50ha인 산림의 ha당 법정축적이 100m³, ha당 현실축적이 76m³, ha당 연간생장량이 3m³이고, 갱정기가 30년이라면 이 산림의 총연간표준벌채량은 얼마인지 계산하시오.

해답 $\text{ha당 연간표준벌채량} = \text{현실연간생장량} + \dfrac{\text{현실축적} - \text{법정축적}}{\text{갱정기(정리기)}}$

$$= 3 + \frac{76 - 100}{30} = 2.2\text{m}^3/\text{ha}$$

산림면적이 50ha이므로 총연간표준벌채량은 $2.2 \times 50 = 110\text{m}^3$

05 산지사방 기초공사의 종류를 4가지 쓰시오.

해답 ① 비탈다듬기 ② 단끊기
③ 땅속흙막이 ④ 산비탈흙막이

> 📖 **참고**
>
> 산지사방공사의 종류
>
> | 기초공사 | 비탈다듬기(뭉기기), 단끊기, 땅속흙막이(묻히기), 산비탈흙막이(산복흙막이), 누구막이, 산비탈배수로(산복수로, 산비탈수로내기), 속도랑(배수구) |
> |---|---|
> | 녹화공사 | 바자얽기(편책공, 목책공), 선떼붙이기, 조공, 줄떼시공(줄떼다지기, 줄떼붙이기, 줄떼심기), 평떼시공(평떼붙이기, 평떼심기), 단쌓기(떼단쌓기), 비탈덮기(거적덮기), 등고선구공법(수평구공법), 새심기, 씨뿌리기(파종공법), 종비토뿜어붙이기, 나무심기(식재공법) |

06 산림 토목재료로서 목재가 갖는 장단점을 각각 2가지씩 쓰시오.

해답 ① 장점
• 석재나 철재보다 가벼워 운반·가공 및 취급이 용이하다.
• 공작에 필요한 설비가 간단하며, 온도에 따른 변화도 적다.
② 단점
• 타 재료에 비해 부패하기 쉬우며, 내구성이 약하다.
• 함수량에 따라 수축 및 팽창하여 변형이 생길 수 있다.

> 📖 **참고**
>
> 그 외 목재의 장점
> 충격이나 진동 등을 잘 흡수한다.

07 산림조사 시 임상의 구분 기준을 3가지 쓰고 각각 설명하시오.

해답
① 침엽수림 : 침엽수가 75% 이상인 임분
② 활엽수림 : 활엽수가 75% 이상인 임분
③ 혼효림 : 침엽수 또는 활엽수가 26~75% 미만인 임분

08 원가방식에 의한 임목 평가방법을 2가지 쓰시오.

해답
① 원가법　　　　　　　　　　　　② 비용가법

> 📖 **참고**
>
> 임목의 평가방법
>
> | 원가방식에 의한 임목평가 | 원가법, 비용가법 |
> |---|---|
> | 수익방식에 의한 임목평가 | 기망가법, 수익환원법 |
> | 원가수익절충방식에 의한 임목평가 | 임지기망가 응용법, 글라저(Glaser)법 |
> | 비교방식에 의한 임목평가 | 매매가법, 시장가역산법 |

09 임업이율의 성격을 4가지 쓰시오.

해답
① 임업이율은 대부이자가 아니고 자본이자이다.
② 임업이율은 단기이율이 아니고 장기이율이다.
③ 임업이율은 현실이율이 아니고 평정이율(계산이율)이다.
④ 임업이율은 실질적 이율이 아니고 명목적 이율이다.

10 임도설치 대상지의 우선 선정 기준을 4가지 쓰시오.

해답
① 조림, 육림, 간벌, 주벌 등 산림사업 대상지
② 산림경영계획이 수립된 임지
③ 산불예방, 병해충방제 등 산림의 보호 · 관리를 위하여 필요한 임지
④ 산림휴양자원의 이용 또는 산촌진흥을 위하여 필요한 임지

> 📖 **참고**
>
> 그 외 임도설치 대상지의 우선 선정 기준
> - 농산촌 마을의 연결을 위하여 필요한 임지
> - 기존 임도 간 연결, 임도와 도로 연결 및 순환임도 시설이 필요한 임지
> - 도로의 노선계획이 확정·고시된 지역 또는 다른 임도와 병행하는 지역은 임도설치 대상지에서 제외

11 소반을 구획하는 요인을 4가지 적으시오.

> **해답** ① 산림의 기능이 상이할 때
> ② 지종이 상이할 때
> ③ 임종, 임상 및 작업종이 상이할 때
> ④ 임령, 지위, 지리 또는 운반계통이 상이할 때

12 다음의 선떼붙이기 그림을 보고 각 명칭을 쓰시오.

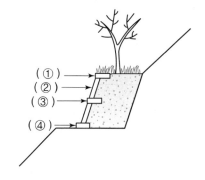

> **해답** ① 갓떼 ② 선떼 ③ 받침떼 ④ 바닥떼

13 흉고직경이 24cm, 수고가 16m, 흉고형수가 0.41인 수목의 재적을 구하시오(소수점 셋째 자리에서 반올림하여 둘째 자리까지 기재).

> **해답** $V = g \cdot h \cdot f = \dfrac{\pi \cdot d^2}{4} \cdot h \cdot f = \dfrac{\pi \times 0.24^2}{4} \times 16 \times 0.41 = 0.296 \cdots$ ∴ 0.30m^3
>
> 여기서, V : 수간재적, g : 원의 단면적, h : 수고, f : 형수, d : 흉고직경

14 면적이 2,000ha인 산림에 임도 총연장거리가 42km라면 임도밀도는 얼마인지 구하시오.

해답 $임도밀도(\mathrm{m/ha}) = \dfrac{임도총연장거리(\mathrm{m})}{총면적(\mathrm{ha})} = \dfrac{42,000}{2,000} = 21\mathrm{m/ha}$

15 대피소의 설치 기준을 설명하시오.

해답 차량의 원활한 소통을 위해서는 300m 이내의 간격마다 5m 이상의 너비와 15m 이상의 길이를 가지는 대피소를 설치해야 한다.

📖 **참고**

대피소 설치 기준

구분	기준
간격	300m 이내
너비	5m 이상
유효길이	15m 이상

2021년 3회 기출문제

01 해안사방공사의 기본적인 공종 4가지를 적고, 설명하시오.

> **해답** ① 퇴사울세우기 : 해풍에 의해 날리는 모래(비사)를 억류·고정하고 퇴적시켜서 인공 모래 언덕(사구)을 조성할 목적으로 퇴사 울타리를 시공하는 공법이다.
> ② 정사울세우기 : 전사구(앞모래언덕) 육지 쪽의 후방모래를 고정하여 표면을 안정시키고 식재목이 잘 생육할 수 있는 환경조성을 위해 정사 울타리를 시공하는 공법이다.
> ③ 모래덮기 : 퇴사울 등으로 조성된 사구가 파괴되는 것을 방지하기 위해 종자를 파종하고 거적, 짚, 섶 등으로 덮어주는 공법이다.
> ④ 파도막이 : 고정된 사구가 파도에 의해 파괴되지 않도록 사구 앞에 파도를 막아주는 공작 물을 설치하는 공법이다.

02 산림경영에 있어서 '작업급'이 무엇인지 서술하시오.

> **해답** 경영계획구 내에서 수종, 작업종, 벌기령이 유사하여 공통적으로 시업을 조절할 수 있는 임 분의 집단을 말한다.

03 소반을 다르게 구획하는 요인을 4가지 적으시오.

> **해답** ① 산림의 기능이 상이할 때
> ② 지종이 상이할 때
> ③ 임종, 임상 및 작업종이 상이할 때
> ④ 임령, 지위, 지리 또는 운반계통이 상이할 때

04 트랙터집재 시 작업능률에 영향을 미치는 인자를 3가지 적으시오.

> **해답** ① 임목의 소밀도　　② 경사　　③ 토양상태
>
> > 📖 **참고**
> > 그 외 단재적이 있다.

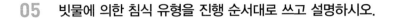

05 빗물에 의한 침식 유형을 진행 순서대로 쓰고 설명하시오.

> **해답** ① 우격침식 : 토양 표면에서 빗방울의 타격으로 인한 가장 초기 상태의 침식
> ② 면상침식 : 토양의 얕은 층이 전면에 걸쳐 넓게 유실되는 현상
> ③ 누구침식 : 토양 표면에 잔 도랑이 불규칙하게 생기면서 깎이는 현상
> ④ 구곡침식 : 도랑이 커지면서 심토까지 심하게 깎이는 현상

06 윤벌기가 50년일 때 법정연벌률을 계산하시오.

> **해답** 법정연벌률(%) $P = \dfrac{200}{윤벌기} = \dfrac{200}{50} = 4\%$

07 30년 벌기의 소나무를 개벌하여 주벌수입은 420만 원, 간벌수입은 20년일 때 10만 원, 25년일 때 36만 원을 얻을 수 있고, 조림비는 30만 원, 관리비는 매년 12,000원, 이율이 6%일 때 임지기망가를 구하시오.

> **해답** $B_u = \dfrac{A_u + D_a 1.0P^{u-a} + \cdots + D_q 1.0P^{u-q} - C 1.0P^u}{1.0P^u - 1} - \dfrac{v}{0.0P}$
>
> $= \dfrac{4,200,000 + (100,000 \times 1.06^{30-20}) + (360,000 \times 1.06^{30-25}) - (300,000 \times 1.06^{30})}{1.06^{30} - 1}$
>
> $\quad - \dfrac{12,000}{0.06}$
>
> $= 661,495.61\cdots - 200,000 = 461,495.61\cdots$ ∴ 약 461,496원
>
> 여기서, B_u : 임지기망가(원), u : 벌기, A_u : 주벌수익
>
> $\qquad D_a, D_b \cdots$: $a, b \cdots$년도 간벌수익, C : 조림비, v : 관리비, P : 이율

08 임황조사 항목 6가지를 쓰시오.

> **해답** ① 임종 　　② 임상 　　③ 수종
> ④ 혼효율 　　⑤ 임령 　　⑥ 영급

> 📖 **참고**
>
> 산림조사 항목
> - 지황조사 항목 : 지종, 방위, 경사도, 표고, 토성, 토심, 건습도, 지위, 지리, 지세 등
> - 임황조사 항목 : 임종, 임상, 수종, 혼효율, 임령, 영급, 수고, 경급, 소밀도, 축적 등

09 다음 표를 보고 각 임분의 개위면적을 구하시오(소수점 셋째 자리에서 반올림하여 둘째 자리까지 기재).

임분	면적(ha)	1ha당 벌기재적(m³)
1	80	120
2	20	40

해답 • 벌기평균재적 $= \dfrac{(80 \times 120) + (20 \times 40)}{100} = 104\text{m}^3/\text{ha}$

- 개위면적 : 임분 1 : $80 \times 120 = 104 \times x$ 이므로 약 92.31ha

  임분 2 : $20 \times 40 = 104 \times x$ 이므로 약 7.69ha

10 사방댐에서 앞댐의 설치 목적과 요구사항을 각각 2가지씩 쓰시오.

해답 ① 설치 목적
- 본댐 하류의 계상 보호
- 본댐의 견고한 고정 및 지지

② 요구사항
- 본댐과 종단적으로 중복되어야 한다.
- 중복 높이는 본댐 높이의 1/3~1/4 정도이다.

11 앞바퀴와 뒷바퀴 간 축의 거리가 6.5m이고, 곡선반지름이 30m일 때 임도곡선부에서 확장해야 하는 임도폭을 구하시오.

해답 $\varepsilon = \dfrac{L^2}{2 \cdot R} = \dfrac{6.5^2}{2 \times 30} = 0.704 \cdots \quad \therefore \ 약 \ 0.7\text{m}$

여기서, ε : 확폭량(m), L : 차량 앞면에서 뒷바퀴까지의 거리(m)

R : 중심선의 곡선반지름(m)

12 임목의 가공상태에 따른 목재생산방법 3가지를 쓰고 설명하시오.

해답 ① 전목생산방법 : 벌도한 수목을 통째로 집재하여 생산하는 방식으로 잔존 임분에 피해가 크며, 가지 등이 임지에 환원되지 않아 양료의 문제가 발생한다.
② 전간생산방법 : 임내에서 벌도와 가지치기를 실시한 수간만을 집재하여 생산하는 방식으로 긴 수간의 이동으로 잔존 임분에 피해가 있지만, 양료의 문제는 어느 정도 해소된다.
③ 단목생산방법 : 임내에서 벌도, 가지치기, 통나무 자르기 작업을 실시하여 일정 규격의 원목을 생산하는 방식으로 벌목 · 조재 작업이 주로 인력(체인톱)에 의하므로 인건비 · 작업비가 다량 소요된다.

13 아래의 기고식 야장에서 빈 곳의 지반고를 구하시오.

측점	후시	기계고	전시		지반고	비고
			이기점	중간점		
B.M No.8	2.30	32.30			30.00	B.M의 H = 30.00m
1				3.20	29.10	
2				2.50	29.80	
3	4.25	35.45	1.10		31.20	
4				2.30	(①)	
5				2.10	(②)	
6			3.50		31.95	
계	+6.55		−4.60			측점 6은 B.M에 비하여 1.95m 높다.

해답 ① 지반고(G.H) = 기계고(I.H) − 전시(F.S) = 35.45 − 2.30 = 33.15m
② 지반고(G.H) = 기계고(I.H) − 전시(F.S) = 35.45 − 2.10 = 33.35m

14 수고조사 야장의 결과가 아래와 같을 때, 3점 평균과 적용수고를 각각 구하시오.

흉고 직경	조사목별 수고(m)									합계	평균	3점 평균	적용 수고
	조사수고												
	1	2	3	4	5	6	7	8	9				
10	11.3									11.3	11.3	(①)	(⑥)
12	12.6	13.1	11.9	11.5						49.1	12.3	(②)	(⑦)
14	15.8	16.1								31.9	16.0	(③)	(⑧)
16	17.7	16.4	16.9	17.0						68.0	17.0	(④)	(⑨)
18	19.1	19.3								38.4	19.2	(⑤)	(⑩)

해답 • 3점 평균 : 직경별로 연속하는 평균 3개를 다시 평균한 것으로 평균 3개의 합계를 3으로 나누어 산출한다. 처음 직경급과 마지막 직경급의 3점 평균은 평균을 그대로 적용한다.
• 적용수고 : 3점 평균을 반올림하여 정수로 기입한다.

① 11.3   ② $(11.3 + 12.3 + 16.0) \div 3 = 13.2$
③ $(12.3 + 16.0 + 17.0) \div 3 = 15.1$ ④ $(16.0 + 17.0 + 19.2) \div 3 = 17.4$
⑤ 19.2   ⑥ 11   ⑦ 13   ⑧ 15   ⑨ 17   ⑩ 19

15 오차의 종류 3가지를 적고 설명하시오.

해답 ① 누적오차(누차, 정오차)
• 발생 원인을 분명히 알 수 있는 오차로 측량 후 오차의 보정이 가능하다.
• 측정횟수에 따라 오차가 누적되어 누적오차 또는 오차의 크기나 형태가 일정하여 정오차라고 한다.

② 우연오차(부정오차, 상쇄오차, 상차)
• 발생 원인을 알 수 없는 오차로 오차의 보정이 상당이 어렵다.
• 우연적으로 발생하여 우연오차 또는 원인이 일정하지 않은 오차라 하여 부정오차, 반대의 오차값이 발생하여 서로 상쇄되기도 하므로 상쇄오차(상차)라고 한다.
• 아무리 주의해도 피할 수 없으며 반드시 존재하는 오차로 누적되지는 않는다.

③ 과오(과실, 착오)
• 측량자의 착각, 부주의나 미숙 등으로 발생하는 과실에 의한 인위적인 오차이다.
• 주로 측정값의 눈금을 잘못 읽거나 야장의 기록 실수, 계산 착오 등에 의해 발생한다.

2021^년 3^회 기출문제

○ ○ ○

01 사방용 조림수종으로 적합한 활엽수를 4가지 쓰시오.

해답 ① 오리나무 ② 아까시나무
③ 참나무류 ④ 싸리나무

> 📖 **참고**
>
> 주요 사방용 조림수종
> 리기다소나무, 해송(곰솔), 오리나무류[산오리나무(물오리나무), 사방오리나무], 아까시나무, 참나무류[상수리나무, 졸참나무 등], 눈향나무(누운향나무), 싸리류, 족제비싸리, 회양목, 병꽃나무 등

02 길어깨의 기능을 3가지 쓰시오.

해답 ① 노체구조의 안정 ② 차량의 안전통행
③ 보행자의 대피 및 통행

> 📖 **참고**
>
> 길어깨의 기능
> 노체구조의 안정, 도로의 유지, 차량의 안전통행, 주행상 여유공간, 보행자의 대피 및 통행, 차도의 주요 구조부 보호, 폭설 시 제설공간 등

03 빗물침식의 과정을 순서대로 쓰시오.

해답 우격침식 – 면상침식 – 누구침식 – 구곡침식

04 임목비용가법에 대하여 간단히 설명하시오.

해답 임목 육성에 들어간 총비용의 후가합계에서 그동안 얻은 수익의 후가합계를 공제한 가격으로 유령림의 임목평가에 적용한다.

05 원목의 단위재적당 시장가는 60,000원/m³, 벌채 및 운반비가 25,000원/m³, 조재율이 78%, 자본회수기간 4개월, 월이율 2%, 기업이익률 12%일 때 시장가역산법에 의한 임목가를 계산하시오.

해답 $x = f\left(\dfrac{a}{1+mp+r} - b\right) = 0.78\left\{\dfrac{60,000}{1+(4\times0.02)+0.12} - 25,000\right\} = 19,500$원/m³

여기서, x : 단위재적당 임목가(원/m³), f : 조재율, m : 자본회수기간, p : 월이율

r : 기업이익률, a : 원목의 단위재적당 시장가(원목시장단가, 원/m³)

b : 단위재적당 벌목비·운반비·집재비·조재비 등의 생산비용(원/m³)

06 임업이율의 성격을 4가지 쓰시오.

해답 ① 임업이율은 대부이자가 아니고 자본이자이다.

② 임업이율은 단기이율이 아니고 장기이율이다.

③ 임업이율은 현실이율이 아니고 평정이율(계산이율)이다.

④ 임업이율은 실질적 이율이 아니고 명목적 이율이다.

07 중력댐(사방댐)의 안정 조건을 4가지 쓰시오.

해답 ① 전도에 대한 안정   ② 활동에 대한 안정

③ 제체의 파괴에 대한 안정   ④ 기초지반의 지지력에 대한 안정

08 형수법을 이용한 임목의 재적 측정방법을 설명하시오.

해답 형수란 임목의 직경과 높이가 같은 원기둥의 부피에 대한 수간재적의 비율로, 이러한 형수를 사용해서 입목의 재적을 구하는 방법을 형수법이라 한다. 원기둥의 부피(원의 단면적 × 수고)에 형수를 곱하여 수간재적을 측정한다.

수간재적 $V = g \cdot h \cdot f$

여기서, g : 원의 단면적, h : 수고, f : 형수

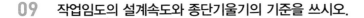

09 작업임도의 설계속도와 종단기울기의 기준을 쓰시오.

해답 ① 설계속도 : 20km/h 이하
② 종단기울기 : 최대 20%의 범위에서 조정

> 📖 **참고**
>
> 작업임도의 설치 기준
>
> | 구분 | 설치 기준 |
> |---|---|
> | 설계속도 | 20km/h 이하 |
> | 종단기울기 | 최대 20%의 범위 |
> | 횡단기울기 | 외향경사 3~5% 내외 |
> | 합성기울기 | 최대 20% 이하 |
> | 유효너비 | 2.5~3m / 배향곡선지의 경우 6m 이상 |
> | 길어깨너비 | 50cm 내외 |

10 원구직경 30cm, 말구직경 22cm, 중앙직경 26cm, 재장이 4m일 때 후버식과 스말리안식으로 재적을 계산하시오(소수점 셋째 자리에서 반올림하여 둘째 자리까지 기재).

해답 ① 후버식

$$V = r \cdot l = \frac{\pi \cdot d^2}{4} \times l = \frac{\pi \times 0.26^2}{4} \times 4 = 0.212 \cdots \quad \therefore 0.21\text{m}^3$$

여기서, V : 재적(m³), r : 중앙단면적(m²), l : 재장(m), d : 직경(m)

② 스말리안식

$$V = \frac{g_o + g_n}{2} \times l = \frac{\dfrac{\pi \cdot d^2}{4} + \dfrac{\pi \cdot d^2}{4}}{2} \times l$$

$$= \frac{\dfrac{\pi \cdot 0.3^2}{4} + \dfrac{\pi \cdot 0.22^2}{4}}{2} \times 4 = 0.217 \cdots \quad \therefore 0.22\text{m}^3$$

여기서, V : 재적(m³), g_o : 원구단면적(m²), g_n : 말구단면적(m²)
l : 재장(m), d : 직경(m)

11 가선집재방식의 장점을 3가지 쓰시오.

해답 ① 급경사지에서도 작업이 가능하다.
② 잔존임분에 피해가 적다.
③ 낮은 임도밀도에서 작업이 가능하다.

12 교각법에 의해 곡선 설정 시 곡선반지름이 110m이고, 교각이 40°이면 접선길이와 곡선길 이는 얼마인지 각각 계산하시오(소수점 셋째 자리에서 반올림하여 둘째 자리까지 기재).

해답

① 접선길이 $T.L = R \cdot \tan \frac{\theta}{2} = 110 \times \tan \frac{40}{2} = 40.036 \cdots$ $\therefore 40.04\text{m}$

② 곡선길이 $C.L = \frac{2\pi R\theta}{360} = \frac{2 \times \pi \times 110 \times 40}{360} = 76.794 \cdots$ $\therefore 76.79\text{m}$

여기서, R : 곡선반지름, θ : 교각

13 임목조사에서 평균경급이 A임분은 14cm, B임분은 18cm로 조사되었을 때 각 임분의 경 급을 구분하시오.

해답 ① A임분 : 소경목   ② B임분 : 중경목

> 📖 **참고**
>
> 경급의 구분 기준
>
> | 구분 | 내용 |
> |---|---|
> | 치수 | 흉고직경이 6cm 미만인 임목 |
> | 소경목 | 흉고직경이 6~16cm인 임목 |
> | 중경목 | 흉고직경이 18~28cm인 임목 |
> | 대경목 | 흉고직경이 30cm 이상인 임목 |

14 산사태 예방 및 복구 등을 위한 사방사업에서 정지작업의 종류를 3가지 쓰시오.

해답 ① 단끊기   ② 흙막이   ③ 땅속흙막이

15 임지의 생산능력을 판정하는 방법 3가지를 쓰시오.

해답 ① 지위지수에 의한 방법(우세목 수고에 의한 방법)
② 환경인자에 의한 방법
③ 지표식물에 의한 방법

2022년 1회 기출문제

01 다음의 기고식 야장에서 빈 곳의 지반고와 기계고를 구하시오.

측점	후시	기계고	전시		지반고	비고
			T.P	I.P		
B.M	2.30	32.30			30.00	H = 30.00m
1				3.20	29.10	
2				2.50	(①)	
3	4.25	(②)	1.10		31.20	
4				2.30	33.15	
5				2.10	33.35	
6			3.50		31.95	
계	+6.55		−4.60			1.95m 높아짐

해답 ① 지반고 = 기계고 − 전시 = 32.30 − 2.50 = 29.80m
② 기계고 = 지반고 + 후시 = 31.20 + 4.25 = 35.45m

02 산림경영계획에서 소반을 구획하는 방법을 2가지로 나누어 설명하시오.

해답 ① 면적 : 최소 1ha 이상으로 구획하며, 소수점 이하 한 자리까지 기재 가능하다.
② 번호 부여 방식 : 유역 하류에서 시계 방향으로 임반번호와 연속되게 1−1−1, 1−1−2… 순으로 기재하며, 보조소반은 1−1−1−1, 1−1−1−2… 순으로 표시한다.

03 해안사지 조림용 수종의 구비 조건을 4가지 적으시오.

해답 ① 양분과 수분에 대한 요구가 적을 것
② 왕성한 낙엽 · 낙지 등으로 지력을 향상시킬 수 있을 것
③ 급격한 온도 변화에도 잘 견딜 것
④ 울폐력이 좋을 것

> 📖 **참고**
>
> 그 외 해안사지 조림용 수종의 구비 조건
> • 바람, 건조, 염분, 비사에 대한 저항력이 클 것
> • 맹아력이 좋을 것

04 임도측량 시 교각법에서 곡선반지름이 40m이고, 교각이 80°일 때 외선길이와 곡선길이를 구하시오(소수점 셋째 자리에서 반올림하여 둘째 자리까지 기재).

해답 ① 외선길이 $E.S = R\left(\sec\dfrac{\theta}{2} - 1\right) = 40 \times \left(\sec\dfrac{80}{2} - 1\right)$　　$* \sec 40 = \dfrac{1}{\cos 40}$

　　　　　　$= 40 \times \left(\dfrac{1}{\cos 40} - 1\right) = 12.216\cdots$　　∴ 12.22m

　　　② 곡선길이 $C.L = \dfrac{2\pi R\theta}{360} = \dfrac{2 \times \pi \times 40 \times 80}{360} = 55.850\cdots$　　∴ 55.85m

　　　　여기서, R : 곡선반지름, θ : 교각

05 수평면의 면적이 1ha인 사면에 계단을 설치하려고 한다. 사면의 경사가 35°이며, 계단 높이를 2m로 끊을 때 계단의 연장길이를 구하시오.

해답 계단연장길이 $= \dfrac{\text{단끊기 면적}(\text{m}^2) \times \tan\theta}{\text{단끊기 높이}}$

　　　　　　　$= \dfrac{10,000 \times \tan 35}{2} = 3,501.037\cdots$　　∴ 약 3,501m

　　　여기서, θ : 사면경사도

06 타이어바퀴식과 비교한 크롤러바퀴식 트랙터의 특징을 4가지 쓰시오.

해답 ① 접지압은 작고 접지면적은 커서 연약지반에서도 안전하게 작업할 수 있다.
　　　② 차체의 중심이 낮아 경사지에서의 작업성과 등판력이 우수하다.
　　　③ 기동력이 낮고, 운전이 어렵다.
　　　④ 고가이며, 수리 · 유지비가 다량 소요된다.

참고

트랙터 주행장치의 유형 비교

구분	타이어바퀴식	크롤러바퀴식(무한궤도)
접지압	크다.	작다.
견인력	작다.	크다.
기동력	높다.	낮다.
등판력	약간 떨어진다.	좋다.
회전반지름	크다.	작다.
최저지상고	높다.	낮다.
운전성	비교적 쉽다.	어렵다.
경비	저렴, 수리·유지비 적게 소요	고가, 수리·유지비 많이 소요
기타 능력	높이 20~30cm까지의 장애물 통과	높이 50cm까지의 장애물 통과

07 임업이율의 성격을 4가지 쓰시오.

해답 ① 대부이자가 아니고 자본이자이다.
② 단기이율이 아니고 장기이율이다.
③ 현실이율이 아니고 평정이율이다.
④ 실질적 이율이 아니고 명목적 이율이다.

08 임도의 선형계획 시 횡단기울기, 외쪽기울기, 합성기울기를 설치하는 이유를 각각 설명하시오.

해답 ① 횡단기울기 : 중앙부를 살짝 높이고 양쪽 길가를 낮추어 원활한 노면배수를 위해 설치한다.
② 외쪽기울기 : 차량의 곡선부 주행 시 원심력에 의해 바깥쪽으로 튕겨나가려는 힘이 발생하므로 노면 바깥쪽을 안쪽보다 높게 하여 차량의 안전운행을 위해 설치한다.
③ 합성기울기 : 차량이 곡선부 주행 시 보통 노면보다 더 급한 합성기울기가 발생되어 주행에 좋지 않은 영향을 끼치므로 이를 제한하기 위해 설치한다.

09 지위, 입목도, 소밀도의 정의를 각각 쓰시오.

해답 ① 지위 : 토양 조건, 지형, 기후, 기타 환경인자 등의 상호작용 결과로 얻어진 임지의 자연적 생산능력이다.

② 입목도 : 이상적인 임분의 재적 · 본수 · 흉고단면적에 대한 실제 임분의 재적 · 본수 · 흉고단면적의 비율이다.

③ 소밀도 : 조사면적에 대한 입목의 수관면적이 차지하는 비율을 백분율로 나타낸 것으로 수관의 울폐 정도를 말한다.

10 토공작업 시 적용하는 안식각에 대해 설명하시오.

> [해답] 지반을 수직으로 깎아내면 시간이 지남에 따라 흙이 무너져 내려 물매가 완만해지고 어떤 각도에 이르러 영구히 안정을 유지하게 되는데, 이때의 수평면과 비탈면이 이루는 각이다.

11 어떤 임분의 ha당 현실축적이 300m³, 법정축적이 320m³, 연간 생장량이 22m³이며, 갱정기가 20년일 때 오스트리안(Austrian) 공식에 의한 연간표준벌채량을 계산하시오.

> [해답] 연간표준벌채량$(m^3/ha) =$ 현실 연간생장량 $+ \dfrac{현실축적 - 법정축적}{갱정기(정리기)}$
>
> $$= 22 + \dfrac{300 - 320}{20} = 21m^3/ha$$

12 수확조정기법 중 법정축적법의 종류를 3가지 쓰시오.

> [해답] ① 교차법 　　② 이용률법 　　③ 수정계수법

> 📑 **참고**
>
> **수확조정기법**
>
> | 구분 | | 내용 |
> |---|---|---|
> | 구획윤벌법 | | 단순구획윤벌법, 비례구획윤벌법 |
> | 재적배분법 | | Beckmann법, Hufnagl법 |
> | 평분법 | | 재적평분법, 면적평분법, 절충평분법 |
> | 법정축적법 | 교차법 | Kameraltaxe법, Heyer법, Karl법, Gehrhardt법 |
> | | 이용률법 | Hundeshagen법, Mantel법 |
> | | 수정계수법 | Breymann법, Schmidt법 |
> | 영급법 | | 순수영급법, 임분경제법, 등면적법 |
> | 생장량법 | | Martin법, 생장률법, 조사법 |

13 임도설계 업무 중 설계도면 작성 전에 실시하는 업무를 순서대로 4가지 쓰시오.

해답 ① 예비조사   ② 답사
　　　 ③ 예측   ④ 실측

> **📖 참고**
>
> 임도설계 업무 순서
> 예비조사 → 답사 → 예측 → 실측 → 설계도 작성 → 공사수량 산출 → 설계서 작성

14 유량이 32m³/s이고, 평균유속이 4m/s인 아래와 같은 수로에서 윤변과 경심을 구하시오.

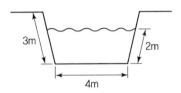

해답 ① 윤변은 수로의 횡단면에서 물과 접하는 수로의 주변 길이를 말하는 것이므로
　　　 $2+2+4=8m$ 이다.
　　　 ② 경심 $= \dfrac{\text{유적}}{\text{윤변}} = \dfrac{\text{유량} \div \text{유속}}{\text{윤변}} = \dfrac{32 \div 4}{8} = 1m$

15 수익방식에 의한 임지평가 중 수익환원법에 대해 설명하시오.

해답 임지에서 장래 영구히 얻을 수 있는 순수익을 현재가로 평가하는 방법으로 일반적으로 건축
물의 대지 예정지, 관광 예정지, 골프장 예정지 등 임업대상 이외의 임지평가에 적용하는 경
우가 많다.

2022^년 1^회 기출문제

● ● ●

---

01 연년생장량과 평균생장량의 정의를 쓰시오.

- -

해답 ① 연년생장량 : 1년 동안 추가적으로 증가한 생장량이다.
② 평균생장량 : 현재의 총생장량을 총생육연수로 나눈 평균적인 생장량이다.

---

02 8급 선떼붙이기의 시공표준이 되는 기울기, 수평거리, 1m당 떼 매수를 쓰시오.

- -

해답 ① 기울기 : 15~25°
② 수평거리 : 2.79m
③ 1m당 떼 매수 : 3.75매

> 📖 **참고**
>
> 선떼붙이기의 시공표준 사례
>
> | 구분 | 비탈
(°) | 떼 매수
(매/1m) | 수직높이
(m) | 수평거리
(m) | 사면거리
(m) | 시공연장
(m/ha) |
> |---|---|---|---|---|---|---|
> | 1급 | 35~45 | 12.5 | 2.80~4.00 | 4.00 | 4.94~5.90 | 2,500 |
> | 3급 | 35~45 | 10.0 | 2.80~4.00 | 4.00 | 4.94~5.90 | 2,500 |
> | 5급 | 25~35 | 7.5 | 1.55~2.33 | 3.33 | 3.70~4.11 | 3,000 |
> | 6급 | 25~35 | 6.25 | 1.55~2.33 | 3.33 | 3.70~4.11 | 3,000 |
> | 8급 | 15~25 | 3.75 | 0.75~1.30 | 2.79 | 2.90~3.10 | 3,500 |

---

03 임도의 횡단배수구 설치장소를 5곳 적으시오.

- -

해답 ① 물 흐름 방향의 종단기울기 변이점
② 구조물 위치의 전후
③ 외쪽기울기로 인해 옆도랑 물이 역류하는 곳
④ 흙이 부족하여 속도랑으로는 부적당한 곳
⑤ 체류수가 있는 곳

04 지위와 지위지수의 정의를 쓰시오.

해답 ① 지위 : 토양조건, 지형, 기후, 기타 환경인자 등의 상호작용 결과로 얻어진 임지의 자연적 생산능력, 즉 임지의 생산능력을 나타낸다.
② 지위지수 : 일정 기준임령에서의 우세목의 평균수고를 조사하여 수치로 나타낸 것으로 지위를 판단하는 지표로 사용된다.

05 바닥막이의 특징을 설명하시오.

해답 황폐계천의 하상 침식 및 세굴 방지, 계상기울기 안정 등 계류의 종횡단 형상을 유지하기 위해 계류를 횡단하여 설치하는 계간사방 공작물로, 높이는 사방댐이나 골막이보다 일반적으로 낮고 3m 이하로 시공한다.

06 국유림에서 잣나무, 낙엽송, 참나무, 포플러의 일반 기준벌기령을 각각 쓰시오.

해답 ① 잣나무 : 60년　　　　② 낙엽송 : 50년
③ 참나무 : 60년　　　　④ 포플러 : 3년

📖 **참고**

주요 수종의 일반 기준벌기령

주요 수종	국유림	공 · 사유림(기업경영림)
소나무(춘양목보호림단지)	60년(100년)	40년(30년) (100년)
잣나무	60년	50년(40년)
리기다소나무	30년	25년(20년)
낙엽송(일본잎갈나무)	50년	30년(20년)
삼나무	50년	30년(30년)
편백	60년	40년(30년)
기타 침엽수	60년	40년(30년)
참나무류	60년	25년(20년)
포플러류	3년	3년
기타 활엽수	60년	40년(20년)

07 산림조사 시 임상의 종류를 3가지 쓰고 각각 설명하시오.

해답 ① 침엽수림 : 침엽수가 75% 이상인 임분
② 활엽수림 : 활엽수가 75% 이상인 임분
③ 혼효림 : 침엽수 또는 활엽수가 26～75% 미만인 임분

08 투수형 슬릿트 사방댐의 설치장소를 쓰시오.

해답 홍수 시에는 유목이나 토사석력을 저지하고 평상시에는 토사를 서서히 유하시키는 기능을 가진 투과성 사방댐으로, 상류로부터 유목의 발생이 예상되는 곳이나 거대 석력이 많고 유수에 의해 유목이나 석력이 쉽게 유하할 수 있는 계류에 시공한다.

09 기울기가 1 : 0.8인 비탈면에서 토공작업 시 절토고가 6m이면 수평거리는 얼마인지 계산하시오.

해답 기울기 1 : 0.8은 수직높이 1에 대하여 수평거리가 0.8이라는 의미이므로 절토고가 6m라면 수평거리는 아래와 같이 계산한다.
1 : 0.8＝6 : 수평거리   ∴ 수평거리＝4.8m

10 임도설계 시 종단물매를 낮게 할 때 발생할 수 있는 문제점을 3가지 쓰시오.

해답 ① 임도 표면의 배수에 문제가 발생한다.
② 배수의 지체로 노면이 침식 및 파손되기 쉽다.
③ 임도의 우회율이 커져 시설비가 증가한다.

11 와이어로프의 보통 S꼬임과 Z꼬임을 그림으로 나타내시오.

해답

보통 S꼬임   보통 Z꼬임

12 법정축적이 2,000m³이고, 윤벌기가 50년일 때 법정연벌량을 계산하시오.

> **해답** 법정연벌률 $= \dfrac{200}{\text{윤벌기}} = \dfrac{200}{50} = 4\%$
>
> 법정연벌량 $= \dfrac{\text{법정연벌률}}{100} \times \text{법정축적} = \dfrac{4}{100} \times 2,000 = 80\text{m}^3$

13 유속이 4m/s, 단면적이 10m²인 수로에 20초 동안 흐른 유량을 계산하시오.

> **해답** 유량 $=$ 유속 $\times$ 유적 $= 4 \times 10 = 40\text{m}^3/\text{s}$
>
> 20초 동안의 유량 $40 \times 20 = 800\text{m}^3$

14 임도 대피소의 간격, 너비, 유효길이의 설치 기준과 차돌림곳의 확폭 너비 기준을 쓰시오.

> **해답** ① 대피소의 간격 : 300m 이내   ② 대피소의 너비 : 5m 이상
>
> ③ 대피소의 유효길이 : 15m 이상   ④ 차돌림곳의 너비 : 10m 이상

15 말구지름 18cm, 중앙직경 22cm, 원구직경 26cm, 재장이 5.8m일 때 스말리안식과 말구직경법으로 재적을 계산하시오.

> **해답** ① 스말리안식
>
> $$V = \frac{g_o + g_n}{2} \times l = \frac{\dfrac{\pi \cdot d^2}{4} + \dfrac{\pi \cdot d^2}{4}}{2} \times l$$
>
> $$= \frac{\dfrac{\pi \cdot 0.26^2}{4} + \dfrac{\pi \cdot 0.18^2}{4}}{2} \times 5.8 = 0.22776 \cdots \quad \therefore \text{약 } 0.2278\text{m}^3$$
>
> 여기서, v : 재적(m³), g_o : 원구단면적(m²), g_n : 말구단면적(m²)
>
> l : 재장(m), d : 직경(m)
>
> ② 말구직경자승법(재장이 6m 미만일 때)
>
> $$V = d_n{}^2 \times l \times \frac{1}{10,000} = 18^2 \times 5.8 \times \frac{1}{10,000} = 0.18792\text{m}^3$$
>
> 여기서, v : 재적(m³), d_n : 말구지름(cm), l : 재장(m)

2022년 2회 기출문제

01 말구직경 28cm, 중앙직경 32cm, 원구직경 38cm, 재장 10m인 벌채목의 재적을 후버식과 스말리안식으로 계산하시오(소수점 셋째 자리에서 반올림하여 둘째 자리까지 기재).

해답 ① 후버식

재적(m³) $V = r \cdot l = \dfrac{\pi \cdot d^2}{4} \times l = \dfrac{\pi \times 0.32^2}{4} \times 10 = 0.804 \cdots$ ∴ 0.80m^3

여기서, r : 중앙단면적(m²), l : 재장(m), d : 중앙직경(m)

② 스말리안식

재적(m³) $V = \dfrac{g_o + g_n}{2} \times l = \dfrac{\dfrac{\pi \cdot d^2}{4} + \dfrac{\pi \cdot d^2}{4}}{2} \times l$

$= \dfrac{\dfrac{\pi \cdot 0.38^2}{4} + \dfrac{\pi \cdot 0.28^2}{4}}{2} \times 10 = 0.874 \cdots$ ∴ 0.87m^3

여기서, g_o : 원구단면적(m²), g_n : 말구단면적(m²), l : 재장(m)

02 윤벌기와 벌기령의 차이점을 쓰시오.

해답 윤벌기는 한 작업급에 속하는 모든 임분을 일순벌하는 데 소요되는 기간으로 작업급 단위의 기간 개념이며, 벌기령은 산림경영계획상의 인위적 임목의 성숙기, 즉 임목의 예상 수확연령으로 임분 단위의 연령 개념이다.

03 황폐계류 유역의 3가지 형태와 그 내용에 대해 설명하시오.

해답 ① 토사생산구역 : 붕괴 및 침식작용이 가장 활발히 진행되는 황폐계류의 최상부 구역으로 토사의 생산이 활발하여 급한 계상물매를 형성한다.
② 토사유과구역 : 상류에서 생산된 토사가 그대로 통과하는 구역으로 침식이나 퇴적이 거의 없어 중립지대 또는 무작용지대라고도 불린다.
③ 토사퇴적구역 : 선상지를 형성하는 황폐계류의 최하부 구역으로 계상물매가 완만하고, 계폭이 넓다.

04 산림수확조정기법 중 평분법의 문제점을 4가지 쓰시오.

해답 ① 면적평분법은 실제 산림에서는 유령임분을 벌채하고 과숙임분을 벌채하지 못하는 경우가 발생하여 경제적 손실이 따른다.
② 면적평분법은 개벌작업에는 응용할 수 있지만, 택벌작업에는 응용할 수 없다.
③ 재적평분법은 경제 변동에 대한 탄력성이 없다.
④ 재적평분법은 산림의 법정상태를 고려하지 않는다.

05 국유림의 산림경영 목적을 4가지 쓰시오.

해답 ① 산림보호기능   ② 임산물 생산기능
③ 휴양 · 문화 기능   ④ 고용기능

> 📖 **참고**
> 그 외 경영수지의 개선 등이 있다.

06 직사각형의 면적이 10m²인 아래와 같은 토지에 토공작업을 할 때 점고법을 이용하여 토적량을 계산하시오.

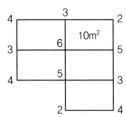

해답 직사각형기둥법의 토량계산에서 먼저 $\sum h_1$, $\sum h_2$, $\sum h_3$, $\sum h_4$를 구한다.

$\sum h_1 = 4+2+4+2+4 = 16$

$\sum h_2 = 3+3+5+3 = 14$

$\sum h_3 = 5$

$\sum h_4 = 6$ 이므로, 계산식에 대입하면 다음과 같다.

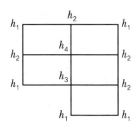

$V = \dfrac{A}{4}(\sum h_1 + 2\sum h_2 + 3\sum h_3 + 4\sum h_4)$

$\quad = \dfrac{10}{4} \times \{16 + (2 \times 14) + (3 \times 5) + (4 \times 6)\} = 207.5\mathrm{m}^3$

여기서, A : 직사각형 1개의 단면적

07 돌을 쌓아올릴 때 잘못된 돌쌓기 방법을 4가지 쓰시오.

해답 ① 선돌 ② 누운돌
③ 포갠돌 ④ 뜬돌

> 📖 **참고**
>
> 금기돌
> • 돌쌓기를 잘못하면 돌의 접촉부가 맞지 않거나 힘을 받지 못하는 불안정한 돌이 발생하는데, 이처럼 방법에 어긋나게 시공된 돌을 금기돌이라 한다.
> • 종류 : 선돌, 누운돌, 포갠돌, 뜬돌, 거울돌, 뾰족돌, 떨어진돌, 이마대기, 새입붙이기, 꼬치쌓기 등

08 면적이 400ha인 산림에 20×20m의 표준지를 설정할 때 표준지의 수를 계산하시오(변이계수 50%, 허용오차 10%).

해답 표본점(표준지)의 수

$$n \geq \frac{4Ac^2}{e^2A+4ac^2} = \frac{4\times400\times0.5^2}{(0.1^2\times400)+(4\times0.04\times0.5^2)} = 99.009\cdots \quad \therefore 100개$$

여기서, A : 임분조사면적(ha), a : 표본점면적(ha)

c : 변이계수(%), e : 오차율(%)

09 지황조사 시 경사도의 구분 5가지를 쓰시오.

해답 ① 완경사지 : $15°$ 미만 ② 경사지 : $15\sim20°$ 미만
③ 급경사지 : $20\sim25°$ 미만 ④ 험준지 : $25\sim30°$ 미만
⑤ 절험지 : $30°$ 이상

10 평면곡선을 교각법으로 설치하려고 한다. 곡선반지름이 100m이고, 교각이 90°일 때 접선길이, 외선길이, 곡선길이를 구하고, 곡선부를 설치하지 않는 기준을 쓰시오(소수점 셋째 자리에서 반올림하여 둘째 자리까지 기재).

해답 ① 접선길이 $T.L = R\cdot\tan\frac{\theta}{2} = 100\times\tan\frac{90}{2} = 100m$

② 외선길이 $E.S = R\left(\sec\dfrac{\theta}{2} - 1\right) = 100 \times \left(\sec\dfrac{90}{2} - 1\right)$ $* \sec 45 = \dfrac{1}{\cos 45}$

$\qquad\qquad\quad = 100 \times \left(\dfrac{1}{\cos 45} - 1\right) = 41.421 \cdots$ $\therefore 41.42\text{m}$

③ 곡선길이 $C.L = \dfrac{2\pi R\theta}{360} = \dfrac{2 \times \pi \times 100 \times 90}{360} = 157.079 \cdots$ $\therefore 157.08\text{m}$

여기서, R : 곡선반지름, θ : 교각

④ 내각이 155° 이상 되는 장소는 곡선을 설치하지 않을 수 있다.

11 해안사방용 수종의 구비 기준을 4가지 쓰시오.

해답 ① 양분과 수분에 대한 요구가 적을 것
② 왕성한 낙엽 · 낙지 등으로 지력을 향상시킬 수 있을 것
③ 급격한 온도 변화에도 잘 견딜 것
④ 울폐력이 좋을 것

> 📖 **참고**
> 그 외 해안사방용 수종의 구비 기준
> • 바람, 건조, 염분, 비사에 대한 저항력이 클 것
> • 맹아력이 좋을 것

12 종단면도에 기입하는 사항을 4가지 적으시오.

해답 ① 지반고   ② 계획고
③ 절토고   ④ 성토고

> 📖 **참고**
> 임도설계도의 축척 및 기입사항
>
> | 도면 구분 | 축척 | 기입사항 |
> | --- | --- | --- |
> | 평면도 | 1/1,200 | 임시기표, 교각점, 측점번호, 사유토지의 지번별 경계, 구조물, 지형지물, 곡선제원 |
> | 종단면도 | • 횡 1/1,000
• 종 1/200 | 지반고, 계획고, 절토고, 성토고, 종단기울기, 누가거리, 거리, 측점, 곡선 |
> | 횡단면도 | 1/100 | 지반고, 계획고, 절토고, 성토고, 단면적(절성토), 지장목 제거, 측구 터파기 단면적, 사면보호공 물량 |

13 와이어로프의 폐기 기준을 4가지 쓰시오.

> **해답** ① 꼬임 상태(킹크)인 것
> ② 현저하게 변형 또는 부식된 것
> ③ 와이어로프 소선이 10분의 1(10%) 이상 절단된 것
> ④ 마모에 의한 직경 감소가 공칭직경의 7%를 초과하는 것

14 투자효율 측정법 중 순현재가치법에 대하여 설명하시오.

> **해답** 미래에 발생할 모든 현금흐름을 적절한 이자율로 할인하여 현재의 시점으로 환산해 효율을 측정하는 방법이다. '순현가＝현금유입의 현재가－현금유출의 현재가'로 계산하며, 순현가가 0보다 크면 투자안을 선택하고, 0보다 작으면 기각한다.

15 면적이 10ha인 유역의 최대시우량이 70mm/h, 유거계수가 0.6일 때 최대홍수유량을 계산하시오.

> **해답** 시우량법(유역면적의 단위가 ha일 때)
>
> $$Q = \frac{1}{360} \times K \cdot A \cdot m = \frac{1}{360} \times 0.6 \times 10 \times 70 = 1.166 \cdots \quad \therefore \ \text{약} \ 1.17\text{m}^3/\text{s}$$
>
> 여기서, Q : 최대홍수유량(m^3/s), K : 유거계수, A : 유역면적(ha)
> m : 최대시우량(mm/h)

2022년 2회 기출문제

01 산비탈수로 중 돌수로와 떼수로의 적용 조건을 쓰시오.

> **해답**
> ① 돌수로(돌붙임수로) : 집수구역이 넓고, 경사가 급하며, 유량이 많은 산비탈에 적용한다.
> ② 떼수로(떼붙임수로) : 집수구역이 좁고, 경사가 완만하고, 유량이 적으며, 토사 유송이 적거나 없는 곳, 상수가 없는 곳 등에 적용한다.

02 축척 1/25,000의 지형도에서 양각기를 사용하여 종단물매 4%의 노선을 나타내고자 할 때, 양각기의 폭을 계산하시오.

> **해답**
> 축척 1/25,000 지형도에서 등고선 간격(수직거리)은 10m이고,
> 종단물매 $= \dfrac{수직거리}{수평거리} \times 100$에서 $4\% = \dfrac{10}{x} \times 100$이므로, 등고선 간의 수평거리 $x = 250\text{m}$이다.
>
>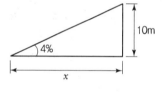
>
> 이것을 축척을 적용하여 지도상의 수치로 나타내면, 축척 1/25,000은 지도상의 1cm를 실제 25,000cm(250m)로 나타내는 것이므로 $1\text{cm} : 250\text{m} = x\text{cm} : 250\text{m}$이므로 등고선 간의 도상거리 $x = 1\text{cm} = 10\text{mm}$이다.

03 설계속도별 종단기울기의 설치 기준을 쓰시오.

> **해답**
>
> | 설계속도 (km/h) | 종단기울기 | |
> |---|---|---|
> | | 일반지형 | 특수지형 |
> | 40 | 7% 이하 | 10% 이하 |
> | 30 | 8% 이하 | 12% 이하 |
> | 20 | 9% 이하 | 14% 이하 |

04 양단면적이 각각 34m², 36.8m²이며, 단면 사이의 거리가 25m일 때, 양단면적평균법으로 토적량을 계산하시오.

해답 $V = \dfrac{A_1 + A_2}{2} \times L = \dfrac{34 + 36.8}{2} \times 25 = 885\mathrm{m}^3$

여기서, V : 토량(m^3), A_1, A_2 : 양단면적(m^2), L : 양단면적 간의 거리(m)

05 지황조사 시 입목지에 대한 정의를 쓰시오.

해답 입목재적 또는 본수 비율이 30%를 초과하는 임분이다.

> 📖 **참고**
>
> 입목재적 또는 본수 비율에 따른 지종 구분
>
> | 구분 | | 내용 |
> |---|---|---|
> | 입목지 | | 입목재적 또는 본수 비율이 30%를 초과하는 임분 |
> | 무입목지 | 미입목지 | 입목재적 또는 본수 비율이 30% 이하인 임분 |
> | | 제지 | 암석 및 석력지로 조림이 불가능한 임지 |

06 표준벌채량의 정의를 쓰시오.

해답 현실임분의 생장량을 기준으로 현실축적과 법정축적을 고려하여 결정하는 벌채량이다.

07 어떤 임분의 2014년 임목재적이 80m³, 2019년 임목재적이 100m³일 경우 프레슬러 공식에 의한 생장률을 계산하시오.

해답 생장률(%) $P = \dfrac{V - v}{V + v} \times \dfrac{200}{m} = \dfrac{100 - 80}{100 + 80} \times \dfrac{200}{5} = 4.444 \cdots$ $\therefore$ 약 4.44%

여기서, V : 현재의 재적, v : m년 전의 재적, m : 기간연수

08 표준지 수고조사 야장의 결과가 아래와 같을 때 빈칸의 수치를 계산하시오.

| 경급 | 조사목별 수고(m) | | | | | | | 합계 | 평균 | 3점 평균 | 적용 수고 |
| | 조사수고 | | | | | | | | | | |
	1	2	3	4	5	6	7				
12	9.2	9.8	10.1					29.1	9.7	9.7	10
14	10.7	11.1						21.8	10.9	(③)	(⑤)
16	12.0	12.3	13.0					37.3	(①)	12.3	12
18	13.4	13.7	12.9	14.2				54.2	13.6	13.7	14
20	15.0	15.7	14.4					45.1	(②)	(④)	15
22	16.2							16.2	16.2	16.2	16

해답
- 평균＝수고 합계÷해당본수 (소수점 2째 자리에서 반올림)
- 3점 평균＝평균 3개의 합계÷3 (소수점 2째 자리에서 반올림)
- 적용수고 : 3점 평균을 반올림하여 정수로 기재

① $37.3 \div 3 = 12.43 \cdots$ ∴ 12.4

② $45.1 \div 3 = 15.03 \cdots$ ∴ 15.0

③ $(9.7 + 10.9 + 12.4) \div 3 = 11.0$

④ $(13.6 + 15.0 + 16.2) \div 3 = 14.93 \cdots$ ∴ 14.9

⑤ 11

09 윤벌기와 벌기령의 차이점을 쓰시오.

해답 윤벌기는 한 작업급에 속하는 모든 임분을 일순벌하는 데 소요되는 기간으로 작업급 단위의 기간 개념이며, 벌기령은 산림경영계획상의 인위적 임목의 성숙기, 즉 임목의 예상 수확연 령으로 임분 단위의 연령 개념이다.

10 사유림 경영계획구의 종류를 3가지 쓰시오.

해답 ① 일반경영계획구 : 사유림의 소유자가 자기 소유의 산림을 단독으로 경영하기 위한 경영 계획구
② 협업경영계획구 : 서로 인접한 사유림을 2인 이상의 산림소유자가 협업으로 경영하기 위 한 경영계획구
③ 기업경영림계획구 : 기업경영림을 소유한 자가 기업경영림을 경영하기 위한 경영계획구

11 수제에 대해 설명하시오.

해답 계류의 유속과 흐름 방향을 조절할 수 있도록 둑이나 계안으로부터 유심을 향해 돌출하여 설치하는 공작물이다.

12 다음의 4급 선떼붙이기 그림에서 각 번호의 명칭을 적으시오.

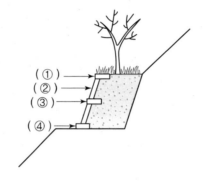

해답 ① 갓떼   ② 선떼
③ 받침떼   ④ 바닥떼

13 임반과 소반의 구획 시 면적 기준을 쓰시오.

해답 ① 임반 : 100ha 내외로 구획
② 소반 : 최소 1ha 이상으로 구획

14 종단기울기를 높게 하면 생기는 문제점을 3가지 쓰시오.

해답 ① 주행과 제동이 어려워 통행에 지장을 준다.
② 강우 시 노면이 침식 및 파손되기 쉽다.
③ 침식으로 인한 유지·보수 등의 작업과 관리비가 증가한다.

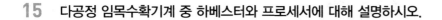

15 다공정 임목수확기계 중 하베스터와 프로세서에 대해 설명하시오.

해답 ① 하베스터 : 벌도, 가지치기, 조재목 마름질, 토막내기 등을 모두 수행하는 대표적 다공정
처리기계이다.

② 프로세서 : 집재된 전목재의 가지치기, 절단, 초두부 제거, 집적 등의 조재작업을 전문적
으로 실행하며, 벌도는 수행하지 않는 조재기계이다.

2022년 3회 기출문제 · · ·

01 산복부에 임도망을 설치하고자 한다. 급경사지와 완경사지에서 적당한 임도를 각각 그림으로 그려 나타내시오.

> **해답** 급경사에서는 지그재그 방식, 완경사지에서는 대각선 방식이 적당하다.

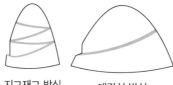

지그재그 방식   대각선 방식

02 어떤 임분의 재적이 2016년에는 350m³, 2022년에는 440m³라면 이 임분의 생장률을 프레슬러 공식에 의해 계산하시오(단, 소수점 셋째 자리에서 반올림하여 둘째 자리까지 기재).

> **해답** $P = \dfrac{V-v}{V+v} \times \dfrac{200}{m} = \dfrac{440-350}{440+350} \times \dfrac{200}{6} = 3.797\ldots$ ∴ 약 3.80%
>
> 여기서, P : 생장률(%), V : 현재의 재적, v : m년 전의 재적, m : 기간연수

03 상향수제, 직각수제, 하향수제의 사력퇴적 정도와 세굴 정도에 대해 각각 설명하시오.

> **해답** ① 상향수제 : 상류를 향해 돌출한 수제로, 수제 사이의 사력퇴적이 직각수제나 하향수제 보다 많고, 두부(수제 앞쪽)의 세굴이 가장 강하다.
> ② 직각수제 : 유수의 흐름 방향에 직각으로 돌출한 수제로, 수제 사이의 중앙에 사력이 퇴적되고, 두부의 세굴작용이 비교적 약하다.
> ③ 하향수제 : 하류를 향해 돌출한 수제로, 수제 사이의 사력퇴적이 직각수제보다 적고, 두부의 세굴작용도 가장 약하나 기부에 세굴작용이 일어나기 쉽다.

04 산지사방공사 중 단끊기의 특징을 2가지 쓰시오.

> **해답** ① 비탈다듬기를 실시한 후에 수평으로 단을 끊고, 식생을 파종하거나 식재하여 사면을 안정·녹화시키는 기초공사이다.
> ② 비탈다듬기 공사로 사면을 정리한 뒤, 비탈면에 계단상으로 너비가 일정한 소단을 만드는 공사이다.

05 원목시장단가 10만 원/m³, 벌목비 1만 원/m³, 운반비 1만 원/m³, 조재율 0.76, 자본회수기간 6개월, 월이율 3%, 기업이익률 12%일 때 시장가역산법을 이용하여 단위재적당 임목가를 계산하시오.

> **해답** $x = f\left(\dfrac{a}{1+mp+r} - b\right) = 0.76\left\{\dfrac{100,000}{1+(6\times0.03)+0.12} - (10,000+10,000)\right\}$
>
> $= 43,261.53...$ ∴ 약 43,262원/m³
>
> 여기서, x : 단위재적당 임목가(원/m³), f : 조재율, m : 자본회수기간, p : 월이율
> r : 기업이익률, a : 원목의 단위재적당 시장가(원목시장단가, 원/m³)
> b : 단위재적당 벌목비·운반비·집재비·조재비 등의 생산비용(원/m³)

06 경사가 30°, 평면적이 1,039m², 사면적이 1,199m²인 경사면에 높이 2m로 단을 끊어 계단을 시공할 때 계단연장길이를 평면적법과 사면적법으로 각각 계산하시오.

> **해답** ① 평면적법
>
> 계단연장길이 $= \dfrac{\text{대상지 평면적(m}^2) \times \tan\theta}{\text{단끊기 높이}} = \dfrac{1,039 \times \tan30}{2} = 299.93...$
>
> ∴ 약 300m
>
> ② 사면적법
>
> 계단연장길이 $= \dfrac{\text{대상지 사면적(m}^2) \times \sin\theta}{\text{단끊기 높이}} = \dfrac{1,199 \times \sin30}{2} = 299.75$
>
> ∴ 약 300m

07 임도밀도가 25m/ha인 산림의 임도간격과 임도개발지수를 구하시오.

> **해답**
> ① 임도간격 $= \dfrac{10,000}{\text{적정임도밀도}} = \dfrac{10,000}{25} = 400\text{m}$
>
> ② 평균집재거리 $= \dfrac{2,500}{\text{적정임도밀도}} = \dfrac{2,500}{25} = 100\text{m}$
>
> 임도개발지수 $= \dfrac{\text{평균집재거리} \times \text{임도밀도}}{2,500} = \dfrac{100 \times 25}{2,500} = 1$

08 아래의 수치를 넣어서 사방댐의 안정 조건 2가지를 설명하시오(단, 수평분력 5kN/m, 수직분력 10kN/m, 제저와 기초지반 사이의 마찰계수 0.7, 최대압력강도 70ton/m², 지반 지지력 100ton/m²).

> **해답**
> ① 활동에 대한 안정
> 수평분력 5kN/m와 수직분력 10kN/m의 비는 0.5로 제저와 기초지반 사이의 마찰계수 0.7보다 작으므로 활동하지 않는다.
>
> ② 기초지반의 지지력에 대한 안정
> 제저에 발생되는 최대압력강도 70ton/m²는 지반의 지지력 강도 100ton/m²를 초과하지 않으므로 안정하다.

09 다음의 빈칸에 알맞은 내용을 쓰시오.

> 매튜스(Mattews)는 (①)와(과) (②)의 비용합계가 가장 최소가 되는 점의 임도밀도를 (③)라고 하였다.

> **해답**
> ① 임도비(임도개설비 + 유지관리비)
> ② 집재비
> ③ 적정임도밀도

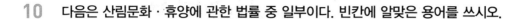

10 다음은 산림문화·휴양에 관한 법률 중 일부이다. 빈칸에 알맞은 용어를 쓰시오.

> • (①)(이)란 국민의 정서함양, 보건휴양 및 산림교육 등을 위하여 조성한 산림을 말한다.
> • (②)(이)란 국민의 건강증진을 위하여 산림 안에서 맑은 공기를 호흡하고 접촉하며 산책 및 체력단련 등을 할 수 있도록 조성한 산림을 말한다.
> • (③)(이)란 향기, 경관 등 자연의 다양한 요소를 활용하여 인체의 면역력을 높이고 건강을 증진시키는 활동을 말한다.
> • (④)(이)란 산림 안에서 텐트와 자동차 등을 이용하여 야영을 할 수 있도록 적합한 시설을 갖추어 조성한 공간을 말한다.

해답 ① 자연휴양림　② 산림욕장　③ 산림치유　④ 숲속야영장

11 하베스터, 펠러번처 등 다공정 임업기계 사용 시 제한점을 4가지 쓰시오.

해답 ① 장비가 매우 고가이며, 전문 기술을 요하는 숙련공을 필요로 한다.
② 소규모 작업에서는 작업비가 많이 소요되어 비효율적이다.
③ 급경사지나 험지에서는 작업이 어려워 제한을 받는다.
④ 유지비, 수리비 등의 경비가 많이 소요될 수 있다.

12 구입가격 60만 원, 폐기 시 잔존가치 5만 원, 내용연수 5년, 감가율 25%인 기계의 연간감가상각비를 정액법으로 구하고, 구입 후 2차년도의 감가상각비를 정률법으로 구하시오.

해답 ① 정액법

$$연간감가상각비 = \frac{취득원가 - 잔존가치}{내용연수} = \frac{600,000 - 50,000}{5} = 110,000원$$

② 정률법
구입 후 1차년도의 감가상각비 = (취득원가 − 감가상각비 누계액) × 감가율
$$= (600,000 - 0) \times 0.25 = 150,000원$$
구입 후 2차년도의 감가상각비 = (취득원가 − 감가상각비 누계액) × 감가율
$$= (600,000 - 150,000) \times 0.25 = 112,500원$$

13 연년생장량과 평균생장량의 관계를 4가지로 설명하시오.

해답 ① 처음에는 연년생장량이 평균생장량보다 크다.
② 연년생장량은 평균생장량보다 빨리 극대점에 이른다.
③ 평균생장량의 극대점에서 두 생장량의 크기는 같아진다.
④ 평균생장량이 극대점에 이르기 전까지는 연년생장량이 항상 평균생장량보다 크다.

참고
그 외 평균생장량이 극대점을 지난 후에는 연년생장량이 항상 평균생장량보다 작다.

14 선형계획모형의 전제 조건을 4가지 쓰고 설명하시오.

해답 ① 비례성 : 계획모형에서 작용성과 이용량은 항상 활동수준에 비례해야 한다.
② 비부성 : 의사결정변수(여러 가지 활동수준)는 음의 값을 나타내면 안 된다.
③ 부가성 : 전체 생산량은 개개 생산량의 합계와 일치해야 한다.
④ 분할성 : 모든 생산물과 생산수단은 분할이 가능해야 한다.

참고
그 외 선형계획모형의 전제 조건
• 선형성 : 계획모형의 모든 변수들의 관계가 수학적으로 1차(선형) 함수로 표시되어야 한다.
• 제한성 : 모형을 구성하는 활동의 수와 생산방법은 제한이 있어야 한다.
• 확정성 : 계획모형의 모든 매개변수들의 값이 확정적으로 일정한 값을 가져야 한다.

15 어떤 임분의 현실축적이 750m³, 수확표에 의한 축적은 800m³, 법정벌채량이 10m³일 때 연간표준벌채량을 계산하시오.

해답 연간표준벌채량 $= \dfrac{법정벌채량}{법정축적} \times 현실축적 = \dfrac{10}{800} \times 750 = 9.375\text{m}^3$

2022년 3회 기출문제

○ ○ ○

01 수확표의 정의를 쓰시오.

해답 수종에 따라 연령별, 지위지수별, 주·부임목별로 산림의 단위면적당 본수, 단면적, 재적, 생장량과 평균직경, 평균수고, 평균재적, 생장률 등을 5년마다의 수치로 기록한 표이다.

> 📖 **참고**
>
> 수확표의 용도
> 임목재적 측정, 임분재적 측정, 생장량 예측, 수확량 예측, 지위 판정, 입목도 및 벌기령 결정, 경영성과 판정, 산림평가, 경영기술의 지침, 육림보육의 지침 등

02 임목수확기계 중 하베스터에 대해 설명하시오.

해답 벌도, 가지치기, 조재목 마름질, 토막내기 등의 여러 공정을 모두 수행할 수 있는 다공정 임목수확기계이다.

> 📖 **참고**
>
> 임목수확기계의 종류
>
> | 종류 | 작업내용 |
> |---|---|
> | 트리펠러
(tree feller) | 벌도만 실행 |
> | 펠러번처
(feller buncher) | 벌도와 집적(모아서 쌓기)의 2가지 공정 실행 |
> | 프로세서
(processor) | • 집재된 전목재의 가지치기, 절단, 초두부 제거, 집적 등의 조재작업을 전문적으로 실행(벌도 X)
• 산지집재장에서 작업하는 조재기계 |
> | 하베스터
(harvester) | • 벌도, 가지치기, 조재목 마름질, 토막내기 등을 모두 수행
• 대표적 다공정 처리기계로 임내에서 벌도 및 각종 조재작업 수행 |

03 어떤 임분의 재적이 2016년에는 320m³, 2022년에는 410m³라면 이 임분의 생장률을 프레슬러 공식에 의해 계산하시오(단, 소수점 셋째 자리에서 반올림하여 둘째 자리까지 기재).

해답 $P = \dfrac{V-v}{V+v} \times \dfrac{200}{m} = \dfrac{410-320}{410+320} \times \dfrac{200}{6} = 4.109\ldots \quad \therefore \ \text{약 } 4.11\%$

여기서, P : 생장률(%), V : 현재의 재적, v : m년 전의 재적, m : 기간연수

04 종단기울기가 5%, 등고선 간격이 20m인 노선을 축척 1/50,000의 지형도에 나타내려고 할 때 양각기의 폭을 계산하시오.

해답

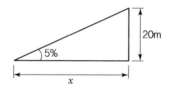

종단물매 $= \dfrac{\text{수직거리}}{\text{수평거리}} \times 100$ 에서 $5\% = \dfrac{20}{x} \times 100$ 이므로, 등고선 간의 수평거리 $x = 400\text{m}$ 이다.

이것을 축척을 적용하여 지도상의 수치로 나타내면, 1cm : 500m = $x$cm : 400m이므로 등고선 간의 도상거리 $x = 0.8\text{cm} = 8\text{mm}$이다.

05 양단면적이 각각 20m², 28m²이고, 중앙단면적이 24m²이며, 양단면 사이의 거리가 23m인 임도 개설지의 토적량을 평균단면적법으로 구하시오.

해답 $V = \dfrac{A_1 + A_2}{2} \times L = \dfrac{20+28}{2} \times 23 = 552\text{m}^3$

여기서, V : 토량(m³), A_1, A_2 : 양단면적(m²), L : 양단면적 간의 거리(m)

06 비탈면을 안정시키는 공사를 5가지 쓰시오.

해답 ① 비탈옹벽 공법   ② 돌망태 공법
③ 비탈힘줄박기 공법   ④ 비탈격자틀붙이기 공법
⑤ 콘크리트뿜어붙이기 공법

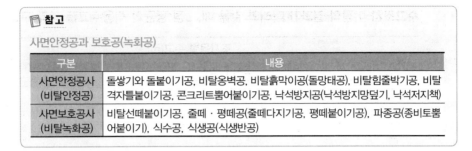

참고

사면안정공과 보호공(녹화공)

구분	내용
사면안정공사 (비탈안정공)	돌쌓기와 돌붙이기공, 비탈옹벽공, 비탈흙막이공(돌망태공), 비탈힘줄박기공, 비탈격자틀붙이기공, 콘크리트뿜어붙이기공, 낙석방지공(낙석방지망덮기, 낙석저지책)
사면보호공사 (비탈녹화공)	비탈선떼붙이기공, 줄떼·평떼공(줄떼다지기공, 평떼붙이기공), 파종공(종비토뿜어붙이기), 식수공, 식생공(식생반공)

07 소반을 구획하는 경우를 4가지 적으시오.

해답
① 산림의 기능이 상이할 때
② 지종이 상이할 때
③ 임종, 임상 및 작업종이 상이할 때
④ 임령, 지위, 지리 또는 운반계통이 상이할 때

08 보속성의 의미를 협의와 광의로 구분하여 설명하시오.

해답
① 협의 : 매년 지속적 목재의 수확을 통한 공급 측면에서의 보속, 목재 공급의 보속성
② 광의 : 임지가 항상 임목을 꾸준히 육성하는 생산 측면에서의 보속, 목재 생산의 보속성

09 건습도의 구분 기준과 5가지의 명칭을 쓰시오.

해답
① 구분 기준 : 토양의 수분상태를 감촉에 따라 5가지로 구분한다.
② 명칭 : 건조, 약건, 적윤, 약습, 습

참고

건습도의 구분

구분	감촉
건조	손으로 꽉 쥐었을 때, 수분에 대한 감촉이 거의 없음
약건	손으로 꽉 쥐었을 때, 손바닥에 습기가 약간 묻는 정도
적윤	손으로 꽉 쥐었을 때, 손바닥 전체에 습기가 묻고 물에 대한 감촉이 뚜렷함
약습	손으로 꽉 쥐었을 때, 손가락 사이에 약간의 물기가 비친 정도
습	손으로 꽉 쥐었을 때, 손가락 사이에 물방울이 맺히는 정도

10 사방사업의 목적을 3가지 쓰시오.

> [해답] ① 국토 보전 및 재해 방지
> ② 수원 함양
> ③ 생활환경 및 경관 보전(대기정화, 기후완화, 방음, 방풍, 방조)

11 사방공사에 널리 사용되는 떼를 규격에 따라 3가지로 구분하고 명칭을 쓰시오.

> [해답] ① 대형떼 : 길이 40cm × 폭 25cm × 두께 3~5cm 이상
> ② 보통떼 : 길이 30cm × 폭 30cm × 두께 3~5cm
> ③ 소형떼 : 길이 33cm × 폭 20cm × 두께 3~5cm

12 산림면적이 100ha, 윤벌기가 40년인 법정림의 임령별 재적이 다음과 같을 때 법정축적을 계산하시오.

임령	10	20	30	40
ha당 재적	50	100	180	260

> [해답] ① 벌기수확에 의한 법정축적
>
> $$V_s = \frac{U}{2} \times V_u \times \frac{F}{U} = \frac{40}{2} \times 260 \times \frac{100}{40} = 13,000\text{m}^3$$
>
> 여기서, V_s : 법정축적, U : 윤벌기
> V_u : 윤벌기의 ha당 재적(m³), F : 산림면적(ha)
>
> ② 수확표에 의한 법정축적
>
> $$V_s = n(V_n + V_{2n} + V_{3n} + \cdots + V_{u-n} + \frac{V_u}{2}) \times \frac{F}{U}$$
>
> $$= 10(50 + 100 + 180 + \frac{260}{2}) \times \frac{100}{40} = 11,500\text{m}^3$$
>
> 여기서, V_s : 법정축적, n : 수확표의 재적표시기간
> V_n, V_{2n}... : n년마다의 ha당 재적(m³)
> V_u : 윤벌기의 ha당 재적(m³)
> U : 윤벌기, F : 산림면적(ha)

13 사방댐과 골막이의 차이점을 3가지 쓰시오.

해답 ① 사방댐은 규모가 크며, 골막이는 규모가 작다.
② 사방댐은 주로 계류의 하류부에 축설하지만, 골막이는 주로 상류부에 축설한다.
③ 사방댐은 대수면과 반수면을 모두 축설하지만, 골막이는 반수면만을 축설하고 대수측은 채우기 한다.

참고

사방댐과 골막이의 비교

구분	사방댐	골막이
규모	크다.	작다.
시공위치	계류의 하류부	계류의 상류부
대수면/반수면	대수면, 반수면 모두 축설	반수면만 축설
물받이	물받이 설치	막돌놓기 시공
계안·양안의 지반 공사	견고한 지반까지 깊게 파내고 시공	견고한 지반까지는 파내지 않고 시공

14 돌을 쌓는 방법 중 찰쌓기와 메쌓기의 차이점을 설명하시오.

해답 ① 찰쌓기
돌을 쌓을 때 뒤채움에 콘크리트, 줄눈에 모르타르를 사용하는 돌쌓기로 표준 기울기는 1 : 0.2이다. 석축 뒷면의 물빼기에 유의해야 하며, 배수를 위하여 시공면적 2~3m²마다 직경 3cm 정도의 물빼기 구멍을 반드시 설치한다.

② 메쌓기
돌을 쌓을 때 모르타르를 사용하지 않는 돌쌓기로 표준 기울기는 1 : 0.3이며, 돌 틈으로 배수가 용이하여 물빼기 구멍을 설치하지 않는다.

15 다음의 임도설계 업무를 순서대로 나열하시오.

- 가 : 답사
- 나 : 예측
- 다 : 공사수량 산출
- 라 : 실측
- 마 : 예비조사
- 바 : 설계도 작성
- 사 : 설계서 작성

해답 마 – 가 – 나 – 라 – 바 – 다 – 사

2023년 1회 기출문제

01 빗물에 의한 토양침식 유형을 순서대로 쓰고 간단하게 설명하시오.

해답
① 우격침식 : 토양 표면에서 빗방울의 타격으로 인한 가장 초기 상태의 침식
② 면상침식 : 토양의 얕은 층이 전면에 걸쳐 넓게 유실되는 현상
③ 누구침식 : 토양 표면에 잔 도랑이 불규칙하게 생기면서 깎이는 현상
④ 구곡침식 : 도랑이 커지면서 심토까지 심하게 깎이는 현상

02 전체 산림면적 50ha, 현실축적 90m³/ha, 법정축적 110m³/ha, 평균생장량 4m³/ha, 조정계수 0.7, 갱정기 20년일 때 Heyer식에 의한 총연간표준벌채량을 구하고, 갱정기의 정의를 쓰시오.

해답
① 연간표준벌채량(m^3/ha)=임분의 평균생장량×조정계수+$\dfrac{현실축적-법정축적}{갱정기}$

$$=4\times0.7+\frac{90-110}{20}=1.8m^3/ha$$

산림면적이 50ha이므로 총 연간표준벌채량은 $1.8\times50=90m^3$

② 갱정기
- 불법정인 영급관계를 법정인 영급관계로 점차 정리하는 기간으로 정리기, 개량기라고도 부른다.
- 임상 개량의 목적이 달성될 때까지 임시적으로 설정하는 예상적 기간으로 개벌작업을 하는 산림에 적용한다.

03 산림경영계획 기법 중 선형계획모형의 전제조건은 비례성, (   ), (   ), (   ), 선형성, (   ), 확정성이 있다. 빈칸에 해당하는 조건을 쓰시오.

해답 ① 비부성, ② 부가성, ③ 분할성, ④ 제한성

📋 **참고**

선형계획모형의 전제 조건
- 비례성 : 계획모형에서 작용성과 이용량은 항상 활동수준에 비례해야 한다.
- 비부성 : 의사결정변수(여러 가지 활동수준)는 음의 값을 나타내면 안 된다.
- 부가성 : 전체생산량은 개개 생산량의 합계와 일치해야 한다.
- 분할성 : 모든 생산물과 생산수단은 분할이 가능해야 한다.
- 선형성 : 계획모형의 모든 변수들의 관계가 수학적으로 1차(선형) 함수로 표시되어야 한다.
- 제한성 : 모형을 구성하는 활동의 수와 생산방법은 제한이 있어야 한다.
- 확정성 : 계획모형의 모든 매개변수들의 값이 확정적으로 일정한 값을 가져야 한다.

04 소나무림 B의 임지가격을 구하기 위하여 조건이 비슷한 인접 소나무림 A의 실제 거래 임지가격을 조사하였더니 다음과 같았다. 다음을 이용하여 소나무림 B의 임지가격을 구하시오.

- 소나무림 A의 임지가격 : 10,000,000원/ha
- 지위 지수 : A임지 140%, B임지 100%
- 지리 지수 : A임지 50%, B임지 70%
- 소나무림 B의 임지면적 : 8ha

해답 ✏️ 임지매매가(원/ha)

$$=\text{인접임지의 단위면적당 가격} \times \frac{\text{평가임지의 지위지수}}{\text{인접임지의 지위지수}} \times \frac{\text{평가임지의 지리지수}}{\text{인접임지의 지리지수}}$$

$$= 10,000,000 \times \frac{100}{140} \times \frac{70}{50} = 10,000,000\text{원/ha}$$

소나무림 B의 임지면적이 8ha이므로 총 임지가격은
$10,000,000 \times 8 = 80,000,000$원

05 다음 표를 보고 각주공식과 양단면적평균법을 이용하여 각각 토적량을 구하시오.

측점	단면적(m²)	누가거리(m)
B.P	0.5	0
No.1	3.5	10
No.2	6.5	20

해답 ① 각주공식

$$토량(m^3) \; V = \frac{L}{6}(A_1 + 4A_m + A_2) = \frac{20}{6}(0.5 + 4 \times 3.5 + 6.5) = 70m^3$$

여기서, L : 끝단면적 간의 거리(m), $A_1 \; A_2$: 양단면적(m²), A_m : 중앙단면적(m²)

② 양단면적평균법

$$B.P와 \; No.1 \; 사이의 토량(m^3) \; V = \frac{A_1 + A_2}{2} \times L = \frac{0.5 + 3.5}{2} \times 10 = 20m^3$$

$$No.1와 \; No.2 \; 사이의 토량(m^3) \; V = \frac{A_1 + A_2}{2} \times L = \frac{3.5 + 6.5}{2} \times 10 = 50m^3$$

여기서, $A_1 \; A_2$: 양단면적(m²), L : 양단면적 간의 거리(m)

따라서 토적량은 $20 + 50 = 70m^3$

---

06 돌쌓기 중 골쌓기와 켜쌓기를 그림으로 그리시오.

해답

∥ 골쌓기 ∥　　∥ 켜쌓기 ∥

---

07 6×7 와이어로프의 단면구조를 그림으로 그리고, 직경측정 위치를 표시하시오.

해답

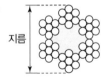

지름

---

08 다음의 내용에 적합한 수치를 쓰시오.

> • 임도 곡선부의 중심선반지름은 규격 이상으로 설치하되, 내각이 (①) 이상 되는 장소
> 는 곡선을 설치하지 않을 수 있으며, 배향곡선은 중심선반지름이 (②) 이상 되도록 설
> 치한다.
> • 길어깨와 옆도랑을 제외한 임도의 유효너비는 (③)를 기준으로 하며, 배향곡선지의 경
> 우 유효너비는 (④) 이상으로 한다.

해답 ① 155°, ② 10m, ③ 3m, ④ 6m

09 다음의 조건에서 합성기울기와 최소곡선반지름을 구하시오.

> 횡단물매 3%, 종단물매 4%, 설계속도 30km/h, 마찰계수 0.15

해답 ① 합성기울기

$$S = \sqrt{(i^2 + j^2)} = \sqrt{(3^2 + 4^2)} = 5\%$$

여기서, S : 합성물매(%), i : 횡단물매 또는 외쪽물매(%), j : 종단물매(%)

② 최소곡선반지름

$$R = \frac{V^2}{127(f+i)} = \frac{30^2}{127(0.15 + 0.03)} = 39.37\ldots \quad \therefore \text{약 } 39.4\text{m}$$

여기서, R : 최소곡선반지름(m), V : 설계속도

f : 노면과 타이어의 마찰계수, i : 횡단기울기 또는 외쪽기울기

10 소단 설치의 효과를 4가지 쓰시오.

해답 ① 절성토 사면의 안정성을 상승시킨다.

② 유수로 인한 사면의 침식을 저하한다.

③ 유지·보수 작업 시 작업원의 발판으로 이용 가능하다.

④ 보행자나 운전자에게 심리적 안정감을 준다.

11 소반을 구획하는 경우를 4가지 쓰시오.

해답 ① 산림의 기능이 상이할 때 : 생활환경보전림, 자연환경보전림, 수원함양림, 산지재해방지림, 산림휴양림, 목재생산림
② 지종이 상이할 때 : 입목지, 무입목지, 법정지정림, 일반경영림
③ 임종, 임상 및 작업종이 상이할 때
④ 임령, 지위, 지리 또는 운반계통이 상이할 때

12 산림면적이 1,000ha, 윤벌기가 50년, 1영급의 영계 수가 10개일 때 법정영급면적과 영급 수를 구하시오.

해답 ① 법정영급면적 $=\dfrac{F}{U}\times n=\dfrac{1,000}{50}\times 10=200\text{ha}$

② 영급 수 $=\dfrac{U}{n}=\dfrac{50}{10}=5$개

여기서, U : 윤벌기, F : 산림면적(ha), n : 1영급의 영계 수

> 📋 **참고**
>
> 법정영급분배 계산법
>
> • 법정영계면적 $a=\dfrac{F}{U}$ • 법정영급면적 $A=\dfrac{F}{U}\times n$ • 영급 수 $=\dfrac{U}{n}$
>
> 여기서, U : 윤벌기, F : 산림면적(ha), n : 1영급의 영계 수

13 산림조사야장 기록 중 혼효율, 임령, 영급, 소밀도의 작성 방법에 대해 각각 쓰시오.

해답 ① 혼효율 : 주요 수종의 입목본수, 입목재적, 수관점유면적 비율을 이용하여 백분율로 산정한다. 계산은 전체 수목 수에 대한 해당 수종 수의 비율에 100을 곱해 %로 나타낸다.
② 임령 : 임분의 최저에서 최고의 임령범위를 분모로 하고, 평균임령을 분자로 하여 나타낸다.
$$\dfrac{평균임령}{최소임령 \sim 최대임령}$$
③ 영급 : 임령을 10년 단위로 하나의 영급으로 묶어, Ⅰ~Ⅹ영급의 로마숫자로 표기한다.

[영급의 구분]

구분	내용	구분	내용
Ⅰ영급	1~10년생	Ⅵ영급	51~60년생
Ⅱ영급	11~20년생	Ⅶ영급	61~70년생
Ⅲ영급	21~30년생	Ⅷ영급	71~80년생
Ⅳ영급	31~40년생	Ⅸ영급	81~90년생
Ⅴ영급	41~50년생	Ⅹ영급	91~100년생

④ 소밀도 : 조사면적에 대한 입목의 수관면적이 차지하는 비율을 백분율로 나타내어 수관의 울폐된 정도를 소, 중, 밀로 구분한다.

[소밀도의 구분]

구분	약어	분류 기준
소(疎)	′	수관밀도가 40% 이하인 임분
중(中)	″	수관밀도가 41~70%인 임분
밀(密)	‴	수관밀도가 71% 이상인 임분

14 다음은 어떤 임분의 임령별 재적과 생장량이다. 번호에 알맞은 수치를 계산하시오.

임령	재적(m^3)	정기평균생장량(m^3)	총평균생장량(m^3)
10	15	①	③
20	36	②	④

해답

① 정기평균생장량 $= \dfrac{15}{10} = 1.5 m^3$

② 정기평균생장량 $= \dfrac{36-15}{10} = 2.1 m^3$

③ 총평균생장량 $= \dfrac{15}{10} = 1.5 m^3$

④ 총평균생장량 $= \dfrac{36}{20} = 1.8 m^3$

참고

- 총평균생장량(평균생장량) : 현재의 총생장량을 총생육연수로 나눈 평균적인 생장량
- 정기평균생장량 : 일정 기간의 생장량(정기생장량)을 그 기간의 연수로 나눈 생장량

$$정기평균생장량 = \frac{V_{n+m} - V_n}{m}$$

여기서, V_n : n년생의 재적, V_{n+m} : $n+m$년생의 재적, m : 일정기간

15 보의 높이가 4m, 물의 단위중량이 1,500kg/m³일 경우, 이 사방댐이 받는 총수압을 계산하고, 일류수심의 정의를 쓰시오.

해답

① 총수압$(kg/m^2) = \dfrac{1}{2} \times$물의 단위중량$(kg/m^3) \times [$보높이$(m)]^2$

$\qquad = \dfrac{1}{2} \times 1,500 \times 4^2 = 12,000 kg/m^2$　　　　* 단위계산 : $\dfrac{kg}{m^3} \times m = \dfrac{kg}{m^2}$

② 일류수심 : 사방댐의 상류로부터 방수로를 월류하여 흐르는 물의 깊이를 말하는 것으로 월류수심이라고도 한다. 즉, 방수로 저면으로부터의 방수 수위를 말한다.

2023년 1회 기출문제

01 신설임도 계획 시 임도개설 우선순위 결정지수를 5가지 쓰시오.

해답
① 임업효과지수　　　　　② 투자효율지수
③ 경영기여율지수　　　　④ 교통효용지수
⑤ 수익성지수

02 법정상태의 구비조건을 4가지 쓰시오.

해답
① 법정영급분배　　　　　② 법정임분배치
③ 법정생장량　　　　　　④ 법정축적

03 회귀년에 대해 설명하시오.

해답
• 택벌작업급을 몇 개의 벌구로 나눠 매년 순차적으로 택벌하고, 다시 최초의 택벌구로 벌채가 되돌아오는 데 소요되는 기간으로 택벌작업에 따른 개념이다.
• 벌구식 택벌작업에서 맨 처음 벌채된 벌구가 다시 택벌될 때까지의 소요기간이다.

04 임업경영에 있어 기술적 특성을 3가지 쓰시오.

해답
① 생산 기간이 대단히 길다.
② 임목은 성숙기가 일정하지 않다.
③ 자연 조건의 영향을 많이 받는다.

> 📖 **참고**
> 그 외 임업경영의 기술적 특성
> 토지나 기후 조건에 대한 요구도가 낮다.

05 교각법에서 곡선반지름이 100m이고, 교각이 30°일 때 접선길이와 외선길이를 구하시오 (소수점 셋째 자리에서 반올림).

해답
① 접선길이 $T.L = R \cdot \tan\dfrac{\theta}{2} = 100 \times \tan\dfrac{30}{2} = 26.794 \cdots$ ∴ 26.79m

② 외선길이 $E.S = R\left(\sec\dfrac{\theta}{2} - 1\right) = 100 \times \left(\sec\dfrac{30}{2} - 1\right)$ * $\sec 15 = \dfrac{1}{\cos 15}$

                 $= 100 \times \left(\dfrac{1}{\cos 15} - 1\right) = 3.527 \cdots$ ∴ 3.53m

     여기서, R : 곡선반지름, θ : 교각

06 평판측량 시 고려해야 할 필수사항을 3가지 쓰고 설명하시오.

해답
① 정준(정치) : 수평 맞추기로, 삼각을 바르게 놓고 앨리데이드를 가로세로로 차례로 놓아 가며 기포관의 기포가 중앙에 오도록 수평을 조절한다.
② 구심(치심) : 중심 맞추기로, 구심기의 추를 놓아 지상측점과 도상측점이 일치하도록 조절한다.
③ 표정 : 방향 맞추기로, 모든 측선의 도면상 방향과 지상 방향이 일치하도록 조절한다.

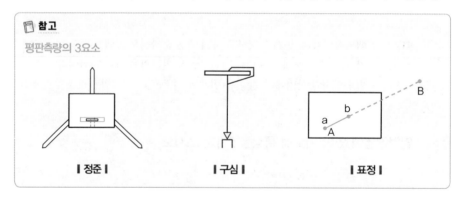

📖 **참고**

평판측량의 3요소

| 정준 | 구심 | 표정 |

07 바닥막이의 시공 위치를 4군데 쓰시오.

해답
① 계상이 낮아질 위험이 있는 곳
② 지류가 합류되는 지점의 하류
③ 종횡침식이 발생하는 지역의 하류
④ 계상 굴곡부의 하류

08 흉고단면적이 0.09m², 수고가 20m, 재적이 0.9m³인 상수리나무의 흉고형수를 구하시오.

해답 $f = \dfrac{V}{g \cdot h} = \dfrac{0.9}{0.09 \times 20} = 0.5$

여기서, f : 형수, g : 원의 단면적, h : 수고, V : 수간재적

09 비교방식에 의한 임지평가법을 2가지 쓰고, 각각 설명하시오.

해답 ① 직접사례비교법 : 평가하려는 임지와 조건이 유사한 다른 임지의 실제 매매사례가격과 직접 비교하여 결정하는 임지평가법이다.
② 간접사례비교법 : 만일 임지가 대지 등으로 가공 조성된 후에 매매된 경우라면, 그 매매 가에서 대지로 가공 조성하는 데 소요된 비용을 역으로 공제하여 산출된 임지가와 비교 하여 결정하는 임지평가법이다.

> 📖 **참고**
> 임지의 평가방법
>
> | 원가방식에 의한 임지평가 | 원가방법, 임지비용가법 |
> |---|---|
> | 수익방식에 의한 임지평가 | 임지기망가법, 수익환원법 |
> | 비교방식에 의한 임지평가 | 직접사례비교법(대용법, 입지법), 간접사례비교법 |
> | 절충방식에 의한 임지평가 | 수익가 비교절충법, 기망가 비교절충법, 수확·수익 비교절충법, 주벌수익 비교절충법 |

10 다듬돌, 야면석에 대해 설명하시오.

해답 ① 다듬돌
- 일정한 치수의 긴 직사각육면체가 되도록 각 면을 다듬은 석재이다.
- 석재 중 가장 고급이고, 일정한 규격으로 다듬어진 것이다.
- 미관을 요하는 돌쌓기 공사에 메쌓기로 이용된다.

② 야면석
- 무게가 약 100kg 정도인 자연석으로 주로 돌쌓기 현장 부근에서 채취하여 찰쌓기와 메 쌓기에 사용한다.
- 전석에 비해 면이 거칠며 각이 져 있다.

11 가선집재와 비교한 트랙터집재의 장점을 3가지 쓰시오.

해답 ① 기동성이 높다.
② 작업이 단순하다.
③ 작업생산성이 높다.

> 📖 **참고**
>
> 트랙터집재와 가선집재의 비교
>
> | 집재 방식 | 장점 | 단점 |
> |---|---|---|
> | 트랙터집재
(면의 집재) | • 기동성이 높다.
• 작업이 단순하다.
• 작업생산성이 높다.
• 운전이 용이하다.
• 작업비용이 적다. | • 완경사지에서만 작업이 가능하다.
• 잔존임분에 피해가 심하다.
• 높은 임도밀도가 요구된다.
• 저속이라 장거리 운반이 어렵다. |
> | 가선집재
(선의 집재) | • 급경사지에서도 작업이 가능하다.
• 잔존임분에 피해가 적다.
• 낮은 임도밀도에서 작업이 가능하다. | • 기동성이 낮다.
• 숙련된 기술을 요한다.
• 작업생산성이 낮다.
• 장비구입비가 비싸다.
• 설치와 철거에 시간이 필요하다. |

12 다음의 ( ) 안에 알맞은 말을 쓰시오.

> 임분의 연령 측정 시 인공조림지는 조림연도의 (①)을(를) 기준으로 산정하고, 그 외 임령 식별이 불분명한 임지는 (②)로 직접 뚫어보아 연령을 유추한다.

해답 ① 묘령(묘목의 나이, 연령)
② 생장추

13 돌을 쌓는 방법 중 찰쌓기와 메쌓기에 대해 설명하시오.

해답 ① 찰쌓기
• 돌을 쌓을 때 뒤채움에 콘크리트, 줄눈에 모르타르를 사용하는 돌쌓기로 표준 기울기는 1 : 0.2이다.
• 석축 뒷면의 물빼기에 유의해야 하며, 배수를 위하여 시공면적 2~3m²마다 직경 3cm 정도의 물빼기 구멍을 반드시 설치한다.
• 결합재로 인해 견고하여 높게 시공 가능하다.

② 메쌓기
- 돌을 쌓을 때 모르타르를 사용하지 않는 돌쌓기로 표준 기울기는 1 : 0.3이다.
- 돌 틈으로 배수가 용이하여 물빼기 구멍을 설치하지 않는다.
- 견고도가 낮아 높이에 제한이 있다.

14 단면적 계수가 4인 릴라스코프(프리즘)으로 셈한 본수가 10본이고, 평균수고가 10m, 형수가 0.5인 임분의 ha당 재적을 각산정표준지법으로 구하시오.

해답 $V = k \cdot n \cdot H \cdot F = 4 \times 10 \times 10 \times 0.5 = 200\text{m}^3/\text{ha}$

여기서, V : 임분의 ha당 재적(m³), k : 단면적 계수, n : 임목본수,
H : 임분평균수고, F : 임분형수

15 임도설계 시 횡단면도, 종단면도, 평면도의 축척 기준을 쓰시오.

해답 ① 횡단면도 : 1/100
② 종단면도 : 횡 1/1,000, 종 1/200
③ 평면도 : 1/1,200

2023년 2회 기출문제

01 산림면적이 3,000ha, 윤벌기가 50년, 1영급의 영계 수가 10개일 때 법정영급면적과 영급 수를 구하시오.

해답 ① 법정영급면적 $= \dfrac{F}{U} \times n = \dfrac{3,000}{50} \times 10 = 600\text{ha}$

② 영급 수 $= \dfrac{U}{n} = \dfrac{50}{10} = 5$개

여기서, U : 윤벌기, F : 산림면적(ha), n : 1영급의 영계 수

> **📖 참고**
>
> 법정영급분배 계산법
>
> • 법정영계면적 $a = \dfrac{F}{U}$　　• 법정영급면적 $A = \dfrac{F}{U} \times n$　　• 영급 수 $= \dfrac{U}{n}$
>
> 여기서, U : 윤벌기, F : 산림면적(ha), n : 1영급의 영계 수

02 소나무, 리기다소나무, 낙엽송, 참나무의 공사유림 기준벌기령을 쓰시오.

해답 ① 소나무 : 40년　　　　　　② 리기다소나무 : 25년
③ 낙엽송 : 30년　　　　　　④ 참나무 : 25년

> **📖 참고**
>
> 주요 수종의 일반 기준벌기령
>
> | 주요 수종 | 국유림 | 공 · 사유림(기업경영림) |
> |---|---|---|
> | 소나무(춘양목보호림단지) | 60년(100년) | 40년(30년) (100년) |
> | 잣나무 | 60년 | 50년(40년) |
> | 리기다소나무 | 30년 | 25년(20년) |
> | 낙엽송(일본잎갈나무) | 50년 | 30년(20년) |
> | 삼나무 | 50년 | 30년(30년) |
> | 편백 | 60년 | 40년(30년) |
> | 기타 침엽수 | 60년 | 40년(30년) |
> | 참나무류 | 60년 | 25년(20년) |
> | 포플러류 | 3년 | 3년 |
> | 기타 활엽수 | 60년 | 40년(20년) |

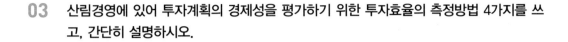

03 산림경영에 있어 투자계획의 경제성을 평가하기 위한 투자효율의 측정방법 4가지를 쓰고, 간단히 설명하시오.

> **해답** ① 순현재가치법 : 미래에 발생할 모든 현금흐름을 적절한 이자율로 할인하여 현재의 시점으로 환산해 효율을 측정하는 방법으로 순현가법, NPV법이라고도 한다.
> ② 내부수익률법 : 투자에 의하여 장래에 예상되는 현금유입과 유출의 현재가를 동일하게 하는 할인율로 효율을 측정하는 방법으로 내부투자수익률법, IRR법이라고도 한다.
> ③ 편익비용비법 : 투자비용의 현재가에 대하여 투자의 결과로 기대되는 현금유입의 현재가 비율로 효율을 측정하는 방법으로 수익비용률법, B/C율이라고도 한다
> ④ 투자이익률법 : 연평균투자액에 대한 연평균순이익의 비율로 투자효율을 측정하는 방법이다.
>
> > 📄 **참고**
> > 그 외 투자효율의 측정방법
> > • 회수기간법 : 투자에 소요된 모든 자금을 회수하는 데 걸리는 기간으로 투자효율을 측정하는 방법이다.

04 아래의 지위지수분류표를 이용하여 임령이 27년이며, 우세목의 평균수고가 15m인 상수리나무 임분의 지위지수를 구하시오.

(단위 : m)

임령(년)	지위지수		
	14	16	18
20	11.5	13.1	14.8
25	12.8	14.6	16.4
30	14.0	16.0	18.0

> **해답** 해답 1)
> 표의 지위지수 16에서 25~30년생의 수고는 14.6~16.0m이므로, 임령이 27년이며 평균수고가 15m이면 지위지수 16에 해당한다.
>
> 해답 2)
> 임령이 27년이며, 우세목의 평균수고가 15m이므로 지위지수는 대략 16이나 18 부근임을 알 수 있다. 따라서 임령이 27년일 때의 지위지수 16과 18에 해당하는 수고를 구하여, 15m에 더 가까운 지위지수를 선택한다.

① 지위지수가 16인 경우의 수고 : $14.6 + \dfrac{2}{5} \times (16.0 - 14.6) = 15.16\text{m}$

② 지위지수가 18인 경우의 수고 : $16.4 + \dfrac{2}{5} \times (18.0 - 16.4) = 17.04\text{m}$

계산결과가 15m에 더 가까운 수고는 지위지수가 16일 때이므로, 이 상수리나무 임분의 지위지수는 16으로 판정한다.

05 다음 표를 보고 빈칸의 절토량과 성토량을 계산하시오.

측점	절토단면적(m²)	성토단면적(m²)	측점 간 거리(m)	절토량(m³)	성토량(m³)
No.0	25.0	23.8	0	(①)	(③)
No.1	18.6	42.2	20		
No.2	22.4	30.0	20	(②)	(④)

해답

① 절토량 $V = \dfrac{A_1 + A_2}{2} \times L = \dfrac{25.0 + 18.6}{2} \times 20 = 436\text{m}^3$

② 절토량 $V = \dfrac{18.6 + 22.4}{2} \times 20 = 410\text{m}^3$

③ 성토량 $V = \dfrac{23.8 + 42.2}{2} \times 20 = 660\text{m}^3$

④ 성토량 $V = \dfrac{42.2 + 30.0}{2} \times 20 = 722\text{m}^3$

여기서, A_1, A_2 : 양단면적(m²), L : 양단면적 간의 거리(m)

> 📖 **참고**
>
> 양단면적평균법
>
> $$\text{토량(m}^3) \quad V = \dfrac{A_1 + A_2}{2} \times L$$
>
> 여기서, A_1, A_2 : 양단면적(m²), L : 양단면적 간의 거리(m)

06 원목의 시장단가가 160,000원/m³, 벌목비가 10,000원/m³, 운반비가 10,000원/m³, 조재비가 10,000원/m³, 조재율이 75%, 자본회수기간이 5개월, 월이율이 5%이고, 임목재적이 500m³일 때, 총 임목가격을 시장가역산법에 의해 계산하시오.

해답

$$x = f\left(\frac{a}{1+mp+r} - b\right) = 0.75\left\{\frac{160,000}{1+(5\times0.05)} - (10,000+10,000+10,000)\right\}$$
$$= 73,500원/m^3$$

여기서, x : 단위재적당 임목가(원/m³), f : 조재율

m : 자본회수기간, p : 월이율, r : 기업이익률

a : 원목의 단위재적당 시장가(원목시장단가, 원/m³)

b : 단위재적당 벌목비 · 운반비 · 집재비 · 조재비 등의 생산비용(원/m³)

단위당 임목가가 73,500원/m³이며, 임목재적이 500m³이므로 총 임목가격은
73,500 × 500 = 36,750,000원

07 지선임도밀도가 20m/ha, 임도효율계수가 5일 때, 평균집재거리와 적정임도밀도를 구하시오.

해답 ① 평균집재거리

$$지선임도밀도(m/ha) = \frac{임도효율계수}{평균집재거리(km)}에서 20 = \frac{5}{평균집재거리(km)}이므로$$

평균집재거리는 0.25km = 250m이다.

② 적정임도밀도

$$평균집재거리(m) = \frac{2,500}{적정임도밀도(m/ha)}에서 250 = \frac{2,500}{적정임도밀도}이므로$$

적정임도밀도는 10m/ha이다.

08 곡선반지름이 200m, 교각이 32°15′인 임도 평면곡선에서 접선길이와 곡선길이를 계산하시오(소수점 셋째 자리에서 반올림하여 둘째 자리까지 기재).

해답 ① 접선길이 $T.L = R \cdot \tan\frac{\theta}{2} = 200 \times \tan\frac{32°15'}{2} = 57.821\cdots$ ∴ $57.82m$

② 곡선길이 $C.L = \frac{2\pi R\theta}{360} = \frac{2\times\pi\times200\times32°15'}{360°} = 112.573\cdots$ ∴ $112.57m$

여기서, R : 곡선반지름, θ : 교각

09 공사유림 경영의 선도적 역할을 하는 국유림(시범림)의 종류를 4가지 쓰고 설명하시오.

해답 ① 조림성공 시범림 : 용기묘, 파종조림, 수하식재, 혼식조림, 움싹갱신 등 모범적으로 조림
사업이 수행된 산림
② 경제림육성 시범림 : 임산물의 지속 가능한 생산을 주목적으로 조성되어 경제림 육성에
모범이 되는 산림
③ 숲가꾸기 시범림 : 산림의 생태환경적인 건전성을 유지하면서, 산림의 기능이 최적 발휘
될 수 있도록 모범적으로 가꾸어진 산림
④ 임업기계화 시범림 : 생산장비, 운반장비, 집재장비, 파쇄장비 등 각종 장비를 시스템화
하여 모범적으로 관리되는 산림

> 📖 **참고**
> 그 외 시범림의 종류
> • 복합경영 시범림 : 목재생산과 병행하여 단기소득임산물의 생산에 모범이 되는 산림
> • 산림인증 시범림 : 지속가능한 산림경영에 관한 산림인증표준에 따라 인증된 산림

10 수로 기울기 2%, 유속계수 0.8, 조도계수 0.05, 통수단면적 3m², 윤변 1.5m일 때, 체지
(Chezy) 공식과 매닝(Manning) 공식에 의한 평균유속을 각각 구하시오(소수점 셋째 자
리에서 반올림하여 둘째 자리까지 기재).

해답 경심 $= \dfrac{\text{유적}}{\text{윤변}} = \dfrac{3}{1.5} = 2\text{m}$ 이므로

① 체지(Chezy) 공식

평균유속(m/s) $V = c\sqrt{R \cdot I} = 0.8\sqrt{2 \times 0.02} = 0.16\text{m/s}$

여기서, c : 유속계수, R : 경심(m), I : 수로 경사(%)

② 매닝(Manning) 공식

평균유속(m/s) $V = \dfrac{1}{n} \cdot R^{\frac{2}{3}} \cdot I^{\frac{1}{2}} = \dfrac{1}{0.05} \times 2^{\frac{2}{3}} \times 0.02^{\frac{1}{2}} = 4.489\cdots \quad \therefore \ 4.49\text{m/s}$

여기서, n : 유로조도계수, R : 경심(m), I : 수로 경사(%)

11 와이어로프의 랑꼬임과 비교한 보통꼬임의 특징을 4가지 쓰시오.

해답 ① 와이어의 꼬임과 스트랜드의 꼬임 방향이 반대이다.
② 꼬임이 안정되어 킹크가 생기기 어렵다.
③ 취급이 용이하지만, 마모가 크다.
④ 주로 작업본줄에 이용된다.

12 유역 내 평균강우량 산정방법을 4가지 쓰고, 설명하시오.

해답 ① 산술평균법
　　• 유역 내 각 관측점의 강수량을 모두 더해 산술평균하는 것으로, 가장 간단한 방법이다.
　　• 평야지역에서 강우분포가 비교적 균일한 경우에 사용하기 적합하다.
② 티센(Thiessen)법
　　우량계가 유역에 불균등하게 분포되었을 경우 사용하는 방법으로, 각 관측점의 지배면적
　　을 가중하여 계산하므로 티센의 가중법이라고도 불린다.
③ 등우선법
　　• 강우량이 같은 지점을 연결하여 등우선을 그리고, 각 등우선 간의 면적과 강우량 평균
　　을 구하여 이용하는 방법이다.
　　• 산지지형에 이용하기 적합하다.
④ 삼각형법
　　관측소 간을 삼각형이 되도록 연결하여 삼각형 내의 평균우량을 더하는 방법이다.

13 4급 선떼붙이기의 그림을 그리시오.

해답

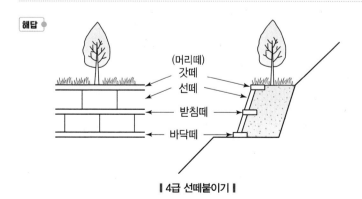

‖ 4급 선떼붙이기 ‖

14 황폐지 표면유실 방지방법을 4가지 쓰시오.

해답 ① 불규칙한 지반을 평탄하게 정리한다.
② 완만한 경사지에는 단을 끊지 않고 파종상을 조성한다.
③ 급한 경사지에는 단을 끊되 생산된 부토는 선떼붙이기, 흙막이, 골막이 등으로 고정한다.
④ 원활한 배수를 위하여 누구막이, 산비탈배수로, 속도랑 등을 설치한다.

15 이령림의 평균임령 산출방법 중 면적령을 설명하고, 계산식을 쓰시오.

해답 ① 면적령은 각 연령이 차지하고 있는 면적을 가중인자로 하여 평균임령을 산출하는 방법이다.
② 면적령 $A = \dfrac{f_1 a_1 + f_2 a_2 + f_3 a_3 + \cdots + f_n a_n}{f_1 + f_2 + f_3 + \cdots + f_n}$

여기서, a_1, a_2, a_3 : 연령, f_1, f_2, f_3 : 각 연령의 면적

> 📖 **참고**
>
> 이령림의 평균임령 산출법
> 본수령, 재적령, 면적령, 단면적령 등

2023^년 2^회 기출문제

01 돌을 쌓아올릴 때 잘못된 돌쌓기 방법을 4가지 쓰시오.

해답 ① 선돌   ② 누운돌
③ 포갠돌   ④ 뜬돌

> 📖 **참고**
>
> 금기돌
> • 돌쌓기를 잘못하면 돌의 접촉부가 맞지 않거나 힘을 받지 못하는 불안정한 돌이 발생하는데, 이처럼 방법에 어긋나게 시공된 돌을 금기돌이라 한다.
> • 종류 : 선돌, 누운돌, 포갠돌, 뜬돌, 거울돌, 뾰족돌, 떨어진돌, 이마대기, 새입붙이기, 꼬치쌓기 등

02 임도밀도가 10m/ha인 산림의 임도간격을 구하시오.

해답 $임도간격 = \dfrac{10,000}{적정임도밀도} = \dfrac{10,000}{10} = 1,000m$

03 어떤 임분의 축적이 2015년에 150m³, 2025년에 250m³일 때, 정기평균생장량과 프레슬러 공식에 의한 생장률을 각각 계산하시오.

해답 ① $정기평균생장량 = \dfrac{250-150}{10} = 10m^3$

② $생장률\ P = \dfrac{V-v}{V+v} \times \dfrac{200}{m} = \dfrac{250-150}{250+150} \times \dfrac{200}{10} = 5\%$

여기서, P : 생장률(%), V : 현재의 재적, v : m년 전의 재적, m : 기간연수

04 임지기망가에 영향을 미치는 인자를 4가지 쓰고 설명하시오.

해답 ① 주벌수익과 간벌수익 : 항상 플러스(+) 값이므로, 값이 크고 시기가 빠를수록 임지기망가는 커진다.
② 조림비와 관리비 : 항상 마이너스(-) 값이므로, 값이 클수록 임지기망가는 작아진다.
③ 이율 : 이율이 높으면 임지기망가는 작아지고, 낮으면 임지기망가는 커진다.
④ 벌기 : 벌기가 길어지면 임지기망가의 값이 처음에는 증가하다가 어느 시기에 이르러 최대에 도달하고, 그 후부터는 점차 감소한다.

05 윤벌기와 벌기령의 차이점을 2가지 쓰시오.

해답 ① 윤벌기는 작업급 단위이며, 벌기령은 임분 단위의 개념이다.
② 윤벌기는 기간 개념이며, 벌기령은 연령 개념이다.

> 📖 **참고**
> 윤벌기와 벌기령
> • 윤벌기는 한 작업급에 속하는 모든 임분을 일순벌하는 데 소요되는 기간이다.
> • 벌기령은 산림경영계획상의 인위적 임목의 성숙기, 즉 임목의 예상 수확연령이다.

06 임황조사 항목을 4가지 쓰시오.

해답 ① 임종   ② 임상
③ 수종   ④ 혼효율

> 📖 **참고**
> 산림조사 항목
> • 지황조사 항목 : 지종, 방위, 경사도, 표고, 토성, 토심, 건습도, 지위, 지리, 지세 등
> • 임황조사 항목 : 임종, 임상, 수종, 혼효율, 임령, 영급, 수고, 경급, 소밀도, 축적 등

07 개위면적의 정의를 쓰시오.

해답 ◦ 임지의 생산능력에는 차이가 있으므로 각 영계의 벌기재적이 동일하도록 생산능력에 따라 수정한 면적을 개위면적이라 한다.

08 다음의 평면곡선 그림을 보고 알맞은 곡선의 이름을 쓰시오.

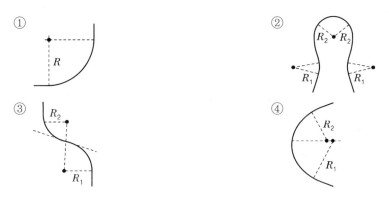

해답 ◦ ① 단곡선(원곡선)   ② 배향곡선(헤어핀곡선)
        ③ 반향곡선(반대곡선)   ④ 복심곡선(복합곡선)

09 분사식 씨뿌리기 공법에 대해 설명하시오.

해답 ◦ • 종자, 비료, 양생제, 전착제를 물과 함께 혼합하여 사면에 기계를 이용하여 압력으로 분사하여 파종하는 공법이다.
       • 대면적의 급한 경사면 등에 속성 녹화하고자 할 때 주로 이용되며, 암반 비탈면에는 효과가 작다.

10 임도측량 시 사용되는 영선과 영면에 대해 설명하시오.

해답 ① 영선 : 노면의 시공면과 산지의 경사면이 만나는 점을 영점이라 하며, 이 영점을 연결한 노선의 종축을 영선이라 한다. 영선은 절토작업과 성토작업의 경계선이 되기도 한다.
② 영면 : 임도상 영선의 위치 및 임도의 시공기면으로부터 수평으로 연장한 면이다.

11 와이어로프의 폐기기준을 3가지 쓰시오.

해답 ① 꼬임 상태(킹크)인 것
② 현저하게 변형 또는 부식된 것
③ 와이어로프 소선이 10분의 1(10%) 이상 절단된 것

> 📖 **참고**
>
> 그 외 와이어로프의 폐기기준
> 마모에 의한 직경 감소가 공칭직경의 7%를 초과하는 것

12 산림경영계획에서 소반을 구획할 때 면적과 번호 표기 방식을 설명하시오.

해답 ① 면적 : 최소 1ha 이상으로 구획하며, 소수점 이하 한 자리까지 기재 가능하다.
② 번호 표기 방식 : 소반은 임반번호와 같은 방향으로 숫자를 덧붙여 1-1-1, 1-1-2 … 순으로 기재하며, 보조소반은 1-1-1-1, 1-1-1-2 … 순으로 표시한다.

13 퇴사울세우기와 정사울세우기의 시공 목적을 쓰시오.

해답 ① 퇴사울세우기 : 해풍에 의해 날리는 모래(비사)를 억류·고정하고 퇴적시켜서 인공 모래 언덕(사구)을 조성할 목적으로 시공한다.

② 정사울세우기
• 전사구(앞모래언덕) 육지 쪽의 후방모래를 고정하여 표면을 안정시키고 식재목이 잘 생육할 수 있는 환경조성을 위해 시공한다.
• 앞모래언덕의 뒤쪽으로 풍속을 약화시켜 모래의 이동을 막고, 식재목의 생육환경을 조성하기 위한 사지조림공법이다.

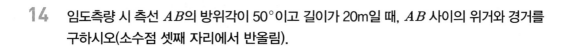

14 임도측량 시 측선 AB의 방위각이 50°이고 길이가 20m일 때, AB 사이의 위거와 경거를 구하시오(소수점 셋째 자리에서 반올림).

해답 ① 위거 $= AB \times \cos\theta = 20 \times \cos 50 = 12.855\cdots$ $\therefore$ 12.86

② 경거 $= AB \times \sin\theta = 20 \times \sin 50 = 15.320\cdots$ $\therefore$ 15.32

여기서, AB : 측선거리, θ : 방위각

15 교각법을 이용하여 임도곡선 설정 시 곡선반지름이 32m이고, 교각이 96°일 때 곡선길이를 구하시오(소수점 셋째 자리에서 반올림).

해답 곡선길이 $C.L = \dfrac{2\pi R\theta}{360} = \dfrac{2 \times \pi \times 32 \times 96}{360} = 53.616\cdots$ $\therefore$ 53.62m

여기서, R : 곡선반지름, θ : 교각

> 📒 **참고**
>
> 교각법의 계산
>
> • 접선길이(m) $T.L = R \cdot \tan\dfrac{\theta}{2}$
>
> • 외선길이(m) $E.S = R\left(\sec\dfrac{\theta}{2} - 1\right)$ $* \sec\dfrac{\theta}{2} = \dfrac{1}{\cos\dfrac{\theta}{2}}$
>
> • 곡선길이(m) $C.L = \dfrac{2\pi R\theta}{360}$

2023^년 3^회 기출문제

01 아래의 기고식 야장에서 빈칸의 기계고와 지반고를 계산하시오.

측점	후시	기계고	전시		지반고	비고
			T.P	I.P		
B.M	2.60	(①)			30.00	H = 30.00m
1				3.40	29.20	
2				2.75	29.85	
3	3.90	(②)	1.20		(③)	
4				1.95	33.35	
5				2.05	33.25	
6			3.80		(④)	
계	+6.50		−5.00			

해답 ① 기계고 = 지반고 + 후시 = 30.00 + 2.60 = 32.60m

② 기계고 = 지반고 + 후시 = 31.40 + 3.90 = 35.30m

③ 지반고 = 기계고 − 전시 = 32.60 − 1.20 = 31.40m

④ 지반고 = 기계고 − 전시 = 35.30 − 3.80 = 31.50m

02 아래의 각 물음에 답하시오.

(가) 유역면적이 12ha, 최대시우량이 100mm/h, 유거계수가 0.8에서 0.5로 변했을 때, 최대홍수유량의 차이를 계산하시오(소수 셋째 자리에서 반올림하여 둘째 자리까지 기재).

(나) 강우량이 1,000mm, 유출량이 200mm, 증산량이 300mm인 유역의 증발량을 구하시오.

해답 (가) ① 유거계수가 0.8일 때의 유량

$$Q = \frac{1}{360} \times K \cdot A \cdot m = \frac{1}{360} \times 0.8 \times 12 \times 100 = 2.666 \cdots \quad \therefore \ 2.67\text{m}^3/\text{s}$$

여기서, Q : 최대홍수유량(m³/s), K : 유거계수, A : 유역면적(ha)

m : 최대시우량(mm/h)

② 유거계수가 0.5일 때의 유량

$$Q = \frac{1}{360} \times K \cdot A \cdot m = \frac{1}{360} \times 0.5 \times 12 \times 100 = 1.666 \cdots \quad \therefore \ 1.67 \mathrm{m}^3/\mathrm{s}$$

따라서 최대홍수유량의 차이는 $2.67 - 1.67 = 1\mathrm{m}^3/\mathrm{s}$이다.

(나) 강수량＝유출량＋증발량＋증산량에서 $1,000 = 200 + $ 증발량 $+ 300$이므로 증발량은 500mm 이다.

03 어떤 임분의 현실축적이 250m³/ha, 수확표에 의해 계산된 법정축적이 300m³/ha, 연간 생장량이 20m³/ha, 법정벌채량이 15m³/ha, 갱정기가 20년일 때, 오스트리안 공식과 훈 데스하겐법에 의한 연간표준벌채량을 각각 계산하시오.

해답 ① 오스트리안 공식(카메랄탁세법)

$$연간표준벌채량(\mathrm{m}^3/\mathrm{ha}) = 현실연간생장량 + \frac{현실축적 - 법정축적}{갱정기}$$

$$= 20 + \frac{250 - 300}{20} = 17.5 \mathrm{m}^3/\mathrm{ha}$$

② 훈데스하겐법

$$연간표준벌채량(\mathrm{m}^3/\mathrm{ha}) = \frac{법정벌채량}{법정축적} \times 현실축적 = \frac{15}{300} \times 250 = 12.5 \mathrm{m}^3/\mathrm{ha}$$

04 아래의 각 물음에 답하시오.

(가) 사방댐과 골막이의 가장 큰 차이점을 한 가지만 쓰시오.

(나) 사방공사의 돌쌓기 방법 중 찰쌓기와 메쌓기의 가장 큰 차이점을 한 가지만 쓰시오.

해답 (가) 사방댐은 대수면과 반수면을 모두 축설하지만, 골막이는 반수면만을 축설하고 대수측 은 채우기한다.

(나) 찰쌓기는 돌을 쌓을 때 뒤채움에 콘크리트, 줄눈에 모르타르를 사용하는 돌쌓기이며, 메쌓기는 돌을 쌓을 때 콘크리트나 모르타르를 사용하지 않는 돌쌓기이다.

05 다음 빈칸에 알맞은 공법을 써넣으시오.

사구조성공법에는 퇴사울세우기, 성토쌓기, 모래덮기, (①), (②) 등이 있다.

해답 ① 구정바자얽기 ② 사초심기

📖 **참고**

해안사방공사의 종류

구분	내용
사구조성공법	퇴사울세우기, 구정바자얽기, 모래담쌓기, 모래덮기, 사초심기, 파도막이
사지조림공법	정사울세우기, 사지식수공법

06 다음은 어떤 임분의 표준지 재적표이다. 아래의 각 물음에 답하시오.

구분	1차기	2차기
연령	10년	20년
재적	6m³	8m³

(가) 표준지의 면적이 0.04ha라고 할 때, 1차기와 2차기의 ha당 재적을 구하시오.

(나) 이 임분의 ha당 생장률을 프레슬러 공식에 의해 구하시오(소수점 셋째 자리에서 반올림하여 둘째 자리까지 기재).

해답 (가) ① 1차기의 ha당 재적

$0.04 : 6 = 1 : x$이므로 $x = 150m^3$

② 2차기의 ha당 재적

$0.04 : 8 = 1 : x$이므로 $x = 200m^3$

(나) $P = \dfrac{V-v}{V+v} \times \dfrac{200}{m} = \dfrac{200-150}{200+150} \times \dfrac{200}{10} = 2.857 \cdots$ ∴ 2.86%

여기서, P : 생장률(%), V : 현재의 재적, v : m년 전의 재적, m : 기간연수

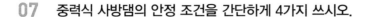

07 중력식 사방댐의 안정 조건을 간단하게 4가지 쓰시오.

해답 ① 전도에 대한 안정
② 활동에 대한 안정
③ 제체의 파괴에 대한 안정
④ 기초지반의 지지력에 대한 안정

08 프로세서와 하베스터에 대하여 설명하시오.

해답 ① 프로세서 : 집재된 전목재의 가지치기, 절단, 초두부 제거, 집적 등의 조재작업을 전문적
으로 실행하며, 벌도는 수행하지 않는 조재기계이다.
② 하베스터 : 벌도, 가지치기, 조재목 마름질, 토막내기 등을 모두 수행하는 대표적 다공정
처리기계이다.

> 📖 **참고**
>
> 임목수확기계의 종류
>
> | 종류 | 작업내용 |
> |---|---|
> | 트리펠러
(tree feller) | 벌도만 실행 |
> | 펠러번처
(feller buncher) | 벌도와 집적(모아서 쌓기)의 2가지 공정 실행 |
> | 프로세서
(processor) | • 집재된 전목재의 가지치기, 절단, 초두부 제거, 집적 등의 조재작업을 전문적
으로 실행(벌도 X)
• 산지집재장에서 작업하는 조재기계 |
> | 하베스터
(harvester) | • 벌도, 가지치기, 조재목 마름질, 토막내기 등을 모두 수행
• 대표적 다공정 처리기계로 임내에서 벌도 및 각종 조재작업 수행 |

09 임도설계도면의 각 축척을 쓰시오.

해답 ① 평면도 : 1/1,200
② 종단면도 : 횡 1/1,000, 종 1/200
③ 횡단면도 : 1/100

> 📖 **참고**
> 임도설계도의 축척 및 기입사항
>
> | 도면 구분 | 축척 | 기입사항 |
> |---|---|---|
> | 평면도 | 1/1,200 | 임시기표, 교각점, 측점번호, 사유토지의 지번별 경계, 구조물, 지형지물, 곡선제원 |
> | 종단면도 | 횡 1/1,000
종 1/200 | 지반고, 계획고, 절토고, 성토고, 종단기울기, 누가거리, 거리, 측점, 곡선 |
> | 횡단면도 | 1/100 | 지반고, 계획고, 절토고, 성토고, 단면적(절성토), 지장목 제거, 측구터파기 단면적, 사면보호공 물량 |

10 임반 구획 방법과 번호 부여 방법을 설명하시오.

해답 ① 임반 구획 방법 : 면적은 100ha 내외로 하며, 능선, 하천 등 자연경계나 도로 등의 고정적
시설을 따라 확정하여 구획한다.
② 번호 부여 방법 : 경영계획구 유역 하류에서 시계 방향으로 연속되게 숫자 1, 2, 3…으로
표시하고, 신규 재산 취득 등으로 보조임반을 편성할 때는 임반의 번호에 보조번호를 1 −
1, 1 − 2, 1 − 3… 순으로 붙여 나타낸다.

11 임종과 임상을 설명하시오.

해답 ① 임종 : 대상 임분이 인공림인지 천연림인지를 나타내는 것으로 산림조사 시에는 인 또는
천으로 기재한다.
② 임상 : 대상 임분의 침엽수와 활엽수의 구성비율에 따라 침엽수림, 활엽수림, 침활혼효림
으로 구분하여 나타내는 것으로 산림조사 시에는 각각 침, 활, 혼으로 기재한다.

12 소나무, 잣나무, 낙엽송, 참나무의 국유림 기준벌기령을 쓰시오.

해답 ① 소나무 60년   ② 잣나무 60년
③ 낙엽송 50년   ④ 참나무 60년

📖 **참고**

주요 수종의 일반 기준벌기령

주요 수종	국유림	공·사유림(기업경영림)
소나무 (춘양목보호림단지)	60년 (100년)	40년(30년) (100년)
잣나무	60년	50년(40년)
리기다소나무	30년	25년(20년)
낙엽송(일본잎갈나무)	50년	30년(20년)
삼나무	50년	30년(30년)
편백	60년	40년(30년)
기타 침엽수	60년	40년(30년)
참나무류	60년	25년(20년)
포플러류	3년	3년
기타 활엽수	60년	40년(20년)

「산림자원의 조성 및 관리에 관한 법률 시행규칙」 별표 3

13 임도설계에 따른 아래와 같은 각종 요인을 계산하시오.

(가) 축척 1/25,000의 지형도에서 양각기를 사용하여 종단물매 8%의 노선을 나타내고자 할 때, 양각기의 폭을 계산하시오.

(나) 도로너비가 4m, 반출할 목재길이가 20m인 경우 임도의 최소곡선반지름을 계산하시오.

해답 (가) 축척 1/25,000 지형도에서 등고선 간격(수직거리)은 10m이고,

종단물매 $=\dfrac{수직거리}{수평거리}\times100$에서 $8\%=\dfrac{10}{x}\times100$

이므로, 등고선 간의 수평거리 $x=125$m 이다.

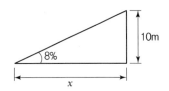

이것을 축척을 적용하여 지도상의 수치로 나타내면, 축척 1/25,000은 지도상의 1cm를 실제 25,000cm(250m)로 나타내는 것이므로 1 : 250 = x : 125로 양각기의 폭 $x=0.5$cm = 5mm이다.

(나) $R=\dfrac{l^2}{4B}=\dfrac{20^2}{4\times4}=25$m

여기서, R : 최소곡선반지름(m), l : 반출할 목재의 길이(m), B : 도로의 폭(m)

14 현재 임령이 30년인 임목의 벌기는 60년이며, 60년일 때의 임목가는 150,000원/m³라고 한다. Martineit의 임목이용가법에 의한 현재 임목가격을 구하시오.

해답 $A_m = A_u \times \dfrac{m^2}{u^2} = 150,000 \times \dfrac{30^2}{60^2} = 37,500$원/m³

여기서, A_m : 임목가, A_u : 주벌수입(벌기임목가), m : 임목연령, u : 벌기

> 📖 **참고**
>
> 마르티나이트(Martineit)식의 계산
> 주벌수입(벌기임목가)이 A_u, 벌기가 u일 때, 현재 m년생인 임목가를 계산한다.
>
> 임목가 $A_m = A_u \times \dfrac{m^2}{u^2}$

15 벌기 50년마다 5백만 원의 수입을 얻을 수 있는 산림의 자본가를 구하시오(이율 3%, 천 원 이하 절사).

해답 무한정기이자의 전가식 : 현재로부터 n년마다 R씩 영구히 얻을 수 있는 이자의 전가합계식

$K = \dfrac{R}{1.0P^n - 1} = \dfrac{5,000,000}{1.03^{50} - 1} = 1,477,582.40 \cdots$ ∴ 1,470,000원

여기서, P : 이율

2023년 3회 기출문제

01 **사방댐의 물빼기 구멍의 설치 목적을 3가지 쓰시오.**

해답 ① 댐의 시공 중에 배수를 하며, 유수를 통과시킨다.
② 시공 후 대수면에 가해지는 수압을 감소시킨다.
③ 퇴사 후의 침투수압을 경감시킨다.

> **참고**
> 그 외 물빼기 구멍의 설치 목적
> 사력층에 시공할 경우 기초 하부의 잠류 속도를 감소시킨다.

02 **산림면적이 3,500ha, 윤벌기 50년, 1영급의 영계 수가 10개일 때 법정영급면적과 영급 수를 구하시오.**

해답 ① 법정영급면적 $= \dfrac{F}{U} \times n = \dfrac{3,500}{50} \times 10 = 700\text{ha}$

② 영급 수 $= \dfrac{U}{n} = \dfrac{50}{10} = 5$개

여기서, U : 윤벌기, F : 산림면적(ha), n : 1영급의 영계 수

> **참고**
> 법정영급분배 계산법
> • 법정영계면적 $a = \dfrac{F}{U}$　　• 법정영급면적 $A = \dfrac{F}{U} \times n$　　• 영급 수 $= \dfrac{U}{n}$
> 여기서, U : 윤벌기, F : 산림면적(ha), n : 1영급의 영계 수

03 **임지기망가에 대해 설명하시오.**

해답 일제림에서 일정 사업을 앞으로 영구히 실시한다고 가정할 때 그 임지에서 기대되는 순수익의 현재가 합계로 수익방식에 의한 임지평가법이다.

04 임황조사 항목 중 임종과 임상의 구분 기준을 쓰시오.

> **해답** ① 임종 : 인공림(인), 천연림(천)
> ② 임상
> • 침엽수림(침) : 침엽수가 75% 이상인 임분
> • 활엽수림(활) : 활엽수가 75% 이상인 임분
> • 혼효림(혼) : 침엽수 또는 활엽수가 26~75% 미만인 임분

05 돌기슭막이 시공 시 돌을 쌓아올릴 때 골쌓기와 켜쌓기의 특징을 설명하시오.

> **해답** ① 골쌓기 : 마름모꼴 대각선으로 쌓는 방법으로 비교적 규격이 일정한 막깬돌이나 견치돌을 이용한다. 층을 형성하지 않아 막쌓기라고도 한다.
> ② 켜쌓기 : 돌 면의 높이를 맞추어 가로 줄눈이 일직선이 되도록 쌓는 방법으로 주로 마름돌을 사용한다. 일직선으로 바르게 쌓아 바른층쌓기라고도 한다.

06 빗물에 의한 침식 단계를 진행 순서대로 쓰시오.

> **해답** ① 우격침식   ② 면상침식
> ③ 누구침식   ④ 구곡침식

> 📖 **참고**
> • 우격침식 : 토양 표면에서 빗방울의 타격으로 인한 가장 초기 상태의 침식
> • 면상침식 : 토양의 얇은 층이 전면에 걸쳐 넓게 유실되는 현상
> • 누구침식 : 토양 표면에 잔 도랑이 불규칙하게 생기면서 깎이는 현상
> • 구곡침식 : 도랑이 커지면서 심토까지 심하게 깎이는 현상

07   사방용 석재 중 견치돌, 야면석에 대해 설명하시오.

해답 ① 견치돌
  • 돌을 다듬을 때 앞면, 길이, 뒷면, 접촉부 및 허리치기의 치수를 특별한 규격에 맞도록 지정하여 만든 석재이다.
  • 단단하고 치밀하여 견고를 요하는 돌쌓기 공사, 사방댐, 옹벽 등에 사용한다.
  • 특별한 규격으로 다듬은 석재로 마름돌과 같이 고가의 재료이다.

② 야면석
  • 무게가 약 100kg 정도인 자연석으로 주로 돌쌓기 현장 부근에서 채취하여 찰쌓기와 메쌓기에 사용한다.
  • 전석에 비해 면이 거칠며 각이 져 있다.

08   소반을 구획하는 기준을 3가지 쓰시오.

해답 ① 산림의 기능이 상이할 때 : 생활환경보전림, 자연환경보전림, 수원함양림, 산지재해방지림, 산림휴양림, 목재생산림
② 지종이 상이할 때 : 입목지, 무입목지, 법정지정림, 일반경영림
③ 임종, 임상 및 작업종이 상이할 때

> 📑 **참고**
>
> 그 외 소반 구획 기준
> 임령, 지위, 지리 또는 운반계통이 상이할 때

09   와이어로프의 보통꼬임과 랑꼬임의 차이점에 대해 설명하시오.

해답 ① 보통꼬임은 와이어의 꼬임과 스트랜드의 꼬임 방향이 반대인 반면 랑꼬임은 방향이 동일하다.
② 보통꼬임은 꼬임이 안정되어 킹크가 생기기 어렵고 취급이 용이하지만 마모가 많고, 랑꼬임은 꼬임이 풀리기 쉬워 킹크가 생기기 쉽지만 마모가 적다.

10 원목의 말구직경이 18cm, 중앙직경이 24cm, 원구직경이 30cm이고, 재장이 7m일 때 스말리안식으로 재적을 계산하시오(소수점 셋째 자리에서 반올림).

해답 스말리안식

$$재적(m^3) \ V = \frac{g_o + g_n}{2} \times l = \frac{\frac{\pi \cdot d^2}{4} + \frac{\pi \cdot d^2}{4}}{2} \times l$$

$$= \frac{\frac{\pi \cdot 0.3^2}{4} + \frac{\pi \cdot 0.18^2}{4}}{2} \times 7 = 0.336 \cdots \quad \therefore 약 \ 0.34m^3$$

여기서, g_o : 원구단면적(m^2), g_n : 말구단면적(m^2), d : 직경, l : 재장(m)

11 매목조사 야장 작성 시의 매목조사 방법을 2가지 쓰시오.

해답 ① 지상으로부터 1.2m 높이의 직경을 2cm 단위로 괄약하여 측정한다.
② 경사지에서는 위쪽 경사면에 바르게 서서 측정한다. 이때 윤척이 수간축에 직각이 되며, 고정각, 유동각, 눈금자의 3면이 수평하여야 한다.

> 📖 **참고**
>
> 그 외 흉고직경의 측정 방법
> • 수간이 기울어진 경우 기운 상태 그대로인 수간축의 1.2m 높이에서 측정한다.
> • 수간이 흉고 이하에서 분지된 나무는 각각의 나무로 보아 흉고 부위에 있는 나무를 모두 측정한다.
> • 흉고 부위에 결함이 있을 때는 상하 최단거리 부위의 직경을 측정하고 이를 평균한다.

12 유령림, 중령림, 벌기 미만인 장령림의 임령에 따른 적합한 임목 평가방법을 쓰시오.

해답 ① 유령림의 임목평가 : 임목비용가법
② 중령림의 임목평가 : 글라저법
③ 벌기 미만인 장령림의 임목평가 : 임목기망가법

> 📖 **참고**
>
> 그 외 임령에 따른 임목 평가방법
> 벌기 이상인 성숙림의 임목평가 : 시장가역산법

13 임도구조 개량사업의 대상지를 4가지 쓰시오.

해답 ① 집중호우 시 피해발생의 위험이 있는 임도
② 절토, 성토면이 녹화되지 않은 임도
③ 테마임도로 지정된 임도
④ 대형차량 통행이 필요한 간선임도

14 흙깎기 비탈면에서 경암의 기울기 기준을 쓰시오.

해답 1 : 0.3 ~ 0.8

📖 **참고**

절토사면의 기울기 기준

구분		기울기
암석지	경암	1 : 0.3~0.8
	연암	1 : 0.5~1.2
토사지역		1 : 0.8~1.5

15 축척 1/50,000의 지형도에서 도상거리가 1cm일 때 실제거리(km)를 구하시오.

해답 축척 1/50,000은 지도상의 1cm가 실제로는 50,000cm＝500m＝0.5km라는 의미이므로, 1cm 의 실제거리는 0.5km이다.

2024^년 1^회 기출문제

01 설계도를 작성하기 전의 임도설계 업무를 순서대로 4가지 쓰시오.

> **해답** ① 예비조사 ② 답사
> ③ 예측 ④ 실측
>
> > 📖 **참고**
> > 임도설계 업무 순서
> > 예비조사 → 답사 → 예측 → 실측 → 설계도 작성 → 공사수량 산출 → 설계서 작성

02 다음의 각 물음에 답하시오.

(가) 사방댐과 골막이의 형태적 차이점을 2가지 쓰시오.

(나) 퇴사울세우기와 정사울세우기의 설치목적의 차이점을 쓰시오.

> **해답** (가) ① 사방댐은 규모가 크며, 골막이는 규모가 작다.
> ② 사방댐은 대수면과 반수면을 모두 축설하지만, 골막이는 반수면만을 축설하고 대수
> 측은 채우기 한다.
> (나) 퇴사울세우기는 날리는 모래를 고정하여 사구를 조성할 목적으로 퇴사울타리를 시공하
> 는 사구조성공법이며, 정사울세우기는 식재목의 생육을 돕고 보호하기 위해 정사울타
> 리를 시공하는 사지조림공법이다.
>
> > 📖 **참고**
> > 사방댐과 골막이의 비교
> >
> > | 구분 | 사방댐 | 골막이 |
> > |---|---|---|
> > | 규모 | 크다. | 작다. |
> > | 시공위치 | 계류의 하류부 | 계류의 상류부 |
> > | 대수면/반수면 | 대수면, 반수면 모두 축설 | 반수면만 축설 |
> > | 물받이 | 물받이 설치 | 막돌놓기 시공 |
> > | 계상·양안의 지반 공사 | 견고한 지반까지 깊게 파내고 시공 | 견고한 지반까지는 파내지 않고 시공 |

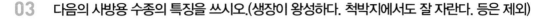

03 다음의 사방용 수종의 특징을 쓰시오.(생장이 왕성하다. 척박지에서도 잘 자란다. 등은 제외)

① 물오리나무

② 곰솔

③ 싸리

④ 상수리나무

해답 ① 물오리나무 : 척박한 지역에서도 적응력이 강해 생장이 좋다. 질소를 고정하는 비료목으로 토양을 비옥하게 하고 지력을 향상시킨다. 잎이 넓고 크며, 울폐력이 좋아 숲 형성을 빠르게 한다.

② 곰솔 : 양수분에 대한 요구가 적으며, 건조한 곳이나 강산성 땅에서도 생육이 좋다. 땅속 깊이 자라는 심근성으로 바닷바람에 강하여 해안 방풍림 조성에 많이 쓰인다. 종자 발아력 또한 좋아 파종조림으로도 알맞은 수종이다.

③ 싸리 : 질소를 고정하는 콩과의 비료목으로 임지의 지력을 향상시킨다. 다른 수목의 생육 촉진에 기여하며, 건조하고 척박한 임지를 물리·화학적으로 개량한다.

④ 상수리나무 : 종자 발아력과 맹아력이 좋으며, 생장이 빨라 숲을 빠르게 형성한다. 산불과 같은 위해 인자에 강하며, 피해를 받더라도 다시 맹아를 형성하여 회복력이 좋다. 왕성한 낙엽·낙지 등으로 지력 향상에도 도움이 된다.

04 6,144,570원을 빌려서 제재소를 설치하였다. 이자율 10%로 10년간 매년 말 균등분할 상환할 때 상환금액을 계산하시오(소수점 이하 절사).

해답 유한연년이자의 전가식 : 매년 말에 r씩 n회 얻을 수 있는 이자의 전가합계식

$$K = \frac{r(1.0P^n - 1)}{0.0P \times 1.0P^n}, \ 6,144,570 = \frac{r(1.1^{10} - 1)}{0.1 \times 1.1^{10}},$$

$$r = 6,144,570 \times \frac{0.1 \times 1.1^{10}}{(1.1^{10} - 1)} = 1,000,000.471 \cdots \quad \therefore \ 1,000,000 원$$

05 어떤 임분의 수목재적과 이를 이용한 1ha의 임분재적을 구하시오.

(가) 흉고직경이 14cm, 수고가 10m, 흉고형수가 0.5인 수목의 재적을 구하시오(소수점 넷째 자리에서 반올림).

(나) 입목 간 간격이 2.5m일 때, 1ha의 임분재적을 구하시오.

해답 (가) $V = g \times h \times f = \dfrac{\pi \times d^2}{4} \times h \times f = \dfrac{\pi \times 0.14^2}{4} \times 10 \times 0.5 = 0.0769 \cdots$　　$\therefore\ 0.077\mathrm{m}^3$

　　　　여기서, V : 수간재적, g : 원의 단면적, h : 수고, f : 형수, d : 흉고직경

　　　(나) 1ha $= 10{,}000\mathrm{m}^2$이므로, $0.077 \times \dfrac{10{,}000}{2.5 \times 2.5} = 123.2\mathrm{m}^3/\mathrm{ha}$

06 다음의 각 물음에 답하시오.

(가) 벌도 시 수구면 간격을 남기는 이유를 4가지 쓰시오.

(나) 임업이율을 낮게 평정해야 하는 이유를 2가지 쓰시오.

해답 (가) ① 나무가 넘어지는 속도 감소

　　　　　　② 벌도 방향의 혼란 감소

　　　　　　③ 벌도목의 파열 방지

　　　　　　④ 작업의 안전

　　　(나) ① 산림소유의 안정성

　　　　　　② 산림 관리경영의 간편성

> 📖 **참고**
>
> 그 외 임업이율을 낮게 평정해야 하는 이유
> - 생산기간의 장기성
> - 산림재산과 임료수입의 유동성
> - 재적 및 금원수확의 증가와 산림재산의 가치등귀
> - 문화발전에 따른 이율의 저하
> - 산림소유에 대한 개인적 가치 평가

07 지위지수가 8인 소나무 임분 수확표에서 25년생의 재적은 99.89m³, 40년생의 재적은 227.13m³이고, 이 임분의 25년생의 현실재적이 89.46m³일 때, 다음의 각 물음에 답하시오(소수점 셋째 자리에서 반올림).

(가) 이 임분이 40년생일 때 현실림의 재적(m³)을 구하시오.

(나) 수확표에서 40년생의 연년생장량이 7.09m³일 때, 현실림의 예측생장량(m³)을 구하시오.

해답 (가) $99.89 : 227.13 = 89.46 : x$

$$x = \frac{227.13 \times 89.46}{99.89} = 203.414 \cdots \qquad \therefore \ 203.41\text{m}^3$$

(나) $227.13 : 7.09 = 203.41 : x$

$$x = \frac{7.09 \times 203.41}{227.13} = 6.349 \cdots \qquad \therefore \ 6.35\text{m}^3$$

08 다음의 각 빈칸에 해당 도면의 축척을 적으시오.

도면		축척
횡단면도		①
종단면도	종	②
	횡	③
평면도		④

해답 ① 1/100   ② 1/200

③ 1/1,000   ④ 1/1,200

09 다음은 경영기간이 0~50년이며, 할인율이 6%인 사업의 투자계획이다. 이를 보고 각 물음에 답하시오(소수점 셋째 자리에서 반올림).

사업연수	비용	수익
0	조림 70억 원	–
10	비배 20억 원	–
30	간벌 20억 원	간벌 500억 원
50	–	주벌 2,500억 원

(가) 순현재가치법에 의한 순현가를 구하시오.

(나) 수익비용률법에 의한 B/C율을 구하시오.

해답

(가) 순현가 $= \sum_{t=0}^{n} \dfrac{B_t - C_t}{1.0P^t} = \dfrac{0-70억}{1.06^0} + \dfrac{0-20억}{1.06^{10}} + \dfrac{500억-20억}{1.06^{30}} + \dfrac{2,500억-0}{1.06^{50}}$

$= 138.1258 \cdots$ ∴ 138.13억 원

여기서, B_t : 연차별 현금유입가, C_t : 연차별 현금유출가, n : 사업연수, P : 할인율

(나) $B/C율 = \dfrac{수익의\ 현재가\ 총계}{비용의\ 현재가\ 총계} = \dfrac{222.7759\cdots}{84.6500\cdots} = 2.631\cdots$ ∴ 2.63

수익의 현재가 총계 $= \sum_{t=0}^{n} \dfrac{B_t}{1.0P^t} = \dfrac{500억}{1.06^{30}} + \dfrac{2,500억}{1.06^{50}} = 222.7759 \cdots 억\ 원$

비용의 현재가 총계 $= \sum_{t=0}^{n} \dfrac{C_t}{1.0P^t} = \dfrac{70억}{1.06^0} + \dfrac{20억}{1.06^{10}} + \dfrac{20억}{1.06^{30}} = 84.6500 \cdots 억\ 원$

여기서, B_t : 연차별 수익, C_t : 연차별 비용, n : 사업연수, P : 할인율

10 국유림경영계획 시 필요한 도면 종류를 4가지 쓰시오.

해답
① (산림)경영계획도
② 위치도
③ 목표임상도
④ 산림기능도

11 유역면적이 3.6km², 최대시우량이 100mm/h, 유거계수가 0.45이며, 강우강도는 최대시우량과 동일할 때, 시우량법과 합리식법을 이용하여 최대홍수유량을 계산하시오.

해답 ① 유역면적의 단위가 km²일 때 시우량법

$$Q = \frac{1}{3.6} \times K \cdot A \cdot m = \frac{1}{3.6} \times 0.45 \cdot 3.6 \cdot 100 = 45\text{m}^3/\text{s}$$

여기서, Q : 최대홍수유량(m³/s), K : 유거계수

A : 유역면적(km²), m : 최대시우량(mm/h)

② 유역면적의 단위가 km²일 때 합리식법

$$Q = \frac{1}{3.6} \times C \cdot I \cdot A = \frac{1}{3.6} \times 0.45 \cdot 100 \cdot 3.6 = 45\text{m}^3/\text{s}$$

여기서, Q : 최대홍수유량(m³/s), C : 유출계수

I : 강우강도(mm/h), A : 유역면적(km²)

12 직사각형 하나의 면적이 100m²인 아래와 같은 토지의 토적량을 점고법을 이용하여 계산하시오.

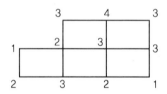

해답 직사각형기둥법의 토량계산에서 먼저 $\sum h_1$, $\sum h_2$, $\sum h_3$, $\sum h_4$를 구한다.

$\sum h_1 = 3 + 3 + 1 + 2 + 1 = 10$

$\sum h_2 = 4 + 3 + 3 + 2 = 12$

$\sum h_3 = 2$

$\sum h_4 = 3$이므로, 계산식에 대입하면 다음과 같다.

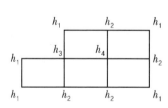

$$V = \frac{A}{4}(\sum h_1 + 2\sum h_2 + 3\sum h_3 + 4\sum h_4)$$

$$= \frac{100}{4} \times \{10 + (2 \times 12) + (3 \times 2) + (4 \times 3)\} = 1,300\text{m}^3$$

여기서, A : 직사각형 1개의 단면적

13 다음과 같은 잣나무 조림지의 산림조사야장 작성 시 임종, 임상, 임령, 수고, 영급을 표기하시오.

〈잣나무 조림지〉
- 임령 : 최저 15년, 최고 25년, 평균 21년
- 수고 : 최저 12m, 최고 23m, 평균 19m

해답 ① 임종 : 인공림 또는 인 ② 임상 : 침엽수림 또는 침

③ 임령 : $\dfrac{21}{15 \sim 25}$ ④ 수고 : $\dfrac{19}{12 \sim 23}$

⑤ 영급 : Ⅲ

14 산림구획 시 임반의 구획방법, 면적, 번호 부여 방식, 보조임반 편성 방식을 각각 설명하시오.

해답 ① 임반의 구획방법 : 능선, 하천 등 자연경계나 도로 등의 고정적 시설을 따라 확정한다.
② 임반의 면적 : 100ha 내외로 구획한다.
③ 임반의 번호 부여 방식 : 경영계획구 유역 하류에서 시계 방향으로 연속되게 숫자 1, 2, 3…으로 표시한다.
④ 보조임반 편성 방식 : 신규 재산 취득 등으로 보조임반을 편성할 때는 임반의 번호에 보조번호를 1−1, 1−2, 1−3…순으로 붙여 나타낸다.

15 아래의 기고식 야장에서 빈 곳의 기계고와 지반고를 계산하시오.

측점	후시	기계고	전시		지반고
			이기점	중간점	
B.M	3.30	(①)			50.00
1				2.5	(②)
2				2.0	51.3

해답 ① 기계고 = 기기점의 지반고 + 후시 = 50.00 + 3.30 = 53.30m
② 미지점의 지반고 = 기계고 − 전시 = 53.30 − 2.50 = 50.80m

2024^년 1^회 기출문제

01 벌기령의 종류를 4가지 쓰시오.

> **해답** ① 자연적 벌기령 ② 공예적 벌기령
> ③ 재적수확 최대의 벌기령 ④ 토지순수익 최대의 벌기령
>
> > **📖 참고**
> > 그 외 벌기령의 종류
> > 산림순수익 최대의 벌기령, 화폐수익 최대의 벌기령, 수익률 최대의 벌기령

02 아래의 지위지수표를 이용하여 임령이 32년이며, 우세목의 평균수고가 17m인 임분의 지위지수를 구하시오.

(단위 : m)

임령(년)	지위지수			
	6	8	10	12
25	8.0	10.3	13.1	15.8
30	9.2	12.4	15.4	18.6
35	10.7	14.4	17.9	21.6

> **해답** 해답 1)
> 표의 지위지수 10에서 30~35년생의 수고는 15.4~17.9m이므로, 임령이 32년이며 평균수고가 17m이면 지위지수 10에 해당한다.
>
> 해답 2)
> 임령이 32년이며, 우세목의 평균수고가 17m이므로 지위지수는 대략 10이나 12 부근임을 알 수 있다. 따라서 임령이 32년일 때의 지위지수 10과 12에 해당하는 수고를 구하여, 17m에 더 가까운 지위지수를 선택한다.
>
> ① 지위지수가 10인 경우의 수고 : $15.4 + \frac{2}{5} \times (17.9 - 15.4) = 16.4$m
>
> ② 지위지수가 12인 경우의 수고 : $18.6 + \frac{2}{5} \times (21.6 - 18.6) = 19.8$m
>
> 계산결과가 17m에 더 가까운 수고는 지위지수가 10일 때이므로, 이 임분의 지위지수는 10으로 판정한다.

03 도태간벌 시 미래목의 선정방법을 4가지 쓰시오.

> **해답** ① 피압을 받지 않은 상층의 우세목으로 선정하되 폭목은 제외한다.
> ② 나무줄기가 곧고 갈라지지 않으며, 산림병충해 등 물리적인 피해가 없는 것으로 한다.
> ③ 미래목 간의 거리는 최소 5m 이상으로 임지 내에 고르게 분포하도록 한다.
> ④ 활엽수는 ha당 200본 내외, 침엽수는 ha당 200~400본을 선정한다

04 견치돌과 야면석에 대해 각각 설명하시오.

> **해답** ① 견치돌
> - 돌을 다듬을 때 앞면, 길이, 뒷면, 접촉부 및 허리치기의 치수를 특별한 규격에 맞도록 지정하여 만든 석재이다.
> - 단단하고 치밀하여 견고를 요하는 돌쌓기 공사, 사방댐, 옹벽 등에 사용한다.
> - 특별한 규격으로 다듬은 석재로 마름돌과 같이 고가의 재료이다.
> ② 야면석
> - 무게가 약 100kg 정도인 자연석으로 주로 돌쌓기 현장 부근에서 채취하여 찰쌓기와 메쌓기에 사용한다.
> - 전석에 비해 면이 거칠며 각이 져 있다.

05 타워야더의 러닝스카이방식을 설명하시오.

> **해답** 집재거리 300m 내외의 소량의 간벌 및 택벌작업에 적합한 방식으로 타워야더에 많이 사용한다. 구조가 간단하고, 비교적 긴 가로집재에도 사용 가능하다.

06 산림조사 항목 중 소밀도의 구분 기준을 쓰시오.

> **해답** ① 소 : 수관밀도가 40% 이하인 임분
> ② 중 : 수관밀도가 41~70%인 임분
> ③ 밀 : 수관밀도가 71% 이상인 임분

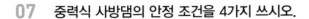

07 중력식 사방댐의 안정 조건을 4가지 쓰시오.

> **해답** ① 전도에 대한 안정
> ② 활동에 대한 안정
> ③ 제체의 파괴에 대한 안정
> ④ 기초지반의 지지력에 대한 안정

08 어떤 임분의 현실연간생장량이 28m³, 현실축적이 440m³, 법정축적이 500m³, 갱정기가 30년일 때, 연간표준벌채량을 오스트리안 공식에 의해 계산하시오.

> **해답** 오스트리안 공식(카메랄탁세법)
>
> $$연간표준벌채량 = 현실연간생장량 + \frac{현실축적 - 법정축적}{갱정기} = 28 + \frac{440 - 500}{30} = 26\text{m}^3$$

09 트래버스 측량에서 측선 간의 각을 측정하는 방법을 3가지 쓰시오.

> **해답** ① 교각법　　　　　② 편각법　　　　　③ 방위각법

10 기슭막이와 산복수로공의 시공 목적을 각각 쓰시오.

> **해답** ① 기슭막이
> - 황폐계천에서 유수로 인한 계안의 횡침식을 방지하고, 산각의 안정을 도모하기 위하여 계류의 흐름 방향을 따라 축설하는 종공작물이다.
> - 직접적으로 계상의 종침식을 방지하는 사방댐, 골막이, 바닥막이와는 다르게 기슭막이는 횡침식을 방지하는 것이 주목적인 공작물이다.
>
> ② 산복수로공
> 강우로 인해 유수가 집중되는 곳(凹부)에 비탈사면의 침식을 방지하고 유수를 모아 배수하기 위하여 설치하는 공작물이다.

11 선떼붙이기와 바닥막이의 특징을 각각 설명하시오.

해답 ① 선떼붙이기
- 산복비탈면에 등고선 방향으로 단을 끊고, 계단 앞면에 떼를 붙인 후 그 뒤쪽으로 흙을 채우고 묘목을 심어 녹화하는 공법이다.
- 지표수를 분산시켜 침식을 방지하고, 수토보전을 도모하기 위한 공법이다.

② 바닥막이
- 황폐계천의 하상 침식 및 세굴 방지, 계상기울기 안정 등 계류의 종횡단 형상을 유지하기 위해 계류를 횡단하여 설치하는 계간사방 공작물이다.
- 사방댐, 골막이와 함께 계류를 가로질러 설치하는 횡방향의 구조물이다.
- 높이는 사방댐이나 골막이보다 일반적으로 낮고 3m 이하로 시공하며, 3m 이상이 되면 바닥막이가 아닌 사방댐으로 분류한다.

12 회귀년에 대해 설명하시오.

해답
- 택벌작업급을 몇 개의 벌구로 나눠 매년 순차적으로 택벌하고, 다시 최초의 택벌구로 벌채가 되돌아오는 데 소요되는 기간으로 택벌작업에 따른 개념이다.
- 벌구식 택벌작업에서 맨 처음 벌채된 벌구가 다시 택벌될 때까지의 소요기간이다.

13 임령에 따른 임목 평가법을 〈보기〉에서 골라 알맞게 연결하시오.

〈보기〉
- 임령 : 유령림, 중령림, 벌기 미만 장령림, 성숙림
- 임목 평가법 : 임목기망가법, 임목비용가법, 시장가역산법, 글라저법

해답 ① 유령림 – 임목비용가법
② 중령림 – 글라저법
③ 벌기 미만 장령림 – 임목기망가법
④ 성숙림 – 시장가역산법

14 임지에 수평으로 임도를 설치하고자 한다. 산밑표고가 100m, 산정표고가 500m이며 경사도가 5%일 때, 임도예정거리(임도길이)를 구하시오.

> **해답**
>
> $$종단물매 = \frac{수직거리}{수평거리} \times 100$$
>
> $$5\% = \frac{(500-100)}{수평거리} \times 100$$
>
> 수평거리 $= 8,000m$
>
> $\therefore$ 임도예정거리 $= 8,000m$

15 임도 시공 시 설계속도가 30km/h, 마찰계수가 0.15, 최소곡선반지름이 40m일 때, 횡단기울기(외쪽기울기)를 구하시오(소수점 셋째 자리에서 반올림).

> **해답**
>
> $$R = \frac{V^2}{127(f+i)},\ 40 = \frac{30^2}{127(0.15+i)},\ i = 0.0271\cdots \quad \therefore\ 0.03\ 또는\ 3\%$$
>
> 여기서, R : 최소곡선반지름(m), V : 설계속도,
>
> f : 노면과 타이어의 마찰계수, i : 횡단기울기 또는 외쪽기울기

2024^년 2^회 기출문제

○ ○ ○

01 다음의 각 물음에 답하시오.

(가) 40년마다 1,000만 원씩 영구히 수입을 얻을 수 있는 산림의 현재가 합계를 구하시오 (이율 6%).

(나) 현재 20년생인 산림을 벌기 50년일 때 벌채하면 1,000만 원의 수입을 얻을 수 있고, 이후 50년마다 1,000만 원 씩 영구히 수입을 올릴 수 있다면 이 산림의 현재가를 계산하시오(이율 8%).

해답 (가) 무한정기이자의 전가식

현재로부터 n년마다 R씩 영구히 얻을 수 있는 이자의 전가합계식

$$K = \frac{R}{1.0P^n - 1} = \frac{10,000,000}{1.06^{40} - 1} = 1,076,922.653 \cdots \quad \therefore \text{약 } 1,076,923원$$

여기서, P : 이율

(나) 무한정기이자의 전가식

제1회는 m년 후에, 그 다음 부터는 n년마다 R씩 영구히 얻을 수 있는 이자의 전가합계식

$$K = \frac{R \ 1.0P^{n-m}}{1.0P^n - 1} = \frac{10,000,000 \times 1.08^{50-30}}{1.08^{50} - 1}$$

$$= 1,015,423.399 \cdots \quad \therefore \text{약 } 1,015,423 원$$

여기서, P : 이율

02 윤벌기와 벌기령의 차이점을 2가지 쓰시오.

해답 ① 윤벌기는 한 작업급에 속하는 모든 임분을 일순벌하는 데 소요되는 기간으로 작업급에 성립하는 개념이며, 벌기령은 경영목적에 따라 미리 결정하는 임목의 예상 수확 연령으로 임분 또는 수목에 성립하는 개념이다.
② 윤벌기는 기간개념으로 임목의 생산기간과 일치하며, 벌기령은 임목 자체의 생산기간을 나타내는 예상적 연령 개념이다.

03 산림경영의 지도원칙을 4가지 쓰시오.

해답 ① 수익성의 원칙

최대의 순수익 또는 최고의 수익률을 올리도록 경영하자는 원칙

② 경제성의 원칙

• 수익을 비용으로 나눈 값이 최대가 되도록 경영하자는 원칙

• 최소비용으로 최대효과를 내도록 경영하자는 원칙

③ 생산성의 원칙

• 생산량을 생산요소의 수량으로 나눈 값이 최대가 되도록 경영하자는 원칙

• 단위면적당 최대의 목재를 생산하도록 경영하자는 원칙

• 우리나라에서 중요시되는 원칙

④ 공공성의 원칙

질 좋은 목재를 국민에게 안정적으로 공급하고, 국민의 복리 증진을 목표로 하는 원칙

📖 **참고**

그 외 산림경영의 지도원칙

• 보속성의 원칙 : 해마다 목재 수확을 계속하여 균등하게 생산 · 공급하도록 경영하자는 원칙

• 합자연성의 원칙 : 자연법칙을 존중하며 산림을 경영하자는 원칙

• 환경보전의 원칙 : 산림의 국토보전, 수원함양, 자연보호 등의 기능을 충분히 발휘할 수 있도록 경영하자는 원칙

---

04 산림수확 작업 중 개벌작업, 모수작업, 택벌작업, 왜림작업에 대해 설명하시오.

해답 ① 개벌작업 : 갱신지의 모든 임목을 일시에 벌채하는 방법으로 한 번의 벌채로 모든 임목을 제거한다 하여 모두베기라고 부른다. 인공조림에 의하여 새로운 수종의 숲을 조성하는 데 가장 간편하며 효율적인 갱신법이다.

② 모수작업 : 벌채지에 종자를 공급할 수 있는 모수를 단독 또는 군상으로 남기고, 그 외 나머지 수목들을 모두 벌채하는 방법의 작업이다. 모수를 남기는 것 외에는 개벌에 준하는 작업방식을 적용한다.

③ 택벌작업 : 한 임분을 구성하고 있는 임목 중 성숙한 임목만을 선택적으로 골라 벌채하는 작업법으로 갱신이 어떤 기간 안에 이루어져야 한다는 제한이 없으며, 주벌과 간벌의 구별 없이 벌채를 계속 반복한다.

④ 왜림작업 : 주로 연료생산을 위해 단벌기로 벌채 · 이용하고 그루터기에서 발생한 맹아를 이용하여 갱신이 이루어지는 작업으로 왜림작업, 맹아갱신법 또는 주로 개벌로 진행하여 개벌왜림작업이라고도 한다.

05 산지사방공사 중 단끊기, 땅속흙막이, 속도랑배수구, 등고선구공법에 대해 설명하시오.

해답 ① 단끊기 : 비탈다듬기를 실시한 후에 수평으로 단을 끊고, 식생을 파종하거나 식재하여 사면을 안정·녹화시키는 기초공사이다. 비탈다듬기 공사로 사면을 정리한 뒤, 비탈면에 계단상으로 너비가 일정한 소단을 만드는 공사이다.
② 땅속흙막이 : 비탈다듬기와 단끊기 공사로 발생한 뜬흙을 산지의 계곡부와 같은 오목한 곳에 투입하여 토사의 활동을 방지하고 유치·고정하기 위한 공작물이다. 비탈다듬기로 생긴 토사의 활동 방지를 위해 땅속에 묻히는 공작물로 묻히기라고도 한다.
③ 속도랑배수구 : 속도랑은 지하수에 의한 산복 붕괴를 방지하기 위해 지하수를 사면 밖으로 유도하여 배수하는 공작물이다. 주로 활꼴모양의 단면을 적용하며, 자갈, 돌망태, 콘크리트관 속도랑 등이 있다.
④ 등고선구공법 : 등고선을 따라 수평으로 골(수평구)을 파고, 파낸 흙으로 둑을 쌓으며 둑 앞으로 묘목을 식재하거나 파종하는 공법으로 수평구공법이라고도 한다. 강우 시 수평구 (등고선구) 안으로 빗물과 유출토사가 머물러 비탈면의 침식을 방지하며, 식생의 활착에 도 도움을 주는 수토보전 저사저수공법이다.

06 유역면적이 3.6km², 최대시우량이 100mm/h, 유거계수가 0.8이며, 강우강도는 최대시우량과 동일할 때, 최대홍수유량을 시우량법과 합리식법으로 각각 계산하시오.

해답 ① 유역면적의 단위가 km²일 때 시우량법

$$Q = \frac{1}{3.6} \times K \cdot A \cdot m = \frac{1}{3.6} \times 0.8 \times 3.6 \times 100 = 80 \text{m}^3/\text{s}$$

여기서, Q : 최대홍수유량(m³/s), K : 유거계수
A : 유역면적(km²), m : 최대시우량(mm/h)

② 유역면적의 단위가 km²일 때 합리식법

$$Q = \frac{1}{3.6} \times C \cdot I \cdot A = \frac{1}{3.6} \times 0.8 \times 100 \times 3.6 = 80 \text{m}^3/\text{s}$$

여기서, Q : 최대홍수유량(m³/s), C : 유출계수
I : 강우강도(mm/h), A : 유역면적(km²)

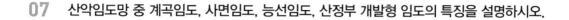
07 산악임도망 중 계곡임도, 사면임도, 능선임도, 산정부 개발형 임도의 특징을 설명하시오.

해답 ① 계곡임도 : 임지의 하단부로부터 개발되며, 임지개발의 중추적 역할을 한다. 산림개발 시 처음으로 시설되는 임도이다.

② 사면임도 : 계곡임도에서 시작되어 산록부와 산복부에 설치하는 임도로 산지개발 효과와 집재작업효율이 높으며, 상향집재도 가능하다. 산복임도는 집재나 공사비 등의 면에서 효율성과 경제성이 가장 좋은 임도이다.

③ 능선임도 : 능선을 따라 설치되어 배수가 좋으며, 눈에 쉽게 띄고 대개 직선적이다. 산악지대 임도배치 방법 중 건설비가 가장 적게 소요되며, 접근이 어려운 계곡이나 늪지대 등에서의 임도개설 시 용이하다.

④ 산정부 개발형 임도 : 산정부 주위를 순환하는 임도로 산정림 개발에 적합한 방식이다. 산정부의 안부에서부터 시작되는 순환식 노선방식을 주로 사용한다.

> 📖 **참고**
>
> 그 외 산악임도망
> 계곡분지 개발형 : 계곡이 모여드는 분지에 설치하는 임도로 사면의 경사도가 완만하고 편평한 곳에서는 순환노망을 설치한다.

08 교각법으로 임도 곡선을 설치하고자 한다. 곡선반지름이 40m이고, 내각이 20°일 때 접선길이와 곡선길이를 구하시오(소수점 셋째 자리에서 반올림하여 둘째 자리까지 기재).

해답 내각은 교각과 180°를 이루는 각이므로, 내각이 20°이면 교각은 160°이다.

① 접선길이 $T.L = R \cdot \tan\dfrac{\theta}{2} = 40 \times \tan\dfrac{160}{2} = 226.851 \cdots$ ∴ 226.85m

② 곡선길이 $C.L = \dfrac{2\pi R\theta}{360} = \dfrac{2 \times \pi \times 40 \times 160}{360} = 111.701 \cdots$ ∴ 111.70m

여기서, R : 곡선반지름, θ : 교각

> 📖 **참고**
>
> 교각법의 계산
>
> - 접선길이(m) $T.L = R \cdot \tan\dfrac{\theta}{2}$
> - 외선길이(m) $E.S = R\left(\sec\dfrac{\theta}{2} - 1\right)$ * $\sec\dfrac{\theta}{2} = \dfrac{1}{\cos\dfrac{\theta}{2}}$
> - 곡선길이(m) $C.L = \dfrac{2\pi R\theta}{360}$

09 다음의 기고식 야장에서 빈칸을 계산하시오.

측점 (S.P)	후시 (B.S)	기계고 (I.H)	전시(F.S)		지반고 (G.H)	비고 (remarks)
			이기점 (T.P)	중간점 (I.P)		
B.M	2.30	32.30			30.00	B.M의 H=30.00m
1				(①)	29.10	
2				2.50	(②)	
3	4.25	(③)	1.10		31.20	
4				2.30	33.15	
5				2.10	(④)	
6			3.50		31.95	
계	+6.55		−4.60			측점 6은 B.M에 비하여 1.95m 높다.

해답 ① 지반고＝기계고−전시, 29.10＝32.30−전시, 전시＝3.20m

② 지반고＝기계고−전시＝32.30−2.50＝29.80m

③ 기계고＝지반고＋후시＝31.20＋4.25＝35.45m

④ 지반고＝기계고−전시＝35.45−2.10＝33.35m

10 다음의 각 물음에 답하시오.

(가) 법정림의 산림면적이 1,200ha, 윤벌기가 50년, 1영급의 영계 수가 20개일 때 법정영급면적과 영급 수를 구하시오.

(나) 어떤 임분의 현실축적이 150m³/ha, 법정축적이 170m³/ha, 연간생장량이 10m³/ha, 갱정기가 20년일 때 이 임분의 연간표준벌채량을 계산하시오.

해답 (가) ① 법정영급면적 $= \dfrac{F}{U} \times n = \dfrac{1,200}{50} \times 20 = 480$ha

② 영급 수$= \dfrac{U}{n} = \dfrac{50}{20} = 2.5$개

여기서, U : 윤벌기, F : 산림면적(ha), n : 1영급의 영계 수

(나) 카메랄탁세법(오스트리안 공식)

연간표준벌채량(m³/ha) = 현실연간생장량 + $\dfrac{\text{현실축적} - \text{법정축적}}{\text{갱정기}}$

$= 10 + \dfrac{150 - 170}{20} = 9$m³/ha

11 임목 수확작업을 순서대로 4단계로 쓰고 특징을 설명하시오.

해답 ① 벌도(벌목) : 입목의 지상부를 잘라 넘어뜨리는 작업
② 조재 : 지타(가지치기), 조재목 마름질, 작동(통나무 자르기), 박피(껍질 벗기기) 등 원목을 정리하는 작업
③ 집재 : 원목을 운반하기 편리한 임도변이나 집재장에 모아두는 작업
④ 운재 : 집재한 원목을 제재소, 원목시장 등 수요처까지 운반하는 작업

12 다음의 각 물음에 답하시오.

(가) 횡단물매가 5%이고, 종단물매가 11%일 때 합성물매를 구하시오(소수점 셋째 자리에서 반올림).

(나) 임도의 평면곡선 중 복심곡선, 완화곡선을 설명하시오.

해답 (가) $S = \sqrt{(i^2 + j^2)} = \sqrt{5^2 + 11^2} = 12.083\cdots$ ∴ 12.08%
여기서, S : 합성물매(%), i : 횡단물매 또는 외쪽물매(%), j : 종단물매(%)

(나) ① 복심곡선 : 반지름이 달라 곡률이 다른 두 개의 곡선이 같은 방향으로 연속되는 곡선으로 복합곡선이라고도 한다.
② 완화곡선 : 직선부에서 곡선부로 연결되는 완화구간에 외쪽물매와 너비 확폭이 원활하도록 설치하는 곡선이다. 차량의 원활한 통행을 위하여 설치한다.

13 임황조사 항목 중 혼효림, 치수, Ⅲ영급, 소밀도의 '밀'을 설명하시오.

해답 ① 혼효림 : 침엽수 또는 활엽수가 26% 이상 75% 미만인 임분이다.
② 치수 : 흉고직경이 6cm 미만인 임목이다.
③ Ⅲ영급 : 영급은 임령을 10년 단위로 묶어서 나타내는데, Ⅲ영급은 21~30년생을 의미한다.
④ 소밀도의 '밀' : 소밀도는 조사면적에 대한 입목의 수관면적이 차지하는 백분율로 '밀'은 수관밀도가 71% 이상인 임분을 의미한다.

14 산사태와 비교하여 땅밀림의 특징을 4가지 설명하시오.

해답 ① 산사태는 급경사지에서 발생하는 반면 땅밀림은 20° 이하의 완경사지에서 발생한다.
② 산사태는 주로 강우에 의해 발생하나 땅밀림은 지하수가 원인이 되어 발생한다.
③ 산사태는 규모가 1ha 이하로 작지만, 땅밀림은 1~100ha로 크다.
④ 산사태는 사질토인 곳에서 주로 발생하지만, 땅밀림은 점성토인 곳에서 주로 발생한다.

📖 **참고**

침식 유형의 비교

구분	산사태 및 산붕	땅밀림
토질	사질토(화강암)	점성토(혈암, 이질암, 응회암)
경사	20° 이상의 급경사지	20° 이하의 완경사지
원인	강우(강우강도)	지하수
규모(이동면적)	작다(1ha 이하).	크다(1~100ha).
토괴 형태	토괴 교란	원형 보존
이동속도	빠르다(10mm/day 이상).	느리다(10mm/day 이하).
발생 형태	돌발적 발생	계속적·지속적 발생

15 아래의 수고조사야장에서 각 직경급의 3점 평균과 적용 수고를 구하시오.

흉고 직경	조사목별 수고(m)									합계	평균	3점 평균	적용 수고
	조사수고												
	1	2	3	4	5	6	7	8	9				
12	12.4	13.7								26.1	13.1	(①)	
14	16.6	15.9								32.5	16.3	(②)	
16	17.5	17.1	16.9							51.5	17.2	(③)	
18	18.4									18.4	18.4	(④)	
20	18.9	19.3	20.1							58.3	19.4	(⑤)	
22	20.4	21.0								41.4	20.7	(⑥)	

해답 • 3점 평균 : 평균 3개의 합계÷3, 반올림하여 소수점 1째 자리까지 기재, 처음 직경급과 마지막 직경급의 3점 평균은 평균을 그대로 적용
• 적용수고 : 3점 평균을 반올림하여 정수로 기입

① 3점 평균 : 13.1, 적용수고 : 13

② 3점 평균＝(13.1＋16.3＋17.2)÷3＝15.53 … ∴ 15.5, 적용수고 : 16

③ 3점 평균＝(16.3＋17.2＋18.4)÷3＝17.3, 적용수고 : 17

④ 3점 평균＝(17.2＋18.4＋19.4)÷3＝18.33 … ∴ 18.3, 적용수고 : 18

⑤ 3점 평균＝(18.4＋19.4＋20.7)÷3＝19.5, 적용수고 : 20

⑥ 3점 평균 : 20.7, 적용수고 : 21

2024년 2회 기출문제

01 아래의 지위지수표를 이용하여 임령이 32년이며, 우세목의 평균수고가 17m인 임분의 지위지수를 구하시오.

(단위 : m)

임령(년)	지위지수			
	6	8	10	12
25	8.0	10.3	13.1	15.8
30	9.2	12.4	15.4	18.6
35	10.7	14.4	17.9	21.6

해답 해답 1)

표의 지위지수 10에서 30~35년생의 수고는 15.4~17.9m이므로, 임령이 32년이며 평균수고가 17m이면 지위지수 10에 해당한다.

해답 2)

임령이 32년이며, 우세목의 평균수고가 17m이므로 지위지수는 대략 10이나 12 부근임을 알 수 있다. 따라서 임령이 32년일 때의 지위지수 10과 12에 해당하는 수고를 구하여, 17m에 더 가까운 지위지수를 선택한다.

① 지위지수가 10인 경우의 수고 : $15.4 + \frac{2}{5} \times (17.9 - 15.4) = 16.4$m

② 지위지수가 12인 경우의 수고 : $18.6 + \frac{2}{5} \times (21.6 - 18.6) = 19.8$m

계산결과가 17m에 더 가까운 수고는 지위지수가 10일 때이므로, 이 임분의 지위지수는 10으로 판정한다.

02 영선의 정의를 쓰시오.

해답 • 노면의 시공면과 산지의 경사면이 만나는 점을 영점이라 하며, 이 영점을 연결한 노선의 종축을 영선이라 한다.
• 영선은 절토작업과 성토작업의 경계선이 되기도 한다.

03 교각법에서 곡선반지름 20m이고, 내각이 90°일 때 접선길이를 구하시오.

해답 ♦ 내각은 교각과 180°를 이루는 각이므로, 내각이 90°이면 교각도 90°이다.

접선길이 $T.L = R \cdot \tan\frac{\theta}{2} = 20 \times \tan\frac{90}{2} = 20$m

여기서, R : 곡선반지름, θ : 교각

04 임지비용가법에 대해 설명하고, 임지비용가를 적용하는 경우를 2가지 쓰시오.

해답 ♦ ① 임지비용가법 : 임지의 취득과 개량에 들어간 총비용의 후가합계에서 그동안 얻은 수익의 후가합계를 공제한 가격으로 원가방식에 의한 임지평가법이다.

② 임지비용가를 적용하는 경우
  • 최소한 임지에 투입한 비용을 회수하고자 할 때
  • 임지에 투입한 자본의 경제적 효과를 분석하고자 할 때

📘 참고

그 외 임지비용가를 적용하는 경우
임지의 가격을 평정하는 데 다른 적당한 방법이 없을 때

05 산림경영의 지도원칙 중 생산성의 원칙을 설명하시오.

해답 ♦ ① 생산량을 생산요소의 수량으로 나눈 값이 최대가 되도록 경영하자는 원칙
② 단위면적당 최대의 목재를 생산하도록 경영하자는 원칙
③ 우리나라에서 중요시되는 원칙

📘 참고

산림경영의 지도 원칙
• 수익성의 원칙 : 최대의 순수익 또는 최고의 수익률을 올리도록 경영하자는 원칙
• 경제성의 원칙
  – 수익을 비용으로 나눈 값이 최대가 되도록 경영하자는 원칙
  – 최소비용으로 최대효과를 내도록 경영하자는 원칙
• 생산성의 원칙
  – 생산량을 생산요소의 수량으로 나눈 값이 최대가 되도록 경영하자는 원칙
  – 단위면적당 최대의 목재를 생산하도록 경영하자는 원칙
  – 우리나라에서 중요시되는 원칙

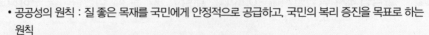

- 공공성의 원칙 : 질 좋은 목재를 국민에게 안정적으로 공급하고, 국민의 복리 증진을 목표로 하는 원칙
- 보속성의 원칙 : 해마다 목재 수확을 계속하여 균등하게 생산 · 공급하도록 경영하자는 원칙
- 합자연성의 원칙 : 자연법칙을 존중하며 산림을 경영하자는 원칙
- 환경보전의 원칙 : 산림의 국토보전, 수원함양, 자연보호 등의 기능을 충분히 발휘할 수 있도록 경영하자는 원칙

06 어떤 임분의 산림면적이 3,000ha, 윤벌기가 100년, 1영급의 영계 수가 10개일 때 법정영급면적을 구하시오.

해답 법정영급면적 $= \dfrac{F}{U} \times n = \dfrac{3,000}{100} \times 10 = 300\text{ha}$

여기서, U : 윤벌기, F : 산림면적(ha), n : 1영급의 영계 수

> **참고**
>
> 법정영급분배 계산법
> - 법정영계면적 $a = \dfrac{F}{U}$ • 법정영급면적 $A = \dfrac{F}{U} \times n$ • 영급 수 $= \dfrac{U}{n}$
>
> 여기서, U : 윤벌기, F : 산림면적(ha), n : 1영급의 영계 수

07 1ha의 임지에 200m의 집재로(임도)를 설치할 때, 임도간격과 평균집재거리를 계산하시오.

해답 임도밀도(m/ha) $= \dfrac{\text{임도 총연장거리}(\text{m})}{\text{총면적}(\text{ha})} = \dfrac{200}{1} = 200\text{m/ha}$

① 임도간격 $= \dfrac{10,000}{\text{적정임도밀도}} = \dfrac{10,000}{200} = 50\text{m}$

② 평균집재거리 $= \dfrac{2,500}{\text{적정임도밀도}} = \dfrac{2,500}{200} = 12.5\text{m}$

08 산림조사 항목 중 소밀도의 구분 기준을 쓰시오.

해답 ① 소 : 수관밀도가 40% 이하인 임분
② 중 : 수관밀도가 41~70%인 임분
③ 밀 : 수관밀도가 71% 이상인 임분

09 사방댐의 높이 결정 기준을 4가지 쓰시오.

해답 ① 시공 목적   ② 지반상황
③ 계획물매   ④ 시공지점의 상태

10 갓떼 0.5매, 선떼 2매, 바닥떼 0.5매를 이용하여 5급 선떼붙이기 그림을 그리시오.

해답

11 임목수확기계 중 하베스터의 수행 공정에 대해 설명하시오.

해답 ① 벌도, 가지치기, 조재목 마름질, 토막내기(작동) 등의 여러 공정을 모두 수행할 수 있다.
② 대표적 다공정 처리기계로 임내에서 벌도 및 각종 조재작업을 수행한다.

12 소나무, 잣나무, 참나무, 낙엽송의 국유림 기준 벌기령을 쓰시오.

> **해답** ① 소나무 : 60년　　　　　② 잣나무 : 60년
> ③ 참나무 : 60년　　　　　④ 낙엽송 : 50년

> 📖 **참고**
> 주요 수종의 일반 기준벌기령
>
> | 주요 수종 | 국유림 | 공·사유림(기업경영림) |
> |---|---|---|
> | 소나무(춘양목보호림단지) | 60년(100년) | 40년(30년) (100년) |
> | 잣나무 | 60년 | 50년(40년) |
> | 리기다소나무 | 30년 | 25년(20년) |
> | 낙엽송(일본잎갈나무) | 50년 | 30년(20년) |
> | 삼나무 | 50년 | 30년(30년) |
> | 편백 | 60년 | 40년(30년) |
> | 기타 침엽수 | 60년 | 40년(30년) |
> | 참나무류 | 60년 | 25년(20년) |
> | 포플러류 | 3년 | 3년 |
> | 기타 활엽수 | 60년 | 40년(20년) |

13 옹벽의 안정 조건을 4가지 쓰시오.

> **해답** ① 전도에 대한 안정　　　　② 활동에 대한 안정
> ③ 침하에 대한 안정　　　　④ 내부응력에 대한 안정

14 토공 작업의 더쌓기에 대해 설명하시오.

> **해답** 흙쌓기(성토)는 시공 후에 시일이 경과하면 수축하여 용적이 감소되고 시공면이 일부 침하
> 하게 되는데, 이를 보완하기 위해 흙쌓기 높이의 5~10% 정도를 더쌓기 하는 것을 말한다.

15 산림경영계획 시 '경영계획 및 실행실적'의 기록사항을 4가지 쓰시오.

> **해답** ① 조림　　　　　　　② 숲 가꾸기
> ③ 임목생산　　　　　④ 시설

2024년 3회 기출문제

01 어떤 임지의 벌기는 30년, 주벌수익은 420만 원, 간벌수익은 20년일 때 9만 원, 25년일 때 36만 원이며, 조림비는 ha당 30만 원, 관리비는 매년 12,000원, 이율은 6%일 때 임지기망가를 계산하시오.

해답

$$B_u = \frac{A_u + D_a 1.0P^{u-a} + \cdots + D_q 1.0P^{u-q} - C 1.0P^u}{1.0P^u - 1} - \frac{v}{0.0P}$$

$$= \frac{4,200,000 + (90,000 \times 1.06^{30-20}) + (360,000 \times 1.06^{30-25}) - (300,000 \times 1.06^{30})}{1.06^{30} - 1}$$

$$- \frac{12,000}{0.06}$$

$= 457,720.239 \cdots$ ∴ 약 457,720원

여기서, B_u : 임지기망가(원), u : 벌기, A_u : 주벌수익

$D_a, D_b \cdots$: $a, b \cdots$년도 간벌수익, C : 조림비, v : 관리비, P : 이율

02 와이어로프의 보통꼬임과 랑꼬임에 대해 설명하시오.

해답
① 보통꼬임 : 와이어의 꼬임과 스트랜드의 꼬임 방향이 반대로, 꼬임이 안정되어 킹크가 생기기 어렵고 취급이 용이하지만, 마모가 많다.
② 랑꼬임 : 와이어의 꼬임과 스트랜드의 꼬임 방향이 동일하여, 꼬임이 풀리기 쉬워 킹크가 생기기 쉽지만, 마모가 적다.

03 윤벌기와 회귀년에 대해 설명하시오.

해답
① 윤벌기 : 보속작업에서 한 작업급에 속하는 모든 임분을 일순벌하는 데 소요되는 기간으로 개벌작업에 따른 법정림사상에 기인한 개념이다.
② 회귀년 : 택벌작업급을 몇 개의 벌구로 나눠 매년 순차적으로 택벌하고, 다시 최초의 택벌구로 벌채가 되돌아오는 데 소요되는 기간으로 택벌작업에 따른 개념이다.

04 임도 곡선 설정 시, BC에서 방위각 45°로 거리 80m 지점이 IP이고, IP에서 방위각 120°로 거리 80m 지점이 EC이며, 곡선반지름은 40m, 임도노폭은 4m 일 때, 다음의 각 물음에 답하시오(소수점 셋째 자리에서 반올림).

(가) 접선길이를 구하시오.

(나) 외선길이를 구하시오.

(다) 곡선길이를 구하시오.

(라) (　　) 안에 알맞은 말을 쓰시오.

> 곡선반지름이란 평면선형에서 노선의 굴곡 정도를 표현하는 것으로 내각이 (　　) 이상 되는 장소는 곡선을 설치하지 않을 수 있다.

해답 (가) 교각(θ)은 전 측선의 방위각과 다음 측선의 방위각의 차이이므로, $120° - 45° = 75°$이다.

$$접선길이 \ T{\cdot}L = R \cdot \tan\frac{\theta}{2} = 40 \times \tan\frac{75}{2} = 30.693\cdots \qquad \therefore \ 30.69m$$

여기서, R : 곡선반지름, θ : 교각

(나) 외선길이 $E{\cdot}S = R\left(\sec\frac{\theta}{2} - 1\right) = 40 \times \left(\sec\frac{75}{2} - 1\right)$ * $\sec 37.5 = \dfrac{1}{\cos 37.5}$

$$= 40 \times \left(\frac{1}{\cos 37.5} - 1\right) = 10.418\cdots \qquad \therefore \ 10.42m$$

(다) 곡선길이 $C{\cdot}L = \dfrac{2\pi R\theta}{360} = \dfrac{2 \times \pi \times 40 \times 75}{360} = 52.359\cdots \qquad \therefore \ 52.36m$

(라) 155°

05 임반 구획방법 중 면적와 경계에 대해 설명하시오.

해답 ① 면적 : 100ha 내외로 구획한다.
② 경계 : 능선, 하천 등 자연경계나 도로 등의 고정적 시설을 따라 확정한다.

06 다음과 같은 사다리꼴 수로의 유적, 윤주, 평균수심을 계산하시오.

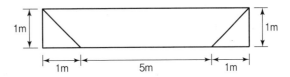

|---1m---|---------5m---------|---1m---|

해답 ① 유적
- 물 흐름을 직각으로 자른 횡단면적, 수로의 횡단면적
- 유적 $=$ 사다리꼴 단면적 $=$ $\dfrac{\text{윗변 길이} + \text{아랫변 길이}}{2} \times \text{높이} = \dfrac{7+5}{2} \times 1 = 6\text{m}^2$

② 윤주(윤변)
- 수로의 횡단면에서 물과 접하는 수로의 주변 길이
- 직각삼각형의 빗변의 길이 $= \sqrt{1^2 + 1^2} = \sqrt{2}$, 윤주 $= \sqrt{2} + 5 + \sqrt{2} = 7.8284 \cdots$
  $\therefore$ 약 7.83m

③ 평균수심(경심)
- 유적을 윤변으로 나눈 값
- 경심 $= \dfrac{\text{유적}}{\text{윤변}} = \dfrac{6}{7.83} = 0.766 \cdots$ $\therefore$ 약 0.77m

07 원목의 말구직경이 20cm, 중앙직경이 25cm, 원구직경이 30cm이며, 길이가 12m일 때 후버식과 스말리안식으로 재적을 계산하시오(소수점 셋째 자리에서 반올림).

해답 ① 후버식

재적(m³) $V = r \cdot l = \dfrac{\pi \cdot d^2}{4} \times l = \dfrac{\pi \times 0.25^2}{4} \times 12 = 0.589 \cdots$ $\therefore$ 0.59m^3

여기서, r : 중앙단면적(m²), l : 재장(m), d : 중앙직경(m)

② 스말리안식

재적(m³) $V = \dfrac{g_o + g_n}{2} \times l = \dfrac{\dfrac{\pi \cdot d^2}{4} + \dfrac{\pi \cdot d^2}{4}}{2} \times l$

$= \dfrac{\dfrac{\pi \cdot 0.3^2}{4} + \dfrac{\pi \cdot 0.2^2}{4}}{2} \times 12 = 0.612 \cdots$ $\therefore$ 0.61m^3

여기서, g_o : 원구단면적(m²), g_n : 말구단면적(m²), l : 재장(m)

08 아래의 기고식 야장에서 빈칸을 계산하시오.

측점	후시	기계고	전시		지반고
			이기점	중간점	
B.M	(①)	13.60			9.40
1				2.00	(②)
2	1.90	(③)	1.50		12.10
3				(④)	12.00
4			2.30		11.70

해답
① 후시＝기계고－지반고＝13.60－9.40＝4.20
② 지반고＝기계고－전시＝13.60－2.00＝11.60
③ 기계고＝지반고＋후시＝12.10＋1.90＝14.00
④ 전시(중간점)＝기계고－지반고＝14.00－12.00＝2.00

09 4급 선떼붙이기의 정면도와 측면도 그림을 그리고, 4가지 떼를 표시하여 명칭을 쓰시오.

해답

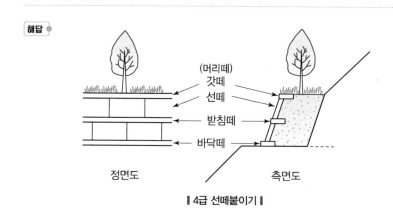

(머리떼)
갓떼
선떼
받침떼
바닥떼

정면도   측면도

┃4급 선떼붙이기┃

10 임도의 평면곡선 중 배향곡선과 반향곡선을 도식화하여 나타내고, 각각의 특징을 설명하시오.

해답
① 배향곡선 : 반지름이 작은 원호의 앞이나 뒤에 반대 방향 곡선을 넣어 헤어핀 모양으로 된 곡선으로 헤어핀 곡선이라고도 부른다.

② 반향곡선 : 방향이 서로 다른 곡선을 연속시킨 곡선으로 반대곡선, S−curve라고도 부른다. 차량의 안전주행을 위하여 두 곡선 사이에 10m 이상의 직선부를 설치해야 한다.

배향곡선   반향곡선

11 찰쌓기와 메쌓기의 시공방법에 대해 설명하시오.

해답 ① 찰쌓기
  - 돌을 쌓을 때 뒤채움에 콘크리트, 줄눈에 모르타르를 사용하는 돌쌓기로 표준 기울기는 1 : 0.2이다.
  - 석축 뒷면의 물빼기에 유의해야 하며, 배수를 위하여 시공면적 2~3m²마다 직경 3cm 정도의 물빼기 구멍을 반드시 설치한다.
  - 결합재로 인해 견고하여 높게 시공 가능하다.

② 메쌓기
  - 돌을 쌓을 때 모르타르를 사용하지 않는 돌쌓기로 표준 기울기는 1 : 0.3이다.
  - 돌 틈으로 배수가 용이하여 물빼기 구멍을 설치하지 않는다.
  - 견고도가 낮아 높이에 제한이 있다.

12 산림조사 항목 중 미입목지, 제지, 혼효림, 토심 '중'의 기준을 설명하시오.

해답 ① 미입목지 : 입목재적 또는 본수 비율이 30% 이하인 임분
② 제지 : 암석 및 석력지로 조림이 불가능한 임지
③ 혼효림 : 침엽수 또는 활엽수가 26~75% 미만인 임분
④ 토심 '중' : 유효토심의 깊이가 30~60cm 미만인 임지

13 어떤 임분의 현실연간생장량이 5m³, 현실축적이 260m³, 법정축적이 320m³, 갱정기가 30년일 때, 아래의 각 물음에 답하시오.

(가) 카메랄탁세(Kameraltaxe)법을 이용하여 연간표준벌채량을 구하시오.

(나) 카메랄탁세법(교차법)을 제외한 법정축적법의 종류를 2가지 쓰시오.

해답 (가) 카메랄탁세(Kameraltaxe)법

$$\text{연간표준벌채량} = \text{현실 연간생장량} + \frac{\text{현실축적} - \text{법정축적}}{\text{갱정기}}$$

$$= 5 + \frac{260 - 320}{30} = 3\text{m}^3$$

(나) ① 이용률법　　　　　　　② 수정계수법

> 📖 **참고**
>
> 법정축적법
> * 교차법 : Kameraltaxe법, Heyer법, Karl법, Gehrhardt법
> * 이용률법 : Hundeshagen법, Mantel법
> * 수정계수법 : Breymann법, Schmidt법

14 산림의 기능을 4가지 쓰고 설명하시오.

해답 ① 생활환경보전림 : 도시와 생활권 주변의 경관유지 등 쾌적한 환경을 제공하기 위한 산림이다.
② 자연환경보전림 : 생태·문화 및 학술적으로 보호할 가치가 있는 자연 및 산림을 보호·보전하기 위한 산림이다.
③ 수원함양림 : 수자원 함양과 수질정화를 위한 산림이다.
④ 산지재해방지림 : 산사태, 토사유출, 대형산불, 산림병해충 등 각종 산림 재해의 방지 및 임지의 보전에 필요한 산림이다.

> 📖 **참고**
>
> 그 외 산림의 기능
> * 산림휴양림 : 산림휴양 및 휴식공간의 제공을 위한 산림이다.
> * 목재생산림 : 생태적 안정을 기반으로 하여 국민경제활동에 필요한 양질의 목재를 지속적·효율적으로 생산·공급하기 위한 산림이다.

15 보의 높이가 3m, 물의 단위중량이 1.1ton/m³일 때, 이 사방댐이 받는 총수압을 계산하시오.

해답 $\text{총수압} = \frac{1}{2} \times \text{물의 단위중량}(\text{ton/m}^3) \times [\text{보 높이}(\text{m})]^2$

$= \frac{1}{2} \times 1.1 \times 3^2 = 4.95\text{ton/m}^2$　　*단위 계산 : $\frac{\text{ton}}{\text{m}^3} \times \text{m} = \frac{\text{ton}}{\text{m}^2}$

2024년 3회 기출문제

01 수제의 목적과 특징에 대해 설명하시오.

> **해답** ① 수제의 목적 : 수제는 계류의 유심 방향을 변경시켜 계안의 침식과 붕괴를 방지하기 위해 설치한다.
> ② 수제의 특징
> • 수제는 계류의 유속과 흐름 방향을 조절할 수 있도록 둑이나 계안으로부터 유심을 향해 돌출하여 설치하는 공작물이다.
> • 구축재료에 따라 돌수제, 콘크리트수제, 돌망태수제, 통나무수제 등이 있다.
> • 일반적으로 계상의 너비가 넓고, 계상물매가 완만한 계류에 적용한다.
> • 수제의 길이는 소수의 길고 큰 수제보다 다수의 짧은 수제가 효과적이다.

02 임업이율의 특징을 4가지 쓰시오.

> **해답** ① 임업이율은 대부이자가 아니라 자본이자이다.
> ② 임업이율은 단기이율이 아니라 장기이율이다.
> ③ 임업이율은 현실이율이 아니라 평정이율(계산이율)이다.
> ④ 임업이율은 실질적 이율이 아니라 명목적 이율이다.

03 산림경영계획 시 공·사유림의 경영계획도 축척을 쓰시오.

> **해답** 1/5,000 또는 1/6,000

> 📖 **참고**
> 산림경영계획도
> • 경영계획구의 임황과 사업기간 중의 각종 사업계획을 표시한 도면
> • 국유림에서는 1/25,000, 공·사유림에서는 1/5,000 또는 1/6,000의 축척 이용

04 가선집재시스템 중 타일러 방식의 특징을 설명하시오.

해답 ① 2드럼식으로 가공본줄 경사가 10~25°인 개벌작업에 적합한 방식이다.
② 자중에 의해 반송기가 이동하여 경제적이며, 운전 및 가로집재가 용이하다.

05 표준지 수고조사 야장의 결과가 아래와 같을 때 빈칸의 수치를 계산하시오.

경급	조사목별 수고(m)							합계	평균	3점 평균	적용 수고
	조사수고										
	1	2	3	4	5	6	7				
10	11.6	9.8						21.4	10.7	(①)	(②)
12	12.4	12.9						25.3	12.7	(③)	13
14	15.7	17.2	16.1					49.0	16.3	15.5	16
16	17.8	16.9	18.2					52.9	17.6	(④)	18
18	18.7	19.6	20.2	17.6				76.1	(⑤)	19.3	(⑥)
20	20.7	21.2	21.6					63.5	21.2	21.2	21

해답 • 평균 : 수고합계÷해당 본수, 반올림하여 소수점 1째 자리까지 기재
• 3점 평균 : 평균 3개의 합계÷3, 반올림하여 소수점 1째 자리까지 기재, 처음 직경급과 마지막 직경급의 3점 평균은 평균을 그대로 적용
• 적용수고 : 3점 평균을 반올림하여 정수로 기입
① 10.7 　　　　　　　　　② 11
③ $(10.7 + 12.7 + 16.3) \div 3 = 13.23\cdots$ 　∴ 13.2
④ $(16.3 + 17.6 + 19.0) \div 3 = 17.63\cdots$ 　∴ 17.6
⑤ $76.1 \div 4 = 19.025\cdots$ 　∴ 19.0 　　　　⑥ 19

06 옹벽의 안정 조건을 4가지 쓰시오.

해답 ① 전도에 대한 안정 　　　　② 활동에 대한 안정
③ 침하에 대한 안정 　　　　④ 내부응력에 대한 안정

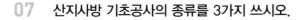

07 산지사방 기초공사의 종류를 3가지 쓰시오.

해답 ① 비탈다듬기 　　　 ② 단끊기 　　　 ③ 땅속흙막이

> 📖 **참고**
>
> 산지사방공사의 종류
>
> | 종류 | 내용 |
> |---|---|
> | 기초공사 | 비탈다듬기(뭉기기), 단끊기, 땅속흙막이(묻히기), 산비탈흙막이(산복흙막이), 누구막이, 산비탈배수로(산복수로, 산비탈수로내기), 속도랑(배수구) |
> | 녹화공사 | 바자얽기(편책공, 목책공), 선떼붙이기, 조공, 줄떼시공(줄떼다지기, 줄떼붙이기, 줄떼심기), 평떼시공(평떼붙이기, 평떼심기), 단쌓기(떼단쌓기), 비탈덮기(거적덮기), 등고선구공법(수평구공법), 새심기, 씨뿌리기(파종공법), 종비토뿜어붙이기, 나무심기(식재공법) |

08 교각법에서 곡선반지름이 60m이고, 교각이 35°일 때 접선길이와 곡선길이를 구하시오 (소수점 셋째 자리에서 반올림).

해답 ① 접선길이 $T.L = R \cdot \tan\dfrac{\theta}{2} = 60 \times \tan\dfrac{35}{2} = 18.917 \cdots$ 　　∴ 18.92m

② 곡선길이 $C.L = \dfrac{2\pi R\theta}{360} = \dfrac{2 \times \pi \times 60 \times 35}{360} = 36.651 \cdots$ 　　∴ 36.65m

　　여기서, R : 곡선반지름, θ : 교각

09 비탈면 기울기가 1 : 8일 때, 수직거리가 10m이면 수평거리는 얼마인지 구하시오.

해답 수직거리 1에 대하여 수평거리가 8인 비율이므로, 수직거리가 10m일 때 수평거리는 80m이다.

> 📖 **참고**
>
> 기울기(경사도, 물매)의 표현방법
> • 1 : n 또는 1/n : 수직높이 1에 대하여 수평거리가 n일 때
> • n% : 수평거리 100에 대하여 수직높이가 n일 때의 비율
> • 각도 : 수평은 0°, 수직은 90°로 하여 그 사이를 90등분한 것

10 임도의 평면곡선에서 배향곡선의 중심선반지름은 몇 m 이상으로 설치해야 하는지 쓰시오.

> **해답** 10m

11 표준벌채량의 정의를 쓰고, 카메랄탁세법(오스트리안공식)의 계산식을 적으시오.

> **해답** ① 표준벌채량 : 현실임분의 생장량을 기준으로 현실축적과 법정축적을 고려하여 결정하는
> 벌채량이다.
> ② 카메랄탁세법(오스트리안 공식)
>
> $$연간표준벌채량 = 현실\ 연간생장량 + \frac{현실축적 - 법정축적}{갱정기(정리기)}$$

12 임황조사의 항목을 6가지 쓰시오.

> **해답** ① 임종   ② 임상
> ③ 수종   ④ 혼효율
> ⑤ 임령   ⑥ 영급
>
> ---
> 📖 **참고**
>
> 산림조사 항목
> • 지황조사 항목 : 지종, 방위, 경사도, 표고, 토성, 토심, 건습도, 지위, 지리, 지세 등
> • 임황조사 항목 : 임종, 임상, 수종, 혼효율, 임령, 영급, 수고, 경급, 소밀도, 축적 등

13 산림조사 항목 중 경사도의 구분 기준을 5가지 쓰시오.

> **해답** ① 완경사지 : 15° 미만
> ② 경사지 : 15~20° 미만
> ③ 급경사지 : 20~25° 미만
> ④ 험준지 : 25~30° 미만
> ⑤ 절험지 : 30° 이상

14 임목기망가법에 대해 설명하시오.

해답 ◆ 임목기망가란 평가 임목을 일정 연도에 벌채할 때 앞으로 기대되는 수익의 전가합계에서 그 동안의 경비의 전가합계를 공제한 가격으로, 벌기 미만 장령림의 임목평가에 적용하는 방법 이다.

15 횡단기울기의 기울기 기준을 포장을 하지 않은 노면과 포장 노면으로 구분하여 쓰시오.

해답 ◆ ① 포장을 하지 않은 노면(쇄석도, 사리도) : 3~5%
② 포장 노면 : 1.5~2%

산림기사 · 산업기사 실기

발행일 | 2023. 1. 10.   초판발행
2024. 1. 10.   개정 1판1쇄
2025. 4. 10.   개정 2판1쇄

저 자 | 이정희
발행인 | 정용수
발행처 | 예문사

주 소 | 경기도 파주시 직지길 460(출판도시) 도서출판 예문사
T E L | 031) 955-0550
F A X | 031) 955-0660
등록번호 | 11-76호

정가 : 27,000원

ISBN 978-89-274-5798-5 13520